T0176219

UNA TRENZA DE HIERBA SAGRADA

UNA TRENZA DE
HIERBA SAGRADA

Sabiduría indígena, conocimiento científico

y las enseñanzas de las plantas

ROBIN WALL KIMMERER

TRADUCCIÓN DE DAVID MUÑOZ MATEOS

HarperCollins *Español*

Los libros de HarperCollins Español pueden adquirirse para propósitos educativos,
empresariales o promocionales. Para más información, envíe un correo electrónico a
SPsales@harpercollins.com.

Título original: *Braiding Sweetgrass*

Publicado en inglés por Milkweed Editions, Estados Unidos, en 2013

Copyright de la traducción© 2021 de David Muñoz Mateos. Traducción al español
publicada originalmente por Capitán Swing Libros, S. L. Licencia de traducción
concedida por Capitán Swing Libros, S. L. a través de Oh! Books Literary Agency
(info@ohbooks.es)

PRIMERA EDICIÓN DE HARPERCOLLINS ESPAÑOL, 2024

Este libro ha sido debidamente catalogado en la Biblioteca del Congreso de los Estados
Unidos.

ISBN 978-0-06-339569-5

24 25 26 27 28 LBC 5 4 3 2 1

Para todos los Guardianes del Fuego

mis padres

mis hijas

y mis nietos

que aún han de reunirse con nosotros

en este hermoso lugar.

Índice

Trenzar hierba sagrada

Quemar hierba sagrada

UNA TRENZA DE

HIERBA SAGRADA

Prólogo

Extiende las manos. Te entrego aquí unas briznas de hierba sagrada recién cortada, unas hebras sueltas como cabellos recién lavados. Es apenas un manojo. Observa la punta verde con reflejos dorados y lustrosos y las franjas moradas y blancas en la base, a ras de tierra. Acércatelas a la nariz. ¿Notas la fragancia a vainilla y miel sobre el aroma a agua de río y tierra oscura? Ahí está la explicación de su nombre científico: *Hierochloe odorata*, la hierba sagrada olorosa.[1] En nuestro idioma se la conoce como *wiingaashk*, el cabello de dulce aroma de la Madre Tierra. No serás la primera persona que, al olerla, recuerde aquello que ignoraba haber olvidado.

Para hacer una trenza de hierba sagrada solo hay que atar uno de los extremos del manojo y separar el resto en tres partes. Si quieres que el trenzado quede terso y firme —que esté a la altura del don recibido—, hay que imprimirle cierta tensión. Debes tirar un poco, como sabe cualquier niña con las trenzas prietas. Puedes hacerlo por tu cuenta, atando un extremo a una silla o mordiéndolo con los dientes y trenzando en sentido contrario, distanciándote con cada movimiento, pero lo ideal es que una persona agarre el otro extremo y que ambos hagan fuerza en direcciones opuestas, inclinados sobre la hierba, frente a frente, mientras hablan y ríen y contemplan el trabajo de las manos del compañero. Uno agarra

---

[1] Dado que no se trata de una especie extendida en ámbitos geográficos castellanoparlantes, no existe un nombre común generalizado para *Hierochloe odorata*. Algunos de los que se utilizan son *hierba de búfalo, hierba bisonte, hierba dulce, hierba santa, hierba sagrada*. Hemos optado por este último en referencia a su condición entre los pueblos nativos americanos y a la etimología griega de su nombre científico. *(N. del T.)*.

fuerte y el otro va pasando uno de los tres mechones de hierba por encima del anterior. A través de la hierba sagrada se genera una forma de reciprocidad. El que sujeta importa tanto como el que teje. La trenza cada vez es más fina, hasta que no quedan más que tres briznas de hierba, dos, una, y entonces haces un nudo.

¿Sujetarías el extremo del manojo? La hierba sagrada conecta nuestras manos. ¿Podemos colaborar para hacer una trenza en honor a la tierra? Después seré yo la que sujete y tú trenzarás.

Podría regalarte una trenza de hierba sagrada tan fuerte y brillante como la que caía sobre la espalda de mi abuela. Lo que sucede es que, en realidad, no me pertenece y tú tampoco puedes aceptarla. La *wiingaashk* solo se pertenece a sí misma. En su lugar, lo que te ofrezco aquí es un trenzado de historias que buscan restablecer la salud de nuestra relación con el mundo. Está tejido con tres ramales: los saberes indígenas, el conocimiento científico y la vida de una investigadora anishinabekwe que intenta conjugar ambos y ponerlos al servicio de lo que más importa. Se trata de imbricar la ciencia, el espíritu y los relatos: viejos relatos y nuevos relatos que puedan ser remedios para nuestra relación con la tierra, rota; una farmacopea de historias sanadoras que nos permitan imaginar una relación diferente donde la gente y la tierra se cuiden y sanen su dolor mutuamente.

PLANTAR
HIERBA SAGRADA

Para plantar hierba sagrada, lo mejor es poner las raíces directamente en la tierra, en vez de sembrar las semillas. De ese modo, la planta pasa de la mano a la tierra, y de nuevo a la mano, a lo largo de años, de generaciones. Su hábitat preferido son las praderas soleadas y húmedas. También las lindes, los márgenes modificados por la acción humana.

La caída de
Mujer Celeste

En invierno, cuando la verde tierra descansa bajo un manto de nieve, llega el momento de las historias. Los narradores han de invocar, antes de dar comienzo a su historia, a aquellos que vinieron antes que nosotros y nos las transmitieron. No somos más que mensajeros.
En el origen existía el Mundo del Cielo.

Cayó como cae una semilla de arce, dibujando una pirueta en la brisa otoñal.[1] De una abertura en el Mundo del Cielo surgió un haz de luz, que le indicó el camino allí donde antes solo había oscuridad. Tardó mucho tiempo en caer. Traía un paquete en el puño cerrado.

Mientras se precipitaba, no veía más que una masa de agua oscura. Un vacío en el que, sin embargo, había muchos ojos, fijos en el chorro inesperado de luz. Vieron algo muy pequeño, una mota de polvo en el rayo. Conforme se acercaba, observaron que era una mujer, con los brazos estirados y una larga melena oscura extendiéndose a su espalda, que se dirigía hacia ellos dibujando una espiral.

Los gansos se miraron, se hicieron una señal y alzaron vuelo en una algarada de música ansarina. La mujer sintió el batir de alas que trataba de amortiguar su caída. Lejos del único hogar que había conocido, aguantó la respiración y se dejó envolver por las plumas suaves y cálidas que acompañaban su descenso. Y así comenzó.

Los gansos no podían sostener a la mujer sobre el agua mucho tiempo, por lo que convocaron una reunión para decidir qué habría de hacerse. Ella, sobre las alas de los gansos, vio cómo se

---

[1] Adaptación a partir de la tradición oral y Shenandoah y George, 1988.

acercaban todos: colimbos, nutrias, cisnes, castores, toda clase de peces. En el centro se colocó una inmensa tortuga y le ofreció el caparazón para que descansara. Agradecida, pasó de las alas de los gansos a la superficie abovedada de su espalda. Todos los animales presentes comprendieron que la mujer necesitaba tierra para crear su hogar y debatieron la manera de ayudarla. Los grandes buceadores habían oído hablar del cieno en el fondo del agua y decidieron ir a buscar un poco.

Colimbo fue el primero, pero el fondo estaba demasiado lejos y al cabo de un rato regresó a la superficie sin recompensa a sus esfuerzos. Uno tras otro, el resto de los animales lo intentaron —Nutria, Castor, Esturión—, pero la profundidad, la oscuridad y la presión eran obstáculos demasiado grandes hasta para el mejor de los nadadores. Volvían faltos de aire y con un pesado zumbido en la cabeza. Algunos no regresaron. Muy pronto, solo quedó la pequeña Rata Almizclera, la que peor buceaba de todos. Ella también se presentó voluntaria, ante la escéptica mirada de los demás. Al sumergirse, le temblaban las patitas. Pasó mucho tiempo bajo el agua.

Todos esperaron y esperaron a que regresara, temiendo un terrible desenlace para su hermana, hasta que vieron emerger un chorro de burbujas junto al pequeño cuerpo inerte de Rata Almizclera. Había dado su vida para ayudar a una pobre humana. Entonces observaron que tenía algo agarrado con fuerza. Le abrieron la patita y en ella había un poco de tierra de las profundidades. «Ven, ponla sobre mi espalda y yo la sostendré», dijo Tortuga.

Mujer Celeste se agachó y con sus manos extendió el lodo sobre el caparazón de Tortuga. Conmovida por los extraordinarios obsequios que le entregaban los animales, entonó un canto de agradecimiento y empezó a bailar, y sus pies acariciaban el cieno. Este creció y creció, extendiéndose gracias a la danza, y de la pizca de barro que había sobre el caparazón de Tortuga se formó toda la tierra. No solo por obra de Mujer Celeste, sino por la conjunción alquímica de su profunda gratitud y los dones de los animales. Juntos formaron lo que hoy conocemos como Isla Tortuga, nuestro hogar.

Como todo buen huésped, Mujer Celeste no venía con las manos vacías. Conservaba aún el paquete en la mano. Antes de caer por el agujero del Mundo del Cielo, se había agarrado al Árbol de la Vida, que crecía allí, y había traído consigo algunas de sus ramas: frutos y semillas de toda clase de plantas. Las repartió sobre la nueva tierra y cuidó de todas ellas hasta que el color de la tierra pasó de marrón a verde. La luz del sol manaba a través del agujero en el Mundo del Cielo y permitió que las semillas germinaran y crecieran. Por todas partes se extendieron hierbas, flores, árboles y plantas medicinales. Y ahora que tenían abundante comida, muchos animales vinieron a vivir a Isla Tortuga.

Cuentan nuestras historias que, de todas las plantas, la *wiingaashk*, hierba dulce o hierba sagrada, fue la primera que creció sobre la tierra; que su dulce olor conserva el recuerdo de la mano de Mujer Celeste. Por eso es una de las cuatro plantas sagradas de mi pueblo. Su aroma nos devuelve los recuerdos que habíamos olvidado. Dicen los ancianos que las ceremonias existen para que «nos acordemos de recordar», y la hierba sagrada es una planta ceremonial muy apreciada entre numerosas naciones indígenas. También sirve para tejer hermosas cestas. Es medicinal y pariente del ser humano; su valor es tanto material como espiritual.

Trenzar el pelo de una persona querida es un acto de inmensa ternura. Pero entre quien trenza y a quien le hacen la trenza no solo fluye el afecto. La *wiingaashk* también se comba, obedece a sus propias ondulaciones, larga y brillante como el cabello recién lavado de una mujer. Y por eso decimos que se trata del pelo de la Madre Tierra. Cuando trenzamos la hierba sagrada, estamos trenzando el cabello de la Madre Tierra. Le otorgamos nuestra más afectuosa atención, nos preocupamos por su belleza y bienestar, en señal de gratitud por todo lo que nos ha dado. Aquellos niños que nunca dejaron de escuchar la historia de Mujer Celeste sienten en lo más hondo de su ser la responsabilidad que fluye entre el ser humano y la tierra.

La historia del viaje de Mujer Celeste es tan exuberante, tan pródiga, que se me asemeja a un gran cuenco de azul celestial del que podría beber sin cansarme. Es la base de nuestras creencias, de nuestra historia, de nuestras relaciones. Contemplo ese cuenco estrellado y veo imágenes mezclarse; veo el pasado y el presente fundirse. Las imágenes de Mujer Celeste no nos hablan solo del lugar del que venimos, también de cómo seguir adelante.

En la pared del laboratorio tengo colgado el retrato de Mujer Celeste que hizo Bruce King, *Moment in Flight* (Momento en el vuelo). Está cayendo a la tierra con flores y semillas en las manos. En su caída, contempla mis microscopios y registradores de datos. Tal vez parezca una yuxtaposición extraña, pero yo creo que es el lugar que le corresponde. Como escritora, científica y portadora de la historia de Mujer Celeste, me sitúo a los pies de mis antepasados, escuchando sus cantos.

Los lunes, miércoles y viernes, a las 9:35 a. m., suelo hablar de botánica y ecología en un aula de la universidad. Intento explicar a los estudiantes cómo funcionan los jardines de Mujer Celeste, eso que algunos conocen por el nombre de «ecosistemas globales». Una mañana, en clase de Ecología General, les entregué una encuesta a mis alumnos donde les pedía su opinión sobre las interacciones posibles entre los humanos y el medio ambiente. Casi la totalidad de los doscientos alumnos aseguraron que, para ellos, los humanos y la naturaleza son una mala combinación. Eran estudiantes de tercer año que habían decidido dedicarse a la protección del medio ambiente, por lo que sus respuestas, en cierto sentido, no me sorprendieron. Todos conocían las causas del cambio climático, de las toxinas en la tierra y el agua, de la desaparición de los hábitats. En la encuesta les pedía también que considerasen qué impactos positivos veían en la relación entre la gente y la tierra. La respuesta promedio fue «ninguno».

Quedé atónita. ¿Tras veinte años de educación no eran capaces de decirme un solo beneficio mutuo entre el ser humano y el entorno? Tal vez los ejemplos negativos que observaban cada día —las antiguas zonas industriales, las explotaciones intensivas de ganado, la expansión urbana— les habían arruinado la capacidad de ver los posibles efectos positivos de la relación. Conforme se deterioraba el territorio en que vivían, se les atrofiaba la percepción. Al comentarlo después de clase, observé que ni siquiera eran capaces de imaginar qué relaciones beneficiosas pueden darse entre nuestra especie y las demás. ¿Cómo vamos a encaminarnos hacia la sostenibilidad ecológica y cultural si somos incapaces de concebir el camino que hemos de tomar? ¿Si no podemos imaginar la generosidad de los gansos? A ninguno de estos estudiantes lo habían educado en la historia de Mujer Celeste.

En un lado del mundo estaba un pueblo cuya relación con la vida en la tierra estaba modelada por Mujer Celeste, que creó un jardín para el bienestar de todas las criaturas. En el otro también había un jardín y un árbol y una mujer que, al comer uno de los frutos, fue expulsada, y las puertas del jardín se cerraron para siempre detrás de ella. El destino de esta madre de los hombres no fue llenarse la boca con el dulce jugo de las frutas que doblaban las ramas de los árboles, sino la condena a vagar por tierras áridas y a ganarse el pan con el sudor de su frente. Para sobrevivir, tenía que someter el mundo al que la habían arrojado.

Misma especie y misma tierra, pero historias diferentes. Los relatos cosmológicos y cosmogónicos han constituido siempre, en todas las culturas, una fuente de identidad y un acervo de orientaciones. Nos dicen quiénes somos. Inevitablemente, nos conforman, aunque lo hagan en niveles de conciencia tan sutiles que son prácticamente irreconocibles. Un relato abre el camino hacia la generosa aceptación de toda forma de vida; el otro nos conduce al destierro. Una de las mujeres es la jardinera ancestral, creadora del bello y benigno mundo verde en el que nacerán sus descendientes. La otra fue una exiliada, de paso por una tierra extraña, cuyos arduos caminos la llevaban a su verdadero hogar, en el cielo.

Y entonces se encontraron —los descendientes de Mujer Celeste y los hijos de Eva— y esta tierra aún conserva las cicatrices del encuentro, los ecos de nuestras historias. Se dice que no hay furia en el infierno como la ira de una mujer herida, y puedo imaginarme la conversación entre Eva y Mujer Celeste: «Hermana, creo que te llevaste la peor parte...».

Todos los pueblos nativos de la región de los Grandes Lagos comparten la historia de Mujer Celeste, una estrella constante en esa constelación de enseñanzas que llamamos «Instrucciones Originales». Estas no son «instrucciones» en el sentido de mandamientos o reglas. Conforman, más bien, una especie de brújula, una serie de orientaciones, pero no un mapa. Es la existencia de cada individuo la que dibuja el mapa. En eso consiste vivir. La forma de contemplar las Instrucciones Originales será única y diferente para cada tiempo y cada persona.

En su época de esplendor, los pueblos nativos de Mujer Celeste vivían según su propia interpretación de las Instrucciones Originales, de acuerdo a unos principios éticos adaptados al entorno, que imprimían cuidado y esmero en las ceremonias, en la vida familiar o en las prácticas de caza. Unos valores de respeto que no parecen encajar en el mundo urbano actual, en el que «verde» es un eslogan publicitario y no la descripción de una pradera. Los bisontes han desaparecido y el mundo se ha olvidado de ellos. No puedo hacer que vuelvan los salmones al río y mis vecinos darían la voz de alarma si le prendiera fuego al jardín para obtener pastos para los alces.

La tierra era nueva entonces, cuando acogió al primer ser humano. Ahora se ha vuelto vieja y somos muchos los que creemos que hemos abusado de su hospitalidad por olvidar las Instrucciones Originales. Desde el origen del mundo, el resto de las especies ha sido el salvavidas de la humanidad; ahora nos toca a nosotros salvarlas a ellas. Sin embargo, las historias por las que deberíamos guiarnos se desvanecen en vagos recuerdos, si es que hemos tenido la oportunidad de escucharlas. ¿Qué sentido podrían tener en la actualidad? ¿Cómo podemos aplicar hoy los relatos que hablan del nacimiento del mundo, cuando estamos más próximos a su final? El territorio ha cambiado, pero la historia es la misma. No dejo de pensar en Mujer Celeste, que parece mirarme a los ojos y preguntarme qué voy a entregar a cambio del don que he recibido, del mundo sobre las espaldas de Tortuga.

Nunca está de más recordar que la mujer original era una inmigrante. Se precipitó desde su hogar en las alturas del Mundo del Cielo y dejó atrás a cuantos la conocían y la apreciaban; que nunca pudo regresar. Desde 1492, la mayoría de los que residen aquí también son inmigrantes, y puede que al llegar a la isla de Ellis ni siquiera fueran conscientes de que estaban desembarcando en el caparazón de una tortuga. Algunos de mis antepasados eran del pueblo de Mujer Celeste, al que yo pertenezco. Otros fueron de una clase distinta de inmigrantes: un comerciante de pieles francés, un carpintero irlandés, un granjero de Gales. Y aquí estamos todos, tratando de levantar un hogar en Isla Tortuga. Ellos recuerdan también un viaje a un mundo nuevo sin nada en los bolsillos, un relato en el que resuena el viaje de Mujer Celeste. Ella también llegó con solo unas cuantas semillas y el exiguo consejo de «utilizar sueños y dones para hacer el bien». Es la indicación que todos hemos recibido. Mujer Celeste aceptó los dones del resto de las criaturas con las manos abiertas y los utilizó con honor. Compartió con ellas cuanto traía del Mundo del Cielo y se dedicó a cuidarlo, a crear un hogar.

Todos, siempre, estamos cayendo. Puede ser por ese motivo que la historia de Mujer Celeste no deja de cautivarnos. Nuestras vidas, las personales y las colectivas, comparten su trayectoria. Después de saltar o de que nos empujen o de que el límite del mundo conocido se desmorone bajo nuestros pies, nos precipitamos, girando hacia lo ignoto, lo inesperado. Tenemos miedo a caer. Los dones del mundo aguardan para sostenernos.

Al reflexionar sobre estas instrucciones, es bueno recordar que Mujer Celeste no venía sola cuando cayó al mundo. Estaba embarazada. Sabiendo que sus nietos heredarían el mundo, procuró que los beneficios de sus cuidados se prolongasen más que su propia estancia en él. Los inmigrantes se volvieron indígenas en la relación de reciprocidad con la tierra, en el dar y el recibir. Todos nos volvemos nativos de un lugar cuando actuamos como si el futuro de nuestra descendencia importara; cuando cuidamos de la tierra como si nuestras vidas, las materiales y las espirituales, dependieran de ello.

He escuchado la historia de Mujer Celeste contada en público como si no fuera más que un pintoresco retazo de «folclore». Pero el poder del relato sigue ahí, incluso cuando se malinterpreta. La mayoría de mis estudiantes nunca ha oído la historia del origen de la tierra en que nacieron, pero se les ilumina la mirada cuando se la cuento. ¿Logran ver en la historia de Mujer Celeste no un artefacto del pasado, sino una serie de instrucciones para el futuro? ¿Lo conseguimos el resto? ¿Puede una nación de inmigrantes seguir su ejemplo una vez más, hacerse nativa, crear un hogar?

Observa el legado de la pobre Eva y su exilio del Edén: en la tierra están grabadas las marcas de una relación abusiva. Y no solo en la tierra; más importante, en nuestra relación con ella. En palabras de Gary Nabhan, no habrá reparación, no habrá restauración, sin «re-historia-ción». Es decir, la herida de nuestra relación con la tierra no sanará hasta que no escuchemos sus relatos. Ahora bien, ¿quién puede contarlos?

La tradición occidental reconoce una jerarquía para las criaturas, en la que, por supuesto, el ser humano está en la cima —la cúspide de la evolución, el niño mimado de la Creación— y las especies vegetales en la base. Sin embargo, en los saberes indígenas el ser humano es «el hermano pequeño de la Creación». La criatura que menos experiencia tiene de la vida y, por tanto, que más debe aprender del resto de las especies, que son las maestras que nos guían. Estas transmiten sabiduría a través de la manera en que viven. Enseñan con el ejemplo. Llevan aquí mucho más tiempo que nosotros y, por tanto, han podido comprender más y mejor. Viven por encima y por debajo del suelo, uniendo la tierra con el Mundo del Cielo. Las plantas son capaces de utilizar la luz y el agua para crear alimentos y medicinas, que nos entregan después.

Me gusta pensar que cuando Mujer Celeste dispersó sus semillas por Isla Tortuga, se disponía a sembrar sustento para el cuerpo y para la mente, para la emoción, para el espíritu. Nos ofreció maestros de los que aprender a vivir. Las especies vegetales pueden contarnos su historia. Ahora nos toca a nosotros aprender a escuchar.

La asamblea
de los pacanos

Hace calor y la luz reverbera sobre la hierba. El aire ha adquirido tonos blanquecinos, se nota denso. No dejan de escucharse los chirridos de las cigarras. Han pasado todo el verano descalzos, y ahora, en septiembre de 1895, los rastrojos secos se les clavan en los pies mientras corren bajo el sol por la llanura, levantando los talones como si bailaran la danza de la hierba. Solo llevan una vara joven de sauce y unos pantalones desgastados, atados con una cuerda; se les marcan las costillas en el pecho estrecho, en la piel oscura. Fijan el rumbo en la sombra de la arboleda, donde la hierba es más suave y fresca, y se dejan caer sobre ella con el repentino abandono propio de los niños. Tras descansar unos segundos, se levantan y capturan varios saltamontes para utilizarlos como cebo.

Las cañas de pescar están donde las dejaron, apoyadas contra un viejo álamo. Ensartan los saltamontes en los anzuelos y lanzan el cordel, mientras el barro del fondo del arroyo rezuma y les refresca los dedos de los pies. En el mísero canal que ha dejado la sequía apenas corre el agua. Los únicos que pican son los mosquitos. La posibilidad de cenar pescado esta noche empieza a desvanecerse, todo lo contrario que el hambre. Parece que no habrá más que panecillos y salsa de jamón cocido para cenar. Otra vez. No les gusta volver a casa con las manos vacías, creen que decepcionan a mamá, pero hasta un panecillo seco sirve para engañar al estómago.

Aquí, a lo largo del río Canadian, en el centro de los Territorios Indios, la tierra es una inmensa llanura con algunas arboledas en las zonas bajas, cerca de los cursos de agua. Gran parte del terreno nunca se ha labrado, pues nadie dispone de arado. De sombra en sombra, los niños remontan el curso del riachuelo hasta su casa en las tierras adjudicadas, esperando sin éxito encontrar alguna poza profunda. Entonces, uno de los niños se golpea el dedo del pie contra algo parecido a una pelota, verde y muy dura, escondida entre las hierbas.

A su lado hay otra, y otra, y otra. Tantas que casi no encuentra sitio para apoyar el pie. El niño coge una y la lanza entre los árboles hacia su hermano, como si fuera una bola rápida de béisbol, gritando: «¡*Piganek*! ¡Nos las llevamos a casa!». Hace muy poco que han empezado a madurar y caer, pero ya alfombran la hierba. Los niños se llenan los bolsillos en un santiamén y hacen una enorme pila con las demás. Las pacanas son un buen alimento, pero son difíciles de transportar: es como intentar llevarse un montón de pelotas de tenis juntas. Cuantas más recoges, más se te caen. Ellos no quieren volver a casa con las manos vacías. Mamá se pondría tan contenta al verlos llegar con las nueces, pero solo pueden cargar unas cuantas…

El calor remite un poco cuando el sol se hunde y el aire del atardecer se asienta sobre las tierras bajas, el suelo está lo suficientemente fresco como para correr a casa por la cena. Mamá pega cuatro gritos y los niños vienen corriendo, disparadas sus piernas flacuchas y los calzones blancos brillando momentáneamente en la débil luz. Desde lejos parece que cada uno va cargado con un gran tronco en forma de Y sobre los hombros, una especie de yugo. Lo tiran al suelo con un gesto de triunfo: dos pares de pantalones desgastados, atados por abajo con un cordel, rebosantes de nueces.

Uno de esos niños escuchimizados era mi abuelo, que vivía en una casucha en las llanuras de Oklahoma, cuando estas eran aún «Territorio Indio» —justo antes de que el territorio desapareciera—, y que iba siempre con tanta hambre que recogía alimentos de donde fuera. De por sí, la vida es impredecible, y aún tenemos menos control sobre las historias que contarán de nosotros cuando nos hayamos ido. Al Abuelo le daría un ataque de risa si supiera que sus bisnietos no le recuerdan como veterano condecorado de la Primera

Guerra Mundial o como hábil mecánico capaz de arreglar los autos más modernos, sino por la anécdota de un niño descalzo que vivía en una reserva india y corría de vuelta a casa en calzoncillos porque llevaba los pantalones llenos de nueces de pacano.

El término *pacana* —el fruto del árbol conocido como *pacano* (*Carya illinoinensis*)— procede de las lenguas indígenas. *Pigan* significa «nuez». Cualquier nuez. Teníamos palabras propias para los nogales que crecían más al norte, donde había estado nuestro hogar, pero cuando nos expulsaron del territorio, nos arrebataron también los árboles, los nogales blancos, los nogales del pantano y los nogales americanos. Los colonos codiciaban las tierras alrededor del lago Míchigan y nos echaron de allí a punta de pistola, en las largas columnas que se conocerían como el «Camino de la Muerte». Nos condujeron a un lugar nuevo, nos separaron de nuestros lagos y bosques. Vinieron otros que también deseaban ese nuevo lugar, así que volvimos a levantar el campamento, cada vez más pequeño. En el espacio de una sola generación, mis antepasados fueron «desplazados» tres veces: de Wisconsin a Kansas, con varias escalas en el camino y, por último, a Oklahoma. Me pregunto si se dieron la vuelta para observar por última vez los lagos, el brillo del agua, como el de un espejismo. Eran conducidos por extensiones de hierba en las que cada vez había menos árboles. ¿Los acariciaban, quizá, al pasar por allí, acordándose de otros árboles?

Cuánto se perdió y se olvidó en ese camino. Las tumbas de la mitad de la población. Lenguas. Saberes. Nombres. Mi bisabuela, Sha-note, «El Viento Que Atraviesa», fue rebautizada como Charlotte. Los nombres que los misioneros o los soldados no eran capaces de pronunciar estaban prohibidos.

No me cabe duda de que respiraron aliviados cuando llegaron a Kansas y encontraron bosques de nogales junto a los ríos. Daban un tipo de nuez que no conocían, pero abundaban y el fruto era sabroso. Como no tenían nombre para el nuevo alimento, lo llamaron, simplemente, nuez —*pigan*—, de donde derivó *pecan* en inglés, *pacana*.

Solo hago tarta de pacana en Acción de Gracias, cuando somos suficientes para acabarla. La verdad es que no me gusta especialmente. La hago en señal de respeto hacia el árbol. Alimentar a los invitados sentados a la mesa con su fruto me hace pensar en la bienvenida que les dieron los árboles a nuestros antepasados cuando se sentían solos y cansados y tan lejos de su hogar.

Tal vez aquellos niños volvieron a casa sin pescado para la cena, pero lo que trajeron contenía casi tantas proteínas como una cordada de siluros. Las nueces son los peces del bosque, una fuente de proteína y grasa, «la carne de los pobres». Ellos eran pobres. Hoy las comemos con mucho más cuidado, tostándolas, quitándoles la cáscara, pero en aquella época las hervían para preparar papilla. La grasa emergía a la superficie, como en una sopa de pollo, y ellos la apartaban. Guardaban la mantequilla para el invierno. Era un buen alimento, rico en calorías y vitaminas, que es todo lo que hace falta para sobrevivir. El sentido último de las nueces es ese, al fin y al cabo: darle al embrión cuanto necesita para empezar una nueva vida.

* * *

El nogal blanco, el nogal del pantano, el nogal americano y el pacano son parientes cercanos de la misma familia (*Juglandaceae*). Nuestro pueblo los llevó consigo a todas partes, aunque no solían transportar el fruto en los pantalones, sino en cestos. Hoy los pacanos pueblan las fértiles riberas donde ellos se asentaron, siguiendo el curso de los ríos a través de las grandes llanuras. Mis vecinos haudenosaunees cuentan que a sus antepasados les gustaban tanto los nogales blancos que en la actualidad sirven para conocer el emplazamiento de antiguos poblados. Como era de esperar, hay un bosquecillo de nogales blancos, muy escasos en los bosques «naturales», en la colina de la que procede el arroyo que pasa junto a mi casa. Todos los años quito las hierbas que crecen junto a los árboles más jóvenes y los riego si la lluvia tarda en llegar. Para continuar recordando.

Un pacano da sombra a lo que queda de la antigua casa familiar en los terrenos adjudicados de Oklahoma. Imagino a mi abuela recogiendo nueces, imagino una nuez rodando hasta el umbral de la puerta. Dándome la bienvenida. Tal vez ella plantara varios nogales en el jardín para saldar la deuda.

Pienso en el viejo relato de mi abuelo y se me ocurre que los niños hicieron muy bien en llevarse a casa todas las nueces que pudieron recoger. Estos nogales no dan fruto todos los años. Producen a intervalos impredecibles. Hay años de abundancia entre varios de carestía, un ciclo de auge y escasez conocido como «vecería». A diferencia de las frutas jugosas y las bayas, que pueden comerse de inmediato y que casi parecen invitarnos a ello con su apariencia, para no estropearse, las nueces, y los frutos secos en general, están protegidas por una cáscara dura como una piedra y una corteza exterior verde, de una textura similar a la del cuero. El nogal no te anima a que te empapes del jugo de sus frutos. Es un alimento diseñado para el invierno, cuando se necesitan las calorías que proporcionan sus grasas y proteínas para mantener la temperatura corporal. Son un salvavidas en momentos de emergencia, el embrión de la supervivencia. El premio es tan valioso que ha de guardarse en una cámara doblemente acorazada, una caja dentro de otra. Así se protege el embrión y su reserva de alimentos, y se garantiza que el fruto esté siempre a buen recaudo.

La cáscara no es fácil de abrir. La ardilla que se quedara a roerla en campo abierto, donde cualquier halcón u otra rapaz pudieran verla, no sería muy inteligente. Las nueces están hechas para esconderlas, para guardarlas en la madriguera o en la bodega de una casucha de Oklahoma. Para más adelante. Como ocurre con todos los tesoros escondidos, siempre hay alguna que se extravía, olvidada. Y, entonces, nace un árbol.

Para que las especies veceras tengan éxito y produzcan nuevos bosques, cada árbol tiene que dar grandes cantidades de nueces, tantas que los diversos recolectores de semillas no den abasto. Si un árbol produjera solo unas pocas semillas cada año, estos se las comerían todas y entonces no habría nuevas generaciones de pacanos. Y dado el alto valor calórico de las nueces, los árboles no pueden permitirse una gran producción anual: tienen que ahorrar energía, reservarse, igual que hacen las familias antes de una fecha señalada. Los árboles veceros dedican varios años a producir azúcar y, en lugar de gastarla poco a poco, la esconden bajo el colchón, como se suele decir; almacenan calorías en las raíces en forma de almidón. Solo el año en que hubo superávit mi abuelo pudo llevarse a casa unos cuantos kilos de nueces.

Este ciclo de auge y escasez es el terreno en que los fisiólogos vegetales y los biólogos evolutivos formulan sus hipótesis. Según los ecólogos forestales, la vecería no es más que el resultado de esa ecuación energética: los árboles producen frutos solo cuando pueden permitírselo. Tiene sentido. Ahora bien, los árboles crecen y acumulan calorías a una velocidad diferente en función del hábitat. Lo que significaría que, así como algunos colonos obtuvieron tierras más fértiles, los árboles más afortunados se enriquecerían rápidamente y darían frutos con más frecuencia, mientras que sus vecinos pasarían apuros y tardarían años en reproducirse, limitando las temporadas de abundancia. Si esto fuera cierto, cada árbol tendría su propio ritmo y su propio ciclo, predecible por la cantidad de almidón acumulado en las raíces. Sin embargo, tampoco funciona así. Si un árbol da frutos, todos dan frutos. Aquí no hay solistas. Un árbol nunca va por su cuenta: va con la arboleda. Una arboleda nunca va por su cuenta: va con el bosque. Y todos los bosques del condado y todos los bosques del estado producen a la vez. Los árboles no se comportan como individuos, sino, en cierto sentido, como un colectivo. No sabemos exactamente por qué. Lo que sí vemos es la fuerza de la unión. Lo que le sucede a uno nos sucede a todos. Podemos pasar hambre juntos o saciarnos juntos. El florecimiento siempre es mutuo.

En el verano de 1895, las pacanas llenaban las bodegas bajo tierra de las casas en los Territorios Indios. También los estómagos de los niños y las ardillas. Ese momento de abundancia era un regalo para la gente, que tenía a su disposición grandes cantidades de alimento y solo tenía que levantarlo del suelo. Siempre, claro, que fueras más rápido que las ardillas. Y si no lo eras, podías consolarte pensando en los guisos de ardilla que comerías en invierno. La generosidad del bosque es múltiple. La prodigalidad mutua podría parecer incompatible con el proceso de la evolución, que se aferra a la supervivencia individual, pero es un error separar en este proceso el bienestar individual de la salud del conjunto. La abundancia de pacanas es también un don para ellas mismas. Cuando sacian tanto a las ardillas como a la gente, los árboles aseguran su propia supervivencia. Los genes que establecen este ritmo de producción se transmiten de una generación a la siguiente en corrientes evolutivas, mientras que aquellos individuos que no pueden participar son devorados y su genética desemboca en un callejón sin salida. Del mismo modo, solo aquellos que saben leer la tierra para encontrar nueces y transportarlas a la seguridad del hogar sobrevivirán a las nieves de febrero y pasarán ese comportamiento a su progenie, no por transmisión genética, sino mediante prácticas culturales.

Los científicos forestales utilizan la hipótesis de la saciedad del depredador para explicar la generosidad de las especies veceras. Se trataría de lo siguiente: cuando los árboles producen más de lo que las ardillas pueden comer, algunas nueces se salvan de la depredación. Del mismo modo, cuando las despensas de las ardillas están llenas de nueces, las hembras satisfechas tienen más crías en cada camada y la población de ardillas se dispara. Lo que significa que los halcones tienen más crías y que las madrigueras de los zorros también están llenas. Hasta que llega el otoño siguiente y se acaban los días felices, porque los árboles detienen la producción. No hay mucho con lo que las ardillas puedan llenar la despensa —vuelven a casa con las manos vacías—, así que tienen que salir en busca de alimento cada vez más lejos, exponiéndose a la vista de los halcones atentos y los zorros hambrientos, cuya población también ha aumentado. La proporción de depredadores y presas no juega en su favor y el hambre y la caza hacen que la población de ardillas se desplome, dejando a los bosques en silencio sin su constante cháchara. Casi podemos imaginar a los nogales susurrándose entonces: «Apenas quedan ya ardillas. ¿No sería este un buen momento para producir nueces?». Y las flores del pacano vuelven a dar una extraordinaria producción. Trabajando juntos, los árboles sobreviven y se extienden.

La política de deportación de los indios por parte del Gobierno federal expulsó de su hogar a muchas poblaciones nativas. Nos alejó de los saberes y formas de vida tradicionales, de los huesos de nuestros antepasados, de las plantas que nos ayudaban a existir, pero no logró acabar con nuestra identidad. El Gobierno probó entonces otro método: separó a los niños de sus familias y culturas y los envió a estudiar muy lejos, con la esperanza de que olvidasen quiénes eran.

Por todo el Territorio Indio se conservan registros de pagos a los llamados «agentes indios» que recogían niños para enviarlos a internados gubernamentales. Después, para que pareciera consentido, obligaban a los padres a firmar un documento donde decía que los habían dejado marchar, así, «legalmente». Aquellos que se negaban se arriesgaban a ir a la cárcel. Es posible que algunos creyeran en el futuro mejor que les prometían para sus hijos, mejor que trabajar una tierra semiárida. A veces detenían el suministro del racionamiento federal —harina con gorgojos y manteca rancia eran los alimentos que debían sustituir a la carne sagrada— hasta que los niños eran entregados. Un buen año de pacanas podía mantener a raya a los agentes durante algunos meses. Si un niño creía que lo iban a enviar lejos, a veces huía, medio desnudo, con los bolsillos llenos de comida. Los años de escasez traían de vuelta a los agentes, buscando a niños morenos y flacuchos que difícilmente iban a cenar esa noche. Quizá fue uno de esos años cuando la Abuela firmó los papeles.

Niños, idioma, tierras: nos lo arrebataron todo, nos lo robaron aprovechando que estábamos demasiado ocupados tratando de sobrevivir. La pérdida fue inmensa, pero había algo que nuestro pueblo no podía entregar: el significado de la tierra. La mente colonizadora considera que la tierra es una propiedad, un activo para la especulación, un capital o una fuente de recursos naturales. Pero para nuestro pueblo lo era todo: identidad, conexión con los antepasados, el hogar de nuestra familia no humana, la reserva de medicamentos, la biblioteca, el origen de cuanto nos permitía vivir. En ella se hacía manifiesta nuestra responsabilidad con el mundo. Era suelo sagrado, que solo se pertenecía a sí mismo: un don que recibíamos, no una mercancía. No podía comprarse ni venderse. Con las deportaciones, la gente se llevó estos significados consigo. Fuera en los territorios donde habían nacido o en aquellos a los que se los envió, la tierra común les daba fuerzas, algo por lo que luchar. Esas creencias, a ojos del Gobierno federal, suponían una amenaza.

De modo que, tras miles de kilómetros de marchas forzosas y expolios, y habiéndose asentado definitivamente en Kansas, el Gobierno federal apareció de nuevo y dispuso una nueva mudanza, esta vez a un lugar que ya les pertenecería para siempre, dijeron, un último desplazamiento. Es más, se les ofreció la ciudadanía estadounidense, formar parte del gran país que les rodeaba y quedar bajo su protección. Nuestros líderes, el abuelo de mi abuelo entre ellos, analizaron y debatieron la propuesta y enviaron delegaciones a Washington para tomarla en consideración. La Constitución de Estados Unidos no tenía poder para proteger la tierra natal de los pueblos indígenas, las deportaciones habían dejado eso claro. Pero la Constitución sí protegía explícitamente el derecho individual a la propiedad de la tierra. Tal vez ese era el camino para que los pueblos indígenas dispusieran de un hogar permanente.

A los líderes se les ofrecía el Sueño Americano, el derecho como individuos a tener propiedades, un derecho inalienable, no sujeto a los vaivenes de la política respecto a la cuestión india. Nunca más tendrían que abandonar sus tierras. Nunca más habría tumbas en las cunetas de los caminos polvorientos. Todo lo que tenían que hacer era renunciar a la posesión comunal de la tierra y aceptar la propiedad privada. Ese verano hubo pesadumbre en los consejos donde se sopesaron las diferentes opciones, que no eran muchas. Las familias se dividieron y se enfrentaron. Quedarse en Kansas en tierras comunales y arriesgarse a perderlo todo o mudarse a un Territorio Indio como propietarios individuales con garantías legales. Fue un verano muy caluroso. Esta histórica asamblea tuvo lugar en una zona umbría conocida como la Arboleda de los Pacanos.

Siempre hemos sabido que las plantas y los animales tienen sus propias reuniones y un idioma común. En particular, reconocemos a los árboles como maestros. Pero, al parecer, nadie escuchó aquel verano, cuando junto a la asamblea de los hombres se celebró la asamblea de los pacanos: «Aguanten unidos —dijeron—, actúen como uno solo. Nosotros hemos aprendido que la unión hace la fuerza, que un solo individuo es tan fácil de eliminar como el árbol que da sus frutos cuando los demás descansan». Sus consejos fueron ignorados o desatendidos.

De modo que las familias volvieron a cargar sus pertenencias en los carromatos y pusieron rumbo al oeste, a la tierra prometida, para convertirse en el Ciudadano Potawatomi. La primera noche que pasaron en las nuevas tierras, cansados y cubiertos de polvo pero esperanzados, se encontraron con un viejo amigo: una arboleda de pacanos. Detuvieron los carros al abrigo de sus ramas y se dispusieron a empezar de nuevo. Todos los miembros tribales, también mi abuelo, que no era más que un bebé, recibieron en propiedad la tierra que el Gobierno consideraba suficiente para ganarse la vida. Al aceptar la ciudadanía, se aseguraban de que no podían arrebatarles esas adjudicaciones. A no ser, claro, que el ciudadano no pagase los impuestos. O que otro terrateniente les ofreciera un barril de *whisky* y un montón de dinero, «aquí y ahora». Otros colonos blancos se apresuraron a quedarse con todas las parcelas no adjudicadas, igual que ardillas hambrientas en busca de nueces. Ya en la época de las adjudicaciones se perdieron más de dos tercios de las tierras de la reserva. En el espacio de una sola generación desde que se les «garantizó» la tierra, tras el sacrificio de cambiar el terreno comunal por la propiedad privada, se les despojó de la mayor parte de ella.

Los pacanos y otros árboles similares son capaces de llevar a cabo acciones concertadas, con una unidad de propósito que trasciende a los ejemplares individuales. Se aseguran de permanecer unidos para, así, sobrevivir. Aún no conocemos la manera en que lo hacen. Hay pruebas de que ciertos cambios ambientales desencadenan la producción de frutos, como una primavera particularmente húmeda o una larga temporada de crecimiento. Las condiciones físicas favorables, claro, contribuyen a que los árboles obtengan energía extra, que pueden destinar a las nueces. Pero, dada la diversidad de hábitats en que se produce la sincronía, no parece probable que el entorno sea la única explicación.

Los ancianos cuentan que, en épocas antiguas, los árboles hablaban entre ellos. Tenían sus propias reuniones y elaboraban sus propios planes. Sin embargo, hace ya tiempo que los científicos decidieron que las plantas son mudas y sordas y que permanecen aisladas en sí mismas, incapaces de comunicarse. De ese modo, la posibilidad de una conversación quedó anulada con efecto inmediato. La ciencia pretende ser exclusivamente racional, completamente neutral, un sistema de producción de conocimiento en el que la observación es independiente del observador. Y, sin embargo, se llegó a la conclusión de que las plantas no pueden comunicarse a partir de la idea de que carecen de los mecanismos que los *animales* utilizan para hablar. El potencial de las plantas se evaluó a través del prisma de las capacidades animales. Solo en los últimos años se ha tratado con cierto rigor la posibilidad de que las plantas puedan «hablar» unas con otras. Sin embargo, el polen lleva eones viajando con el viento, uniendo a los machos con las hembras receptivas para producir esas mismas nueces. Si podemos confiarle al viento la responsabilidad fecundadora, ¿por qué no la de transmitir mensajes?

Hoy se han hallado pruebas que confirman lo que decían nuestros ancianos: los árboles *están* hablando entre ellos. Nunca han dejado de hacerlo. Se comunican a través de feromonas, compuestos similares a las hormonas que flotan en la brisa y transmiten significados. Los científicos han identificado, por ejemplo, los compuestos específicos que un árbol expulsa cuando un insecto lo ataca, cuando las lagartas peludas se dan un atracón con sus hojas o los escolítinos se ceban con la corteza. El árbol envía entonces una señal de aviso: «Compañeros, ¿están ahí? Me están atacando. Tal vez quieran izar el puente levadizo y prepararse para lo que les espera». El viento discurre entre los árboles y estos perciben las moléculas de alarma, la caricia del peligro. Tienen tiempo para generar compuestos químicos de defensa. Árbol prevenido vale por dos. Al avisarse mutuamente, pueden repeler el ataque. El individuo se beneficia y con él, el bosque entero. Los árboles conocen el idioma de la defensa común. ¿No podrían también comunicarse para sincronizar la producción de frutos? Las posibilidades sensoriales humanas son limitadas y hay muchas cosas que no podemos percibir. Las conversaciones entre los árboles se encuentran aún lejos de nuestro alcance.

Algunos estudios acerca de las especies veceras sugieren que el mecanismo para la producción sincrónica no se encuentra en el aire, sino en la tierra. A menudo, los árboles del bosque están interconectados por redes subterráneas de micorrizas, unas variedades de hongos que habitan en las raíces de los árboles. Las simbiosis micorrizales permiten a los hongos absorber los nutrientes minerales del suelo y enviárselos al árbol a cambio de carbohidratos. Así, las micorrizas pueden formar puentes fúngicos entre árboles diferentes, y de ese modo todos los ejemplares del bosque quedan conectados. La función de estas redes consiste en redistribuir los carbohidratos de un árbol a otro. Como una especie de Robin Hood, toman de los ricos para dárselo a los pobres, y así todos presentan superávit de carbono al mismo tiempo. Tejen una red de reciprocidades, de dar y recibir. Conectados por los hongos, el conjunto de los árboles actúa entonces como uno solo. La unidad para la supervivencia. El florecimiento mutuo. Suelo, hongos, árbol, ardilla, niño: todos se benefician de la reciprocidad.

Con qué generosidad nos entregan el alimento. Se entregan a sí mismos, literalmente, para que nosotros podamos vivir. Y al entregar su vida, se aseguran también la supervivencia. Cuando nosotros aceptamos sus frutos, contribuimos a su beneficio en el círculo de la vida, en la cadena de la reciprocidad. En un bosque de pacanos es fácil vivir según los preceptos de la Cosecha Honorable: tomar solo lo que se nos ofrece, utilizarlo bien, agradecer el regalo y dar algo a cambio. Correspondemos a sus dones cuando cuidamos del pacano, lo protegemos de los peligros y plantamos semillas para que crezcan nuevos bosques, que den sombra a la pradera y alimenten a las ardillas.

Ahora, dos generaciones después de la deportación, después de las adjudicaciones, después de los internados y la diáspora, mi familia regresa a Oklahoma, a lo que queda de las tierras de mi abuelo. Desde lo alto de la colina, en la ribera, aún pueden verse algunos pacanos. Por las noches bailamos sobre el suelo en que se celebraban los *pow wows*. Las antiguas ceremonias le dan la bienvenida al amanecer. Nueve grupos potawatomis, dispersos por todo el país tras esta historia de desplazamientos, se reúnen de nuevo durante unos días al año en busca de arraigo, de pertenencia, y el aroma de la sopa de maíz y el sonido de la percusión se extienden por el ambiente. La Asamblea de Naciones Potawatomis es un remedio contra la estrategia de dividir y conquistar con la que trataron de separar a nuestros pueblos entre sí y de la tierra que los vio nacer. Son nuestros líderes quienes determinan el momento sincrónico de la Asamblea, pero, más importante que eso, es la red micorrizal que nos une a todos: una conexión invisible hecha de historia y familia y responsabilidad hacia quienes nos precedieron y hacia quienes nos sucederán. Como nación, empezamos ahora a seguir los consejos de nuestros ancianos, los pacanos: permanecer juntos en beneficio de todos. Estamos recordando lo que nos dijeron. Todo florecimiento es mutuo.

Este es un año de abundancia para mi familia; estamos todos en la Asamblea, nos hacemos fuertes en la tierra, como semillas dispuestas hacia el futuro. Igual que un embrión bien abastecido y protegido dentro de varias capas duras de corteza, hemos sobrevivido a los años de escasez y ahora florecemos juntos. Me dirijo caminando hacia la arboleda, tal vez el mismo lugar en el que mi abuelo se llenó los pantalones de nueces. Le sorprendería encontrarnos a todos aquí, bailando en círculo, acordándonos de los pacanos.

El don de las fresas

Una vez escuché a Evon Peter —padre, esposo, activista medioambiental, miembro de la tribu de los gwich'in y jefe del pueblo ártico, un pequeño pueblo en el noreste de Alaska— decir de sí mismo que era «un niño criado por un río». Una descripción tan certera y tan resbaladiza como las piedras del lecho del propio río. ¿Se refería únicamente a que había crecido en la ribera? ¿O a que el río era responsable de su formación, que le había enseñado cuanto era necesario para vivir? ¿Le había alimentado el cuerpo tanto como el alma? Criado por un río. Tengo la impresión de que ambas interpretaciones son válidas; que, de hecho, una no puede darse sin la otra.

A mí me criaron, en cierto sentido, las fresas. La tierra en la que crecían. También contribuyeron los arces, las tsugas, los pinos blancos, las varas de oro, los asteres y los musgos del norte del estado de Nueva York, pero fueron las fresas silvestres, bajo las hojas empapadas de rocío de las mañanas primaverales, las que conformaron mi comprensión del mundo, las que me enseñaron mi lugar en él. A espaldas de nuestra casa se extendían varios kilómetros de antiguos campos de heno, divididos por muros de piedra seca, que llevaban mucho tiempo sin cultivarse. El bosque aún no se había adueñado de ellos. Después de que el autobús de la escuela me dejara en lo alto de la colina, yo corría a casa, tiraba al suelo la mochila de cuadros rojos, me cambiaba de ropa antes de que mi madre pudiera mandarme alguna tarea y saltaba el arroyo para internarme entre las varas de oro. Nuestros mapas mentales contenían todas las señales que necesitábamos entonces: el fortín bajo los zumaques, el pedregal, el río, el enorme pino cuyas ramas estaban dispuestas de una manera tan regular que podías trepar por él como si se tratara de una escalera. Y los fresales.

En mayo brotaba entre la hierba encrespada el blanco de los pétalos y el amarillo central, como pequeñas rosas silvestres. Era la Luna de las Flores, *waabigwanigiizis*, y nosotros corríamos entre ellas cuando íbamos a cazar ranas y nos deteníamos a observarlas, bajo las hojas trifoliadas. Cuando la flor perdía los pétalos, un nudo verde, diminuto, aparecía, hinchándose a medida que los días se hacían más largos y cálidos, hasta convertirse en un pequeño fruto blanco. No podíamos resistirnos. Nos comíamos las fresas aunque aún estuvieran verdes y amargas.

El aroma a fresas maduras se percibe antes de verlas, una fragancia que se mezcla con la del sol sobre la tierra húmeda. Ese era el olor de junio, de los últimos días de escuela, de la libertad recobrada y de la Luna de las Fresas, *ode'mini-giizis*. La época en que me tumbaba boca abajo entre mis fresales favoritos y contemplaba cómo las fresas se hacían cada vez más dulces, cada vez más grandes. Recubiertas por las semillas, protegidas bajo las hojas, no abultaban más que una gota de lluvia. Desde mi posición privilegiada seleccionaba las más rojas y dejaba las que solo estaban rosadas para el día siguiente.

Después de más de cincuenta Lunas de las Fresas, aún me emociona encontrar fresas silvestres. Me inunda la gratitud, siento que no merezco la generosidad y el afecto de ese obsequio inesperado, envuelto en rojo y verde. «¿De verdad? ¿Para mí? No hacía falta, en serio». Llevo cincuenta años preguntándome cómo corresponder a esa generosidad. En ocasiones, creo que se trata de una pregunta muy simple, con una respuesta obvia: hay que comer las fresas que se te ofrecen.

No soy la única que se ha hecho estas preguntas. Las fresas están presentes en nuestros relatos acerca de la Creación del mundo. Mujer Celeste llevaba una niña en su vientre cuando cayó del Mundo del Cielo, una niña que creció sobre la tierra verde y buena, se convirtió en una mujer hermosa y amó y fue amada por el resto de las criaturas. Murió trágicamente cuando dio a luz a dos gemelos, Brote y Pedernal. Mujer Celeste la enterró, desconsolada. Sus últimos dones fueron las plantas que nacieron de su cuerpo, aquellas que tenemos en más alta estima. Del pecho le creció una fresa. En potawatomi, la fresa se conoce como *ode min*, el fruto del corazón. Para nosotros, son las primeras entre los frutos, las que nacen antes que ningún otro.

El mundo del que me hablaban las fresas era un mundo cuyos dones se me ofrecían. Se me entregaban sin que hubiera de hacer nada en particular, de manera libre, por propia voluntad. No eran recompensas, no podía ganármelos ni apropiarme de ellos ni merecerlos. Aparecían, sin más. Mi misión consistía en tener los ojos abiertos y estar presente. Los dones pertenecen al reino de la humildad y del misterio; su origen, como el de la bondad desinteresada, nos resulta desconocido.

Aquellos campos de mi infancia nos ofrecían más fresas, frambuesas y moras de las que podíamos desear, además de nueces en otoño, ramos de flores para mi madre y la posibilidad de ir a dar un paseo el domingo por la tarde. Eran nuestro patio de juegos, refugio, reserva de fauna silvestre, aula de ecología y el lugar en el que aprendimos a acertarles a unas latas sobre un muro de piedra seca. Todo gratis. O eso creía.

El mundo que entonces descubría era el de la economía del regalo, el de los «bienes y servicios» entregados por la tierra. En mi bendita ignorancia, desconocía que fuera de esos campos imperaba la economía salarial y que mis padres tenían que hacer enormes esfuerzos para cuadrar las cuentas.

En nuestra casa, casi siempre nos hemos hecho regalos fabricados a mano. Durante un tiempo pensé que esa era la definición de regalo: algo que creas para otra persona. En Navidad, nos hacíamos cerditos con botellas viejas de lejía para guardar el dinero, salvamanteles con pinzas de la ropa, marionetas con calcetines inservibles. Mi madre dice que era porque no teníamos dinero para comprar cosas en la tienda. Yo ahí no veo penuria alguna, sino un gran valor.

A mi padre le encantaban las fresas silvestres, así que para el Día del Padre mi madre solía prepararle pastel de fresa. Ella horneaba la masa hasta dejarla crujiente y batía la nata montada, y los niños nos encargábamos de ir por la fruta. Llevábamos uno o dos tarros cada uno y pasábamos el sábado anterior a la celebración en los fresales. Nos comíamos la mitad de las que recolectábamos, así que pasábamos allí el día entero. Al terminar volvíamos a casa y las esparcíamos por la mesa para quitarles los bichos. Estoy segura de que alguno se nos colaba, pero Papá nunca se quejó de la proteína extra.

Para él, de hecho, el pastel de fresa era el mejor regalo posible, o eso nos hacía creer. Era un regalo que no podía comprarse. Cuando recogíamos las fresas, no nos dábamos cuenta de que el regalo lo hacía la tierra, no nosotros. Nuestro regalo eran el tiempo y la atención y el cuidado y los dedos rojos. Frutos del corazón, qué duda cabe.

Los dones de la tierra y los regalos que nos hacen los demás crean relaciones particulares, una suerte de obligación de dar, recibir y corresponder. El campo nos entregó sus frutos. Nosotros le hacíamos un obsequio a mi padre y tratábamos de devolverles algo a las fresas. Al término de la recolección, las plantas ponen sus esperanzas en que unos pequeños frutos rojos produzcan nuevas plantas. A mí me fascinaba la forma en que recorrían la tierra, buscando el lugar apropiado, y me dedicaba a limpiar la hierba de las zonas en que se instalaban. Del fruto salían raíces diminutas y al final de la estación había nuevas plantas que florecerían bajo la siguiente Luna de las Fresas. Fueron ellas mismas las que nos mostraron este proceso, nadie más. Su don nos situaba en una nueva forma de relación.

Los granjeros de los alrededores cultivaban grandes extensiones de fresas y a menudo contrataban a los niños para la recolección. Mis hermanos y yo solíamos ir en bicicleta a la granja de los Crandall para ganar algo de dinero. La señora Crandall nos pagaba a quince centavos el kilo, pero no nos quitaba la vista de encima. Se quedaba a un lado de la parcela con su delantal y nos enseñaba a cogerlas y nos reprendía si aplastábamos algún fruto. Esa no era la única regla. «Las fresas son mías —decía—, no suyas. No quiero ver a ningún niño comiéndoselas». Yo ya había aprendido la diferencia: en los fresales que había detrás de mi casa las fresas solo se pertenecían a sí mismas. La señora Crandall las vendía a noventa centavos el kilo en el puesto que tenía junto a la carretera.

Resultó toda una clase de economía. Para llenar de fresas la cesta de la bicicleta, habríamos tenido que pagarle casi todo lo que habíamos ganado. Es cierto que sus fresas eran diez veces más grandes que las silvestres, pero también eran de mucha peor calidad. Nunca las habríamos usado en el pastel de Papá. No habría estado bien.

* * *

Resulta extraño que la manera en que recibes un objeto cualquiera —una fresa o un par de calcetines, por ejemplo— altere su naturaleza. Regalo o mercancía. Cuando compro un par de calcetines de lana en la tienda, a rayas rojas y grises, obtengo calor y confort. Puedo sentir gratitud hacia la oveja que produjo la lana y el trabajador que accionó la máquina de tejer, pero no siento hacia los calcetines una obligación *inherente* en cuanto mercancía, en cuanto propiedad privada. El único vínculo que establezco son las «gracias» corteses que le di al vendedor. Realicé un desembolso por ellos y la reciprocidad terminó en el momento en que le entregué el dinero. El equilibrio queda restablecido, se alcanza la igualdad de la ecuación y el intercambio termina. Los calcetines son ya de mi propiedad. JCPenney nunca recibirá una nota de agradecimiento de mi parte.

Ahora bien, ¿qué ocurre si esos mismos calcetines, a rayas rojas y grises, los hubiera tejido mi abuela y me los hubiera regalado? Eso lo cambiaría todo. El regalo establece una relación mucho más duradera. Le escribiría una nota de agradecimiento. Me ocuparía de cuidarlos y, si soy una nieta atenta, me los pondría cuando viniera de visita, aunque no me gustaran. En su cumpleaños, me aseguraría de regalarle algo para corresponderla. Según el escritor y académico Lewis Hyde, «la diferencia esencial entre un intercambio de regalos y otro de mercancías es que el regalo establece un vínculo emocional entre dos personas».

Las fresas silvestres encajan en la definición de regalo. Las que se compran en el supermercado no. Es en la relación entre el productor y el consumidor donde se encuentra la diferencia. He reflexionado mucho acerca de la economía de los dones y me ofendería profundamente encontrar fresas silvestres en el supermercado.

Querría secuestrarlas a todas. Nacieron para ser obsequio, no mercancía. Hyde nos recuerda que, en la economía de los dones, aquello que se da libremente no puede convertirse en capital de otra persona. Ya estoy viendo el titular: «Mujer arrestada por robar productos en el supermercado. El Frente para la Liberación de las Fresas se atribuye toda la responsabilidad».

Por ese motivo, tampoco vendemos hierba sagrada. Nos ha sido entregada y solo podemos regalársela a los demás. Mi querido amigo Wally *Oso* Meshigaud, uno de los guardianes del fuego de nuestro pueblo, utiliza a menudo la hierba en las ceremonias. Suele tener reservas abundantes y son muchos los que le ayudan a recolectarla, pero puede ocurrir que se quede sin existencias, especialmente en las grandes reuniones. En los *pow wows* y las ferias siempre hay gente vendiendo hierba sagrada a diez dólares el trenzado entre puestos donde se prepara *frybread* o se hacen tiras de abalorios. Cuando Wally necesita *wiingaashk* para la ceremonia, se acerca a uno de esos puestos. Se presenta al vendedor y le explica lo que necesita, igual que haría en una pradera, pidiéndole permiso a la hierba. No puede pagar por ella, no porque no tenga dinero, sino porque la hierba sagrada no puede comprarse ni venderse sin que la ceremonia pierda su esencia. Wally espera que los vendedores se la den por propia voluntad. Pero no siempre lo hacen. El que está en el puesto a veces piensa que el anciano quiere estafarlo y le dice: «No puedes llevarte algo a cambio de nada». Pero justo ahí está el meollo del asunto. Un don es algo a cambio de nada, algo a cambio de las obligaciones que lleva consigo. Al comerciar con la planta, esta pierde su carácter sagrado. Wally puede ofrecerles una enseñanza a los negociantes, pero nunca les dará dinero.

La hierba sagrada le pertenece a la Madre Tierra. Los recolectores saben cuál es la manera correcta de recogerla, la manera respetuosa, teniendo en cuenta el uso que le van a dar y las necesidades de la comunidad. Su atención al bienestar de la *wiingaashk* es la manera de devolverle el don a la tierra. La trenza que elaboran es un regalo, una señal de respeto, una forma de agradecer algo, de curar, de dar fuerzas. La hierba sagrada está en continuo movimiento. Cuando Wally se la entrega al fuego, el don pasa de mano en mano y se enriquece con cada intercambio.

Esa es la naturaleza esencial de los dones: el movimiento incesante, el continuo pasar que aumenta su valía. Los campos nos regalaron sus frutos y nosotros le hicimos un obsequio a nuestro padre. Cuanto más se comparte algo, más valor adquiere. A las sociedades basadas en la propiedad privada, que excluye la noción de lo común, les cuesta mucho comprender esto. Prácticas como las de cercar un terreno para que nadie pueda acceder a él, por ejemplo, son esperables en la economía de la propiedad, pero resultan inaceptables en aquellas sociedades que consideran la tierra un don para la comunidad.

Lewis Hyde ilustra esta disonancia de forma maravillosa en su análisis del *Indian giver* [el dador indio]. Esta expresión, que hoy se utiliza peyorativamente para describir al que da algo y después espera que se lo devuelvan, procede de una fascinante falta de entendimiento entre una cultura en la que prevalecía la economía de los dones y otra, la colonial, que intentaba extender el sistema de la propiedad privada. Cuando los nativos les entregaron regalos a los colonos, estos entendieron que eran valiosos y que debían quedárselos. Que deshacerse de ellos se consideraría una afrenta. Sin embargo, para los pueblos indígenas el valor de un regalo se basaba en la reciprocidad y la afrenta se producía cuando estos no se ponían en circulación y volvían de nuevo a sus manos. En muchas de nuestras enseñanzas antiguas aparece la idea de que todo lo que se nos ha dado debe darse de nuevo.

Desde el punto de vista de la economía de la propiedad privada, el «regalo» se considera «gratuito» porque lo obtenemos libre de cargo, sin costo alguno. Pero en la economía de los dones, los regalos no son gratuitos. La esencia del regalo es que crea una serie de relaciones. La moneda de cambio sobre la que se cimenta la economía de los dones es la reciprocidad. Para el pensamiento occidental, la propiedad privada de la tierra se sustenta en una «lista de derechos». En la economía de los dones, la propiedad lleva consigo una «lista de responsabilidades».

Hace años, tuve la suerte de pasar una temporada en los Andes, con un proyecto de investigación ecológica. Lo que más me gustaba era el día de mercado en el pueblo, cuando la plaza se llenaba de vendedores. Había mesas cubiertas de plátanos, carros con papaya fresca, puestos de vivos colores con pirámides de tomates y cubos de yuca peluda. En las mantas que algunos vendedores extendían en el suelo tenías todo lo que pudieras necesitar, desde chanclas hasta sombreros de palma. En cuclillas, detrás de la manta, una mujer con un chal a rayas y bombín azul oscuro desplegaba una gran variedad de raíces medicinales. Su arrugada hermosura. Aquellos colores, el aroma a limón ácido y maíz asado en la leña, y los sonidos de las voces se entreveran aún maravillosamente en mis recuerdos. Mi puesto favorito era el de Edita, que siempre me buscaba con la mirada. Me explicaba amablemente cómo cocinar ingredientes desconocidos y guardaba debajo de la mesa la piña más dulce para mí. En una ocasión tenía fresas a la venta. Sé que le pagué precio de gringa, pero la experiencia de abundancia y buena voluntad valía cada peso.

No hace mucho volví a soñar con aquel mercado y con todas sus vívidas texturas. Caminaba entre los puestos con una cesta bajo el brazo, como siempre, y me dirigía directamente a Edita por un manojo de cilantro. Conversamos y reímos, y cuando saqué las monedas, ella las rechazó y me despidió con unas palmaditas en el brazo. «Un regalo», dijo. «Muchas gracias, señora», contesté. Estaba también mi panadera favorita, con los paños limpios dispuestos sobre las hogazas redondas. Señalé varios panecillos, abrí el monedero y ella también hizo un gesto de rechazo, como si la propuesta de pagarle fuera descortés. Miré a mi alrededor, desconcertada; este era el mercado que conocía y, sin embargo, todo había cambiado. No solo para mí: ningún cliente pagaba nada. Me invadía la euforia mientras recorría los puestos. La gratitud era la única forma de pago aceptable. Todo era un regalo. Volvía a recolectar fresas en el campo de mi niñez: los mercaderes solo eran intermediarios que transmitían los dones de la tierra.

Miré la cesta: había dos calabacines, una cebolla, tomates, pan y un poco de cilantro. Aún estaba medio vacía, pero yo tenía la impresión de haberla llenado. Tenía todo lo que necesitaba. Me giré hacia el puesto de quesos y pensé en acercarme por uno, pero, sabiendo que me lo regalarían, que no iba a pagarlo, decidí que no lo necesitaba. Resultaba extraño: si simplemente hubieran rebajado el precio de todos los productos del mercado, probablemente habría adquirido más cosas. Pero, dado que todo era un regalo, me sentía cohibida. No quería tomar demasiado. Y empecé a pensar en cómo corresponder a los vendedores al día siguiente con mis propios regalos.

El sueño se desvaneció, claro, pero las sensaciones, la euforia primero y la contención después, permanecieron. He vuelto a pensar en ello a menudo. En el sueño viví la transformación de una economía de mercado en una economía de dones, los bienes privados convertidos en riqueza común. Y en esa transformación, las relaciones que se forjaban resultaban de tanto provecho como los alimentos que me llevaba. En cada puesto y cada manta del mercado veía la compasión y el calor humano transmitirse de mano en mano. Juntos, celebrábamos la abundancia de cuanto se nos había dado. Todas las cestas contenían lo suficiente para una comida, la justicia se había realizado.

Soy una científica especializada en botánica y quiero hablar con precisión. Pero también soy poeta, el mundo se comunica conmigo a través de metáforas. Cuando hablo del don de las fresas no me refiero a que la *Fragaria virginiana* se haya pasado la noche en vela preparándome un regalo, planeando la producción de aquello que anhelaré a la mañana siguiente. Hasta donde yo sé, tal cosa es imposible, aunque como científica comprendo también que lo que sé es bien poco. Sin embargo, la planta sí ha pasado la noche en vela mezclando azúcar y semillas y olores y colores. Así es como aumentan sus posibilidades evolutivas. Si consigue que un animal —yo misma— se lleve sus frutos y los disemine, los genes que definen la producción de tales delicias se transmiten a las siguientes generaciones con mayor frecuencia que los de las plantas que dan frutos menos apetecibles. La calidad del fruto modifica el comportamiento de los agentes de dispersión y tiene, por tanto, consecuencias adaptativas.

Lo que quiero decir, entonces, es que las relaciones entre el ser humano y las fresas se transforman cuando cambiamos nuestra forma de entenderlas. Es la percepción humana lo que hace del mundo un regalo. Y en esa percepción tanto las fresas como los humanos resultamos transformados. El vínculo de gratitud y reciprocidad que se establece puede aumentar la aptitud evolutiva de la planta tanto como la del animal. Una especie y una cultura respetuosas con el mundo natural, capaces de corresponder a sus dones, pasarán sus genes a las generaciones futuras con mayor frecuencia que aquellas especies y aquella cultura que lo destruyen. Los relatos que modelan nuestros comportamientos, entonces, tienen consecuencias adaptativas.

Lewis Hyde ha llevado a cabo muchos estudios sobre la economía de los dones. En su opinión, «los objetos [...] se dan en abundancia *porque* se ven como regalos». Una relación con la naturaleza basada en los dones supone un constante «dar y recibir que reconoce nuestra participación en el progreso natural y nuestra dependencia de él. Preferimos entonces responder a la naturaleza como si esta fuera una parte de nosotros mismos, no como algo extraño o ajeno que podamos explotar. El intercambio de dones es la forma más adecuada de comercio, pues contribuye al progreso de la naturaleza y armoniza con él».

En otras épocas, cuando la gente unía sus vidas íntimamente con la tierra, era fácil reconocer el mundo como un regalo. En otoño, los cielos se cubrían de bandadas de gansos y sus graznidos se escuchaban por todas partes. «Aquí estamos», decían. La gente recordaba la historia de la Creación, de cuando los gansos habían ido al rescate de Mujer Celeste. La gente tenía hambre, el invierno estaba cerca y estas aves llenaban los estanques de comida. Eran un regalo, que la gente recibía con gratitud, amor y respeto.

Pero cuando la comida no procede de una bandada de gansos en el cielo, cuando uno no siente sus plumas enfriándose entre las manos y no sabe que una vida se ha entregado por la suya, cuando no hay gratitud a cambio, ese alimento no satisface. Llena el estómago, pero deja hambriento al espíritu. Algo se ha roto cuando la comida procede de una bandeja de poliestireno envuelta en plástico, el caparazón de una criatura que no conoció más vida que la de una jaula atestada. Esa vida no es un regalo, es un robo.

¿Cómo volveremos a comprender el mundo como un don? ¿Cómo sacralizaremos de nuevo nuestra relación con él? Soy consciente de que no todos podemos convertirnos en cazadores-recolectores —la tierra no lo soportaría—, pero incluso en una economía de mercado ¿no podemos comportarnos «como si» el mundo fuera un obsequio que se nos ha entregado?

Para empezar, podríamos escuchar a Wally. Habrá gente que te querrá vender lo que debería regalarse, pero, igual que decía él de la hierba sagrada, «no lo compres». Negarse a participar es una opción moral. El agua es un don que se nos ha entregado, no puede comprarse ni venderse. No la compres. Cuando la comida le haya sido arrancada a la tierra, agotando los suelos y envenenando al resto de las criaturas en nombre de la productividad, no la compres.

Lo cierto es que las Fresas no se pertenecen más que a sí mismas. Las relaciones de intercambio que elegimos para nuestra vida determinan si las compartimos como un regalo común o las vendemos como mercancía privada. En esa decisión hay mucho en juego. Durante la mayor parte de la historia de la humanidad, y aún en algunos lugares, la norma general fue la distribución comunal de los recursos. Sin embargo, aparecieron sociedades que inventaron una historia diferente, una construcción social en la que todo es una mercancía que ha de comprarse o venderse. El relato de la economía de mercado se ha extendido como un incendio descontrolado, con resultados desiguales para el bienestar humano y la devastación del mundo natural. Pero no es más que eso, un relato que nos hemos contado, y somos libres de contarnos otro diferente. O de recuperar los relatos antiguos.

Uno de estos relatos puede conservar los sistemas de vida de los que dependemos. Uno de estos relatos nos permite vivir con gratitud y asombro ante las riquezas y la generosidad del mundo. Uno de estos relatos nos pide que sigamos repartiendo los dones que recibimos, que celebremos nuestro parentesco con el mundo. Podemos elegir. Cuando el mundo entero es una mercancía, el ser humano termina sumido en la pobreza. Cuando es un obsequio, en constante movimiento, nos hacemos ricos.

En los fresales de detrás de mi casa, mientras aguardaba a que las fresas madurasen, solía comerme los frutos aún blancos, amargos. A veces porque tenía hambre, pero normalmente porque no podía esperar. Conocía los resultados a largo plazo de mi avaricia cortoplacista, pero eso no me detenía. Afortunadamente, nuestra capacidad para el autocontrol aumenta y se desarrolla con el tiempo, como los frutos debajo de las hojas. Aprendí a esperar. Un poco, al menos. Recuerdo estar tumbada de espaldas, observando las nubes pasar, y girarme cada pocos minutos para ver cuánto habían madurado los frutos. Era pequeña y pensaba que los cambios se producían a esa velocidad. Ahora he crecido y sé que toda transformación es lenta. La economía mercantil lleva aquí, en Isla Tortuga, más de cuatrocientos años, acabando con las fresas silvestres aún blancas y con todo lo demás. Pero la gente ya está cansada de sentir esa amargura en la boca. Cada vez es más fuerte nuestra añoranza por un mundo hecho de dones. Cada vez estamos más cerca de recuperarlo. Puedo olerlo, como la fragancia de las fresas maduras que se levanta con la brisa.

Una ofrenda

Nuestro pueblo era un pueblo de agua y canoas. Hasta que nos hicieron caminar. Hasta que levantamos los campamentos junto al lago y nos obligaron a sustituirlos por ranchos tierra adentro, por polvo. Nuestro pueblo era un círculo, hasta que nos dispersaron. Nuestro pueblo compartía un mismo idioma para agradecer los días, hasta que nos obligaron a olvidar. Pero no olvidamos. Ni por asomo.

Cuando era pequeña, en las mañanas de verano solía despertarme el ruido de la puerta de la letrina: el chirrido de los goznes y el golpe amortiguado al cerrarse. Mi conciencia salía del sueño estival entre el canto de los verderones y los tordos, al ritmo del golpeteo del agua del lago, sobre el que se superponía el ruido de mi padre llenando el depósito de la cocina portátil. Para cuando mi hermano, mis hermanas y yo salíamos de los sacos, el sol despuntaba ya sobre la orilla oriental del lago y deshacía las largas volutas blancas de niebla. La pequeña cafetera de aluminio rugía, abollada y ennegrecida por el humo de muchos fuegos. En eso consistían nuestros veranos: viajes en canoa y acampadas en las montañas Adirondacks.

No se me olvidará nunca la imagen de mi padre sobre las rocas, mirando al lago, con su camisa de lana a cuadros rojos. Lo veo levantar la cafetera del fuego y, en ese momento, interrumpimos el ajetreo matutino. Nadie nos ha dicho que tengamos que hacerlo, pero nos volvemos hacia él. Se dirige al límite del campamento con la cafetera en la mano, sujeta la tapa con un trapo doblado y echa al suelo el café, que forma un denso arroyo marrón sobre la tierra.

El sol ilumina el chorro. Franjas negras, marrones y ambarinas brillan a medida que el líquido cae y humea en el aire frío de la mañana. Mi padre se vuelve hacia el sol, vierte el café y le habla al silencio: «Esto es para los dioses de Tahawus», dice. El líquido recorre la superficie pulida del granito hasta incorporarse a las aguas del lago, tan límpidas y marrones como el propio café. Se escurre entre los líquenes pálidos y empapa diminutas alfombras de musgo hasta desembocar en una mínima garganta de roca que lo lleva al agua. El musgo se hincha a su paso y despliega sus hojas al sol. Solo entonces mi padre sirve dos tazas de café humeante, una para él y otra para mi madre, que está preparando panqueques junto al fuego. Así es como empiezan todas las mañanas en los bosques del norte. Esas son las palabras que van antes que todo lo demás.

Estaba bastante segura de que el resto de las familias de nuestro entorno no empezaban así el día, pero ni yo pregunté por el origen de esas palabras ni mi padre me lo explicó nunca. Eran parte de la vida familiar en los lagos. Su ritmo me hacía sentir en casa y el conjunto de la ceremonia trazaba un círculo alrededor de nosotros. Era la manera en que mi padre decía: «Aquí estamos», y yo imaginaba que la tierra nos escuchaba y murmuraba para sí misma: «Oh, han venido los que saben dar las gracias».

En las lenguas algonquinas, Tahawus es el monte Marcy, la montaña más alta de las Adirondacks. Lo llamaron monte Marcy en honor a un gobernador que nunca pisó sus agrestes laderas. El verdadero nombre, el que hace referencia a su naturaleza esencial, es Tahawus, «El Que Raja Las Nubes». Los potawatomis sabemos que existen nombres públicos y nombres verdaderos. Los verdaderos solo se utilizan con los seres más cercanos y durante las ceremonias. Mi padre había subido muchas veces a la cima del Tahawus y por eso conocía su nombre verdadero: había experimentado íntimamente ese lugar y la relación con quienes le precedieron. Cuando llamamos a un lugar por su nombre verdadero, hacemos de él un hogar. En aquella época, yo imaginaba que la montaña poseía también el secreto de mi verdadero nombre, uno que yo desconocía.

A veces mi padre se dirigía a los dioses de Forked Lake, o de South Pond, o de Brandy Brook Flow, el lugar en que hubiéramos acampado esa noche. Descubrí que cada territorio tenía sus propios espíritus, que era el hogar de otros que habían llegado antes y hacía tiempo que se habían marchado. Cuando él pronunciaba el nombre y hacía su ofrenda, el primer café de la mañana, nos estaba enseñando a respetar a otros seres y a dar las gracias por las mañanas de verano.

Sabía que, en otra época, nuestro pueblo había expresado la gratitud mediante canciones matinales, oraciones y tabaco sagrado. Pero ahora no teníamos tabaco sagrado ni canciones: se las habían arrebatado a mi abuelo y a mi familia a las puertas del internado. La historia, sin embargo, sabía dibujar su círculo, y ahí estábamos ahora, la generación siguiente, de vuelta en los lagos repletos de colimbos de nuestros antepasados, recorriendo sus aguas en canoa.

Mi madre tenía rituales propios para mostrar respeto, más pragmáticos, que convertían la reverencia y la intención en acto. Antes de que nos subiéramos a la canoa para abandonar el sitio en el que habíamos dormido, nos obligaba a dar una vuelta para asegurarnos de que lo dejábamos impoluto. No se le escapaba ni una cerilla quemada, ni un trozo de papel. «Hay que dejar este lugar mejor de lo que lo encontramos», nos advertía. Y nosotros lo hacíamos. También teníamos que preparar leña para el próximo que llegara, con la yesca y las astillas convenientemente protegidas de la lluvia bajo una corteza de abedul. Me gustaba imaginar la alegría de los próximos navegantes, al llegar tal vez de noche y descubrir el montón de madera dispuesta para calentarles la comida. La ceremonia de mi madre también nos unía a ellos.

Esas ofrendas se realizaban únicamente a cielo abierto, nunca en el pueblo en que vivíamos. Todos los domingos, cuando el resto de niños asistía a la iglesia, a nosotros nos llevaban a recorrer el río en busca de garzas y ratas almizcleras, o al bosque a recolectar flores primaverales, o a comer al campo. Era entonces cuando reaparecían las palabras. Algunos días de invierno caminábamos toda la mañana con raquetas y preparábamos un fuego en el centro de un círculo que limpiábamos con nuestros pasos. En la olla borboteaba la sopa de tomate y la primera cucharada se le asignaba, indefectiblemente, a la nieve. «Esto es para los dioses de Tahawus».

Una vez hecha la ofrenda, podíamos los demás calentarnos las manos, envueltas en mitones, con las tazas humeantes.

Al alcanzar la adolescencia, tales ofrendas empezaron a provocarme tristeza y enfado. El círculo que me había otorgado una sensación de pertenencia parecía volverse del revés. Lo que escuchaba en las palabras era el mensaje de nuestro desarraigo, un idioma que era el idioma del exilio. Realizábamos ceremonias de segunda mano. Los que conocían la auténtica ceremonia, hablaban el idioma perdido y sabían los nombres verdaderos, el mío incluido, no estaban con nosotros.

Pero seguía contemplando cada mañana de verano la desaparición del café entre el mantillo marrón de la tierra desmoronada, un fluir que parecía volver a sí mismo. Igual que el líquido abría las hojas del musgo al fluir entre ellas, la ceremonia ofrecía una nueva vida en un mundo inerme, y el corazón y la mente se me desplegaban a algo que ya sabía, pero que había olvidado. Las palabras y el café nos invitaban a recordar que estos bosques y estos lagos eran un regalo. Las ceremonias, las grandes y las pequeñas, nos ayudan a concentrarnos en una forma de vivir más despierta, más consciente del mundo. Lo visible se volvía invisible, se mezclaba con la tierra. Me sentía fuera de lugar, pero era capaz de reconocer que, aun en una ceremonia de segunda mano, la tierra se bebía el café, como si fuera eso y nada más lo que debía hacer. La tierra sabe quién eres, aunque tú te encuentres perdida.

La historia de un pueblo se mueve como una canoa atrapada por la corriente, siempre de vuelta al origen. Mientras yo crecía, mi familia localizó los vínculos tribales que la historia había deshilachado, pero no destruido. Encontramos a gente que conocía nuestros verdaderos nombres. Y en el primer amanecer en Oklahoma en que escuché un mensaje de gratitud hacia las cuatro direcciones —la ofrenda hecha en la antigua lengua del tabaco sagrado— me pareció que era mi padre el que lo pronunciaba. El idioma era distinto, pero el espíritu era idéntico.

La ceremonia solitaria de mi familia bebía del mismo vínculo con la tierra, del mismo respeto y la misma gratitud. Ahora el círculo que nos comprendía se había ampliado alrededor de todo un pueblo, al que volvíamos a pertenecer. En la ofrenda seguíamos diciendo: «Aquí estamos», y yo aún oía la voz de la tierra que, al terminar, susurraba para sí: «Oh, han venido los que saben dar las gracias». Hoy mi padre puede pronunciar su oración en nuestro idioma. Pero en sus palabras yo seguiré escuchando aquel «Esto es para los dioses de Tahawus» que le precedió.

Al presenciar las ceremonias antiguas, comprendí que nuestra ofrenda del café no era de segunda mano. Era nuestra.

Buena parte de quien soy ahora y de cuanto hago estaba ya en aquella ofrenda que mi padre hizo junto al lago. Todas mis mañanas empiezan aún con una versión del «Esto es para los dioses de Tahawus», una declaración de gratitud por el día que se me ofrece. Mi trabajo como ecologista, como escritora, como madre y como exploradora de los caminos que unen los saberes tradicionales y el conocimiento científico emerge de la fuerza de esas palabras. Me recuerdan quién soy; me recuerdan los dones que he recibido y las responsabilidades que conllevan. La ceremonia es el medio en que se realiza la pertenencia: a una familia, a un pueblo y a la tierra.

Con el tiempo, me pareció entender la ofrenda a los dioses de Tahawus. Para mí, era lo único que no se había olvidado y que la historia no podía arrebatarnos: la noción de que pertenecíamos a la tierra, de que éramos el pueblo que sabía dar las gracias. Manaba de un recuerdo en la sangre, profundo, que habíamos conservado gracias al territorio, a los lagos y al espíritu. Pero años después, cuando mi respuesta ya me parecía cierta, le pregunté a mi padre:

—¿De dónde venía aquella ceremonia? ¿Te la enseñó tu padre, y a él el suyo? ¿Se remonta a los tiempos de las canoas?

Se quedó pensativo bastante tiempo.

—No, no creo. Es algo que hacíamos. Algo que parecía correcto hacer. —Eso fue todo.

Sin embargo, cuando volvimos a hablar unas semanas después, me dijo:

—He estado pensando en lo del café y en cómo empezamos a echárselo a la tierra. Verás, el café lo cocíamos. No teníamos filtro, y cuando el café cuece mucho, el poso sube y se queda en la boca de la cafetera. Creo que al principio solo tratábamos de limpiar el pitorro.

Fue como si me hubiera dicho que el agua no se convertía en vino. ¿Toda la red de gratitud, toda aquella historia sobre la memoria no había sido más que la manera en que mi padre tiraba los posos del café al suelo?

—Pero ¿sabes una cosa? —me dijo—, no siempre estaba sucio. Acabó por convertirse en algo diferente. Una idea. Una especie de respeto, de agradecimiento. En aquellas hermosas mañanas de verano, supongo que podrías decir que se trataba de un momento de júbilo.

Ese es, creo, el poder de las ceremonias: unen lo mundano con lo sagrado. El agua se convierte en vino, el café en oración. Lo material y lo espiritual se entreveran con el mantillo de la tierra, se transforman como el vapor que mana de la taza hacia la neblina de la mañana.

¿Qué otra cosa podrías ofrecerle a la tierra, que ya lo tiene todo? ¿Qué otra cosa puedes darle, sino una parte de ti mismo? Una ceremonia casera, una ceremonia capaz de levantar una casa, de formar un hogar.

Asteres y varas de oro

La fotografía de una joven que sostiene una pizarra con su nombre y el texto «Clase del 75» escrito en tiza; una joven de tez oscura como la piel del ciervo, de pelo largo, moreno, y unos impenetrables ojos negros, ineludibles. Me acuerdo de ese día. Llevaba la camisa de cuadros que me habían regalado mis padres. Pensaba que era el distintivo de todos los biólogos forestales. He vuelto a observarla a menudo y siempre me ha traído cierto desconcierto. La joven que aparece en la imagen no transmite el entusiasmo con que recuerdo mi primer día de universidad.

Había preparado en casa las respuestas para la entrevista de ingreso. Quería causar una buena impresión. En aquella época apenas había mujeres estudiando Ciencias Forestales y, desde luego, ninguna tenía mi aspecto. El supervisor me miró por encima de las gafas y me preguntó: «Veamos, ¿por qué quiere estudiar Botánica?». El lápiz estaba sobre el formulario de admisiones.

¿Qué responder a eso? ¿Cómo decirle que llevaba estudiando botánica desde la cuna, que tenía cajas de zapatos llenas de semillas y montones de hojas prensadas bajo la cama, que detenía la bicicleta cada vez que veía una especie nueva, que las plantas daban color a mis sueños, que eran ellas las que me habían elegido? Decidí contar la verdad. Había sopesado la respuesta a conciencia y estaba orgullosa de su sofisticación, sin duda sorprendente para una estudiante de primer año: demostraba que ya conocía algunas especies y sus hábitats, que reflexionaba en profundidad sobre la naturaleza y que estaba preparada para la exigencia del trabajo universitario. Quería estudiar Botánica para descubrir por qué los asteres y las varas de oro resultaban tan hermosos juntos. Eso contesté. Debí sonreír en ese momento, feliz con mi camisa de cuadros rojos.

Él no lo hizo. Dejó el lapicero como si fuera inútil anotar lo que acababa de escuchar, y me dijo, dedicándome un gesto de decepción: «Señorita Wall, he de informarle de que la ciencia no es eso. Que eso no es de lo que se ocupa un científico». Sin embargo, se propuso llevarme por el buen camino: «Voy a inscribirla en Botánica General para que aprenda de qué se trata». Y así empezó todo.

Me gusta pensar que el aster y la vara de oro fueron las primeras flores que vi, por encima del hombro de mi madre, cuando levantaba el velo rosa que me cubría los ojos y los colores me inundaban la conciencia. He oído que las experiencias tempranas pueden sensibilizar el cerebro con relación a ciertos estímulos, que permiten que los procesemos de manera más veloz, más precisa, y que los recordemos para siempre, recuperándolos una y otra vez. Es el amor a primera vista. A través de la visión borrosa, recién nacida, es posible que esos colores radiantes formaran las primeras sinapsis botánicas en mi cerebro, cuyo único contenido hasta el momento eran imágenes imprecisas de rostros rosáceos. Supongo que en aquella época yo, un pequeño bebé rechoncho envuelto en mantas, era el centro de todas las miradas, pero la mía no se apartaba de la vara de oro y los asteres. Había nacido en ellos. Regresaban siempre para mi cumpleaños, haciéndome partícipe de una celebración mutua.

En estas montañas, cada octubre la gente corre a las laderas para contemplar el espectáculo de los colores encendidos de los árboles, pero a menudo se olvidan del sublime preludio de las praderas en septiembre. Como si no fueran suficientes los regalos de la cosecha —melocotones, uvas, maíz tierno, calabazas—, los campos se convierten en una verdadera obra de arte, surcados por lacerías doradas y remates morados.

El amarillo cromado de la vara de oro de Canadá brota en deslumbrantes arquivoltas, como fuegos artificiales. Cada tallo, de casi un metro de altura, es un géiser de diminutas flores doradas, sutiles en su pequeñez, exuberantes en masa. Cuando la tierra es lo suficientemente húmeda, se le une un compañero perfecto, el aster de Nueva Inglaterra. Sus colores no son el lavanda o azul cielo de los asteres domésticos, pálidos, que crecen en los bosques: este despliega un intenso morado que haría palidecer a las mismas violetas. La hilera de pétalos, similares a los de la margarita común, rodean un centro brillante como el sol de mediodía, un pozo de subyugantes tonalidades naranjas, ligeramente más oscuro que las varas de oro que lo rodean. Cada una de ellas es una especie superlativa en sí misma, pero juntas crean un efecto visual extraordinario. Morado y oro, colores heráldicos del rey y la reina de la pradera, una regia procesión en tonos complementarios. Eso era lo que yo buscaba comprender.

¿Por qué se dan una junto a la otra cuando podrían crecer por separado? ¿Por qué este par en particular? Los campos están plagados de tonos rosáceos y blancos y azules, ¿es mera casualidad que el esplendor del dorado y el violeta acaben uno al lado del otro? El propio Einstein dijo que «Dios no juega a los dados con el universo». ¿Cuál es el origen de esta disposición? ¿Cuál es la razón de que el mundo sea tan hermoso? *A priori* no existe ningún motivo evidente: las flores podían resultarnos feas y seguir cumpliendo su función. Sin embargo, no ocurre así. A mí me parecía una buena pregunta.

«Eso no es ciencia», me indicó el supervisor. La botánica no se ocupa de tales problemas. Yo quería saber por qué ciertos tallos se doblan fácilmente cuando haces una cesta y otros se rompen, por qué los frutos más grandes crecen a la sombra y por qué las plantas ponen remedios medicinales a nuestra disposición. Qué especies pueden comerse, por qué esas pequeñas orquídeas rosas solo crecen bajo los pinos. «Eso no es ciencia», señaló, y quién sino él, erudito profesor de Botánica con laboratorio propio, iba a saberlo. «Y si lo que quieres es estudiar la belleza de las flores, harías mejor en matricularte en la escuela de arte». Lo cierto es que no me había resultado fácil elegir facultad. Había dudado entre estudiar Botánica o Poesía. Todo el mundo me había dicho que no podía dedicarme a ambas, así que me decidí por las plantas. Y ahora el supervisor añadía que la ciencia no se ocupaba de la belleza, que el vínculo que une a las plantas y a los seres humanos no entraba en el plan de estudios.

No sabía qué contestar. Me había equivocado. En mi interior no bullía ninguna lucha, solo la vergüenza del error. Carecía de respuesta, de palabras de resistencia. Me inscribió en el curso y me pidió que me sacara una fotografía para terminar el proceso de admisión. Estaba ocurriendo otra vez, aunque en ese momento no me diera cuenta: eran los ecos del primer día de clase de mi abuelo, cuando le ordenaron abandonar todo lo que traía consigo: idioma, cultura, familia. Aquel profesor cuestionó mi procedencia, mis conocimientos, mientras reafirmaba la suya como la forma *correcta* de pensar. Al menos, no me obligó a cortarme el pelo.

Al pasar de los bosques de mi infancia a la universidad, había cruzado, sin darme cuenta, la frontera entre dos formas de entender el mundo, de la historia natural basada en la experiencia, donde las plantas eran maestras y compañeras y una responsabilidad mutua me unía a ellas, al reino de la ciencia. Las preguntas que formulaban los científicos no eran sobre «¿Quién eres tú?», sino «¿Qué es esto?». Nadie interrogaba directamente a las plantas con un «¿Qué puedes contarnos?». La cuestión principal era, siempre: «¿Cómo funciona eso?». La botánica que me enseñaron era reduccionista, mecanicista, estrictamente objetiva. Las plantas quedaban reducidas a objetos; no eran sujetos en modo alguno. La manera de concebir y enseñar la disciplina excluía a la gente como yo. Todo lo que hasta ese momento había creído acerca de las plantas tenía que ser falso. Esa era la única opción.

Aquella primera clase de ciencia botánica fue un desastre. Aprobé de milagro y no conseguí que la memorización de las diversas concentraciones de nutrientes esenciales me apasionara. En algunos momentos tuve la tentación de dejarlo, pero cuanto más aprendía, más me fascinaban las intrincadas estructuras de las hojas y la alquimia de la fotosíntesis. No me hablaron nunca de la hermosa compañía de la vara de oro y el aster, pero sí me dediqué a recitar largas listas de terminologías latinas, una y otra vez, como si fueran poemas, sustituyendo el nombre «vara de oro» por el de *Solidago canadensis*. Me cautivaron la ecología vegetal, la evolución, la taxonomía, la fisiología, los suelos y los hongos. Estaba continuamente rodeada de mis grandes maestras, las plantas.

También hubo buenos mentores, profesores amables y cercanos que se aproximaban a la ciencia desde el corazón, aunque no quisieran reconocerlo. Aprendí mucho de ellos, pero había algo que siempre tiraba de mí, pidiéndome que me diera la vuelta. Y cuando lo hacía, no sabía reconocer lo que estaba detrás.

Tengo una predisposición natural a establecer relaciones, a buscar los hilos que conectan el mundo, a unir en lugar de dividir. La ciencia, por el contrario, separa de manera clara al observador de lo observado y a lo observado del observador. Investigar acerca de la hermosura de dos flores que se juntan sería, por tanto, un atentado contra la objetividad y la necesidad de establecer divisiones.

Nunca puse en duda la superioridad del pensamiento científico. Recorrer el camino de la ciencia me enseñó a separar, a diferenciar entre la percepción y la realidad física, a dividir los elementos complejos en componentes más pequeños, a respetar los procesos lógicos, a discernir y saborear el placer de la precisión. La práctica me hizo experta y conseguí que me admitieran en uno de los mejores posgrados en Botánica del mundo, gracias sin duda a la carta de recomendación que envió mi supervisor, donde decía: «Para ser una joven india, ha realizado un trabajo extraordinario».

Tras eso vino un título de máster, un doctorado y un puesto en la facultad. Me siento agradecida por todo lo que se ha compartido conmigo y afortunada de disponer de herramientas científicas con que comprender el mundo. He tenido la oportunidad de viajar a otras comunidades vegetales, lejos de los asteres y la vara de oro. Accedí al cuerpo docente y en ese momento sentí que por fin comprendía el mundo vegetal. Empecé a explicar los mecanismos de las plantas igual que me los habían enseñado a mí.

Pienso ahora en una historia que contaba mi amiga Holly Youngbear Tibbetts. Un botánico, pertrechado con sus cuadernos de notas y equipo, se interna en la selva en busca de nuevos hallazgos y contrata a un guía indígena para que le indique el camino. Este guía, que sabe del interés del botánico, se esfuerza por enseñarle las especies vegetales más interesantes. El botánico lo observa con detenimiento, incapaz de disimular su sorpresa. «Vaya, joven, está claro que conoce los nombres de muchísimas de estas plantas». El guía asiente y responde bajando la vista, avergonzado. «Sí, he aprendido los nombres de la vegetación, pero aún no conozco sus canciones».

Yo me dedicaba a enseñar los nombres y a ignorar el canto.

Mientras estudiaba el posgrado en Wisconsin, el que entonces era mi marido y yo tuvimos la suerte de que nos contrataran como vigilantes del arboreto de la universidad. Nuestra única tarea, a cambio de una pequeña casa al final de la pradera, era hacer las rondas nocturnas: comprobar que las puertas estaban cerradas antes de cederles el dominio de la noche a los grillos. Solo en una ocasión quedó una luz encendida y la puerta del taller de horticultura entornada. No ocurría nada excepcional. Mi marido fue a echar un último vistazo y yo estuve leyendo el tablón de anuncios. Había un artículo con la imagen de un magnífico olmo americano, que acababan de reconocer como el más grande y representativo de su especie. El árbol tenía un nombre: el Olmo de Louis Vieux.

En aquel instante se me desbocó el corazón. Sentí temblar mi mundo. Llevaba toda la vida escuchando el nombre de Louis Vieux y ahora lo tenía delante, en un recorte de prensa. Se trataba de nuestro abuelo potawatomi, el que había viajado desde los bosques de Wisconsin a las llanuras de Kansas con mi abuela Sha-note. Había sido un líder, alguien que cuidaba de los demás en tiempos difíciles. La puerta entornada del taller, la luz encendida, la senda de vuelta al hogar. Fue el comienzo de un largo y lento camino de reencuentro con mi pueblo, una dirección marcada por el árbol que se levantaba sobre sus huesos.

Para adentrarme por los senderos de la ciencia había tenido que abandonar los del saber indígena. Pero el mundo tiene su propia manera de guiar tus pasos. Un buen día, como de la nada, me llegó una invitación a acudir a una pequeña asamblea de líderes nativos, un congreso sobre plantas tradicionales y los saberes asociados a ellas. Nunca olvidaré a una mujer de la tribu navaja que habló durante horas. Pese a que no había recibido una sola clase de botánica académica, sus palabras me cautivaron. Una por una, nombre a nombre, mencionó todas las especies que habitaban su valle. Dónde vivía cada una de ellas, cuándo florecía, en compañía de qué otras especies tendía a aparecer y qué relaciones establecía con ellas, quién se la comía, quién fabricaba nidos con sus fibras, qué medicinas podía ofrecer. Contó también las historias que guardaban, los mitos de sus orígenes, cómo obtuvieron sus nombres y qué información nos podían transmitir. Habló sobre la belleza.

Sus palabras fueron como inhalar sales aromáticas para despertarme a algo que había conocido en la época en que me dedicaba a recolectar fresas silvestres. Comprendí lo superficial que era mi erudición. Los saberes de esa mujer eran mucho más profundos y amplios y se relacionaban con todas las formas posibles de conocimiento. Ella sí podría haber explicado la relación entre los asteres y la vara de oro. Yo acababa de doctorarme y aquella fue una lección de humildad. También el punto de partida para regresar a la forma de comprender el mundo que había permitido que suplantara la ciencia. Me sentía como una refugiada hambrienta invitada a un banquete de cuyos platos manan los aromas del hogar perdido.

Regresé al lugar en el que todo había empezado, a la belleza. A las preguntas que la ciencia no se hace, no porque no sean importantes, sino porque no tiene la capacidad de hacérselas. Si mi supervisor hubiera sido un verdadero investigador, un investigador mejor, habría celebrado mis preguntas en lugar de despreciarlas. La única respuesta que me ofreció fue el cliché de que la belleza se encuentra en el ojo del observador. Dado que la ciencia separa al observador de lo observado, la belleza no puede ser, por definición, una cuestión científica válida. Lo que tendría que haberme dicho, en realidad, era que las preguntas que yo hacía eran demasiado grandes para la ciencia.

Mi supervisor tenía razón. La belleza está en el ojo del observador, especialmente en lo que se refiere al violeta y el dorado de aquellos campos. Los seres humanos percibimos los colores gracias a bancos de células receptoras especializadas, los bastones y conos de la retina. Los conos se encargan de absorber la luz en función de sus diversas longitudes de onda y de transmitir la información al córtex visual del cerebro, donde esta se interpreta. El espectro visible de la luz, el arcoíris de los colores, es amplio, por lo que la forma más eficaz de discernir los colores no es mediante conos polivalentes que recojan todo el espectro, sino a través de una serie de especialistas, de que cada cono se ocupe de absorber ciertas longitudes de onda. En el ojo humano hay tres tipos. Uno que se dedica principalmente al rojo y a las longitudes de onda asociadas a este. Otro, al azul. Y un tercer tipo diseñado para la percepción óptima de la luz de dos colores: el morado y el amarillo.

El ojo humano, por tanto, está preparado de una manera especial para detectar estos tonos y enviar señales al cerebro. Eso no explica por qué a mí me parecían hermosos, pero sí que capten toda mi atención. Consulté a colegas artistas acerca del poder del amarillo y el morado y estos me mandaron directamente a la rueda de los colores: son dos tonos complementarios, de naturaleza completamente diferente. Cuando están juntos en la paleta, se realzan mutuamente, se intensifican: un mero toque de uno de ellos hará más vívido al otro. En 1810, en su tratado sobre percepción del color, Goethe, que era un científico y un poeta, escribió que «los colores diametralmente opuestos entre sí […] son los que se evocan *recíprocamente* en el ojo». El morado y el amarillo forman, así, un par recíproco.

Nuestros ojos son tan sensibles a estas longitudes de onda que los conos sufren una sobresaturación; el estímulo rebosa y se vierte sobre otras células receptoras. Un impresor que conozco me enseñó que si miras durante mucho tiempo una mancha amarilla y luego diriges la mirada hacia una hoja en blanco la verás, durante unos instantes, morada. Este fenómeno —la adaptación cromática de la imagen remanente— sucede porque existe reciprocidad energética entre los pigmentos morados y amarillos, algo de lo que la vara de oro y el aster eran conscientes, aunque yo lo ignorase.

Si mi supervisor estaba en lo cierto, los efectos visuales que nos atraen a los humanos les resultan perfectamente irrelevantes a las flores. Ellas esperan captar la atención de otros observadores: las abejas en sus viajes de polinización. Estas perciben muchas flores de forma diferente a los humanos, pues su percepción incluye espectros adicionales, como la radiación ultravioleta. Sin embargo, resulta que la vara de oro y los asteres son muy similares para los ojos de las abejas y los humanos. A ambos nos resultan hermosas. El intenso contraste de su cromatismo las convierte en el objetivo más atractivo de toda la pradera, un faro por el que las abejas pueden guiarse. De modo que si crecen juntas, recibirán más visitas de los polinizadores que si lo hicieran por separado. Es una hipótesis demostrable en la que concurren cuestiones científicas, cuestiones artísticas y cuestiones de belleza.

¿Por qué son tan hermosas cuando están juntas? Es un fenómeno a la vez material y espiritual, para cuya explicación hay que recurrir a las longitudes de onda, pero también a una forma de percepción más profunda. Cuando paso demasiado tiempo observando el mundo a través de los ojos de la ciencia, veo la imagen remanente de los saberes tradicionales. Me pregunto si el conocimiento científico y el saber tradicional no establecerán también un contraste recíproco, si no serán el morado y el amarillo de su propio par, la vara de oro y el aster, respectivamente. El mundo nos resulta más pleno cuando lo contemplamos a través de ambos.

La pregunta de la vara de oro y los asteres, claro, era un símbolo de lo que verdaderamente deseaba conocer. Quería comprender una arquitectura de relaciones y conexiones. Descubrir los brillantes hilos que la mantenían unida. Y quería saber por qué amamos el mundo, por qué el retazo más insignificante de pradera puede ponernos de rodillas, atravesarnos de asombro.

Cuando los botánicos recorren los bosques y los prados en busca de plantas, decimos que salen de excursión. Cuando lo hacen los escritores, esa excursión es por las metáforas, que también abundan en la tierra. Necesitamos a ambos; en palabras del científico y poeta Jeffrey Burton Russell, «la metáfora, como señal de una verdad más profunda, se acerca al sacramento. Porque lo vasto y lo rico de la realidad no pueden expresarse solo con los significados manifiestos de la frase».

El académico nativo Greg Cajete ha escrito que en las formas de conocimiento indígenas una cosa solo llega a comprenderse cuando se comprende con los cuatro aspectos de nuestro ser: la mente, el cuerpo, la emoción y el espíritu. Al comenzar mis estudios se me hizo evidente que la ciencia favorece una de ellas, o dos, como mucho: la mente y el cuerpo. Entonces era joven y quería saberlo todo acerca de las plantas, así que no cuestioné ese modo de conocimiento. Pero al ser humano solo se le muestra la hermosura del camino cuando lo recorre en su propia plenitud.

Hubo una época en la que me tambaleaba precariamente entre los dos mundos, el científico y el indígena. Hasta que aprendí a volar. O empecé a intentarlo. Fueron las abejas las que me enseñaron a moverme entre flores diferentes, a beber el néctar y recoger el polen de todas ellas. Estos movimientos de polinización cruzada son los que pueden producir una nueva forma de conocimiento, una nueva forma de estar en el mundo. Al fin y al cabo, no hay dos mundos. Lo único que existe es esta tierra buena y verde.

El emparejamiento del violeta y el dorado, septiembre tras septiembre, es la viva expresión de la reciprocidad: la belleza de uno queda realzada por el brillo del otro. He ahí su sabiduría. Ciencia y arte, materia y espíritu, conocimiento indígena y ciencia occidental: ¿pueden estos pares convertirse en sus varas de oro y asteres respectivos? Cada vez que yo me encuentro ante ellos, la belleza me exige reciprocidad, convertirme en el color complementario: crear algo hermoso como respuesta.

Una gramática
para lo animado

Para ser nativo de un lugar hay que aprender a hablar su idioma.

Vengo aquí a escuchar, a acurrucarme entre las raíces de la hondonada cubierta de acículas, a descansar los huesos contra la columna del pino blanco, a apagar la voz que habla en mi cabeza para atender a las que lo hacen fuera de ella: el susurro del viento en las hojas, el agua al correr sobre la roca, el picoteo del trepador en la madera, las excavaciones de las ardillas, la caída de los hayucos, los mosquitos que me rondan las orejas. Y algo más. Algo que no soy yo y para lo que no tenemos palabras: el callado ser de los demás, en el que nunca estamos solos. Después del latido del corazón de mi madre, ese fue mi primer idioma.

Podría pasarme el día entero escuchando. Y la noche. Y por la mañana podría haber nacido sin que yo me enterase, entre las acículas de los pinos, un nuevo hongo blanquecino, de la oscuridad a la luz, conservando aún el brillo acuoso de su aparición. *Puhpowee.*

En la naturaleza asistimos a conversaciones que no podemos comprender. Pienso ahora que fue el idioma desconocido del bosque y el anhelo de aprenderlo lo que me llevó a la ciencia, a estudiar el lenguaje botánico. Un lenguaje que, sin embargo, no debe confundirse con el de las plantas. La ciencia me enseñó un idioma distinto, que se basaba en la atención minuciosa y en un íntimo vocabulario capaz de nombrar las partes y particularidades más pequeñas de las cosas. Para nombrar y describir, hace falta ver, y la ciencia afila el don de la visión. Respeto profundamente la fuerza de ese idioma que para mí es ya una segunda lengua. Sin embargo, más allá de la riqueza de su vocabulario y de su poder descriptivo hay algo que falta, eso que se hincha a tu alrededor y crece dentro de ti cuando te paras a escuchar el mundo. La ciencia no deja de ser un lenguaje distante, que reduce a los seres a la suma de todas sus partes funcionales: un lenguaje de objetos. El idioma que hablan los científicos, por preciso que sea, se basa en un profundo error gramatical, una omisión, una grave merma respecto a las lenguas indígenas que se hablaban en estos territorios.

Mi primer contacto con esas ausencias lingüísticas fue la palabra *Puhpowee*, perteneciente al idioma de mi pueblo. Me la encontré en un libro escrito por la etnobotánica anishinaabe Keewaydinoquay, un tratado sobre los usos tradicionales de los hongos. *Puhpowee*, explica, podría traducirse como «la fuerza que hace que los hongos salgan por la noche de la tierra». Como bióloga, me sorprendió que existiera una palabra así. La ciencia occidental, pese a todo el vocabulario técnico que atesora, carece de tal término, no tiene palabras para enfrentarse a ese misterio. Uno pensaría que si alguien ha de tener palabras para la totalidad de los fenómenos de la vida, serían los biólogos, pero resulta que la terminología científica se limita a definir los límites de lo que conocemos. Todo aquello que escapa a nuestra comprensión no tiene nombre.

En las tres sílabas de esta nueva palabra se me hacía patente todo un proceso de atenta observación a las húmedas mañanas de los bosques, la formulación de una teoría que carecía de equivalente en inglés. Quienes crearon esta palabra conocían el mundo del ser, las energías invisibles que dan la vida. Durante muchos años he llevado la palabra conmigo como un talismán y me he acercado a aquellos que supieran nombrar la fuerza vital de los hongos. Yo quería hablar un idioma que contuviera la palabra *Puhpowee*. Cuando descubrí que ese idioma era el de mis antepasados, tuve un nuevo punto de referencia.

Si la historia hubiera sido diferente, es probable que mi primera lengua fuera el bodewadmimwin o el potawatomi o el anishinaabe. Sin embargo, como tantos de los cientos de idiomas indígenas del continente americano, el potawatomi se encuentra en riesgo de desaparición, y mi lengua materna es el inglés. La asimilación se llevó a cabo con éxito y la posibilidad de escuchar ese idioma —mi posibilidad y la tuya— desapareció entre el jabón con que lavaban la boca de los niños indios enviados al internado, donde estaba prohibido hablar en lenguas indígenas. Niños como mi abuelo, al que separaron de su familia cuando solo tenía nueve años. La historia hizo que la gente y las palabras se dispersaran. Yo misma vivo hoy lejos de la reserva: aunque pudiera hablar ese idioma, no tengo a nadie con quien hacerlo. Pero hace algunos veranos, en la reunión tribal anual, celebraron una clase de introducción al idioma y yo entré en la tienda y me senté a escuchar.

Precedía a la clase un estado de palpable emoción, pues era la primera vez que se juntaban para enseñar todos aquellos miembros de la tribu que aún hablaban el idioma con fluidez. Se les pidió que salieran al círculo de sillas plegables y ellos se levantaron y empezaron a moverse lentamente: salvo unos pocos, todos necesitaban bastones, andadores o sillas de ruedas. Los conté cuando se sentaron. Nueve. Nueve hablantes. En todo el mundo. Nuestro idioma, que había vivido y evolucionado durante miles de años, reducido a nueve sillas. Las palabras que cantaron alabanzas a la creación, que narraron las antiguas historias, que arrullaron a mis antepasados hasta dormirlos, dependen hoy de las lenguas de nueve hombres y mujeres absolutamente mortales. Por turnos, cada uno de ellos se dirige al grupo.

Un hombre con largas trenzas grises cuenta cómo su madre lo escondió cuando los agentes indios vinieron a llevarse a los niños. Evitó el internado gracias a que estuvo oculto bajo raíces suspendidas, en la orilla del río, y el murmullo del agua camuflaba su llanto. A todos los demás se los llevaron y les lavaron la boca con jabón, o con algo peor, por «hablar ese sucio idioma indio». Él fue el único que se quedó en casa y creció llamando a las plantas y los animales por el nombre que el Creador les había dado, y por eso está hoy aquí, guardián del lenguaje. Las fuerzas de asimilación funcionaron. Le brillan los ojos cuando dice: «Este es el final del camino. Somos todo lo que queda. Si los jóvenes no lo aprenden, el idioma morirá. Los misioneros y el Gobierno estadounidense tendrán por fin su victoria».

Una bisabuela del círculo empuja su andador hasta el micrófono. «No solo desaparecerán las palabras —dice—. El idioma es el corazón de nuestra cultura; sobre él se sustentan nuestras ideas, nuestra forma de ver el mundo. Es demasiado hermoso para que pueda contarse en inglés». *Puhpowee.*

Jim Thunder, el más joven de los ponentes a sus setenta y cinco años, es un hombre robusto y moreno de semblante adusto que habla únicamente en potawatomi. Comienza de manera solemne y tranquila, pero cuando llega al asunto que quiere tratar, su voz se eleva como una brisa entre los abedules y sus manos contribuyen a transmitir la historia. Se anima cada vez más, se pone en pie, captura el rapto y el silencio del público aunque casi nadie entiende una sola palabra de lo que dice. Se detiene como si hubiera alcanzado el clímax de la historia y contempla a su público, expectante. Una de las abuelas detrás de él se cubre la boca con la mano para ocultar una breve risa y la cara seria de Jim se abre repentinamente en una sonrisa de oreja a oreja, tan grande y dulce como una raja de sandía. Las abuelas no pueden contenerse y empiezan a llorar de la risa, agarrándose el costado, mientras los demás los miramos desconcertados. Cuando las risas se apaciguan, habla por fin en inglés: «¿Qué le ocurrirá a un chiste que nadie pueda oír? Qué solas estarán esas palabras, cuando haya desaparecido su poder. ¿Adónde irán? Se esfumarán con las historias que no pueden volver a contarse».

Ahora tengo la casa plagada de palabras en ese idioma, como si estuviera estudiando para un viaje al extranjero. Pero no me voy a ningún sitio. Vuelvo a casa.

«*Ni pi je ezhyayen?*», me pregunta una notita Post-it en la puerta trasera de casa. Ando muy ocupada y el auto sigue en marcha, pero cambio de lado el bolso y me detengo el tiempo suficiente para responder. «*Odanek nde zhya*, voy al centro». Y eso hago, voy a trabajar, a clase, a una reunión, al banco, al supermercado. Utilizo mi hermosa lengua materna todo el tiempo, en el día para hablar y por las tardes para escribir; es la misma que utiliza el 70 por ciento de la población mundial y que se considera el idioma más útil y con el vocabulario más rico de todo el mundo moderno. El inglés. Pero cuando vuelvo al silencio de mi casa en la noche, una nota fiel me espera en la puerta del vestíbulo. «*Gisken I gbiskewagen!*». Y, entonces, me quito el abrigo.

Preparo la cena sacando lo que necesito de armarios y alacenas, en las que se lee «*emkwanen*», «*nagen*». Soy una mujer que habla en potawatomi con el menaje del hogar. Si suena el teléfono, apenas miro la nota cuando *dopnen* el *giktogan*. La voz al otro lado, sea la del abogado o la de un amigo, habla siempre en inglés. Una vez a la semana, más o menos, es mi hermana la que llama desde la Costa Oeste y dice: «*Bozho. Moktthewenkwe nda*». Como si tuviera que presentarse. ¿Quién más habla potawatomi? Aunque decir que lo hablamos es faltar a la verdad. En realidad, todo lo que hacemos es soltar frases confusas en un simulacro de conversación: «¿Cómo estás?». «Estoy bien». «Ir al pueblo». «Ver pájaro». «Rojo». «*Frybread* bueno». Sonamos como los diálogos hollywoodienses, como Toro cuando habla con el Llanero Solitario. «Yo tratar de hablar como indio bueno». En las contadas ocasiones en que somos capaces de articular una idea más o menos coherente, no tenemos reparos en tomar palabras prestadas del español que aprendimos en la secundaria para rellenar los huecos, generando un nuevo idioma que bautizamos espanawatomi.

Todos los martes y jueves, a las 12:15 p. m., hora local de Oklahoma, me conecto a la clase retransmitida por internet desde la reserva. Somos, normalmente, diez alumnos, repartidos por todo el país. Juntos aprendemos a contar y a decir: «Pásame la sal». Alguien pregunta: «¿Cómo se dice: "Pásame la sal, *por favor*"?». Nuestro profesor, Justin Neely, un joven dedicado en cuerpo y alma al resurgimiento del idioma, nos explica que hay varias palabras para decir «gracias», pero ninguna para decir «por favor». La comida se compartía sin que hiciera falta una cortesía adicional; se daba por hecho que todos eran respetuosos al pedirla. Los misioneros consideraron que esta carencia era una prueba más de los brutos modales de los nativos.

Muchas noches, mientras debería estar corrigiendo trabajos o pagando facturas, me siento frente a la computadora a hacer ejercicios de potawatomi. Tras varios meses, he llegado a dominar el vocabulario propio de una clase de preescolar y puedo unir fotografías de animales con sus nombres. Me acuerdo de cuando les leía libros ilustrados a mis hijas: «¿Encuentras la ardilla? ¿Dónde está el conejo?». En esos momentos no puedo dejar de pensar que ni tengo tiempo para esto ni, a decir verdad, necesidad de conocer cómo se dice «bajo» o «zorro». Dado que la diáspora tribal nos dispersó en todas las latitudes, ¿con quién voy a utilizar las palabras?

Las frases sencillas que estoy aprendiendo resultan perfectas para dirigirme a la perra. «¡Siéntate!», «¡Come!», «¡Ven aquí!», «¡Silencio!». Ella casi nunca obedece mis órdenes cuando se las enuncio en inglés, así que puede que enseñarle un nuevo idioma tampoco sea la mejor idea. Uno de mis alumnos me preguntó una vez, predispuesto a la admiración, si sabía hablar el idioma nativo. Estuve a punto de contestarle: «Claro que sí, hablamos potawatomi en casa». El perro, las Post-it y yo. El profesor nos pide que no nos desanimemos y nos da las gracias cada vez que lo utilizamos: nos da las gracias por insuflarle vida al idioma, aunque no sea más que una palabra. «Pero no tengo nadie con quien hablar», me quejo. «Los demás tampoco —me consuela—, pero algún día lo tendremos».

Así que me aplico al estudio del vocabulario, aunque no resulte sencillo encontrar el «corazón de nuestra cultura» en las traducciones de *cama* y *fregadero* al potawatomi. No es difícil; había aprendido miles de términos científicos y nombres botánicos en latín y esto, al fin y al cabo, no podía ser muy diferente. Sustitución directa, memorización. Sobre el papel, al menos, era así. El idioma hablado es otra historia. Nuestro abecedario tiene menos letras, por lo que a un principiante le resulta más difícil identificar las diferencias entre las palabras. Los hermosos grupos consonánticos *zh*, *mb*, *shwe*, *kwe* y *mshk* suenan igual que el viento entre los pinos y el agua sobre las rocas, sonidos a los que nuestros oídos tal vez estuvieron acostumbrados en el pasado, pero que ahora resultan prácticamente indistinguibles. Para aprender es necesario escuchar de verdad.

Y para hablar de verdad hacen falta verbos, y aquí es donde mi habilidad infantil para nombrar las cosas me abandona. El inglés es un idioma basado en los sustantivos, lo que parece apropiado para una cultura obsesionada con las cosas. Solo el 30 por ciento de las palabras inglesas son verbos. En potawatomi, en cambio, la proporción es del 70 por ciento. Eso significa que el 70 por ciento de las palabras tiene que conjugarse y que en el 70 por ciento hay tiempos y casos diferentes que dominar.

Los idiomas europeos suelen asignarles género a los nombres. Sin embargo, el potawatomi no divide el mundo entre masculino y femenino. En nuestro idioma, los nombres y los verbos pueden ser animados e inanimados. La palabra con la que dices «escuchar» a una persona es diferente a la palabra que utilizas cuando «escuchas» un avión. Los pronombres, los artículos, los plurales, los demostrativos los verbos, todas esas piezas sintácticas que me volvían loca en las clases de inglés de la secundaria se estructuran en el idioma potawatomi en torno a la distinción entre lo animado y lo inerte. Formas verbales distintas, distinta formación del plural, todo cambia en función de si aquello de lo que hablas está o no dotado de vida.

¡Y nos extraña que solo queden nueve hablantes! Yo sigo intentándolo, pero tal nivel de complejidad me provoca dolor de cabeza y no logro percibir las diferencias acústicas entre palabras que significan cosas completamente diferentes. Un profesor me asegura que lo conseguiré con la práctica, pero otro anciano reconoce que estas similitudes son inherentes al idioma. Stewart King, uno de los grandes profesores y guardianes del saber, nos cuenta que el Creador quería alegrarnos y que por eso la sintaxis está cargada de sentido del humor. Un pequeño error de pronunciación puede convertir «Necesitamos más leña» en «Quítate la ropa». De hecho, descubrí que el término místico *Puhpowee* no se utiliza solo con los hongos, también vale para otro cuerpo alargado que crece misteriosamente por la noche.

Una Navidad, mi hermana me regaló un juego de imanes para la nevera con palabras en ojibwe, o anishinabemowin, un idioma muy cercano al potawatomi. Los extendí por la mesa de la cocina y empecé a buscar términos familiares, pero cuanto más miraba, más me preocupaba. Entre los más de cien imanes, solo pude reconocer una palabra: *megwech*, «gracias». Toda sensación de triunfo tras meses de estudio se evaporó en un instante.

Recuerdo que consulté el diccionario de ojibwe que me había enviado con los imanes, pero las grafías no coincidían siempre y la letra era demasiado pequeña y había muchísimas variaciones para una sola palabra y empezaba a hacérseme demasiado difícil. Los hilos de mi cerebro se enmarañaban y mis esfuerzos solo parecían crear más nudos. Las páginas se volvían borrosas. Posé la mirada sobre una palabra. Un verbo, claro: «ser sábado». Uf. Tiré el libro. ¿Desde cuándo *sábado* es un verbo? Todo el mundo sabe que es un sustantivo. Recogí el diccionario y leí más páginas y de repente todo parecía haberse convertido en verbo: «ser una colina», «ser rojo», «ser una larga extensión de playa arenosa». Bajo mi dedo tenía la palabra *wiikwegamaa*: «ser una bahía». «¡Es ridículo! —me quejé mentalmente—. No hay ningún motivo para hacerlo tan difícil. No me extraña que nadie pueda hablarlo. Un idioma tan molesto, imposible de aprender y que, además, está mal. Obviamente, una bahía entra dentro de la categoría de persona, lugar o cosa: un sustantivo, no un verbo». Ya estaba lista para darme por vencida. Había aprendido unas cuantas palabras, cumplido con mi obligación hacia el idioma que le arrebataron a mi abuelo. Los fantasmas de los misioneros del internado debieron de frotarse las manos en ese momento, disfrutando de mi frustración. «Se va a rendir», susurraban.

Y entonces juro que escuché mis propias sinapsis neuronales funcionando a toda velocidad. Una corriente eléctrica me bajó por el brazo hasta el dedo y volé hasta la página en que había encontrado la palabra. Podía oler incluso el aroma del agua, observarla romper contra la orilla, escuchar su murmullo en la arena. Una bahía es un sustantivo solo si el agua está *muerta*. *Bahía* es un sustantivo cuando la define el ser humano, atrapada tras la orilla, contenida en la palabra. Pero el verbo *wiikwegamaa* —ser una bahía— libera al agua de su cautiverio y la deja vivir. «Ser una bahía» contiene el milagro de que el agua viva haya decidido, en un momento determinado, refugiarse entre las orillas y conversar con las raíces de los cedros y las bandadas de serretas. Podría no hacerlo, podría convertirse en arroyo o en océano o en cascada, y para todo ello también hay verbos. «Ser una colina», «ser una playa arenosa» o «ser sábado» son verbos posibles en un mundo en el que todo está vivo. El agua, la tierra e incluso los días. El idioma es un espejo en el que se refleja la cualidad animada del mundo, la vida esencial que late en todas las cosas, entre los pinos y los trepadores y los hongos. Este es el idioma que yo escucho en los bosques, el que nos permite hablar de lo que brota a nuestro alrededor. Y los vestigios de los internados, los espectros de los misioneros armados con pastillas de jabón, agachan la cabeza en señal de derrota.

Es la gramática de lo animado. Imagina que ves a tu abuela con su delantal junto a la estufa y que se te ocurre comentar: «Mira, eso está preparando sopa. Eso tiene el pelo gris». Resultaría profundamente extraño, pues en inglés no nos referimos a ningún miembro de la familia, ni a ninguna persona, en realidad, como *eso*. Implicaría una grave falta de respeto. *Eso* despoja a la persona de su identidad individual y de su semejanza con los demás, reduciéndola a un mero objeto. Y he aquí que en potawatomi y en la mayoría de las lenguas indígenas utilizamos las mismas palabras para referirnos al mundo vivo y a nuestra familia. Porque el mundo vivo también es nuestra familia.

¿Hasta dónde extiende nuestro idioma la categoría gramatical de lo animado? Plantas y animales son seres animados, evidentemente. A medida que indago, descubro que estos límites gramaticales difieren de la lista de seres vivos que estudiamos en las clases de biología elemental. En el idioma potawatomi, también son seres animados las rocas, las montañas, el agua, el fuego, los lugares. Todo aquello imbuido de espíritu, las medicinas sagradas, las canciones, los ritmos y las historias. La lista de lo inanimado parece mucho más pequeña, llena de objetos creados por el hombre. De un ser inanimado, como una mesa, decimos: «¿*Qué* es?». Y respondemos: «*Dopwen yewe*». «Mesa es». Pero de una manzana, debemos decir: «¿*Quién* es este ser?». Y respondemos: «*Mshimin yawe*». «Manzana este ser es».

Yawe, el verbo *ser* animado. Yo soy, tú eres, él/ella es. Para hablar de aquellos poseídos por la vida y el espíritu debemos decir «*yawe*». ¿Qué azar o confluencia lingüística ha llevado al Yahvé del Antiguo Testamento y al *yawe* del Nuevo Mundo a coincidir en la lengua de los piadosos? ¿Y acaso *ser* no significa eso? Ser, llevar en el propio seno el aliento de la vida, ser hijo de la Creación. En cada frase, el lenguaje nos habla de nuestra cualidad de criaturas vivas.

En inglés no hay muchas herramientas para mostrar respeto hacia lo animado. En inglés, eres un ser humano o una cosa. La gramática inglesa nos coloca ante la disyuntiva de reducir a un ser no humano a *eso* o a darle un género inapropiado, hacerlo *él* o *ella*. ¿Dónde están las palabras para referirnos a la simple existencia de otro ser vivo? ¿Cuál es nuestro *yawe*? Mi amigo Michael Nelson, un etnólogo que ha reflexionado en profundidad acerca de la noción de la inclusión moral, me habló de una mujer que conoce, una bióloga de campo que se ocupa de las criaturas no humanas. La mayoría de los seres con los que trabaja no caminan sobre dos piernas y ha modificado su lenguaje para acomodarlo a tales relaciones. Si se arrodilla en un camino para observar huellas de alce, dice: «Alguien ya ha pasado por aquí esta mañana». «Tengo a alguien en el sombrero», comenta, espantando a una mosca. Alguien, no algo.

Cuando salgo al bosque con los alumnos para enseñarles las propiedades de las plantas y cómo llamarlas por su nombre, intento prestar atención al lenguaje, buscar el bilingüismo entre el léxico científico y la gramática de lo animado. A ellos aún les quedan por aprender muchos términos científicos y nombres en latín, pero espero que lleguen a comprender el mundo también como un vecindario de residentes no humanos, a asumir, en palabras del ecoteólogo Thomas Berry, que «hemos de decir que el universo es una comunión de sujetos, no una colección de objetos».

Una tarde, sentada junto a mis alumnos de Ecología cerca de una *wiikwegamaa*, les hablé del lenguaje de lo animado. Uno de los jóvenes, Andy, que se mojaba los pies en el agua clara, hizo la gran pregunta. «Un momento —dijo, tratando de acomodar mentalmente la distinción lingüística—, ¿no significa eso que hablar y pensar en inglés nos da derecho, en cierto sentido, a ofender a la naturaleza? ¿No les estamos negando a otras criaturas el derecho a ser persona? ¿No serían diferentes las cosas si nada fuera *eso*?».

Esa idea se le hacía una revelación, un despertar de la conciencia, comentó, arrebatado. En mi opinión, se trata sobre todo de un recuerdo. Todos somos conscientes del carácter animado del mundo, pero el idioma que podía expresarlo está al borde de la extinción, no solo para los pueblos indígenas. Cuando los niños empiezan a hablar, se refieren a plantas y animales como si fueran personas, confiriéndoles identidad individual y brindándoles su compasión, hasta que les enseñamos a no hacerlo. Les hacemos recapacitar, les pedimos que olviden. Cuando les decimos que un árbol no es un *quién*, sino un *qué*, convertimos ese arce en un objeto; ponemos una barrera entre nosotros, nos eximimos de responsabilidad moral y abrimos las puertas al abuso. Decir *qué* convierte una tierra viva en un conjunto de «recursos naturales». Cuando un arce es *eso*, nada nos impide sacar la motosierra. Cuando es *él*, nos lo pensamos dos veces.

Otro alumno rebatió el argumento de Andy. «Pero no podemos decir *él* o *ella*. Eso sería antropomorfismo». Todos son biólogos de carrera y les han inculcado que no deben adscribir nunca características humanas al objeto de estudio, a otras especies. Es un pecado capital que ataca directamente al principio científico de la objetividad. Carla señaló que «es una falta de respeto hacia los animales. No deberíamos proyectar nuestra forma de ver el mundo sobre ellos. Ellos tienen su propia manera de hacerlo, no son personas dentro de un disfraz peludo». Andy respondió: «Pero, aunque no pensemos en ellos como en seres humanos, no por ello dejan de ser criaturas. ¿No es una falta de respeto aún mayor considerar que somos la única especie donde hay "personas"?». La arrogancia del inglés estriba en que solo obtienes categoría de animado y te haces digno de respeto y preocupación moral si eres un ser humano.

Un profesor de idiomas que conozco me contó que la gramática no es más que la forma en que trazamos el mapa de las relaciones lingüísticas. Es posible que en ella se reflejen nuestras relaciones con los demás. Tal vez una gramática de lo animado podría llevarnos a formas completamente nuevas de vivir, a que otras especies sean también pueblo soberano, a un mundo organizado según una democracia de especies frente a y no a partir de la tiranía de una sola, a la responsabilidad moral hacia el agua y hacia los lobos y un sistema legal que reconozca el lugar que ocupan todas las criaturas. Todo está en los pronombres.

Andy tiene razón. Asumir la gramática de lo animado podría refrenar nuestras ansias de explotación de la tierra. Y no solo eso. Nuestros ancianos aconsejan siempre «caminar entre las criaturas erguidas», o «pasar un tiempo con el pueblo Castor». Nos recuerdan que las criaturas no humanas pueden ser maestros, guardianes del saber, guías. Imagina la exuberancia de un mundo habitado por el pueblo de los Abedules, el pueblo de los Osos, el pueblo de las Rocas: criaturas en las que pensamos y de las que hablamos como personas dignas de respeto e inclusión en el mundo de los sujetos. Parece difícil que los estadounidenses, particularmente reacios a aprender otros idiomas, aunque sean de nuestra propia especie, vayamos a aprender los de otras. Pero imagina la cantidad de posibilidades que se nos abrirían. Las perspectivas diferentes, las cosas que veríamos con otros ojos, la sabiduría de la que nos rodearíamos. No tendríamos que comprenderlo todo nosotros, habría otras inteligencias, habría mentores a nuestro alrededor. Imagina cómo se reduciría la sensación de soledad en el mundo.

Cada nueva palabra que aprendo lleva en sí un aliento de gratitud hacia los ancianos que mantuvieron este idioma vivo y transmitieron su poesía. Aún me peleo con los verbos, me cuesta formar frases y mi fluidez se reduce al vocabulario básico de preescolar. Pero me gusta salir a pasear de mañana por el campo y poder dirigirme a los vecinos por su nombre. Cuando el Cuervo me grazna desde el arbusto, yo le contesto: «*Mno gizhget andushukwe!*». Cuando acaricio la hierba con la mano, murmuro: «*Bozho mishkos*». No es mucho, pero me hace feliz.

No estoy diciendo que todos deberíamos aprender potawatomi o hopi o semínola. Tampoco creo que sea posible. Los inmigrantes que vinieron a estas tierras trajeron sus propias lenguas y todas son dignas de respeto. Pero para ser nativo de este lugar, para sobrevivir en él y para que sobrevivan también nuestros vecinos, debemos aprender la gramática de lo animado. Solo así estaremos de verdad en casa.

Recuerdo las palabras de Bill Tall Bull, un anciano de la tribu cheyene. Estuve con él hace varios años y me lamenté de no tener un idioma nativo en el que dirigirme a las plantas y los lugares que amaba. «Les encanta escuchar las viejas palabras —dijo—, eso es cierto. Pero no tienes que hablarlo aquí —añadió, con los dedos en los labios—. Si lo hablas aquí —dijo, dándose en el pecho—, también te escucharán».

OCUPARSE DE LA
HIERBA SAGRADA

*La hierba sagrada crece con fuerza y perfuma los prados
cuando los seres humanos la atienden. Quitar otras hierbas
y cuidar el hábitat contribuye a su crecimiento.*

La luna del
azúcar de arce

Nanabozho fue el Hombre Original anishinaabe, nuestro maestro, mitad hombre y mitad manido.[1] *Mientras caminaba por el mundo, se fijó en quién prosperaba y quién no, en quién se regía por las Instrucciones Originales y quién las ignoraba. Comprobó, consternado, cómo pueblos enteros habían abandonado sus huertos y jardines y no se preocupaban de reparar las redes de pescar ni de enseñar a los niños la forma adecuada de vivir. Donde debía haber brazadas de leña y reservas de maíz, vio a gente tumbada bajo los arces, con la boca abierta, saboreando el dulce y denso sirope que tan generosamente manaba del árbol. Se habían vuelto perezosos y no valoraban los dones del Creador. No asistían a las ceremonias ni cuidaban de los demás. Inmediatamente supo lo que había de hacer: empezó a sacar cubos llenos de agua del río y los vertió directamente en los arces para diluir el sirope. Es por eso que hoy la savia del arce fluye como si fuera agua, con nada más que un ligero dulzor, y que hacen falta ciento cincuenta litros de savia para sacar tres litros y medio de sirope. Así se le recuerda a la gente que la vida es pródiga en frutos, pero que ellos no pueden desatender sus responsabilidades.*[2]

Ploc. En las tardes de marzo, cuando el último sol del invierno empieza a ganar intensidad y desplaza su trayectoria hacia el norte un grado al día, más o menos, la savia vuelve a fluir con

---

[1] *Manido* o *manitou*, entre los pueblos algonquinos, es la fuerza esencial de la vida de la que están imbuidos todos los organismos, lugares, acontecimientos… y se manifiesta en ellos como espíritu individual. *(N. del T.)*.

[2] Adaptación a partir de la tradición oral y Ritzenthaler y Ritzenthaler, 1983.

fuerza. Ploc. En la parcela de nuestra casa en Fabius (Nueva York), hay siete grandes Arces que alguien plantó hace casi doscientos años para darle sombra a la casa. El árbol más grande tiene el tronco tan ancho como larga es la mesa del jardín.

Cuando nos mudamos, mis hijas subieron rápidamente a investigar todo lo que había en el desván, encima del antiguo establo. Los pecios de las familias que nos habían precedido en los casi dos siglos de antigüedad de la casa. Un día las encontré bajo los árboles jugando con todo un campamento de tiendas de lona en miniatura. «Se van a acampar», me decían, señalando a las muñecas y a los peluches cuyas cabezas asomaban bajo las cubiertas. En el desván había muchísimas «tiendas» como esas, cuya función era cubrir los calderos de savia y protegerlos de la lluvia y la nieve durante la temporada de producción azucarera. En cuanto les expliqué su función, las niñas me dijeron, lógicamente, que querían hacer sirope de arce. Limpiamos los excrementos de ratón de los cubos que había en el desván y los preparamos para la primavera.

Me informé sobre el proceso durante los meses de invierno. Teníamos calderos y lonas. Lo único que nos faltaba era el grifo que se introduce en el árbol para que mane la savia. Donde vivíamos, en Territorio Arce, cualquier ferretería disponía de todo lo necesario para sangrar los árboles. Absolutamente todo: moldes para hacer hojas de azúcar, evaporadores de todos los tamaños, kilómetros de tubos de goma, hidrómetros, calentadores, filtros, tarros. No podíamos permitirnos nada de eso. Sin embargo, encontramos una ferretería que aún conservaba grifos antiguos, de los que ya casi nadie utilizaba. Compré una caja entera a setenta y cinco centavos cada uno.

La forma de producir azúcar ha cambiado con los años. Ya no se vierte el contenido de los calderos en barriles ni estos se transportan en trineo por los bosques nevados. En la mayoría de los casos, los tubos de plástico unen el árbol con la casa del azúcar, donde se lleva a cabo la evaporación. Pero aún quedan puristas que no quieren renunciar al ploc de la savia en la cubeta. Para ello hace falta un grifo especial, que en inglés se conoce como *spile*. Este termina en un tubo pequeño, como una pajita, que se mete dentro del agujero horadado en el árbol. A continuación, el tubo se abre hasta formar una sección con forma de artesa de unos diez centímetros de largo, en cuyo extremo hay un gancho del que se cuelga el caldero. Me hice con un gran cubo de basura limpio para almacenar la savia. No íbamos a sacar tanto volumen, pero más valía prevenir. Estábamos listas.

En una región donde el invierno dura seis meses, uno siempre está buscando los primeros signos de la primavera, sobre todo cuando se prepara para hacer sirope de arce. Todos los días, las niñas me preguntaban: «¿Podemos empezar ya?». Pero yo no era quién para decidir, había que esperar a la estación. Para que la savia empiece a fluir es necesario que los días sean más cálidos y que siga helando por las noches. *Cálido* es un término relativo, claro: entre dos y seis grados centígrados, lo suficiente para que el sol derrita el tronco helado y la savia empiece a correr por dentro. Observamos el calendario y el termómetro y Larkin me preguntó: «¿Cómo saben los árboles cuándo les toca si no pueden ver el termómetro?». ¿Cómo sabe una criatura que no tiene ojos ni nariz ni sistema nervioso qué hacer y cuándo hacerlo? Que ni siquiera tiene hojas todavía para detectar la luz solar: salvo por los brotes, todo el árbol está envuelto en una gruesa capa de corteza muerta. A pesar de eso, no le engañan los ocasionales deshielos invernales.

En realidad, los Arces tienen un sistema para detectar la llegada de la primavera mucho más sofisticado que el nuestro. En cada uno de sus brotes hay cientos de fotorreceptores con pigmentos capaces de percibir la luz solar, llamados fitocromos, cuyo trabajo consiste en medir la luz del día. Bien protegidos y cubiertos de escamas rojas, todos los brotes contienen una copia embrionaria de la rama del arce en la que aspiran a convertirse algún día, las hojas agitándose al viento, empapándose de sol. El problema es que si los brotes salen demasiado pronto, pueden morir congelados. Y si salen demasiado tarde, se pierden la primavera. Eso hace que se atengan al calendario. En ese momento, los incipientes brotes precisan energía para convertirse en ramas: tienen hambre, igual que cualquier recién nacido.

Rodeamos los árboles con el taladro en la mano, buscando el lugar idóneo para hacer el agujero. Tiene que estar a un metro de altura, en una superficie lisa. Para nuestra sorpresa, encontramos las cicatrices de otras extracciones, ya cerradas, realizadas por quien fuera que dejó los cubos en el desván. Ignoramos sus nombres, no conocemos sus rostros, pero nuestros dedos se encuentran donde estuvieron los suyos; sabemos a qué dedicaron las mañanas de abril de hace mucho tiempo, sabemos qué les echaban a los panqueques. En el fluir de la savia se unen nuestras historias; los árboles los reconocían igual que ahora nos reconocen a nosotras.

La savia empieza a manar casi en el momento en que colocamos los grifos. Las primeras gotas salpican en el fondo del cubo. Las niñas colocan las cubiertas de lona, lo que amplifica el ruido del goteo. Árboles de este diámetro pueden aceptar hasta seis grifos sin sufrir daños, pero no queremos ser avariciosas y colocamos solo tres en cada uno. Cuando terminamos, la canción que canta el primer caldero ya es diferente, el ploc de la gota que cae sobre un centímetro de savia. Conforme pasa el día, a medida que se llenan los cubos, el tono cambia, igual que los vasos de agua producen notas distintas en función de la cantidad de líquido que tengan. Ploc, ploic, plonc, los calderos de latón y las cubiertas reverberan con cada gota, el jardín canta. Esta música le pertenece a la primavera tanto como el insistente piar del cardenal rojo.

Las niñas contemplan fascinadas el proceso. Cada gota es clara como el agua y bastante más densa, una perla de luz que, durante un segundo, cuelga del borde del grifo y se hincha. Ellas sacan la lengua y la atrapan en la boca con una mirada de felicidad absoluta. Se me saltan las lágrimas, de manera incomprensible. Me acuerdo de cuando era yo, y nadie más, quien les daba el pecho. Ahora han crecido y las amamanta un arce. Nunca como hoy estarán tan cerca de recibir su alimento de la Madre Tierra.

Los veintiún calderos se llenan durante el día y por la noche los encontramos a punto de rebosar. Los vertemos en el cubo de basura. Casi no caben. No sabía que habría tanto. Ellas vuelven a colgar el cubo mientras yo preparo el fuego. Como recipiente para la evaporación utilizo una cazuela de hacer conservas, que pongo en una bandeja para horno sobre dos bloques de cemento que saqué del cobertizo. Una cazuela de savia tarda bastante en calentarse y las niñas pierden el interés muy pronto. Yo entro en casa y salgo para que el fuego no se apague. Esa noche, cuando las acuesto, están tan emocionadas por la perspectiva de ver el sirope por la mañana que apenas pueden dormir.

Saco una silla al jardín y la coloco sobre la nieve dura, al lado del fuego, que alimento constantemente para que el agua siga hirviendo en la helada de la noche. Sale humo de la cazuela, velando y revelando la luna en el cielo seco y frío.

Cuando reduce, pruebo la savia, que se vuelve más dulce a cada hora que pasa. Los quince litros de la olla van a quedar reducidos a una fina capa de sirope en el fondo, apenas suficiente para un panqueque. Añado más savia fresca del cubo de basura, quiero tener al menos una taza de sirope por la mañana. Echo más leña, me envuelvo en las mantas y dormito mientras llega el momento de añadir troncos o savia.

No sé qué hora es cuando me despierto, pero tengo frío y me siento agarrotada en la silla. Del fuego no quedan más que las ascuas. La savia está tibia. Me rindo y me voy a acostar.

Por la mañana, la savia del cubo está congelada. Vuelvo a encender el fuego. Me acuerdo entonces de algo que escuché sobre cómo preparaban nuestros antepasados el azúcar de arce. El hielo de la superficie solo es agua, así que lo rompo y lo tiro al suelo como si fueran los cristales rotos de una ventana.

Los pueblos del Territorio Arce producían azúcar mucho antes de que tuvieran ollas en las que cocer la savia. Lo que hacían era recogerla utilizando corteza de abedul y verterla en recipientes ahuecados de madera de tilo americano. La amplia superficie y la escasa profundidad de estos recipientes favorecían que el líquido se congelara por las noches. Por la mañana retiraban la capa de agua helada y lo que obtenían era una solución de azúcar más concentrada. Ya no hacía falta utilizar tanta energía calorífica para hervirla. Las heladas nocturnas hacían el trabajo de muchas brazadas de leña. Los vínculos temporales volvían a imbricarse, a trenzarse: la savia de arce fluye justo en la época del año en que ese proceso es posible.

Los platos de madera para evaporar la savia se colocaban sobre piedras planas encima de ascuas que ardían día y noche. Antiguamente, toda la familia se mudaba al «campamento de azúcar». Allí se guardaba la leña y los materiales de un año para otro. A las abuelas y a los niños pequeños los llevaban en trineo por la nieve cada vez más blanda para que asistieran al proceso: allí eran necesarios todos los brazos y todas las inteligencias. La mayor parte del tiempo se dedicaban a remover la sustancia, y ese era un buen momento para contar historias, cuando el fuego reunía a todos los que vivían dispersos en los diferentes campamentos invernales. Pero había también momentos de actividad frenética: cuando el sirope alcanzaba la consistencia deseada, había que golpearlo para que se solidificara de la forma deseada, como un caramelo duro, como azúcar granulado, como un esponjoso pastel. Las mujeres lo guardaban en cajas de corteza de abedul llamadas *makaks*, que se cerraban con raíces de píceas. Debido a los antifúngicos naturales de la corteza de ese árbol, los azúcares podían conservarse durante años.

Cuentan que fueron las ardillas las que enseñaron a nuestro pueblo a producir azúcar. A finales del invierno, en la época de más escasez de alimentos, cuando se han agotado los alijos de nueces, las ardillas suben a las copas de los árboles y roen las ramas del arce azucarero. Al rascar la corteza, la savia rezuma y las ardillas se la beben. Pero el auténtico premio llega a la mañana siguiente, cuando repiten el recorrido del día anterior para lamer en la corteza los cristales de azúcar que se han formado por la noche. Las temperaturas bajo cero provocan la sublimación del agua en la savia y dejan una dulce capa cristalina, como fragmentos de azúcar piedra, que les permite sobrevivir en los días más duros del año.

Nuestro pueblo llama a esta época la Luna del Azúcar de Arce, *Zizibaskwet Giizis*. El mes anterior es la Luna de la Capa Dura de Nieve. Los pueblos que se basan en una economía de subsistencia también la conocen como la Luna del Hambre, el momento en que la comida almacenada empezaba a escasear y apenas había caza. Los arces servían entonces de sustento: ofrecían alimento cuando más se necesitaba. Aquellos pueblos confiaban en que la Madre Tierra proveería, incluso en lo más duro del invierno. Es lo que hacen las madres. A cambio, antes de la extracción de la savia, ellos celebraban ceremonias de gratitud.

Cada año, los Arces cumplen con su parte de las Instrucciones Originales: cuidan de la gente. Pero están, al mismo tiempo, cuidando de sí mismos. Los brotes que registraron el comienzo de la nueva estación se han levantado con hambre. No miden más de un milímetro de largo y necesitan alimento para convertirse en hojas hechas y derechas. Cuando perciben que la primavera está cerca, emiten una señal hormonal que baja por el tronco hasta las raíces: con esa alarma en la superficie se despierta el mundo subterráneo. Así se desencadena la formación de amilasa, la enzima responsable de la división de las grandes moléculas de almidón acumuladas en las raíces en pequeñas moléculas de azúcar. Al aumentar la concentración de azúcar, se produce un gradiente osmótico que provoca la absorción del agua de la tierra humedecida por los primeros deshielos primaverales. El azúcar se disuelve en ella y empieza a fluir en forma de savia hacia las ramas, para alimentar a los brotes. Normalmente, el azúcar viaja solo a través de la fina capa de floema que hay bajo la corteza, pero en primavera hace falta mucho azúcar para alimentar tanto a la gente como a los brotes. Aún no hay hojas que puedan producir su propio azúcar. Es la única época del año en que el azúcar viaja así. Es la única época en que es necesario. Durante varias semanas cada primavera, la savia asciende por el árbol, hasta que los brotes se abren y salen las hojas. El xilema vuelve a desempeñar entonces su función habitual de conducto para el agua.

Cuando las hojas maduras ya producen más azúcar del que pueden consumir en el momento, el flujo de azúcar toma la dirección inversa, de las hojas a las raíces, a través del floema. En verano, las raíces que antes alimentaban a los brotes resultan alimentadas por las hojas. El azúcar vuelve a convertirse en almidón y se almacena de nuevo en la «bodega de la raíz». Ese sirope con que untamos en invierno los panqueques no es otra cosa que rayos de sol caídos en haces dorados sobre las hojas, que se remansan ahora en el plato.

Pasé noches enteras vigilando el fuego en el que hervía nuestra pequeña olla de savia. Durante todo el día, el ploc, ploc, ploc llenaba los calderos y las niñas y yo lo recogíamos después de clase y echábamos el contenido al cubo de basura. Tuvimos que comprar otro, pues los árboles producían savia a más velocidad de la que yo la hervía. Y un tercero. Al final sacamos los grifos de los árboles para detener el flujo y que el azúcar no se echara a perder. El resultado fue una bronquitis horrible por dormir a mediados de marzo en una silla fuera de casa y tres jarras de sirope con tonos grisáceos por culpa de la ceniza.

Cuando mis hijas se acuerdan ahora de nuestra aventura azucarera, ponen cara de fastidio y resoplan: «Aquello fue una barbaridad de trabajo». Mencionan las brazadas de leña que tuvieron que cargar para avivar el fuego y la savia que les manchaba las cazadoras cuando transportaban los calderos. Se mofan de mí, diciéndome que fui una madre terrible que se empeñó en imponerles el vínculo con el terruño mediante trabajos forzados. Eran muy muy pequeñas para ponerse a producir azúcar. También se acuerdan de lo maravilloso que era beber savia directamente del árbol. La savia sí, pero no el sirope. Nanabozho se aseguró de que el trabajo nunca resultara demasiado fácil. Sus enseñanzas nos recuerdan que una parte de la historia es que la tierra nos brinda sus dones, y la otra parte es que esos dones nunca son suficientes. La responsabilidad no recae únicamente en los arces. Nosotros también hemos de participar en el proceso de transformación. Es nuestro trabajo y nuestra gratitud lo que destila el dulzor del árbol.

Noche tras noche, mientras las niñas dormían, a salvo, en sus camas, yo me sentaba junto al fuego. Me arrullaban el crepitar de la lumbre y el borboteo de la savia. Hipnotizada por las llamas, casi no me percataba del tono plateado que adquiría el cielo cuando la Luna del Azúcar de Arce ascendía por el este. Tanto brillaba en la noche gélida que proyectaba las sombras de los árboles contra la casa, sombras de dos árboles gemelos, un intenso bordado negro alrededor de las ventanas tras las que dormían mis hijas. Esos dos árboles, de las mismas dimensiones y forma, se alzan junto a la carretera, alineados con el centro de la casa, enmarcando la puerta de entrada como las columnas de un oscuro pórtico. Se yerguen al unísono, sin una sola rama, hasta que alcanzan la altura del tejado, donde se abren como un paraguas. Crecieron con la casa, obtuvieron la forma de su función, de su labor protectora.

A mediados del siglo XIX, en estas tierras existía la costumbre de plantar árboles gemelos para celebrar un matrimonio o la inauguración de una casa y un hogar. La posición de estos, a tres metros el uno del otro, recuerda a una pareja que se diera la mano en las escaleras de la entrada. Sus sombras caen sobre el porche delantero y sobre el cobertizo al otro lado de la carretera, creando un camino de ida y vuelta.

Me doy cuenta de que los primeros habitantes de la casa no pudieron beneficiarse de esa sombra, desde luego no cuando eran jóvenes. Debieron de plantar los árboles pensando en que sus descendientes se quedarían a vivir aquí. Es probable que antes de que la sombra llegase a tocar la carretera ellos estuvieran ya bajo tierra. Yo vivo hoy a la sombra del futuro que imaginaron y bebo la savia de árboles que plantaron con sus votos nupciales. No pudieron prever mi llegada, tantas generaciones después, y, sin embargo, vivo con los dones que ellos propiciaron. ¿Cómo iban a imaginar que mi hija Linden les regalaría caramelos en forma de hojas de arce azucarero a los invitados a su boda?

He ahí la responsabilidad que yo, una desconocida que llega a vivir bajo su protección, he contraído con los árboles y con quienes los plantaron: un vínculo físico, emocional y espiritual. No sé cómo corresponderles. No puedo imaginar una reciprocidad que esté a la altura. Son tan grandes que ningún esfuerzo o atención por mi parte podría equipararse a su labor, aunque de vez en cuando echo en el suelo un poco de abono y los riego con la manguera si los veranos vienen secos. Quizá lo único que se puede hacer es quererlos. Dejar otro obsequio, para ellos y para el futuro, para los próximos desconocidos que vendrán a habitar esta casa. Una vez escuché que los maoríes tallan hermosas esculturas de madera y las llevan al interior de los bosques, como una ofrenda para los árboles. Yo planto Narcisos, cientos de ellos, en lechos al sol junto a los Arces, una señal de respeto a su hermosura y una forma de corresponder a su don.

La savia mana de los árboles y, mientras tanto, los Narcisos siguen creciendo a sus pies.

Hamamelis

Contado a través de los ojos de mi hija.

Noviembre no es el mes de las flores. Los días son cortos y fríos. Las nubes negras se adueñan de mi estado de ánimo y la llovizna y el aguanieve, como musitando una maldición, hacen que me encierre en casa, me quitan las ganas de salir. Por eso, en cuanto un rayo de sol se abre paso y el día recobra su brillo, corro al exterior. En el bosque no se escucha ni el rumor de las hojas ni el canto de los pájaros, así que el zumbido de una sola abeja resulta ensordecedor. La sigo, curiosa, preguntándome qué buscará en esta época del año. Observo atentamente las ramas desnudas a las que se dirige y veo en ellas, esparcidas, pequeñas flores amarillas: hamamelis. Son flores dispersas por toda su longitud, cinco largos pétalos como cinco remiendos amarillentos que cuelgan de la rama, tiras arrancadas que se agitan con la brisa. Pero qué alegría traen los colores cuando aún tenemos por delante varios meses oscuros. Una última exclamación de vida antes del invierno, que me recuerda a otro noviembre, hace bastante tiempo.

La casa había estado vacía desde que ella la dejó. El sol de varios veranos les había robado el color a los papás Noel de cartón pegados en lo alto de las ventanas y las flores de Pascua artificiales sobre la mesa estaban cubiertas de telarañas. Toda la casa apestaba a los ratones que habían saqueado la despensa y al jamón de Navidad que se había llenado de moho en el congelador después de que cortaran la luz. Fuera, en el porche, un chochín preparaba de nuevo su nido en la lonchera, esperando a que ella regresara.

Había multitud de asteres en flor bajo la cuerda de tender, combada, donde aún resistía un cárdigan gris.

Conocí a Hazel Barnett cuando vivíamos en Kentucky, un día en que salí con mi madre por moras. Mientras rebuscábamos entre los arbustos, oímos una voz aguda que nos llamaba: «Hola, hola». Tras la cerca se encontraba la mujer más anciana que yo hubiera visto jamás. Me agarré a la mano de Mamá, asustada, mientras nos acercábamos a saludarla. Estaba apoyada contra la cerca, entre malvas rosas y carmesíes. El pelo, de un plateado metálico, lo tenía recogido en un moño bajo y una corona de mechones blancos se le desmadejaban como los rayos del sol alrededor de un rostro sin dientes.

«Me gusta ver que tienen encendido por la noche —dijo—. Pa' eso somos vecinas. Las vi salir al paseo y quise venir a saludar». Mamá se presentó y le explicó que nos habíamos mudado hacía unos meses. «¿Y quién es este tesoro?», preguntó, sacando el cuerpo por encima de la alambrada para pellizcarme la mejilla. El vestido de estar en casa, holgado, donde unas flores púrpuras similares a las malvas perdían nitidez de tantas lavadas, se le enganchó en los alambres. Aunque estaba en el jardín, llevaba zapatillas de casa, algo que mi madre nunca habría permitido. La vieja mano arrugada, retorcida y llena de venas, con un hilo de oro en el dedo anular, se agarró a la cerca. Con ese nombre yo solo había conocido a la bruja Hazel, así que no tenía ninguna duda de que eran la misma persona.[1] No habría soltado la mano de mi madre por nada del mundo.

Es de suponer, conociendo su relación con las plantas, que a ella también la habrán llamado bruja en algún momento. Y, en efecto, hay algo de brujería en un árbol que florece en noviembre y luego escupe las semillas —perlas brillantes tan negras como la noche— a cinco o seis metros, con el susurro delicado y casi imperceptible de una pisada en la quietud del bosque.

Mi madre y ella fraguaron una amistad improbable basada en el intercambio de recetas y consejos de jardinería. De día, mi madre

---

[1] Personaje de dibujos animados, de los *Looney Tunes*. El nombre común en inglés del *Genus hamamelis* es también «witch hazel» (la bruja Hazel), que le da a este capítulo su título original. (*N. del T.*).

trabajaba de profesora en la universidad. Se sentaba delante de un microscopio y escribía artículos académicos. Sin embargo, en primavera, el atardecer la encontraba siempre en el huerto, descalza, plantando frijoles o ayudándome a meter en el cubo las lombrices que ella había herido con la pala. Yo había levantado un hospital para lombrices debajo de los lirios y creía que podía sanarlas. Mi madre me animaba a intentarlo, diciendo: «No hay mal que el amor no pueda curar».

Muchas tardes, antes de que oscureciera, atravesábamos el pastizal en dirección a la cerca, y allí nos encontrábamos con Hazel. «Me gusta ver luz en sus ventanas —decía—. No hay nada mejor que un buen vecino». Mientras ellas hablaban de echar ceniza en la tierra de las tomateras para mantener a raya a los gusanos cortadores o Mamá presumía de mis avances con la lectura, yo escuchaba. «¡Jesús! Cielo, aprendes muy rápido, ¿no es verdad?», decía Hazel. A veces sacaba del bolsillo del vestido un caramelo de menta para mí, envuelto en una tira vieja y suave de celofán.

Nos apartábamos de la cerca y la visita continuaba en el porche. Si cocinábamos nosotras, le llevábamos una fuente de galletas y bebíamos limonada en la puerta de su casa, donde el suelo estaba algo hundido. Nunca me gustó entrar: la mezcla de trastos viejos, bolsas de basura, humo de cigarrillo y lo que ahora sé que es el aroma de la pobreza resultaba demasiado intensa. Hazel vivía en una casa estrecha con su hijo Sam y su hija Janie, la pequeña. Janie era, según su madre, algo «simple», por haber llegado tarde y de última. Era amable y cariñosa y quería abrazarnos todo el tiempo a mi hermana y a mí con sus suaves y largos brazos.

A Sam le habían declarado una incapacidad laboral y no podía trabajar, pero recibía un subsidio de veterano y una pensión de la empresa de carbón, gracias a la cual vivían todos. Malvivían, más bien. Cuando Sam lograba salir a pescar al río, nos traía siluros enormes. Tosía sin parar, pero sus ojos azules parecían centellas y se sabía millones de historias. Una vez nos trajo un caldero lleno de moras que había recogido a la vera de la vía del tren. Mamá intentó rechazarlas, diciendo que era demasiado generoso. «Por Dios, no diga bobadas —dijo Hazel—. Las moras no son mías. El Señor las puso aquí para que las compartiéramos».

A Mamá le encantaba trabajar. Para ella, pasar un buen rato consistía en construir muros de piedra seca o quitar maleza. De vez en cuando, Hazel aparecía y se sentaba en una silla de jardín bajo los robles mientras mi madre apilaba piedras o preparaba astillas para el fuego. Hablaban un poco de todo y Hazel le contaba lo mucho que le gustaba un montón de leña bien apilado, acordándose de cuando ganaba algo de dinero extra lavando para los demás. Hacía falta muchísima madera para calentar las palanganas. También había trabajado de cocinera río abajo y negaba con la cabeza al recordar la cantidad de platos que podía llevar con una sola mano. Mamá le hablaba de sus alumnos o de algún viaje que hubiera realizado y a Hazel la maravillaba la idea misma de volar en avión.

Hazel rememoraba, por ejemplo, aquella vez en que la habían llamado para hacer de comadrona en medio de una tormenta de nieve, o cuando la gente llegaba a su puerta buscando plantas medicinales. Nos contó que otra profesora vino con una grabadora para hablar con ella, diciendo que la iba a sacar en un libro hablando de todos los remedios y costumbres que conocía. Pero la profesora no regresó y Hazel nunca vio el libro. Se acordaba de cuando recogía pacanas bajo árboles enormes y de cuando le llevaba la comida a su padre, que fabricaba barriles en una destilería río abajo. Yo no les prestaba demasiada atención, pero a mi madre la apasionaban esas historias.

A nada le dedicó mi madre tanto tiempo como a la ciencia, pero siempre decía que había nacido demasiado tarde. Decía que ella debería haber sido una granjera del siglo XIX. Cantaba mientras hacía conservas de tomates, cocía melocotones o golpeaba la masa del pan, y siempre trataba de enseñarme a hacer todas esas cosas. Cuando me acuerdo de su amistad con Hazel, imagino que el profundo respeto que se profesaban nacía de ahí: ambas eran mujeres con los pies en la tierra, enraizados, orgullosas de las espaldas con que ayudaban a otros a sobrellevar su carga.

En sus conversaciones yo no percibía más que el indistinguible zumbido de la cháchara de los adultos, pero en una ocasión, cuando Mamá atravesaba el jardín con una gran brazada de leña, vi a Hazel esconder la cara entre las manos y llorar. «Cuando vivía en casa —dijo—, podía cargar con un atado como ese. Por Dios, podía sostener una cesta de melocotones con una mano y un bebé en la otra sin ningún esfuerzo. Pero eso era hace mucho tiempo, tanto tiempo, todo eso se lo llevó el viento».

Hazel había nacido y crecido en el condado de Jessamine (Kentucky). En la misma carretera en que nos encontrábamos ahora, pero más abajo. Sin embargo, al oírla hablar así, parecía que estaba a cientos de kilómetros de su hogar. Ni ella ni Janie ni Sam sabían conducir, así que era como si la vieja casa estuviera al otro lado de la divisoria continental.

Se había mudado con su hijo en Nochebuena, cuando este sufrió un infarto. A ella le encantaban esas fechas —reunir a toda la familia, preparar un banquete—, y, sin embargo, aquella Navidad lo dejó todo, cerró la puerta y se fue a vivir con Sam para cuidar de él. No había vuelto a la antigua casa desde entonces, pero era evidente que su corazón seguía echándola de menos: en su mirada se instalaba cierta lejanía al hablar de ella.

Mi madre entendía perfectamente esa nostalgia. Ella era una mujer del norte, nacida a la sombra de las Adirondacks. El doctorado y la investigación la habían obligado a mudarse continuamente, pero siempre había tenido la esperanza de volver a casa. Recuerdo el otoño en que lloró por no poder contemplar los colores ardientes de los arces. Un buen trabajo y la carrera de mi padre la habían trasplantado a Kentucky, pero sé que echaba de menos a su gente, los bosques de su hogar. Tenía en la boca el sabor del exilio, igual que Hazel.

Con el paso de los años, Hazel se volvía más triste y su conversación se volcaba con mayor frecuencia hacia el pasado, hacia las cosas que ya no vería más: lo alto y guapo que había sido su marido, Rowley, lo hermosos que fueron sus jardines. Una vez, mi madre le propuso llevarla a la antigua casa, pero ella negó con la cabeza. «Es muy amable de su parte, pero no querría que me vieran así. De todas maneras, se lo llevó el viento, se lo llevó todo». Hasta que una tarde de otoño, cuando se alargaba la última luz dorada del día, nos llamó por teléfono.

«Cariño, hola, cariño, ya sé que están muy ocupadas, que se traen mil cosas entre manos, pero si tal vez les parece que podrían llevarme a la casa vieja, se los agradecería inmensamente. Tengo que volver a verla, a ver el tejado, antes de que empiece a nevar». Fuimos las dos con ella, por la carretera de Nicholasville, en dirección al río. Hoy es una autopista con un puente altísimo que cruza el río Kentucky; tan alto que no te percatas de que estás pasando sobre un curso de agua embarrada, revuelta. A la altura de la vieja destilería, vacía y tapiada con tablones, salimos de la carretera y seguimos un camino de tierra que giraba y se alejaba del río. Nada más tomar la curva, Hazel, en el asiento de atrás, se puso a llorar.

«Oh, mi camino del alma», sollozó, y yo le acaricié la mano. Sabía lo que había que hacer, pues había visto a mi madre llorar del mismo modo delante de la casa en la que había crecido. Hazel le indicó a Mamá que girara en dirección a unas cuantas casas pequeñas y destartaladas, algunas caravanas con estufa incorporada y los restos de varios cobertizos. Nos detuvimos en una hondonada cubierta de hierba, a la sombra de una arboleda de falsas acacias. «Es aquí —señaló—, mi hogar, dulce hogar». Lo dijo así, como si estuviera citando algún libro. Delante de nosotras se levantaba una escuela con las cuatro paredes llenas de ventanas alargadas y puntiagudas y dos puertas delanteras, una para los niños y otra para las niñas. El gris plateado de las paredes tenía restos de cal difuminados sobre los tablones.

Hazel estaba ansiosa por salir del auto. Tuve que darme prisa para alcanzarle el andador antes de que tropezara entre la hierba alta. No dejaba de señalar a una pequeña caseta, el antiguo gallinero, mientras nos conducía a Mamá y a mí hasta la puerta lateral y el porche. Buscó las llaves a tientas en el bolso, pero le temblaban tanto las manos que tuvo que pedirme que abriera la puerta. Lo hice, sujetando la mosquitera desconchada e introduciendo sin dificultad la llave en la cerradura. Sostuve la puerta y ella dio unos pasos hacia el interior y se detuvo. Se quedó quieta, observando. Dentro había un silencio sepulcral. El aire frío corrió a mi lado, asomándose a la cálida tarde de noviembre. Empecé a caminar y mi madre me detuvo con la mano. «Déjala», decía su mirada.

La estancia que teníamos delante era como un libro ilustrado sobre los usos y costumbres del pasado. Había una enorme y envejecida estufa contra la pared del fondo y sartenes de hierro fundido colgaban a ambos lados. Paños de cocina pendían de clavos sobre un fregadero sin toma de agua y las cortinas que algún día fueron blancas enmarcaban la vista hacia el bosquecillo. Los techos altos, como lo son en todas las escuelas antiguas, festoneados con guirnaldas de espumillón, azul y plata, temblando con la brisa que entraba por la puerta abierta. Tarjetas navideñas decoraban los marcos de las puertas, pegadas con cinta adhesiva. Toda la cocina estaba engalanada para la Navidad. La mesa estaba cubierta por un hule que representaba una escena festiva y en el centro había flores de Pascua artificiales en tarros de conserva, cubiertas de telarañas. Se había dispuesto para seis comensales. La comida seguía en los platos y las sillas estaban un poco separadas de la mesa, como quedaron en el momento en que la llamada del hospital interrumpió la cena.

«Vaya cuadro —dijo Hazel—. Vamos a ordenar todo esto». Súbitamente, se apoderó de ella una insólita eficacia, como si acabara de entrar en casa después de cenar y esta no estuviera a la altura de sus estándares de ordenamiento doméstico. Apartó el andador y empezó a recoger los platos de la larga mesa de la cocina para llevarlos al fregadero. Mi madre intentó tranquilizarla. Le pidió que nos enseñara la casa primero, que podíamos ayudarla a recoger en otro momento. La seguimos hasta el salón, donde se encontraba el esqueleto del árbol de Navidad, rodeado por montoncitos de acículas. De las ramas desnudas colgaban, huérfanos, los adornos. Un pequeño tambor rojo y pájaros de plástico grisáceos, con la pintura descascarillada y una especie de muñón en el lugar en que había estado la cola. Había sido un espacio agradable, hogareño, con un sofá, mecedoras, una mesa de patas torneadas y lámparas de gas. En un aparador de roble había un aguamanil y una jofaina de porcelana con rosas pintadas. Y un pañuelo rosa y azul bordado a mano en punto de cruz. «Dios mío —dijo Hazel, pasando por la densa capa de polvo una esquinita de su vestido de estar en casa—. Tengo que ponerme a limpiar todo esto».

Mientras Mamá y ella admiraban la hermosa vajilla del aparador, yo salí a explorar. Al abrir una puerta encontré una enorme cama deshecha, un rebujo de sábanas y mantas a los pies. A su lado, algo que parecía un orinal, pero para personas mayores.

No olía muy bien allí y me fui enseguida para que no me encontraran fisgoneando. Otra puerta daba a una habitación con una hermosa colcha de retazos y más guirnaldas de oropel alrededor de un espejo, sobre el mueble en el que reposaba un quinqué cubierto de hollín.

Hazel se apoyaba en el brazo de mi madre mientras le dábamos la vuelta a la casa y señalaba los árboles que había plantado y los parterres de flores en que ahora crecían las hierbas. En la parte de atrás, debajo de los robles, se disparaba un grupo de ramas desnudas, grisáceas, de las que brotaban flores de un amarillo pajizo, a borbotones. «Bueno, bueno, pero si ha venido a saludarme mi vieja amiga, la doctora —dijo, y se estiró hasta alcanzar la rama como si le estuviera dando la mano—. Cuántos potingues hice con el hamamelis y cuánta gente venía luego, en aquella época, a que se los diera. En otoño cocinaba la corteza y así tenía para todo el invierno, y hacía ungüentos contra el dolor y los achaques y las quemaduras y los sarpullidos. Todos me lo pedían. No hay casi ningún mal para el que no se pueda encontrar remedio en el bosque».

«El hamamelis —nos dijo— no es bueno solo para el cuerpo, también para lo de adentro. Fíjense que florece en noviembre. El Señor nos lo ha dado para recordarnos que siempre hay algo bueno, hasta cuando parece que no lo hay. Te quita un poco las penas, eso es lo que hace».

Tras aquella primera visita, Hazel empezó a llamarnos con frecuencia, los domingos por la tarde, y preguntaba: «¿Querrían ir de paseo?». A mi madre le parecía importante que mi hermana y yo las acompañáramos. Insistía en ello, igual que cuando quería que aprendiéramos a hacer pan y a plantar frijoles. Cosas a las que yo entonces no daba importancia. Ahora lo veo de otra forma. Nosotras nos dedicábamos a recoger pacanas junto a la casa vieja, a investigar en el gallinero, a buscar tesoros en el cobertizo y, mientras tanto, Mamá y Hazel hablaban en el porche. Al lado de la puerta, colgada de un clavo, había una vieja lonchera negra de metal, abierta y forrada de lo que parecía papel de tapizar. Dentro estaban los restos de un nido de pájaros. Hazel había traído una pequeña bolsa de plástico llena de migas de galletas y las había extendido por la baranda del porche.

«Esta pequeña Jenny Wren[2] construía su casa aquí todos los años, desde que Rowley falleció. Esta era su lonchera. Ahora depende de mí para hacer su hogar, no tiene a nadie más». Estoy segura de que hubo mucha gente que dependía de Hazel cuando ella era joven y fuerte. Siguiendo sus indicaciones, nos subimos al auto y recorrimos el camino de regreso, deteniéndonos en todas las casas salvo en una. «Esos no son de por aquí», dijo, y apartó la mirada. El resto de los vecinos rebosaban alegría al reencontrarse con ella. Mi hermana y yo perseguíamos a las gallinas o acariciábamos a los perros mientras Mamá y Hazel hacían la ronda de visitas.

Esas personas eran muy diferentes a las que nosotras habíamos conocido en la escuela o en las fiestas de la universidad de Mamá. Una mujer me dio unos golpecitos en los dientes y me dijo: «Tienes buenas muelas». Nunca había pensado que los dientes pudieran ser dignos de algún elogio, pero tampoco había conocido a gente a la que le faltaran tantos. Sin embargo, lo que más recuerdo es la amabilidad de todas ellas. Había mujeres que habían cantado con Hazel en el coro de la pequeña iglesia blanca, bajo los pinos. Mujeres que la conocían desde pequeña. Hablaron largo y tendido acerca de los días en que bailaban a la orilla del río y se miraron con pena al mencionar a los hijos que crecieron y se marcharon. Al volver a casa, de noche, solíamos hacerlo con una cesta de huevos frescos o un trozo de pastel para cada una, y Hazel estaba radiante.

Cuando el invierno llegó, nuestras visitas se espaciaron y la luz pareció apagarse en los ojos de Hazel. Un día, sentada a la mesa de nuestra cocina, nos dijo: «Sé que no debería pedirle al Señor nada más, que es mucho lo que tengo, pero cómo desearía celebrar una última Navidad en la casa vieja. Pero todo aquello ya pasó. Se lo llevó el viento». El bosque carecía de remedio para ese dolor.

No íbamos a volver al norte por Navidad, a casa de los abuelos, y Mamá no estaba demasiado contenta. Aún faltaban varias

---

[2] En el folclore anglosajón, nombre popular del chochín común. Hace referencia a la Reina de las Hadas, personaje que se transformaba en este pájaro, considerado, en la tradición druídica, el «rey de todas las aves». Jenny Wren es, además, un personaje de la novela *Nuestro común amigo* de Charles Dickens. *(N. del T.).*

semanas, pero ya se había puesto a cocinar para un regimiento y nos había encargado a mi hermana y a mí que ensartáramos palomitas y arándanos para el árbol. Nos decía que iba a extrañar muchísimo la nieve, el aroma del abeto, a su familia. Entonces, tuvo una idea.

Sería una sorpresa absoluta. Le pidió la llave a Sam y se fue a la vieja casa para evaluar qué se podía hacer. Llamó a la Rural Electric Co-op y logró que reconectaran la energía durante unos días. Eso le permitió ver lo sucio que estaba todo. Como no había agua corriente, tuvimos que llevar garrafas llenas de casa para limpiarlo todo. Era demasiado para nosotras, así que Mamá convenció a algunos de sus alumnos, que vivían en fraternidades y tenían que realizar proyectos de servicio a la comunidad, de que nos ayudaran. Y no fue un proyecto cualquiera: limpiar aquel frigorífico les habría valido de experimento de microbiología.

Recorrimos el viejo camino de arriba abajo y hablamos con sus antiguos amigos, a los que les entregué invitaciones hechas a mano. No eran demasiados y Mamá invitó también a los chicos de la facultad y a sus amigos. Aunque la casa conservaba adornos navideños, nos pusimos a hacer más: cadenetas de papel y velas con rollos de papel higiénico. Papá cortó un árbol, lo puso en el salón y lo cubrió con las luces del viejo, que ya no tenía hojas. Trajimos ramas de sabinas de Virginia para decorar las mesas y colgamos bastoncitos de caramelo en el árbol. El olor de la sabina y la menta sustituyó al del moho y los ratones. Mamá y sus amigas hornearon galletas.

La mañana de la fiesta la calefacción estaba encendida, las luces del árbol también y uno a uno empezaron a llegar los invitados, que subían con dificultad las escaleras del porche. Mi hermana y yo jugábamos a ser las anfitrionas mientras Mamá iba a recoger a la invitada de honor.

—Hola, ¿a alguien le apetece dar un paseo? —le preguntó, y no dejó que Hazel rechazara el abrigo.

—¿Qué pasa?, ¿adónde vamos? —preguntó.

La cara le brillaba con el fulgor de una vela encendida al entrar en su «hogar, dulce hogar» y ver tanta luz y a tantos amigos. Mamá le prendió en el vestido un broche navideño, una campanita de plástico con brillos dorados que había encontrado en el ropero. Aquel día, Hazel se movió por la casa como una reina. Papá y mi hermana tocaron al violín «Noche de paz» y «Joy to the World», y yo me dediqué a servir ponche de frutos rojos. No recuerdo mucho más de la fiesta, salvo que Hazel se quedó dormida al volver a casa.

Unos años después nos mudamos de Kentucky. Nos fuimos a vivir al norte. Mamá estaba feliz de volver a casa, de tener arces en lugar de robles, pero fue muy duro despedirse de Hazel. Fue lo último que hizo. Hazel le dio un regalo, una mecedora y una pequeña caja con adornos de Navidad. Un tambor de papel y un pájaro de plástico plateado al que le faltaban las plumas de la cola. Mamá sigue colgándolos del árbol cada año y cuenta la historia de aquella fiesta como si se tratara de la mejor Navidad de su vida. Nos dijeron que Hazel falleció unos años después de que nos marcháramos.

«Se lo llevó el viento, se lo llevó todo», habría dicho.

Hay ciertas penas que el hamamelis no puede aliviar. Para ellas nos necesitamos los unos a los otros. Creo que Mamá y Hazel Barnett, como improbables hermanas, aprendieron algo de las plantas que ambas amaban: lograron preparar juntas un remedio para la soledad, una infusión con que recuperar fuerzas y vencer el pesar de la nostalgia.

Ahora, cuando las hojas rojas han caído y los gansos se han marchado, salgo en busca del hamamelis. Siempre puedo contar con él. Siempre me trae el recuerdo de aquella Navidad, me hace pensar en el remedio de la amistad. Hay días que son como el hamamelis, un golpe de color, una luz en la ventana cuando el invierno empieza a cerrarse a nuestro alrededor.

La labor de una madre

Todo lo que yo quería era ser buena madre. Como Mujer Celeste tal vez. Por algún motivo, terminé enfundada en unos pantalones de pescador cubiertos de barro con los que apenas soy capaz de moverme. Las botas que debían protegerme del agua están inundadas. Conmigo dentro. Y con un renacuajo. Noto que algo se agita en la otra rodilla. Dos renacuajos.

Cuando me marché de Kentucky y empecé a buscar residencia en el norte del estado de Nueva York, mis hijas me entregaron una lista clarísima de los requisitos que debía cumplir nuestro nuevo hogar: tenía que haber árboles en los que se pudiera construir una casa, una para cada una; un camino de piedras rodeado por sendas hileras de pensamientos, igual que en el libro favorito de Larkin; un cobertizo rojo; un estanque en el que bañarse; una habitación morada. Este último requisito me tranquilizó un poco. Su padre acababa de levar anclas, abandonando el país y, de paso, a nosotras. Decía que no quería una vida tan llena de responsabilidades, así que ahora las responsabilidades eran exclusivamente mías. Al menos me quedaba el consuelo de que iba a pintar una habitación de morado.

Pasé todo el invierno mirando casas, ninguna de las cuales encajaba en mis expectativas ni en el presupuesto. Los anuncios inmobiliarios —«3 habs., 2 baños, 2 alturas, vistas»— no suelen especificar el número de árboles capaces de albergar una casa entre sus ramas. He de confesar que a mí me preocupaban más la hipoteca y las escuelas de la zona y si íbamos a terminar en un estacionamiento para autocaravanas al final de alguna carretera. Sin embargo, la lista de deseos de las niñas me vino inmediatamente a la cabeza el día en que el agente me enseñó una vieja granja rodeada de enormes arces azucareros, dos de los cuales tenían ramas lo suficientemente bajas y fuertes como para satisfacer los deseos de mis hijas. Era una posibilidad. Tenía el problema de que las contraventanas estaban combadas y el porche llevaría más de medio siglo desnivelado. Pero, por otro lado, contaba con casi tres hectáreas de terreno y lo que se describía en el anuncio como un estanque de truchas, que en esa época era solo una superficie de hielo rodeada por una arboleda. La casa estaba vacía, fría y falta de cariño. Sin embargo, al abrir las puertas —oh, milagro—, vi que la última habitación la habían pintado del color de las violetas primaverales. Era una señal. En este lugar tocaríamos tierra.

Nos mudamos esa misma primavera y entre las tres improvisamos enseguida tres casas en los arces, una para cada una. Imagina nuestra sorpresa cuando debajo de la nieve, al derretirse, apareció un camino de lajas que conducía hasta la puerta principal, lleno de maleza. Conocimos a los vecinos, exploramos las colinas a base de picnics campestres, plantamos pensamientos y empezamos a echar las raíces de la felicidad. Ser buena madre, tan buena como para ocuparme también del trabajo del padre, no parecía ya una tarea imposible. De la lista de requisitos solo faltaba un estanque apto para bañarse.

En las escrituras de la casa se especificaba la existencia de un estanque alimentado por las aguas de un manantial subterráneo. Tal vez lo fuera, cien años atrás. Uno de mis vecinos, cuya familia llevaba allí varias generaciones, me contó que había sido el estanque preferido de todo el valle. En verano, después de las tareas de siega y preparación del heno, los chicos dejaban los carros y subían a darse un baño. «Nos quitábamos la ropa y saltábamos —me dijo—. Desnudos y todo, pero allí las chicas no podían vernos. ¡Y lo frío que estaba! El agua del manantial salía helada, lo que se agradecía mucho después de pasar el día trabajando al sol. Luego, para calentarnos, nos tumbábamos en la hierba». El estanque se encuentra en una colina tras la casa. Lo cercan las laderas por todos los flancos salvo por uno, donde crece una arboleda de manzanos. En la parte de atrás hay un barranco de piedra caliza, del que se extrajo el material para levantar la casa, hace más de doscientos años. Resultaba difícil creer que alguien pudiera meter un dedo en el agua. Mis hijas, desde luego, no iban a hacerlo. La capa de verdín que lo cubría hacía imposible saber dónde acababa la hierba y empezaba el estanque.

Los patos tampoco fueron de gran ayuda. Si acaso, se convirtieron en lo que podríamos llamar, eufemísticamente, una gran fuente de aporte nutricional. Pero es que se veían tan lindos en la tienda, con su pelusa amarilla aterciopelada y su pico de dimensiones desproporcionadas y sus enormes patas naranjas, tambaleándose entre el serrín y los trozos de madera. Era primavera, casi había llegado la Pascua, y todas las buenas razones para no llevárselos a casa se evaporaron al ver la alegría de las niñas. ¿Acaso una buena madre se negaría a adoptar unos patitos? ¿Cuál, si no, puede ser el propósito de tener un estanque en casa?

Los dejamos en una caja de cartón en el garaje, con una lámpara de calor, y no les quitamos ojo de encima para que ni la caja ni los patitos empezaran a arder. Las niñas se encargaron diligentemente de todas las tareas de cuidado, alimentación y limpieza. Una tarde, al volver del trabajo, me los encontré flotando en el fregadero; chapoteaban y graznaban y se sacudían el agua de la espalda. Las niñas no cabían en sí de gozo. Por el estado del fregadero, debí suponer lo que ocurriría a continuación. Durante varias semanas, los patos estuvieron comiendo y defecando con el mismo entusiasmo. Hasta que, por fin, un mes después, llevamos una caja con seis brillantes patos blancos hasta el estanque y los soltamos allí.

Empezaron a limpiarse las plumas con el pico y a jugar en el agua. Todo fue según lo previsto durante los primeros días, pero parece ser que sin una madre que los protegiera y enseñara —sin una buena madre— los patos no disponían de las habilidades necesarias para sobrevivir fuera de la caja. Cada día faltaba uno más; quedaban cinco, luego cuatro y luego solo tres, los únicos que lograron evitar a los zorros, a las tortugas toro o al aguilucho pálido que se había aficionado a sobrevolar la colina. Esos tres sobrevivieron. Verlos deslizarse sobre el estanque era una imagen plácida, casi bucólica. Pero el agua estaba aún más verde que antes.

Resultaron perfectos como animales de compañía hasta que, en invierno, empezaron a mostrar sus tendencias delictivas. A pesar del pequeño refugio que les habíamos preparado —una caseta de marco triangular con una galería rodeándola—, a pesar del maíz que les llovía del cielo, como si fuera confeti, no eran felices. Preferían la comida del perro y las temperaturas más cálidas del porche trasero de nuestra casa. Una mañana de enero salí y me encontré el cuenco del perro vacío, al perro encogido y asustado, y a tres patos blancos como la nieve sentados en el banco, en fila, moviendo la cola con satisfacción.

Por las noches aquí puede hacer frío. Mucho frío. Los excrementos de los patos se congelaban en montoncitos enrollados, como artesanías de arcilla a medio terminar, y se quedaban pegados al suelo del porche. Tenía que romperlos con un picahielo. Intenté ahuyentarlos: cerraba la puerta del porche y dejaba un rastro de granos de maíz que los llevaba graznando hasta el estanque, pero siempre reaparecían a la mañana siguiente.

El invierno y una dosis diaria de cagadas de pato deben de provocar que la parte del cerebro encargada de la compasión hacia los animales se entumezca, pues empecé a desearles un trágico accidente. No tuve valor para deshacerme de ellos, afortunadamente. ¿Algún amigo nuestro habría aceptado el dudoso obsequio de tres patos en mitad del invierno? Creo que ni con salsa de ciruelas. Contemplé secretamente la posibilidad de rociarlos con cebo para zorros. O de atarles trozos de carne asada en las patas para atraer a los coyotes que aullaban en la cima de la colina. Pero fui una buena madre; les di alimento, raspé con la pala el hielo del porche y esperé a que llegara la primavera. Un día templado, agradable, se encaminaron tranquilamente hacia el estanque y en menos de un mes se habían marchado, dejando tras de sí montones de plumas, como un rastro de nieve tardía en la orilla.

Los patos desaparecieron, pero no su legado. En mayo el estanque se había convertido en una densa sopa de algas verdes. Un par de gansos de Canadá vinieron a ocupar el lugar dejado por los patos y criaron una nidada bajo los sauces. Una tarde, me acerqué a ver si a los ansarinos les habían salido ya las primeras plumas y escuché unos graznidos alarmados. Un pequeño y peludo ganso marrón había decidido darse un baño y se había enredado en la masa de algas flotantes. Graznaba y agitaba las alas, intentando liberarse. Mientras yo intentaba rescatarlo, dio una portentosa pisada, salió a la superficie y empezó a caminar sobre el tapiz de algas.

Hasta ahí habíamos llegado, pensé. Uno no debería poder caminar sobre un estanque. Habría de ser un lugar de acogida para fauna silvestre, no una trampa, y de momento las posibilidades de que alguien nadara en él eran bastante remotas, gansos incluidos. Tras toda una vida estudiando ecología, me parecía que debía ser capaz de, como mínimo, hacer que la situación mejorara. La palabra *ecología* procede del griego *oikos*, «hogar». Tenía que ser capaz de utilizar la ecología para darles a los gansos y a mis hijas un hogar mejor.

Como les ocurre a tantos estanques en granjas antiguas, el mío era víctima de la eutrofización, el proceso natural de aumento excesivo de nutrientes. El único causante de ello es el paso de los años. Generaciones de algas y nenúfares y hojas secas y manzanas que caen al estanque en otoño forman sedimentos y se amontonan y lo que una vez fue una capa de piedra limpia en el fondo se convierte en una alfombra de mugre. Todos esos nutrientes dan pie a que crezcan nuevas plantas, y estas provocan el nacimiento de otras, en un ciclo que no deja de acelerarse. Sucede con muchos estanques y lagunas: el fondo se va llenando y el estanque se convierte en un humedal colmatado, que un día podrá convertirse, a su vez, en una pradera, en un bosque. Los estanques se hacen mayores. Yo también me estoy haciendo mayor, pero me gusta pensar en el envejecimiento como un proceso ecológico de enriquecimiento progresivo, no de pérdida.

A veces, la actividad humana acelera el proceso de eutrofización: las escorrentías de las tierras de cultivo enriquecidas con fertilizantes o los pozos sépticos que desembocan en el agua desencadenan un crecimiento exponencial de las algas. En mi estanque no había que preocuparse por tales agentes, pues tenía su origen en un manantial cuyas aguas procedían de la colina y una arboleda filtraba el nitrógeno que pudiera llegar de los pastos colindantes. Mi lucha no era contra la contaminación. Para bañarse en el estanque había que librar una batalla contra el tiempo, había que revertirlo, volver al pasado. Eso es lo que yo quería. Volver al pasado. Mis hijas crecían demasiado rápido, mis momentos de madre parecían escabullírseme entre los dedos y aún tenía que cumplir la promesa de darles un estanque apto.

Ser una buena madre, preparar el estanque para las niñas. Una cadena alimentaria rica en nutrientes puede ser buena para los anfibios y las garzas, pero no para darse un baño. Los mejores lagos para nadar no son eutróficos, sino fríos, claros, oligotróficos: pobres en nutrientes.

Me dirigí al estanque con un pequeño kayak individual: me serviría de plataforma flotante para retirar las algas. El plan era arrastrarlas hacia mí con un rastrillo alargado, llenar el kayak como si fuera una chalana de basura, vaciarlo en la orilla y, al terminar, darme un buen baño de premio. Lo único que conseguí fue lo del baño, y de bueno no tuvo nada. Al empezar a retirar algas observé que colgaban bajo el agua como espesas cortinas verdes. Si desde un kayak liviano intentas levantar una enorme carga de algas con un rastrillo, las leyes de la física predicen que el baño está asegurado.

Todos mis intentos fueron infructuosos. Me estaba centrando en los síntomas del problema, no en la causa. Leí todo lo que pude encontrar sobre recuperación de estanques y sopesé mis opciones. Tenía que eliminar los nutrientes, no solo retirar la espuma. Al entrar en el estanque por la orilla que menos cubría, noté la mugre abrazándome los tobillos y, por debajo, la capa de grava que había sido su fondo original. Tal vez, pensé, podía dragar el barro y sacarlo a calderos. Cogí la pala de nieve más grande que tenía y la metí entre el lodo, pero al sacarla a la superficie no quedaba en ella más que un poco de tierra, mientras una nube marrón se extendía a mi alrededor. Aún dentro del estanque, tuve que reírme. Sacar lodo a paladas de debajo del agua era como tratar de capturar el viento con una red para mariposas.

A continuación, lo intenté con una vieja tela metálica para ventanas, que bajé hasta el fondo y levanté entre los sedimentos. La mugre era demasiado fina y la improvisada red salió vacía. Esto no era barro normal y corriente. La materia orgánica se encuentra en los sedimentos en forma de partículas muy pequeñas, nutrientes disueltos que floculan en motas tan minúsculas que sirven de aperitivo al zooplancton. Yo carecía de los medios adecuados para extraer los nutrientes del agua. Las plantas, afortunadamente, estaban mejor provistas.

Una maraña de algas no es, en realidad, más que fósforo disuelto y nitrógeno solidificado a través de la alquimia de la fotosíntesis. No podía quitar los nutrientes con una pala, pero una vez que estos se incorporan a las plantas, pueden extraerse del agua recurriendo al método tradicional: un poco de bíceps, un poco de riñones y una buena carretilla.

El ciclo medio de una molécula de fosfato en el estanque de una granja no llega a las dos semanas: cuando la absorben, pasa a formar parte de un tejido vivo, y entonces se la comen o se muere, se descompone y se recicla para alimentar a otro filamento de alga. Mi plan era interrumpir ese infinito proceso capturando los nutrientes mientras las moléculas están aún en el alga y retirarlas antes de que el ciclo volviera a empezar. De ese modo podía acabar con las reservas de nutrientes que circulaban por el estanque, sin prisa, pero sin pausa.

Además, tenía que averiguar a qué algas me enfrentaba. Soy botánica de profesión. Es probable que existan tantos tipos de algas como especies de árboles, y no estaría cumpliendo con mi deber ni tratándolas como se merecen si no intentara al menos saber su nombre. No se restaura un bosque sin averiguar primero qué árboles hay en él. Saqué un bote lleno de baba verde del estanque y me lo llevé al microscopio, con la tapa bien cerrada para que no apestara.

Separé los escurridizos pegotes en hebras diminutas para que cupieran bajo el microscopio. Encontré largos hilos de *Cladophora*, brillando como cintas de raso. Ovilladas en torno a ella había briznas traslúcidas de *Spirogyra*, en las que se enrollaban los cloroplastos como verdes escaleras de caracol. Todo el espectro de la vida verde en movimiento, con rodadoras iridiscentes de *Volvox* y *Euglenoidea* batientes abriéndose camino entre las hebras. Tanta vida en una sola gota de agua, en una sola gota de agua sucia. Estos serían mis ayudantes en la restauración del estanque.

Los avances fueron lentos. Tuve que arañar horas de años de reuniones de las Girl Scouts, rifas de pasteles, campamentos y un trabajo a tiempo completísimo. Todas las madres encuentran sus propios medios de tener momentos para sí mismas, para coser, para acurrucarse con un libro; yo pasé la mayor parte de esos momentos en el agua: lo que necesitaba era el viento, las aves. Sentía que allí podía hacer las cosas de manera correcta. En la facultad enseñaba Ecología. Los sábados por la tarde, cuando las niñas se habían ido a casa de algún amigo, podía *hacer* ecología.

La verdad es que no me daban nada de ganas de meterme en el lodo mugriento, así que trabajaba desde la orilla, con cuidado, con unas zapatillas viejas. Me estiraba con el rastrillo y sacaba largas ristras de algas, pero había muchas a las que no llegaba. Las zapatillas se convirtieron en botas de goma, que ampliaron mi terreno de acción lo suficiente como para darme cuenta de que tampoco sería suficiente. Las cambié por unos pantalones de pescar. Estos te dan una falsa sensación de seguridad y no tardé en caer en la trampa. Me adentré demasiado y sentí el agua helada del estanque dentro de los pantalones. Cuando estos se llenan de agua, pesan muchísimo. Acabé inmovilizada, sin poder salir del barro. Una buena madre nunca se hunde. A partir de entonces, me puse siempre pantalones cortos.

Me entregué por completo a la tarea. Recuerdo la liberación que sentí la primera vez que me metí hasta la cintura, mientras la camiseta flotaba, notando el movimiento del agua contra la piel desnuda. Me sentía en casa, por fin. El cosquilleo en las piernas eran solo mechones de *Spirogyra*; los roces, percas curiosas. Ante mí se extendían las cortinas de algas, mucho más hermosas que cuando pendían del rastrillo. Las *Cladophora* parecían florecer a partir de palos viejos y los escarabajos buceadores nadaban entre ellas.

Mi relación con el barro cambió. En lugar de intentar protegerme de él, empecé a ignorarlo. Solo me percataba de su presencia al volver a casa, cuando me encontraba hebras de algas en el pelo o el agua de la ducha se volvía marrón. Llegué a sentir el tacto de la grava del fondo, bajo la mugre, el barro inestable entre las espadañas y la fría quietud donde el estanque ganaba profundidad. Si uno se queda en la orilla, no hay transformación posible.

Un día, en primavera, saqué con el rastrillo una masa de algas tan pesada que el mango de bambú se dobló. La dejé chorrear para liberar carga y luego la volteé en la orilla. Cuando iba por otro viaje, escuché un chasquido húmedo, como una palmada acuosa. Algo se agitaba, inquieto, bajo las algas apiladas. Levanté unas cuantas para ver de qué se trataba. Era un cuerpo gordo y marrón, un renacuajo de rana toro tan grande como mi pulgar, que se había quedado atrapado. Los renacuajos pueden nadar fácilmente entre una red suspendida en el agua, pero cuando algo tira de esa red hacia arriba, esta se cierne en torno a ellos y los cerca. Lo pincé, resbaladizo y frío, con dos dedos y lo devolví al estanque, donde descansó un instante sobre el agua y desapareció nadando. Al levantar con el rastrillo la siguiente masa chorreante de algas, estaba tan llena de renacuajos que parecían frutos secos atrapados en un caramelo crocante. Me arrodillé y los devolví al agua uno por uno.

Tenía un problema. Había demasiadas algas. Podía limitarme a sacarlas y amontonarlas. Iría mucho más rápido si no me detuviera a liberar renacuajos de las redes de cada dilema moral. Intenté decirme que mi propósito no era hacerles daño: iba a mejorar las condiciones de su hábitat y ellos serían solo víctimas colaterales. Pero de nada les servirían mis buenas intenciones cuando muriesen en el montón del compostaje. Suspiré, pues sabía lo que debía hacer. La idea de realizar esta tarea, un estanque en el que bañarse, nacía de un impulso maternal. No podía sacrificar a los hijos de otras madres para conseguirlo: al fin y al cabo, ellos ya se estaban bañando en el estanque.

Así que ya no me ocupaba solo de rastrillar el estanque, ahora también salvaba renacuajos. De las marañas de algas extraía tesoros fascinantes: voraces escarabajos buceadores con afiladas pinzas negras, pequeños peces, larvas de libélulas. En una ocasión metí los dedos para liberar algo que no dejaba de moverse y sentí un dolor agudo, como la picadura de una abeja. Al sacar la mano tenía un cangrejo de río enganchado en la punta del dedo. Toda la red trófica colgaba del rastrillo, y eso que solo contemplaba la punta del iceberg, la cima de la cadena alimentaria. En el microscopio, había observado que la red de algas rebosaba de invertebrados: copépodos, dafnias, rotíferos y criaturas aún más pequeñas, gusanos filiformes, globos de algas verdes, protozoos con cilios agitándose al unísono. Estaban ahí, pero me era imposible devolverlos al agua. Negocié conmigo misma mi propio sistema de responsabilidad y me convencí de que su sacrificio era por un bien mayor.

Limpiar un estanque deja sitio en la cabeza para la filosofía. Rastrillar y devolver animales al agua me hizo cuestionarme la noción de que todas las formas de vida son valiosas, incluso las protozoarias. Sobre el papel, me parece una premisa válida, pero en la realidad la cuestión se embarra en la colisión entre lo espiritual y lo pragmático. Cada vez que sacaba algas, establecía prioridades. Acababa con una serie de vidas breves, unicelulares, solo porque me apetecía tener un estanque limpio. Soy más grande que ustedes y tengo un rastrillo, así que gano yo. No es una manera de ver el mundo con la que esté de acuerdo. Pero eso tampoco me impedía conciliar el sueño, ni me detenía. Era consciente de mis decisiones. Todo lo que podía hacer era actuar con respeto y no desperdiciar esas vidas. Salvar cuantos bichitos pudiera y llevar a los demás al montón de compostaje para recomenzar el ciclo de la vida en la tierra.

Al principio ponía las algas en la carretilla, pero comprendí que mover cientos de kilos de agua iba a ser imposible. Hice montones en la orilla para que babearan y la humedad regresara al estanque. Al cabo de unos días al sol, las algas, blanqueadas, parecían hojas de papel. Las algas filamentosas, como las de género *Spirogyra* y *Cladophora*, poseen nutrientes de alta calidad, similares a los de las hierbas para forraje. Transportaba al montón de compostaje el equivalente a varias pacas de heno al día. Iban camino de convertirse en humus negro. El estanque estaba alimentando el huerto, literalmente; la *Cladophora* volvería a nacer en forma de zanahoria. Empecé a notar cambios en el agua. Había periodos de varios días en los que la superficie estaba limpia, pero la espesa capa de verdín siempre terminaba por regresar.

Las algas no eran la única esponja que absorbía el exceso de nutrientes del estanque. Junto a la orilla, las salináceas sumergían sus delgadas raíces rojas en los bajíos donde recogían nitrógeno y fósforo, con los que producían nuevas hojas y ramificaciones. Con las tijeras de podar, corté uno a uno los tallos flexibles. Así eliminaba los almacenes de nutrientes que las ramas habían obtenido del fondo del estanque. El montón de rastrojos era cada vez mayor. Pronto vendrían los conejos de cola de algodón y extenderían con sus excrementos las semillas. Las salináceas responden enérgicamente a la poda y son capaces de hacer crecer tallos rectos como flechas en un solo año, más altos que una persona. Dejé los matorrales más apartados para conejos y pájaros, y corté y até los de la orilla para tejer cestos. Los tallos más anchos se convirtieron en espaldares para los frijoles del huerto y las campanillas moradas del jardín. También recogí menta y otras hierbas medicinales que crecían al borde del agua. Igual que con las salináceas, cuanto más cortaba, más parecía volver a crecer, pero también tenía la impresión de que el estanque se aclaraba un poco. Con cada taza de infusión de menta les ganaba una batalla a los nutrientes.

Me vino muy bien la temporada de cortar salináceas. Podaba con renovado entusiasmo, moviendo las tijeras a un ritmo mecánico —tris, tris, tris—, limpiando grandes franjas a medida que los tallos caían a mis pies. Pero en un momento dado me paré en seco. Fue quizás un movimiento que atisbé por el rabillo del ojo, o tal vez una súplica callada. En el último tronco que quedaba había un hermoso nido, pequeño, un cuenco tejido con dulzura a partir de juncos y raíces filamentosas en torno a una bifurcación del arbusto, una maravilla de diseño del hogar. Me asomé, y en el interior vi tres huevos del tamaño de tres habas, rodeados por acículas de pino. Vaya tesoro. En mi afán por «mejorar» el hábitat había estado a punto de destruirlos. A no mucha distancia, la madre, una reinita amarilla, revoloteaba entre los arbustos, dando la voz de alarma. Obsesionada con mi tarea, había olvidado prestar atención al entorno. Me había olvidado de que crear un hogar para mi prole podía poner en peligro los que otras madres habían creado para la suya.

Entendí de nuevo que el trabajo de restauración de un hábitat, por buenas que sean las intenciones que lo guían, provoca bajas. Nos hemos arrogado la facultad de arbitrar lo que es bueno y lo que no, pese a que nuestros criterios responden a intereses muy particulares, a deseos exclusivamente humanos. Volví a colocar la maleza alrededor del nido intentando reconstruir la cubierta protectora que había destruido y me senté en una piedra oculta al otro lado del estanque para ver si la reinita regresaba. ¿Qué habría pensado al ver cómo me acercaba, destrozando el entorno que ella había elegido con infinito cuidado para sus crías, al notar el peligro que corrían? En el mundo hay fuerzas de destrucción muy poderosas que avanzan inexorablemente contra sus hijos y contra los míos. La carnicería del progreso, impulsada por las mejores intenciones —desarrollar el hábitat del hombre— amenaza el nido que yo elegí para mis hijas, así como yo amenacé el suyo. ¿Cuál es la tarea de una buena madre?

Continué limpiando algas, dejando que el limo se asentara, y el estanque mejoró. Cuando regresé, una semana después, volvía a estar cubierto de una masa verde y espumosa. Es como limpiar la cocina: recoges todo, frotas la suciedad de la encimera y los estantes y antes de que te des cuenta hay chorretones de mantequilla de cacahuete y gelatina por todas partes, y tienes que empezar otra vez. La vida es acumulación. Es eutrófica. Sin embargo, sabía que llegaría el día en el que mi cocina estaría demasiado limpia. Iba a tener una cocina oligotrófica. Las niñas se marcharían y dejarían de mancharla, y entonces añoraría los cuencos de cereales puestos en cualquier sitio, la cocina eutrófica. Las señales de la vida.

Me llevo el trineo rojo a la otra orilla del estanque y empiezo a trabajar en los bajíos. De inmediato, el rastrillo queda atascado y me veo arrastrando algo muy pesado hacia la superficie. El peso y la textura de esta capa son diferentes a las de las cortinas resbaladizas de la *Cladophora* que he estado dragando. La extiendo sobre la hierba para observarla más de cerca y estiro la película hasta que adquiere la apariencia de unas medias de rejilla verdes: una malla fina, como una red de pesca de deriva suspendida en el agua. *Hydrodictyon*.

Reluce un instante cuando la extiendo entre los dedos, casi ingrávida una vez que ha escurrido toda el agua. Con la disposición regular de un panal de abejas, el *Hydrodictyon* supone algo único en el mejunje mugriento y aparentemente caótico del estanque. Una geometría suspendida en el agua, una colonia de redes diminutas, todas fusionadas.

Al microscopio, la retícula del *Hydrodictyon* se revela como una serie de polígonos hexagonales, células verdes unidas que rodean los agujeros de la red. Tiene la capacidad de multiplicarse rápidamente gracias a una forma única de reproducción clónica. Dentro de cada célula nacen otras células, que se disponen en hexágonos, réplicas de la retícula maternal. Para que la prole se disperse, la célula madre debe desintegrarse, liberando a las células hijas en el agua. Los hexágonos recién nacidos se amalgaman con otros, forjando nuevas conexiones y tejiendo una nueva red.

Se extiende bajo la superficie del agua, a la vista. Imagino la liberación de nuevas células. Las hijas que se independizan y flotan por sí mismas. ¿Qué hace una buena madre cuando el tiempo de la maternidad llega a su fin? Estoy de pie, dentro del estanque, y se me saltan lágrimas saladas sobre el agua dulce. Afortunadamente, mis hijas no son clones de su madre ni yo debo desintegrarme para liberarlas, pero me pregunto cómo cambia el tejido cuando la partida de las hijas abre un agujero. ¿Se cura rápidamente o crea un vacío que nunca llega a cerrarse? ¿Y cómo hacen las células hija para formar nuevas conexiones? ¿Cómo vuelve a tejerse la urdimbre?

El *Hydrodictyon* proporciona un lugar seguro, un vivero para peces e insectos, un refugio contra los depredadores, una red de protección para las criaturas más pequeñas del estanque. *Hydrodictyon*; en latín, «la red de agua». Pero una red de agua no captura nada, solo rodea aquello que no puede contenerse. Ser madre es algo parecido, una red de hilos llenos de vida para envolver con amor y cuidados algo que no puede refrenarse, algo que terminará por atravesarla y salir de su abrazo. Seguía tratando de revertir el tiempo, volver a un pasado en el que mis hijas habrían podido nadar en estas aguas. Me limpié los ojos y, con todo mi respeto hacia las enseñanzas del *Hydrodictyon*, arrastré las algas hasta la orilla.

Cuando mi hermana vino a visitarnos, sus hijos, criados en las secas colinas de California, se mostraron entusiasmados con el agua. Se metían en el estanque buscando ranas y chapoteaban mientras yo trabajaba con las algas. Mi cuñado me gritó desde debajo de los árboles. «¡Vaya! ¿Quién es aquí la más niña de todos?». No puedo negarlo, nunca he superado el deseo de jugar en el barro. Pero ¿no es el juego la forma en que nos preparamos para el trabajo del mundo? Mi hermana salió en mi defensa, recordándole que se trataba de una diversión sagrada.

En los pueblos potawatomis, las mujeres somos las Guardianas del Agua. Llevamos el agua sagrada a las ceremonias y actuamos en su nombre. «Las mujeres tenemos un vínculo natural con el agua, pues somos también portadoras de vida —dijo mi hermana—. Llevamos a los bebés en estanques internos y ellos salen al mundo en una oleada. Es nuestra responsabilidad proteger el agua en todas las relaciones». Ser una buena madre incluye también cuidar del agua.

Año tras año, todos los sábados por la mañana y los domingos por la tarde me dirigía a la quietud del estanque y me ponía a trabajar. Probé a introducir carpas herbívoras. Metí paja de cebada en el agua. Cada nuevo cambio desencadenaba una nueva reacción. El trabajo nunca terminaba, solo se transformaba de una tarea a otra. Pienso ahora que lo que buscaba era cierto equilibrio, y el equilibrio, por definición, nunca se está quieto. No es un lugar pasivo, al que se llega una vez y para siempre, sino que exige un constante trabajo, adición y resta, rastrillar, incorporar.

Íbamos a patinar en invierno, a escuchar ranas en primavera, a tomar el sol en verano y a sentarnos junto al fuego en otoño. Apto o no para el baño, el estanque se convirtió en una dependencia más de la casa. En la orilla planté hierba sagrada. Las niñas hicieron fogatas con sus amigos en la pradera, celebraron pijamadas en las tiendas de campaña, cenaron en la mesa del jardín y tomaron el sol durante largas tardes sin nubes, incorporándose sobre el codo cuando el vuelo de una garza agitaba el aire.

No sé cuántas horas pasé allí. Casi no me di cuenta de cómo se convirtieron en años. El perro solía acompañarme y se dedicaba a explorar la colina o a correr de un lado a otro del estanque mientras yo trabajaba. A medida que las aguas se volvían más claras, a él empezaron a fallarle las fuerzas, pero nunca dejó de venir conmigo, aunque fuese a dormitar al sol y beber agua de la orilla. Lo enterramos cerca de allí. El estanque definió mis músculos, tejió mis cestas, cubrió el huerto de fértil mantillo, me regaló infusiones y dio sujeción a las campanillas moradas del jardín. Nuestras vidas se entrelazaron material y espiritualmente. Ha habido equilibrio en ese intercambio: yo trabajé en el estanque, el estanque trabajó en mí y entre los dos construimos un buen hogar.

Un sábado de primavera, mientras sacaba algas con el rastrillo, hubo una manifestación en la ciudad para exigir la limpieza del lago Onondaga, a cuya orilla se levanta la ciudad. Es un lago sagrado para la nación onondaga, el pueblo que ha pescado y se ha reunido junto a sus aguas desde hace milenios. Fue aquí donde se formó la gran Confederación Haudenosaunee (Iroquesa).

Hoy el lago Onondaga ostenta el dudoso honor de ser uno de los lagos más contaminados del país. En este caso, el problema no es que haya demasiada vida, sino que hay muy poca. Al sacar una nueva carga de limo siento el peso de la responsabilidad. Pero, en el espacio de una sola vida, ¿dónde se encuentra la responsabilidad? No sé cuántas horas he pasado tratando de mejorar la calidad del agua de un estanque de dos mil metros cuadrados. Estoy sacando algas para que mis hijas puedan bañarse en él, pero no estoy protestando por la limpieza del lago Onondaga, donde nadie puede nadar.

Ser una buena madre significa enseñar a tus hijos a cuidar del mundo. Yo he enseñado a mis hijas a cultivar un huerto, a podar un manzano. El manzano se yergue sobre el agua y hace una buena pérgola. En primavera, ristras de flores rosadas y blancas envían colina abajo ráfagas aromáticas y dejan caer sobre el agua una lluvia de pétalos. Llevo años viendo cómo actúan las estaciones aquí, cómo los pétalos rosados, al caer, dejan paso a los ovarios ligeramente hinchados, a las pequeñas esferas verdes y agrias del fruto en la adolescencia y a las manzanas doradas de septiembre. El árbol ha sido una buena madre. La mayoría de los años nos da una gran cosecha de manzanas: absorbe la energía del mundo y se la transmite a sus frutos. Su prole sale a la vida bien provista para el viaje, llena de dulzura que compartir.

Mis hijas también han crecido fuertes y hermosas en este lugar, arraigadas como las salináceas, capaces de volar como las semillas que transporta el viento. Y ahora, doce años después, el estanque ya casi resulta apto para el baño, si no te molesta que algunas hierbas te hagan cosquillas en las piernas. Mi hija mayor se fue a la universidad mucho antes de que pudiéramos bañarnos en él. Recluté a mi hija pequeña para que me ayudara a llevar calderos llenos de guijarros y piedrecitas. Nos preparamos una playa. Después del íntimo contacto con la mugre y los renacuajos, no iba a molestarme que se me enrollara alguna hierba en el brazo, pero ahora podemos caminar fácilmente hasta el centro del estanque. En los días más calurosos resulta maravilloso sumergirse en el agua helada y ver cómo huyen los renacuajos. Al salir, temblando de frío, tengo que quitarme algunas hebras de algas de la piel húmeda. De vez en cuando, para complacerme, las niñas se dan un baño rápido, pero lo cierto es que no he sido capaz de revertir el tiempo.

Es el Labor Day, el día en que terminan las vacaciones de verano. Un día para disfrutar de los suaves rayos de sol. Es el último verano en el que tengo a una de mis hijas en casa. Las manzanas doradas se hunden en el agua al caer del árbol. Me hipnotiza el amarillo en la superficie oscura del estanque, bolas de luz bailando, girando. La brisa desciende de la colina y hace que el agua se mueva. El viento le da vueltas al estanque en una corriente circular de oeste a este, con tanta dulzura que uno solo se percata de ello cuando ve el movimiento de la fruta. Las manzanas cabalgan la corriente, una sucesión de balsas amarillas que se persiguen unas a otras, pegadas a la orilla. Empiezan el viaje bajo el manzano y rápidamente se desplazan hacia la curva más allá de los olmos. El viento las empuja mientras otras caen del árbol, de forma que toda la superficie del estanque resulta decorada con móviles arcos amarillos, una procesión de velas doradas contra la noche oscura. Una espiral perpetua en un vórtice cada vez más amplio.

Paula Gunn Allen escribe en su libro *Grandmothers of the Light* (Abuelas de la luz) acerca de la evolución del rol de las mujeres a medida que trazamos nuestra espiral por las diferentes fases de la vida, como si fueran las distintas caras de la luna. Al comenzar la vida, dice, recorremos el Camino de la Hija. Es la época del aprendizaje, de vivir experiencias bajo la protección de nuestros padres. A continuación, viene la autosuficiencia, la edad en la que nuestra principal tarea consiste en aprender quiénes somos en el mundo. El sendero nos lleva después al Camino de la

Madre. Esta, dice Gunn, es una época en la que «su conocimiento espiritual y sus valores se ponen al servicio de los hijos». La vida se despliega en forma de espiral, cada vez más grande, los niños comienzan a andar sus propios caminos y las madres, llenas de sabiduría y experiencia, tienen nuevas tareas de las que ocuparse. Allen nos cuenta que nuestras fuerzas se vuelven entonces hacia un círculo más amplio que el de nuestros propios hijos: el bienestar de la comunidad. La red se ensancha. El círculo da una nueva vuelta y las abuelas recorren el Camino de la Maestra, convirtiéndose en modelos para mujeres más jóvenes. En la plenitud de la vida, nos recuerda Allen, nuestro trabajo aún no ha terminado. La espiral abarca cada vez más espacio, de forma que el radio de acción de una mujer sabia la excede a sí misma, a su familia y a la comunidad humana. Acoge el planeta entero, se hace madre de la tierra.

Serán mis nietos quienes nadarán en el estanque, y otros niños que vendrán con el paso de los años. El círculo de los cuidados se ensancha cada vez más; la preocupación por mi pequeño estanque se desborda, se derrama. De mi estanque, las aguas se dirigen colina abajo hasta el estanque del vecino. Lo que yo haga aquí importa. La gente vive río abajo. El estanque vierte sus aguas al arroyo, al riachuelo, a un gran lago enfermo. La red del agua nos conecta a todos. Vertí lágrimas en su curso cuando pensaba que la maternidad terminaría pronto. Sin embargo, el estanque me ha enseñado que ser una buena madre no se limita a crear un hogar saludable en el que mis hijas puedan crecer. Una buena madre se convierte, con los años, en una mujer de vasta riqueza eutrófica, consciente de que su labor no habrá terminado mientras no exista un hogar sano para todas las criaturas. Hay nietos que alimentar, hay renacuajos, nidadas, ansarinos, semillas y esporas, y yo no he dejado aún de querer ser una buena madre.

El consuelo del nenúfar

Se marchó antes de que me diera cuenta, mucho antes de que el estanque fuera apto para el baño. Mi hija Linden decidió abandonar estas aguas tranquilas y echarse a la mar de una universidad lejos de casa, en tierras de secuoyas. Fui a visitarla ese primer semestre y pasamos una sosegada tarde de domingo observando las ágatas de la playa de Patrick's Point.

De paseo por la orilla descubrí un guijarro verde y liso con vetas de cornalina. No era el primero. Volví sobre mis pasos hasta que encontré el que había visto antes y los coloqué juntos, al fin reunidos, relumbrando de humedad al sol hasta que la marea regresó y los separó de nuevo, envolviendo sus cuerpos cada vez más lisos, cada vez más pequeños. Para mí la playa era eso, una galería de hermosos guijarros separados unos de otros, a merced del mar. La playa de Linden, en cambio, era otra. Ella también reordenaba piedras, pero con el propósito de colocar basaltos grises y negros junto a otros rosados, detrás de un elegante óvalo verde. Dirigía sus ojos a nuevos emparejamientos, mientras que los míos seguían buscando los antiguos.

Sabía que ocurriría desde el momento en que la sostuve entre mis brazos: cada centímetro que creciera a partir de entonces sería también un centímetro que se alejaría de mí. Es la injusticia esencial de la paternidad y la maternidad: realizar bien nuestro trabajo implica ver cómo el vínculo más profundo que jamás podremos crear se irá de nuestro lado sin mirar atrás. Sabemos qué tenemos que hacer. Aprendemos a decir: «Pásala muy bien, cariño», aunque todo lo que deseemos sea traerlos de nuevo a nuestro lado, a la seguridad. Y en clara contradicción con los imperativos evolutivos que benefician la protección de nuestras reservas genéticas, les entregamos las llaves del auto. Y les damos libertad. Esa es nuestra labor. Yo quería ser una buena madre.

Me sentía feliz por ella, que comenzaba una nueva aventura, claro, pero también triste por mí misma, que tenía que soportar la agonía de extrañarla. El consejo de los amigos que ya habían pasado por lo mismo fue que recordara las cosas que no iba a extrañar. Me alegraba de no tener que pasar noches en vela pensando en las carreteras nevadas y aguardando el sonido de las ruedas en la entrada justo un minuto antes del toque de queda. Los deberes sin terminar y el frigorífico que se vaciaba misteriosamente.

Había días en los que me levantaba por la mañana y los animales ya estaban en la cocina. El gato manchado maullaba desde una posición elevada: «¡Dame de comer!». El gato de pelo largo, en silencio, me esperaba junto al cuenco con mirada acusadora. El perro se me metía entre las piernas con alegría e impaciencia. «¡Dame de comer!». Y yo lo hacía. Echaba un puñado de avena y otro de arándanos en una cazuela y calentaba chocolate en otra. Las niñas bajaban somnolientas, buscando los deberes de la noche anterior. «Danos de comer», decían. Y yo lo hacía. Tiraba los restos al cubo del compost para, al verano siguiente, cuando las semillas de tomate me dijeran: «¡Dame de comer!», poder hacerlo. Y mientras les daba a las niñas el beso de despedida, los caballos bufaban junto a la cerca pidiendo su cubo de grano y los herrerillos me llamaban ya desde los comederos vacíos: «Dame de comer, mer, mer. Dame de comer, mer, mer». El helecho de la repisa dejaba caer las hojas en callada señal de requerimiento. Al arrancar el auto, sonaba un pitido metálico: «Dame combustible». Y lo hacía. De camino a la universidad escuchaba la radio pública y daba gracias al cielo si esa semana no había campaña de recaudación.

Recuerdo la época en que les daba el pecho. Recuerdo la primera vez que les di de comer, la larga y profunda succión con que tomaron el alimento de mi pozo interior, que se llenaba con sus miradas. Supongo que debo alegrarme de no tener que alimentar tanto, preocuparme tanto. Pero lo voy a echar de menos. No voy a echar de menos lavar tanta ropa, claro, pero es difícil decirle adiós a la urgencia de esas miradas, a la presencia de nuestro amor recíproco.

Sabía que si la partida de Linden me causaba tristeza era, en parte, porque desconocía en quién me convertiría cuando dejara de ser «la Madre de Linden». Afortunadamente, era una crisis a la que aún no tenía que enfrentarme por completo, pues seguiría siendo «la Madre de Larkin». Sin embargo, eso tampoco duraría mucho.

Antes de que ella, Larkin, se marchara también, hicimos una hoguera junto al estanque y vimos salir las estrellas. «Gracias —me susurró—, por todo esto». A la mañana siguiente metió en el auto el material escolar y los muebles para la nueva habitación. De la caja de cosas fundamentales asomaba la colcha que le tejí cuando aún no había nacido. Una vez que tenía todo lo que necesitaba en el maletero, me ayudó a poner lo que yo necesitaba en el portaequipajes del auto.

Descargamos las cosas y las colocamos en la habitación de la residencia estudiantil, y salimos a comer como si nada excepcional estuviera sucediendo. Después, sentí que era el momento de marcharme. Mi tarea terminaba y la suya acababa de empezar.

Vi a otras chicas despedirse de sus padres sin más que un gesto, pero Larkin me acompañó al aparcamiento en el que rebaños de furgonetas seguían regurgitando sus cargamentos. Bajo la mirada de padres deliberadamente alegres y madres de gesto forzado, nos volvimos a abrazar y nos sonreímos y vertimos alguna lágrima que para ambas ya estaba de más. Cuando abrí la puerta del auto ella empezó a alejarse y me gritó, desde la distancia: «¡Mamá! ¡Si en la autopista ves que no puedes dejar de llorar, para el auto, por favor!». Todo el aparcamiento se rio y sentimos un alivio inmediato.

No necesité pañuelos ni detenerme en el arcén. En realidad, no volvía a casa. Podía soportar que mi hija se quedara en la universidad, pero no quería regresar a un hogar vacío. Ni siquiera tenía a los caballos, y al perro lo habíamos enterrado esa primavera. Nadie iba a salir a recibirme.

Mis planes para este momento consistían en un sistema especial de contención de la pena, atado encima del auto. Cuando te pasas todos los fines de semana asistiendo a eventos deportivos o celebrando pijamadas, no tienes tiempo para salir a remar. Ahora me disponía a celebrar mi libertad, no a llorar la pérdida. ¿Has visto esos Corvettes rojos, brillantes, que vienen con las crisis de la madurez? Bueno, mío iba en el portaequipajes. Seguí la carretera hasta el Labrador Pond y metí mi flamante kayak rojo en el agua.

Solo con recordar el sonido de la primera palada soy capaz de revivir el día entero. Una tarde de finales de verano, el sol dorado y un cielo lapislázuli entre las colinas que cercan el lago. Tordos sargento cantando entre los juncales. Ni una brizna de viento que perturbara la superficie cristalina del lago.

Las aguas abiertas brillaban frente a mí, pero antes tenía que atravesar los bajíos fangosos, lechos de espigas de agua y nenúfares tan densos que no dejaban ver el agua. Los largos peciolos de los nenúfares amarillos se extendían casi dos metros desde el fondo embarrado hasta la superficie, enredándose en el remo como si quisieran impedir que siguiera adelante. Al quitar las hierbas que se pegaban al casco podía ver la estructura interna de sus pedúnculos rotos. Estaban formados por compartimentos intercelulares blancos y esponjosos, llenos de aire, como una médula de poliestireno, que los botánicos llamamos aerénquimas. Son exclusivos de las plantas flotantes y sirven para darles sustentación hidráulica, como una especie de chaleco salvavidas integrado. Remar entre ellos es muy complicado, pero cumplen un propósito superior.

Las hojas de los nenúfares obtienen la luz y el aire en la superficie, pero están unidas a un rizoma tan grueso como tu muñeca y tan largo como tu brazo en el fondo del lago. Aunque habita en las profundidades anaeróbicas del estanque, el rizoma moriría si no tuviera oxígeno. Por eso, el aerénquima forma una intrincada cadena de células llenas de aire, un conducto que une las hojas de la superficie con el cieno sumergido y que distribuye gradualmente el oxígeno hacia el rizoma. Si aparto las hojas, puedo verlo, en el fondo.

Descansé unos instantes entre las hierbas, rodeada de brasenias, nenúfares blancos, juncos, aros de agua y esas maravillosas flores conocidas con nombres tan variopintos como nenúfar amarillo, ninfa amarilla, maravilla de río, *Nuphar luteum*, ambudillo o lampazo del Guadaira. En inglés también se la conoce como *brandy-bottle* (botella de brandi), un nombre poco común, pero que tal vez sea el más apropiado de todos, pues de las flores amarillas que emergen de la oscuridad del agua mana una dulce fragancia alcohólica. Deseé haber traído conmigo una botella de vino.

Cuando las llamativas flores del nenúfar amarillo logran el objetivo de atraer a los polinizadores, se curvan y se sumergen bajo el agua varias semanas, repentinamente esquivas, mientras los ovarios se hinchan. Cuando las semillas están maduras, los peciolos vuelven a erguirse y sacan el fruto a la superficie, una sorprendente vaina con forma de matraz, cerrada por una lámina brillante que asemeja a lo que su nombre indica, una botella de brandi en miniatura, del tamaño de un shot. Yo nunca lo he presenciado, pero me han contado que las semillas salen disparadas de la vaina, haciendo honor a otro de sus nombres comunes en inglés, *spatterdock* (muelle de salpicaduras). Nenúfares en sus diversas etapas de crecimiento, inmersión y resurgimiento flotaban a mi alrededor, un paisaje acuático de múltiples posibilidades por el que no era fácil moverse. Seguía tratando de impulsar el kayak entre las plantas.

Remé hacia aguas más profundas, luchando contra la vegetación, hasta que me libré al fin. Cuando sentí los hombros agotados, tan vacíos como mi corazón, descansé en el agua, cerré los ojos y me dejé inundar por la tristeza. Navegaba a la deriva.

No sé cuál fue la mano invisible que la meció, si una ligera brisa, una corriente escondida o la tierra que al girar sobre su eje agitaba el lago, pero el kayak empezó a mecerse como una cuna en el agua. Me encontraba al abrigo de las colinas, acariciada por el ritmo del balanceo y la suave mano de la brisa en la mejilla, y me entregué a ese inesperado placer.

Desconozco el tiempo que estuve flotando, pero cuando volví a mirar, había cruzado todo el lago sin moverme. Los quejosos susurros del casco me devolvieron a la realidad y lo primero que vi al abrir los ojos fueron las hojas verdes y lisas de los nenúfares blancos y amarillos que volvían a sonreírme, enraizados en la oscuridad, flotando en la luz. Corazones verdes y luminosos me rodeaban por todas partes. La luz les daba el pulso a los nenúfares, corazones verdes que latían con el mío. Había hojas jóvenes bajo el agua a punto de emerger y otras viejas sobre la superficie, algunas con los bordes acribillados por un verano de vientos y olas y, qué duda cabe, paladas de piragüistas.

Los científicos solían pensar que el movimiento del oxígeno desde las hojas emergidas del nenúfar hacia el rizoma consistía únicamente en un lento proceso de difusión, una ineficaz corriente de moléculas que partía de una región de alta concentración en la superficie a otra de menor concentración bajo el agua. Sin embargo, las últimas investigaciones han revelado una forma distinta de comunicación, algo que podríamos haber sabido por intuición si hubiéramos recordado las enseñanzas de las plantas.

Por un lado, las hojas nuevas absorben el oxígeno en los pequeños compartimentos de aire de sus tejidos jóvenes, aún desarrollándose, cuya densidad genera un gradiente de presión. Por otro, las hojas más viejas, con compartimentos para el aire más amplios tras sufrir las sacudidas y los tirones que han hecho que la hoja se abra, crean una región de baja presión en la que el oxígeno puede liberarse a la atmósfera. El gradiente ejerce una fuerza de atracción sobre el aire que ha recogido la hoja joven. Las hojas están conectadas por redes capilares llenas de aire, y eso hace que el oxígeno se mueva por caudal másico desde las hojas jóvenes a las viejas, pasando a través del rizoma y oxigenándolo en el proceso. Las jóvenes y las viejas están, así, unidas en un largo aliento, una inhalación que demanda una exhalación recíproca, alimentando la raíz común de la que ambas proceden. De las hojas nuevas a las viejas, de las viejas a las nuevas, de la madre a la hija: la reciprocidad pervive. La enseñanza de los nenúfares me sirve de consuelo.

Remé con mayor facilidad de vuelta a la orilla. Cargué el kayak sobre el auto, a la luz difusa del atardecer, y me empapó el agua que aún había adentro. Sonreí ante mi ingenuidad al pensar que el kayak podía ser un sistema de contención de la pena: no existe tal cosa. Nos vertemos sobre el mundo y el mundo se vierte sobre nosotros.

La tierra, la primera de todas las buenas madres, nos obsequia con aquello de lo que nosotros no podemos proveernos. Al venir al lago yo también estaba pidiendo que me dieran de comer. Mi corazón vacío se iba lleno. Yo también tenía una buena madre. Nos da lo que necesitamos sin que tengamos que pedírselo. Me pregunto si alguna vez se cansa, la vieja Madre Tierra. O si ella obtiene su alimento al darnos de comer a los demás. «Gracias —susurré—. Por todo esto».

Casi era de noche cuando llegué a casa. Menos mal que había dejado la luz del porche encendida, pues volver a una casa a oscuras habría sido insoportable. Saqué el chaleco salvavidas del auto y las llaves antes de percatarme del montón de regalos que había junto a la puerta, envueltos en papel de colores brillantes, como si hubiera explotado una piñata. En el umbral, una botella de vino con un solo vaso. Larkin se había perdido una fiesta sorpresa de despedida. «Es una chica con suerte —pensé—, está colmada de amor».

Busqué alguna tarjeta o nota entre los regalos, pero no había nada que delatara quién era el responsable de los obsequios tardíos. El envoltorio era solo papel de seda, así que seguí buscando pistas. Estiré el papel morado de uno de los regalos para leer lo que decía en el paquete. ¡Era un frasco de Vicks VapoRub! Una pequeña nota salió entre el envoltorio: «Cuídate». Reconocí inmediatamente la caligrafía de mi prima, a la que quería como una hermana, que vive a varias horas de nosotras. Mi hada madrina me había dejado dieciocho notas y regalos, uno por cada año en que había sido madre de Larkin. Una brújula: «Para que encuentres tu nuevo camino». Un paquete de salmón ahumado: «Porque siempre vuelven a casa». Bolígrafos: «Celebra tener tiempo para escribir».

Cada día nos colma de regalos. Para respetar su naturaleza debemos evitar guardarlos celosamente para nosotros. Su vida se realiza en el movimiento, en la inhalación y la exhalación de un aliento compartido. Nuestra labor y nuestra alegría se encuentran en la transmisión de los dones que recibimos y en la confianza de que aquello que lanzamos al universo siempre regresará.

Juramento de gratitud

No hace tanto que mis días comenzaban con un invariable ritual matutino: me levantaba antes del amanecer y desayunaba café y copos de avena sin despertar a las niñas. Después las levantaba a ellas, y, antes de que se fueran a la escuela, las tres alimentábamos a los caballos. Les preparaba el almuerzo, buscaba los deberes perdidos y les daba un beso en las mejillas sonrosadas justo en el momento en que el autobús escolar resoplaba en lo alto de la colina, para a continuación llenar los cuencos de los gatos y el perro, encontrar algo decente que ponerme y repasar la clase de la mañana de camino a la universidad. *Reflexión* no era una palabra que utilizara a menudo.

Los jueves, sin embargo, no tenía clase por la mañana y podía entretenerme un poco, caminar hasta los pastizales en lo alto de la colina y empezar el día como debe hacerse, con el canto de los pájaros y los zapatos empapados de rocío y las nubes aún rosas de amanecer sobre el cobertizo. El primer pago de una deuda de gratitud. Recuerdo que uno de esos jueves me resultaba imposible concentrarme en los petirrojos y las hojas nacientes por culpa de la llamada que había recibido la noche anterior. Era del maestro de mi hija, en sexto grado. Al parecer, se negaba a levantarse con los demás alumnos para recitar el Juramento a la Bandera. El maestro me aseguró que no interrumpía a sus compañeros, que no se portaba mal; que, simplemente, se quedaba sentada y no los acompañaba. Tras varios días, algunos alumnos habían comenzado a imitarla, y él me llamaba «solo porque me pareció que querría saberlo».

El Juramento a la Bandera había sido también el ritual con que yo había empezado todos mis días de la guardería a la secundaria.

De esa manera nos hacían fijar la atención, dispersa tras el barullo del autobús y los empujones del pasillo, como los golpecitos con la batuta del director de orquesta. El altavoz nos agarraba por las solapas mientras movíamos sillas y guardábamos el almuerzo en los casilleros. Nos poníamos en pie, junto a los pupitres, frente a la bandera que colgaba en la esquina del encerado, tan omnipresente como el aroma a cera para suelos y pegamento infantil.

Recitábamos el Juramento a la Bandera con la mano en el corazón. Supongo que no era la única a la que le resultaba desconcertante. Desconocía lo que era una república y no tenía muy claro lo de Dios. Y no hace falta ser una niña indígena de ocho años para saber que la premisa de «libertad y justicia para todos» era, como mínimo, cuestionable. Sin embargo, cuando lo recitábamos en el salón de actos, cuando trescientas voces, desde la enfermera de la escuela hasta los niños más pequeños, se unían en una misma cadencia, lograba sentirme parte de algo. Como si por un instante nuestras mentes fueran una sola. Quizá, si todas nuestras voces la reclamaban al unísono, esa esquiva justicia no fuera tan inalcanzable.

Hoy me parece inquietante, como mínimo, que los alumnos tengan que jurar en la escuela lealtad a un sistema político. Más aún sabiendo, como sabemos, que cuando sean mayores no seguirán haciéndolo, que nadie recita ese mismo juramento en la supuesta edad de la razón. Me parecía que mi hija había alcanzado tal edad y yo no iba a interferir en su proceso de maduración. «Mamá, no me voy a poner de pie y mentir —me explicó—, y tampoco hay mucha libertad si te obligan a decirlo, ¿no?».

Ella conocía ya diferentes rituales matutinos: la ofrenda de su abuelo al verter el café en el suelo, el que yo llevaba a cabo en la colina sobre nuestra casa. Me parecían suficientes. La ceremonia del amanecer es la manera en que los potawatomis hacemos manifiesta nuestra deuda con el mundo, reconocemos todo lo que nos ha entregado y le ofrecemos nuestro más libre y sincero agradecimiento. Es algo que comparten muchos pueblos nativos de todo el mundo, pese a la miríada de diferencias culturales que los separan. Nuestras raíces parten de culturas de gratitud.

La vieja granja donde vivimos está en las tierras ancestrales de la nación onondaga, cuya reserva se encuentra a unas cuantas crestas al oeste de la colina que hay sobre mi casa. Allí, igual que en mi lado de la cordillera, los autobuses escolares también liberan diariamente a una horda de niños que no dejan de correr, por más que los monitores del autobús les griten: «¡Caminando!». Pero la bandera que ondea a la entrada de sus escuelas es morada y blanca y representa el cinturón de abalorios de Hiawatha, el símbolo de la Confederación Haudenosaunee. Con sus mochilas relucientes a la espalda, demasiado grandes, los alumnos atraviesan puertas pintadas del morado tradicional de los haudenosaunees, bajo el lema *«Nya wenhah Ska: nonh»*, un mensaje de bienvenida de salud y paz. Niños de pelo negro se colocan en círculo en el atrio, entre los rayos del sol que iluminan los símbolos de los clanes grabados en el suelo de pizarra.

Aquí la semana escolar no comienza y acaba con el Juramento de Lealtad, sino con el Mensaje de Gratitud, un río de palabras tan antiguo como la misma gente, que los onondagas llaman las «Palabras Que Van Antes Que Todo Lo Demás». Es una descripción mucho más acertada, la declaración de un orden de prioridades ancestral que sitúa en lo más alto del escalafón el agradecimiento hacia todo aquello que comparte sus dones y obsequios con el mundo.

Todos los alumnos se reúnen en el atrio y cada semana es un curso diferente el que dirige el acto. Todos juntos, en un idioma que lleva aquí mucho más tiempo que el inglés, comienzan a recitar. Cuentan que la gente debía levantarse y ofrecer esas palabras siempre que celebraran una asamblea, sin importar que fueran muchos o pocos los asistentes; cuentan que era el preámbulo para todo. En la actualidad, a través del ritual, los maestros les piden a sus alumnos que «comenzando por el lugar en que nuestros pies tocan la tierra, saludamos y damos las gracias a todos los miembros del mundo natural».

Hoy es el turno del tercer curso. No son más que once y les cuesta empezar al unísono, se ríen nerviosos, se dan codazos si alguno no levanta la cabeza. Muestran una intensa concentración y miran hacia el maestro para que les dé pie si se equivocan. Recitan en su propio idioma las mismas palabras que han escuchado casi cada día de sus vidas.

Hoy estamos reunidos y observamos los rostros que nos rodean y vemos que los ciclos de la vida continúan. Se nos ha encargado el deber de vivir en equilibrio y armonía con los demás y con el resto de las criaturas. Unimos nuestras mentes en una sola y nos saludamos y nos decimos gracias como un solo Pueblo. Ahora nuestras mentes son una sola.[1]

Se produce una pausa y los niños repiten con un murmullo la última frase, en señal de asentimiento.

Damos gracias a nuestra Madre, la Tierra, pues ella nos ofrece todo lo que es necesario para la vida. Sostiene nuestros pies al caminar. Nos alegramos de que siga cuidando de nosotros, como ha hecho desde el principio de los tiempos. A nuestra Madre le enviamos agradecimiento, amor y respeto. Ahora nuestras mentes son una sola.

Los niños se sientan atentos, inmóviles. Resulta evidente que han sido educados en la casa comunal.

Aquí, el Juramento a la Bandera está fuera de lugar. Onondaga es territorio soberano, rodeado por sus cuatro costados por la *Repúblicaalaquerrepresenta*, pero fuera de la jurisdicción de Estados Unidos. Comenzar el día con el Mensaje de Gratitud es una afirmación de identidad y un ejercicio de soberanía, tanto política como cultural. Pero es más que eso.

A veces se toma el Mensaje por una forma de rezo, una oración. Sin embargo, ninguno de los niños inclina la cabeza al pronunciarlo. No es así como la definen los ancianos del pueblo onondaga, que dicen que el Mensaje es mucho más que solo un juramento, mucho más que una oración o un poema.

Dos niñas se adelantan con los brazos entrelazados y retoman las palabras:

---

[1] Las palabras del Mensaje de Gratitud dependen en cada ocasión del que las recita. Este texto se corresponde a la versión de John Stokes y Kanawahientun, 1993, la más extendida.

Damos gracias a todas las Aguas del mundo por saciar nuestra sed, por reponer nuestras fuerzas y traer vida a todas las criaturas. Conocemos su poder en muchas formas: cascadas y lluvias, nieblas y arroyos, ríos y océanos, nieve y hielo. Agradecemos que todas las Aguas estén aún aquí, que no abandonen su responsabilidad con el resto de la Creación. ¿Podemos todos decir que el Agua es importante para la vida y unir nuestras mentes en una sola y saludar y darle las gracias al Agua? Ahora nuestras mentes son una sola.

Esencialmente, me dicen, el Mensaje de Gratitud es una invocación de nuestra deuda. Pero, al mismo tiempo, se trata de un inventario material y científico de la naturaleza; no en vano se conoce también por el nombre de «Saludo y Gracias al Mundo Natural». A medida que avanza, el Mensaje menciona uno por uno todos los elementos que conforman el ecosistema y señala la función que desempeñan en él. Se convierte así en una clase magistral de ciencia indígena.

Pensamos en todos los Peces en el agua. Se les encomendó limpiar y purificar el agua. También se nos dan en forma de alimento. Agradecemos que sigan cumpliendo con sus deberes y saludamos y les damos las gracias a los Peces. Ahora nuestras mentes son una sola.

Nos fijamos ahora en los vastos campos de las Plantas. Adondequiera que miremos, vemos las Plantas crecer y obrar mil maravillas. Mantienen la vida en sus múltiples formas. Con nuestras mentes unidas, les damos gracias y deseamos que las generaciones futuras sigan viendo a las Plantas. Ahora nuestras mentes son una sola.

Cuando miramos a nuestro alrededor, vemos que los Frutos están aún aquí, ofreciéndonos deliciosos alimentos. El líder de los frutos es la fresa, la primera que madura cada primavera. ¿Podemos todos decir que los Frutos nos acompañan en el mundo y enviarles agradecimiento, amor y respeto a los Frutos? Ahora nuestras mentes son una sola.

Me pregunto si aquí también hay niños que, como mi hija, se rebelan, que se niegan a levantarse y darle las gracias a la tierra.

Parece difícil plantear argumentos contra el sentimiento de gratitud hacia los frutos.

> Con una sola mente, honramos y agradecemos a todas las Plantas Comestibles del huerto, en especial a las Tres Hermanas que tan generosa y abundantemente alimentan a la gente. Desde el comienzo de los tiempos, los cereales, las verduras, las hortalizas y las frutas han permitido que las personas sobrevivieran. De ellas también obtienen su fuerza muchas otras criaturas. En la mente tenemos a todas las Plantas Comestibles y las saludamos y les damos las gracias. Ahora nuestras mentes son una sola.

Tras escuchar cada nueva estrofa, los niños hacen un gesto afirmativo con la cabeza. Sobre todo, cuando se trata de comida. Un niño con una camiseta del equipo de *lacrosse* de los Red Hawks da un paso adelante y dice:

> Nos fijamos ahora en las Hierbas Medicinales del mundo. Desde el principio se les encomendó que nos libraran de las enfermedades. Están siempre disponibles, listas para sanarnos. Nos alegramos de que sigan entre nosotros aquellos que aún recuerdan cómo utilizar las plantas curativas. Con una sola mente, les enviamos agradecimiento, amor y respeto a las Medicinas y a los guardianes de las Medicinas. Ahora nuestras mentes son una sola.
>
> A nuestro alrededor se yerguen todos los Árboles. La Tierra tiene muchas familias de Árboles y cada una de ellas recibió instrucciones y usos diversos. Algunas dan abrigo y sombra; otras, frutos y hermosura y múltiples dones de gran utilidad. El Arce es el líder de los Árboles, reconocemos que nos entrega el azúcar cuando la Gente más lo necesita. Muchos pueblos del mundo tienen el Árbol como símbolo de paz y fuerza. Con una sola mente saludamos y damos las gracias a los Árboles. Ahora nuestras mentes son una sola.

El Mensaje, por su propia naturaleza, es largo, pues está dirigido a todo aquello que permite la vida. Sin embargo, puede hacerse de manera abreviada o extensa, con todo el detalle y el cuidado.

En la escuela, puede adaptarse a las capacidades lingüísticas de los niños que lo recitan.

Parte de la fuerza del Mensaje procede precisamente del tiempo que hace falta para dar las gracias y saludar a tantos elementos. Los oyentes, atentos, llevan su mente al lugar de reunión de todas las mentes y corresponden así al obsequio de las palabras del hablante. Uno podría ser pasivo y limitarse a dejar pasar las palabras y los minutos, pero cada alocución exige una respuesta: «Ahora nuestras mentes son una sola». Hay que concentrarse, hay que entregarse a la escucha. Requiere esfuerzo, sobre todo en esta época en la que nos hemos acostumbrado a atender únicamente a lo fragmentario y a la gratificación inmediata.

Cuando se recita la versión larga en una reunión con empresarios no indígenas o funcionarios del Gobierno, suele ocurrir que estos se muestran inquietos. Sobre todo, los abogados. Se les nota que están deseando que se termine: dirigen la vista a cada rincón de la habitación, hacen todo lo posible por no mirar el reloj. Entre mis propios alumnos, que aprecian la oportunidad de compartir la experiencia del Mensaje de Gratitud, siempre hay uno o dos a los que se les hace demasiado largo. «Pobrecitos —me apiado de ellos—. Lamento que tengamos tanto por lo que estar agradecidos».

Unimos nuestras mentes para saludar y dar las gracias a todos los hermosos Animales del mundo, que caminan con nosotros. De ellos aprendemos muchas cosas. Agradecemos que sigan compartiendo sus vidas con nosotros y esperamos que siempre lo hagan. Unimos nuestras mentes para darles las gracias a los Animales. Ahora nuestras mentes son una sola.

Imagina educar a los niños en una cultura cuya prioridad es la gratitud. Freida Jacques trabaja en la Escuela de la Nación Onondaga. Es una de las Madres del clan, vínculo entre la escuela y la comunidad, y una maestra generosa. Me explica que el Mensaje de Gratitud encarna la relación del pueblo onondaga con el mundo. Se le da las gracias a cada elemento de la Creación por cumplir con el deber que el Creador le ha encomendado, con su responsabilidad hacia el resto. «Día tras día, te recuerda que lo que tienes es suficiente —dice—. Más que suficiente. Que todo lo necesario para la vida está aquí. Al repetirlo de forma rutinaria reforzamos un vínculo de respeto y satisfacción con el conjunto de la Creación».

Uno no puede escuchar el Mensaje de Gratitud sin sentirse inmensamente rico. Y aunque las muestras de agradecimiento parezcan algo inocente, constituyen en realidad algo revolucionario. En una sociedad consumista, estar satisfecho con lo que se tiene supone una propuesta radical. Reconocer la propia abundancia, en lugar de la escasez, mina los principios de una economía que crece gracias a la generación de deseos irrealizables. La gratitud cultiva una ética de la plenitud, mientras que la economía requiere de vacío. El Mensaje de Gratitud nos recuerda que ya tenemos cuanto necesitamos. La gratitud no provoca la necesidad de adquirir más cosas para sentirse realizado; es un obsequio, no un bien, que subvierte los cimientos de toda la economía. Es un buen remedio, tanto para la tierra como para los seres humanos.

> Unimos nuestras mentes y damos las gracias a las Aves que se mueven y vuelan sobre nuestras cabezas. El Creador les hizo obsequio de la hermosura del canto. Cada mañana saludan al día y con sus canciones nos recuerdan que debemos disfrutar y apreciar la vida. El Águila es líder de las Aves y vela por el resto del mundo. A todas las Aves, de las más pequeñas a las más grandes, les enviamos un saludo alegre y les damos las gracias. Ahora nuestras mentes son una sola.

El texto es más que un modelo económico; es también una lección cívica. Freida afirma que al escuchar diariamente el Mensaje de Gratitud los jóvenes descubren modelos de liderazgo: la fresa como líder de los frutos, el águila como líder de las aves. «Aprenden que, en algún momento, se va a esperar mucho de ellos. El Mensaje describe al buen líder: aquel que tiene visión, es generoso y se sacrifica en beneficio de la gente. Como el arce, los líderes son los primeros que ofrecen sus dones». Recuerda a la comunidad que el liderazgo no surge del poder y la autoridad, sino de la sabiduría y el servicio.

Todos damos las gracias a los poderes de los Cuatro Vientos. Escuchamos sus voces cuando se mueven, cuando refrescan y purifican el aire que respiramos. Ayudan a la llegada de las estaciones. De las cuatro direcciones vienen, traen mensajes, nos dan fuerzas. Con una sola mente saludamos y les damos las gracias a los Cuatro Vientos. Ahora nuestras mentes son una sola.

Como dice Freida: «El Mensaje de Gratitud es un recordatorio de que el ser humano no está a cargo del mundo, sino que se encuentra sujeto a las mismas fuerzas que el resto de las formas de vida. Es algo que nunca se escucha lo suficiente».

En mi caso, el impacto acumulativo del Juramento a la Bandera, desde la infancia hasta la edad adulta, me sirvió para desarrollar cierto cinismo y para comprender la hipocresía de la nación. Desde luego, no me avivó el orgullo. Cuando descubrí los dones de la tierra, se me hizo imposible entender que ese «amor al país» hubiera suplantado al reconocimiento del país mismo, de su territorio. Nos estaban pidiendo una promesa a una bandera. ¿Qué pasaba con las promesas al resto de las criaturas, a la tierra?

¿Qué pasaría si nuestra educación se basara en la gratitud, si pudiéramos conversar con el mundo natural como miembros de una democracia de especies, fieles a la *inter*dependencia? Si no hicieran falta declaraciones de lealtad política, sino solo respuestas a la sempiterna pregunta: «¿Podemos todos dar las gracias por aquello que se nos ha dado?». El Mensaje de Gratitud transmite nuestros respetos hacia los parientes no humanos; no hacia una entidad política, sino hacia la totalidad de la vida. ¿Qué ocurriría con el nacionalismo y con las fronteras políticas si la lealtad se dirigiera hacia los vientos y las aguas, que no conocen fronteras, que no pueden comprarse ni venderse?

Miramos ahora hacia el oeste, donde viven nuestros Abuelos, los Seres del Trueno. Con rayos y truenos nos traen el agua que renueva la vida. Unimos nuestras mentes para saludar y darles las gracias a nuestros Abuelos, los Tronantes.

Ahora saludamos y damos las gracias a nuestro Hermano mayor, el Sol. Cada día sin falta viaja por el cielo, de este a oeste, trayendo la luz de un nuevo día. Es el manantial de todos los fuegos de la vida. Con una sola mente, saludamos y damos las gracias a nuestro Hermano, el Sol. Ahora nuestras mentes son una sola.

Durante siglos, el pueblo haudenosaunee fue famoso por su capacidad de negociación, por las proezas políticas que les permitieron sobrevivir contra viento y marea. El Mensaje de Gratitud también ha encontrado su utilidad en el ámbito de la diplomacia. Todo el mundo ha experimentado esa tensión que te paraliza la mandíbula antes de una conversación difícil o una reunión polémica. Vuelves a colocar apuntes y documentos mientras los argumentos que preparaste esperan, en guardia, como soldados en la garganta, listos para desplegarse. Pero en ese momento escuchas las Palabras Que Van Antes Que Todo Lo Demás y tú respondes también. Sí, por supuesto, yo también le estoy agradecida a la Madre Tierra. Sí, el mismo sol brilla sobre todos y cada uno de nosotros. Sí, estamos unidos en el respeto a los árboles. Para cuando le llega el turno a la Abuela Luna, la fiera intensidad de los rostros se ha suavizado a la luz tenue de la memoria. Poco a poco, la cadencia se arremolina en torno a la dura roca del desacuerdo y hace mella en los filos y las barreras que nos separaban. Sí, todos estamos de acuerdo en que las aguas siguen aquí. Sí, podemos unir nuestras mentes en la gratitud hacia los vientos. No es ninguna sorpresa que los haudenosaunees tomen sus decisiones siempre por consenso, y no por mayoría. Una decisión solo se concreta «cuando nuestras mentes son una». Las palabras del Mensaje constituyen un brillante preámbulo político para la negociación, un excelente remedio para apaciguar el fervor partisano. Imagina que todas las reuniones gubernamentales comenzaran con el Mensaje de Gratitud. ¿Qué pasaría si nuestros líderes se ocuparan de encontrar unos principios comunes antes de luchar por lo que les separa?

Unimos nuestras mentes y damos las gracias a nuestra más anciana Abuela, la Luna, que brilla en el cielo nocturno. Es la primera de las mujeres de todo el mundo y gobierna el movimiento de las mareas del océano. Por los cambios en su rostro medimos el tiempo y es ella quien vigila la llegada de los niños a la Tierra. Pongamos toda nuestra gratitud a la Luna en un gran montón y lancémoslo con júbilo hacia el cielo nocturno que ella conoce. Con una sola mente, saludamos y damos las gracias a nuestra Abuela, la Luna.

Les damos las gracias a las Estrellas repartidas como joyas por el cielo. Las vemos de noche, ayudando a la Luna a iluminar la oscuridad y trayendo el rocío a los jardines y a todo lo que crece. Si viajamos de noche, nos guían de vuelta al hogar. Con nuestras mentes unidas, saludamos y les damos las gracias a las Estrellas. Ahora nuestras mentes son una sola.

El Mensaje de Gratitud sirve también para recordarnos cuál era la condición primigenia del mundo. Permite comparar la lista de dones recibidos con el estado actual en que se encuentran. ¿Siguen aquí todos los elementos del ecosistema, cumpliendo la función que les fue encomendada? ¿Sigue el agua manteniendo la vida? ¿Las aves están aún sanas? Cuando ya no podemos ver las estrellas a causa de la contaminación lumínica, las palabras del Mensaje deberían hacernos tomar conciencia de lo que hemos perdido y encaminarnos hacia acciones restauradoras. Como las propias estrellas, las palabras pueden llevarnos de vuelta al hogar.

Unimos nuestras mentes para saludar y dar las gracias a los Maestros, portadores de luz, que nos han ayudado siempre a lo largo de los años. Cuando olvidamos cómo vivir en armonía, ellos nos recuerdan las instrucciones recibidas. Con una sola mente, saludamos y damos las gracias a esos Maestros que nos acompañan. Ahora nuestras mentes son una sola.

El Mensaje tiene una evidente estructura de progresión, pero no siempre se recita al pie de la letra y puede ocurrir que un mismo orador lo pronuncie de diversas formas según el momento. A veces es solo un murmullo indistinguible. Otras, es prácticamente una canción. Me encanta escuchárselo al anciano Tom Porter, un hombre capaz de embrujar al público con su voz, de iluminar todos los rostros que le escuchan. No importa el tiempo que se tome para recitarlo, siempre desearías que fuera un poco más. Tommy dice: «Reunamos todo nuestro agradecimiento como un montón de flores sobre una manta. Sostendremos una esquina cada uno y las lanzaremos hacia el cielo. Y así nuestros agradecimientos serán tan ricos como los obsequios del mundo que caen sobre nosotros». Y nos quedamos quietos, juntos, agradecidos bajo una lluvia de bendiciones.

> Pensamos ahora en el Creador, o Gran Espíritu, y lo saludamos y le damos las gracias por todos los dones de la Creación. Aquí, en la Madre Tierra, está todo lo necesario para vivir una buena vida. Por todo el amor que aún hay a nuestro alrededor unimos nuestras mentes en una sola y le enviamos nuestro saludo y nuestro más sincero y libre agradecimiento al Creador. Ahora nuestras mentes son una sola.

Las palabras son sencillas, pero en el arte de ensamblarlas se transforman en afirmación de soberanía, estructura política, declaración de responsabilidades, modelo educativo, árbol genealógico, inventario científico de servicios ecosistémicos. Resulta, así, un poderoso documento político, contrato social y código ético, todo en uno. Aunque antes que cualquier otra cosa, es el credo de una cultura basada en la gratitud.

Las culturas de gratitud deben ser también culturas de reciprocidad. Cada individuo, humano o no, está unido a los demás en una relación recíproca. Igual que todos los seres tienen un deber hacia mí, yo tengo un deber hacia ellos. Si un animal da su vida para alimentarme, yo a su vez debo hacerle posible la vida. Si de un arroyo recibo el don del agua pura, soy responsable de devolverle ese don. Una parte integral de la educación humana consiste en ser consciente de tales responsabilidades y aprender a llevarlas a cabo.

El Mensaje de Gratitud nos recuerda que los dones y los deberes son dos caras de la misma moneda. A las águilas se les concedió el don de la vista, así que su deber es velar por nosotros. La lluvia cumple con su deber al caer sobre la tierra, pues recibió el don de permitir la vida. ¿Cuál es el deber de los humanos? Si los dones y las responsabilidades son una misma cosa, preguntar: «¿Cuál es nuestra responsabilidad?» vale tanto como preguntar: «¿Cuál es nuestro don?». Se dice que solo los humanos tienen capacidad para la gratitud. Ese es uno de nuestros dones.

Todos conocemos con qué facilidad los actos de agradecimiento pueden desencadenar ciclos de reciprocidad, y del poder que eso tiene. Cuando mis hijas salen corriendo de casa con el almuerzo en la mano sin siquiera un «¡gracias, Mamá!», me alcanza una leve sensación de menosprecio, hacia mis esfuerzos y mi tiempo. Pero cuando me dan un abrazo apreciativo, siento ganas de pasar la noche horneando galletas para el almuerzo del día siguiente. Sabemos que el reconocimiento es el origen de la abundancia. ¿Y por qué no habría de ser igual para la Madre Tierra, que nos prepara el almuerzo todos los días?

Al vivir cerca de los haudenosaunees, he escuchado el Mensaje de Gratitud de muchas formas y en muchas voces, y siempre se me eleva el corazón, como si dirigiera la cara hacia la lluvia. Sin embargo, no soy ciudadana haudenosaunee ni una estudiosa de sus costumbres. Tan solo una vecina y oyente respetuosa. Temía tomarme demasiadas libertades al compartir lo que me habían enseñado y por eso pedí permiso para escribir sobre el Mensaje y la influencia que ha ejercido en mi propia forma de pensar. Una y otra vez me dijeron que estas palabras son un obsequio de los haudenosaunees al mundo. Cuando se lo pregunté al Guardián de la Fe de los onondagas, Oren Lyons, este me ofreció su característica sonrisa de desconcierto y me dijo: «Claro que debes escribir sobre él. Solo tiene utilidad si se comparte. Hemos esperado quinientos años a que la gente escuchara. Si hubieran comprendido entonces la Gratitud, no estaríamos en esta situación».

Los haudenosaunees han publicado y difundido el Mensaje de Gratitud. Está traducido a cuarenta idiomas y puede escucharse por todo el mundo. ¿Por qué no aquí, entonces, en esta tierra? Intento imaginar qué ocurriría si en las escuelas cambiaran los rituales e incluyeran algo parecido al Mensaje de Gratitud. No es mi intención ofender a los venerables veteranos de mi ciudad, que se llevan la mano al pecho cuando ondea la bandera y recitan el Juramento con voces ásperas y ojos inundados de lágrimas. Yo también amo a mi país y sus anhelos de libertad y justicia. Pero los límites de lo que respeto superan las fronteras de la nación. Juremos reciprocidad al mundo vivo. El Mensaje de Gratitud describe nuestra mutua lealtad como delegados humanos en la democracia de las especies. Si queremos fomentar el patriotismo, invoquemos a la propia tierra para permitir que crezca el verdadero amor al país. Si queremos educar buenos líderes, hablémosles a nuestros hijos del águila y el arce. Si queremos formar buenos ciudadanos, enseñémosles a participar en la reciprocidad. Si aspiramos a una justicia universal, dejemos que haya justicia para toda la Creación.

> Hemos llegado ahora al lugar en que concluye nuestro Mensaje. De todas las cosas que hemos nombrado, no ha sido nuestra intención dejar nada fuera. Si algo olvidamos, que cada individuo lo salude y le dé las gracias como crea mejor. Ahora nuestras mentes son una sola.

Día tras día, con estas palabras, la gente salda con la tierra su deuda de gratitud. En el silencio que cae al terminar el mensaje, yo escucho el deseo de que llegue el día en que escuchemos a la tierra dar las gracias a quienes la habitamos.

RECOGER
HIERBA SAGRADA

La hierba sagrada se cosecha a mediados de verano, cuando las hojas son largas y brillantes. Las briznas han de recogerse una por una y se secan a la sombra para conservar el color. Siempre se deja un obsequio a cambio.

La epifanía
de los frijoles

Recogiendo frijoles descubrí el secreto de la felicidad.

Rebuscaba entre las ramas trepadoras de frijol escarlata que se enredan en las varas en forma de tipi. Levantaba las hojas oscuras para alcanzar las vainas, largas, verdes, duras, cubiertas por una suave pelusa. Las partía con la mano de dos en dos. Mordía una y me sabía a lo que debe saber el mes de agosto, el verano destilado en esencia de frijol, puro y crujiente. La abundancia estival iba a acabar en el congelador y reaparecería en lo más duro del invierno, cuando el aire no trajera más que el sabor de la nieve. Aún no había terminado de recoger las de la primera estructura y la cesta ya estaba llena.

La vaciaba en la cocina, pero para llegar allí tenía que pasar entre las inmensas ramas de las calabazas y las tomateras combadas por los frutos. Se extendían a los pies de los girasoles, con las cabezas inclinadas por el peso de las semillas maduras. Levanté la cesta sobre un surco de papas y observé un puñado de tubérculos rojos al descubierto, donde esa mañana las niñas habían parado de recolectar. Las cubrí con un poco de tierra para que el sol no las estropeara.

Como todos los niños, al principio siempre se quejan de las tareas del huerto, pero enseguida le toman gusto a la blandura de la tierra y al aroma del día, y se les pasan las horas sin darse cuenta. Fueron ellas las que sembraron en mayo las semillas que han dado esta cesta de frijoles. Cuando las veo plantar y recolectar, siento que soy una buena madre: las he enseñado a abastecerse por sí mismas.

Ahora bien, no fuimos nosotros quienes nos abastecimos de semillas. Cuando Mujer Celeste enterró a su amada hija en la tierra, vio salir de su cuerpo diversas plantas, los dones especiales para los humanos. De la cabeza nació el tabaco. Del pelo, hierba sagrada. El corazón nos dio fresas. Los pechos, maíz. La calabaza salió de su vientre y de los dedos surgieron largos racimos de frijoles.

Para mostrarles a mis hijas el amor que siento hacia ellas, una mañana de junio les traigo fresas silvestres. Las tardes de febrero hacemos un muñeco de nieve y nos sentamos junto al fuego. En marzo preparamos sirope de arce. Recogemos violetas en mayo y vamos a nadar en julio. En una noche de agosto extendemos las mantas en el suelo y vemos la lluvia de meteoros. En noviembre, ese gran maestro que es el montón de leña reaparece en nuestras vidas. Y eso es solo el principio. ¿Cómo les mostramos a nuestros hijos el amor que les profesamos? Cada uno a su modo, cubriéndolos de dones y enseñanzas.

Puede que fuera el aroma de los tomates maduros, o el canto de la oropéndola, o esa particular inclinación de la luz con que la tarde se dilata al caer sobre los frijoles. Como fuera, se me hizo evidente con una oleada de felicidad, y me reí en voz alta y asusté a los carboneros que picoteaban en los girasoles y alfombraban el suelo de motas blancas y negras. Lo supe con una seguridad tan cálida y clara como el sol de septiembre. La tierra corresponde a nuestro amor. Ella nos ama a través de los frijoles y los tomates, de las mazorcas y las moras y el canto de los pájaros. Nos cubre de dones y enseñanzas. Nos abastece y nos enseña a abastecernos por nosotros mismos. Eso es lo que hacen las buenas madres.

En el huerto sentía el placer de la tierra al ofrecernos aquellas hermosas frambuesas. Las calabazas, la albahaca, las papas, los espárragos, las lechugas, las coles y remolachas, el brócoli, los pimientos, las coles de Bruselas, las zanahorias, el eneldo, las cebollas, los puerros, las espinacas. Me acordaba de cuando mis hijas respondían a la pregunta de: «¿Cuánto las quiero yo?» con un: «Tooooooodo esto», extendiendo los brazos cuanto podían. Es por eso que les he enseñado a cultivar el huerto: así siempre tendrán una madre que las quiera, aunque yo me haya ido.

La epifanía de los frijoles. Dedico buena parte de mi tiempo a reflexionar sobre la relación que tenemos con la tierra, sobre todo lo que se nos ha dado y sobre qué podríamos dar a cambio.

Intento basar mis cálculos en las cuentas de la reciprocidad y la responsabilidad, en el fundamento de forjar relaciones sostenibles con un determinado ecosistema. Todo ello, en mi cabeza. Sin embargo, llega un momento en el que no hay espacio para lo intelectual o lo racional. Lo que queda al final es la sensación de poseer cestas llenas de amor maternal. La reciprocidad última, el amar y el ser amado.

No obstante, la científica botánica que se sienta en mi escritorio y se pone mi ropa y a veces toma prestado mi auto se revolvería si me escuchara sugerir que un huerto es la forma con que la tierra nos dice: «Te quiero». ¿No se trataba de una simple cuestión de aumentar la productividad primaria neta de ciertos genotipos domesticados y seleccionados artificialmente a través de la manipulación de las condiciones ambientales y el concurso del trabajo humano y de unos materiales específicos? Se otorga preeminencia a aquellos comportamientos de adaptación cultural que generan una dieta nutritiva y mejoran la forma física de los individuos. ¿Qué tiene que ver eso con el amor? Si un huerto prospera, ¿significa que te ama? Si no sale adelante, ¿atribuyes las plagas de la papa a que ha dejado de quererte? ¿Los pimientos que no maduran son un síntoma de un bache en la relación?

A veces no me queda más remedio que dedicar unos minutos a explicarle las cosas. Un huerto es una empresa material y espiritual al mismo tiempo. A los científicos les cuesta comprenderlo, pues el dualismo cartesiano les ha lavado el cerebro. «A ver, ¿cómo sabes que se trata de amor y no, sencillamente, de que la tierra es buena? —me pregunta la científica—. ¿Dónde están las pruebas? ¿Dónde están los elementos claves que permiten detectar el comportamiento amatorio?».

Esa, sin embargo, es fácil. Nadie puede dudar que yo amo a mis hijas. Ni siquiera el psicólogo social más aferrado a los análisis cuantitativos le pondría objeción alguna a mi lista de comportamientos básicos del amor:

→ cuidado de la salud y el bienestar del otro
→ protección contra los peligros
→ fomento del crecimiento y el desarrollo individual

- → deseo de estar juntos
- → generosidad al compartir los recursos
- → trabajo hombro a hombro por un objetivo común
- → celebración de los valores compartidos
- → interdependencia
- → sacrificio de uno por el otro
- → creación de belleza

Si observáramos estos comportamientos entre dos personas, no dudaríamos en decir que «se aman». Pero también pueden darse entre una persona y una parcela de tierra cuidadosamente labrada, y colegiríamos sin duda que «ella ama ese huerto». Entonces, ¿por qué no ir un poco más allá y decir que el huerto puede corresponder al amor que le brindan con el suyo propio?

Los intercambios entre las especies vegetales y el ser humano han condicionado la historia evolutiva de ambos. En los huertos, en las granjas y en las viñas se reproducen aquellas especies que hemos domesticado. Nuestro apetito por sus frutos nos ha llevado a cultivarlas, podarlas, irrigarlas, fertilizar la tierra en que crecen y quitarles las hierbas que las rodean, todo en su beneficio. Pero es posible que ellas nos hayan domesticado también a nosotros. Las plantas silvestres han acabado creciendo ordenadas en hileras y los humanos bravíos hemos ido a vivir junto a los campos, a cuidar de las plantas. La domesticación es recíproca.

Estamos unidos en un ciclo de *coevolución*. Cuanto más dulce sea el melocotón, con más frecuencia dispersará las semillas, alimentará a su prole, la protegerá de los peligros. Las plantas comestibles y los humanos actuamos como fuerzas selectivas de la evolución del otro: si ellas salen adelante, nosotros nos beneficiaremos de ello, y viceversa. En mi opinión, esto se parece bastante al amor.

En una ocasión impartí en el posgrado un taller de escritura sobre las relaciones con la tierra. Todos los alumnos demostraban un profundo respeto y apego hacia la naturaleza. Coincidían en que la naturaleza era el lugar en el que experimentaban las sensaciones más intensas de arraigo y bienestar. Afirmaban abiertamente que amaban a la tierra. Entonces les pregunté: «¿Creen que

la tierra corresponde a ese amor? ¿Creen que la tierra los ama?».
Nadie se atrevió a responder. Fue como si hubiera aparecido, de
la nada, un erizo de dos cabezas. Inesperado. Insólito y espinoso.
Sentí cómo se retraían, se escondían: una clase llena de escritores
tambaleándose en el amor no correspondido de la naturaleza.

Decidí pasarme al terreno de las hipótesis y les pregunté: «¿Qué
ocurriría *en el caso de que* las personas creyéramos que la tierra
también nos ama, por absurdo que parezca?». Se abrieron las com-
puertas y ahora todos deseaban hablar al mismo tiempo. Habíamos salido de las profundidades, volvíamos a recuperar la senda
correcta, caminábamos hacia la paz mundial y la armonía.

Uno de los alumnos lo resumió en una frase: «No le haríamos
daño a quien nos profesa amor».

Saber que tú amas a la tierra te transforma, te activa para de-
fenderla y protegerla y celebrarla. Pero cuando sientes que la tierra
te ama a ti también, ese sentimiento convierte una relación uni-
direccional en un vínculo sagrado.

Mi hija Linden se ocupa de uno de mis jardines favoritos en el
mundo. En un suelo montañoso, no demasiado profundo, cultiva
toda clase de alimentos deliciosos, cosas con las que yo solo puedo
soñar, como tomatillos y chiles. Genera su propio abono orgánico
y planta flores, pero lo mejor de todo no son las plantas en sí.
Lo mejor es que me llama por teléfono mientras dehierba. Regamos
y limpiamos y cosechamos juntas, como hacíamos cuando era pequeña, a pesar de los cinco mil kilómetros que nos separan. Linden
se encuentra increíblemente ocupada, y le pregunto por qué cuida
del huerto, con todo el tiempo que eso conlleva.

Lo hace por la comida y la satisfacción del trabajo duro y los
prolíficos réditos de la labor, dice. Y también porque se siente en
casa cuando hunde las manos en la tierra. Yo le pregunto:

—¿Amas tu huerto? —Aunque ya sé la respuesta. Y después
añado, tímidamente—: ¿Sientes que el huerto te ama a ti también?

Ella se queda en silencio unos instantes. Nunca se ha tomado
a la ligera esas cuestiones.

—Estoy segura de ello —dice—. El huerto cuida de mí como
si fuera mi madre.

Ya me puedo morir a gusto.

Una vez conocí y amé a un hombre que vivía casi siempre en la ciudad, pero que era capaz de disfrutar —lo suficiente, al menos— cuando lo sacaban al mar o al bosque, siempre que tuviera conexión a internet. Había viajado y vivido en muchos lugares, y se me ocurrió preguntarle dónde encontraba él una mayor sensación de arraigo. No entendió la expresión. Le expliqué que quería saber dónde se sentía más amparado, más nutrido. ¿Cuál es el lugar que mejor comprendes? ¿El lugar que mejor conoces y que te conoce a ti?

No tardó demasiado en responder. «Mi auto. El auto me da todo lo que necesito y exactamente como a mí me gusta. Pongo mi música favorita, puedo ajustar los asientos como me plazca, tiene espejos automáticos y dos posavasos. Y me lleva siempre a donde quiero ir». Algunos años después supe que había intentado suicidarse. En el auto.

Él nunca llegó a forjar una relación con la tierra. En su lugar, prefirió el fabuloso aislamiento de la tecnología. Me recordaba a una de esas pequeñas semillas estropeadas que se quedan al fondo de la bolsa, las que nunca llegan a tocar la tierra.

Me pregunto si los males que aquejan a nuestra sociedad no se deberán a que nos hemos aislado del amor hacia la tierra y de la tierra. Es el remedio para el suelo quebrado y el vacío en el corazón.

Larkin no dejaba de quejarse cuando le tocaba deshierbar. Y ahora me pregunta, siempre que viene a verme, si puede ir a sacar papas. La veo de rodillas, extrayendo pieles rojas y Yukon Gold de la tierra, mientras canta una canción. Está haciendo un posgrado sobre sistemas alimentarios y trabajando con horticultores urbanos que cultivan verduras en los terrenos recuperados de antiguos solares vacíos. Personas en riesgo de exclusión se encargan de plantar y labrar y cosechar. A los niños les sorprende que la comida que cultivan sea gratis. Hasta el momento siempre les han hecho pagar por todo lo que han tenido. Miran con recelo las zanahorias frescas, recién sacadas de la tierra, hasta que comen una. Larkin está transmitiendo el obsequio que recibió, y la transformación es profunda.

Por supuesto, gran parte de lo que nos llevamos a la boca lo tomamos a la fuerza de la tierra. Esa manera de trabajar no honra al granjero ni a las plantas ni al suelo que estamos agotando. Es difícil reconocer obsequio alguno, ningún don, en el alimento que se compra y que se vende, momificado en plástico. Todo el mundo sabe, al fin y al cabo, que el amor no se puede comprar.

En el huerto, los alimentos surgen de la asociación. Si no me encargo de quitar piedras y deshierbar, no estoy cumpliendo con mi parte del acuerdo. Son tareas que puedo realizar gracias a mi pulgar oponible de homínido y a mi capacidad para utilizar herramientas y esparcir abono. Pero no puedo crear un tomate de la nada ni hacer que una planta de frijoles cubra una espaldera, así como no puedo convertir el plomo en oro. Esa es la responsabilidad y el don de las plantas: animar lo inanimado. Algo que, como don, no está nada mal.

La gente me pregunta a menudo qué recomendaría para restaurar la relación perdida entre la gente y la tierra. Mi respuesta es casi siempre la misma: «Plantar un huerto». Es bueno para la salud de la tierra y de la gente. Un huerto es un vivero para recuperar vínculos, suelo en el que cultivar el respeto y la reverencia. Y su poder rebasa los límites de la tierra labrada: si estableces una relación con una parcela de tierra, esa relación se convierte en semilla.

En un huerto siempre está sucediendo algo esencial. Una persona incapaz de decir «te quiero» en voz alta puede decirlo con semillas. Y la tierra le corresponderá, si no con palabras, con un racimo de frijoles escarlata.

Las Tres Hermanas

Esta historia deberían contarla ellas. Las hojas del maíz crujen con un sonido característico, el de la conversación apergaminada que mantienen entre ellas y con la brisa. En los días más cálidos de julio —cuando la planta puede crecer hasta quince centímetros en una sola jornada— se escucha el lamento de los entrenudos que se expanden para empujar el tallo hacia la luz. Las hojas escapan de sus vainas con un gemido lánguido y en ocasiones, si todo está en silencio, puede oírse el repentino estallido de la médula que se desgarra cuando el tallo ya no puede contener unas células tan llenas de agua, tan grandes y turgentes. Tales son los sonidos del ser, pero no su voz.

Los frijoles deben producir un sonido leve como una caricia, apenas un susurro, cuando la suave pelusa de una de las ramas se enreda en el áspero tallo del maíz. Las superficies vibran delicadamente al abrazarse, los zarcillos palpitan cuando se cinchan en torno a un tallo, un latido que solo los escarabajos alticinos que las merodean alcanzan a escuchar. Sin embargo, esta tampoco es la canción de los frijoles.

Me he tumbado entre calabazas en proceso de maduración y he oído los crujidos de las hojas al mecerse, adelante y atrás, amarradas al tallo, mientras el viento las levantaba y las dejaba caer sobre el fruto al que daban sombra. Un micrófono pegado a una calabaza en crecimiento habría permitido escuchar el estallido de las semillas al expandirse y el fluir del agua que recorre la sabrosa carne anaranjada. Esos son sus sonidos, pero no su relato. La historia de las plantas no está en lo que dicen, sino en lo que hacen.

Imagina que fueras un maestro sin voz para enseñar. Imagina que carecieras de lenguaje y que, sin embargo, tuvieras algo decir. ¿No lo bailarías? ¿No lo representarías? ¿No lo contarías en cada uno de tus movimientos? Con el tiempo perfeccionarías la elocuencia hasta el punto de que bastaría con mirarte para comprenderlo todo. Eso es lo que ocurre con el silencio de estas vidas verdes. Una escultura no es más que un trozo de roca con una topografía tallada y cincelada, pero su contemplación puede abrirte el corazón en canal, convertirte en una persona nueva. Transmite su mensaje sin palabras. No todos lo entenderán, claro, el lenguaje de la piedra es difícil. La roca balbucea. Sin embargo, las plantas hablan un idioma que toda criatura puede comprender. Sus enseñanzas se transmiten en un lenguaje universal: el alimento.

Hace algunos años, Awiakta, una escritora cheroqui, puso un pequeño paquete en mi mano. Era una hoja seca de maíz plegada como un envoltorio y atada con el cabo de un cordel. Sonrió mientras me advertía: «No la abras hasta primavera». Esperé hasta mayo. Cuando lo desplegué, encontré un regalo: tres semillas. La primera era un triángulo dorado, un grano de maíz cuya parte superior, ahuecada, se estrechaba en una punta blanca y dura. La segunda era un reluciente frijol marrón con pintas, curvado y elegante, en cuya concavidad interna se marcaba un ojo blanco: el hilo. Se me resbaló como una piedra pulida entre el pulgar y el índice. Pero no era una piedra. La tercera era una semilla de calabaza, el plato oval de una vajilla de porcelana, los bordes rizados como una masa de hojaldre rellena, a punto de rebosar. En la mano tenía el milagro de la agricultura indígena, las Tres Hermanas. Estas tres plantas juntas —el maíz, los frijoles y la calabaza— llevan siglos alimentando a la gente, a la tierra y a la imaginación, indicándonos un camino posible para la vida.

Hace miles de años que, desde México a Montana, las mujeres han hecho montones de tierra de unos cincuenta centímetros de ancho y han colocado en ellos estas tres semillas, las tres en el mismo sitio. La primera vez que los colonos vieron los huertos indígenas en la costa de Massachusetts, dedujeron que los salvajes no sabían sembrar la tierra. Para ellos un huerto consistía en largas hileras de monocultivos, no en un enmarañado caos tridimensional. Sin embargo, comieron hasta hartarse y pidieron más y más.

Sembrada en la tierra húmeda de mayo, la semilla del maíz absorbe rápidamente el agua, pues la fina cubierta exterior y los gránulos de almidón, el endosperma, la atraen. La humedad activa las enzimas bajo el pericarpio, que abren el almidón y lo convierten en azúcares, alimentando de ese modo el crecimiento del embrión escondido en la punta de la semilla. El maíz se convierte así en la primera especie que emerge del suelo y saca a la superficie una fina punta blanca que verdece unas pocas horas después de exponerse a la luz. Abre una hoja, luego otra. Está solo. Las otras dos semillas aún se están preparando.

Al beber el agua de la tierra, el frijol se hincha, rompe el tejido moteado que lo recubre y saca una raíz que crece hacia abajo. Hasta que esta no se encuentra segura, el tallo no empieza a doblarse, como si fuera un gancho que se abre paso hacia la superficie. A los frijoles no les sucede nada por no salir de inmediato a la luz, pues cuentan con abundantes provisiones: en sus dos mitades estaban ya contenidas las primeras hojas. Cuando emergen y se unen en la superficie al maíz, este ha alcanzado una altura de quince centímetros.

A las calabazas y los calabacines les toma un poco más: ellas son la hermana tardía. Pueden pasar semanas antes de que asomen los primeros tallos, todavía arropados por la cubierta de la semilla, que reventarán las hojas cuando se abran. Me contaron que, una semana antes de sembrarlas, nuestros antepasados guardaban las semillas de calabaza en un morral de piel de ciervo con un poco de agua u orina para tratar de acelerar el proceso. Pero cada planta tiene su ritmo y la secuencia de germinación, el orden de nacimiento, es importante para la relación que se establece entre ellas y el éxito del cultivo.

El maíz es, así, el primero en nacer y crece recto, rígido; su objetivo es la elevación. No deja de escalar, veloz, hoja a hoja, para llegar lo más alto posible. Fabricar un tallo fuerte es en ese momento su prioridad absoluta. Debe hacerlo antes de que aparezca en escena la segunda hermana, el frijol. Este saca un par de hojas con forma de corazón a partir de un tallo mínimo, y otro par, y otro par, todas casi al nivel del suelo. El frijol se concentra en que crezcan las hojas mientras el maíz se preocupa de la altura. Cuando el maíz nos llega por la rodilla, más o menos, el frijol decide cambiar de rumbo, como tantas veces hacen los hijos medianos. En lugar de producir hojas, se extiende en un largo brote, un cordel verde y fino con una misión muy clara. Ha llegado a la adolescencia y las hormonas le piden salir al mundo, describir círculos en el aire. Es el proceso conocido como circumnutación. La punta puede llegar a viajar un metro al día, dibujando piruetas y cabriolas en un baile que solo se detiene cuando encuentra lo que está buscando: el tallo del maíz o algún otro soporte. Los receptores táctiles lo guían para enramarse alrededor de este en una elegante espiral vertical. Ahora ha dejado de producir hojas y se dedica exclusivamente a abrazarse a su hermana, a seguirle el ritmo de crecimiento. Si el maíz no hubiera comenzado a crecer antes, la enredadera podría haberlo estrangulado, pero cuando la sincronización es correcta, el maíz puede cargar con el frijol sin dificultad.

Mientras tanto, la calabaza, la que más tarde nace, empieza a ramificarse por el suelo, alejándose del maíz y el frijol, y extiende sus amplias hojas lobuladas como paraguas abiertos al viento al final de los peciolos huecos. Tanto las hojas como las ramas son muy ásperas, y las orugas lo piensan dos veces antes de morderlas. Cuanto más anchas son las hojas, más cobijo dan a la tierra donde crecem el maíz y el frijol, manteniendo la humedad e impidiendo la aparición de otras plantas.

Los pueblos indígenas se refieren a este modo de cultivo como las Tres Hermanas. Hay diferentes relatos acerca de su aparición, pero todos comparten la noción de que esas tres plantas son mujeres y están emparentadas. En algunas narraciones se habla de un largo invierno y de una hambruna que diezmaba a la población. Una noche de nevada, tres hermosas mujeres entraron en un poblado buscando refugio. La primera era alta, vestida de amarillo y una larga melena al viento. La segunda vestía de verde y la tercera, de anaranjado. Se les ofreció cobijo y un lugar junto al fuego. Aunque la comida escaseaba, los habitantes compartieron generosamente con ellas todo lo que tenían. En señal de gratitud, las tres hermanas revelaron sus verdaderas identidades —maíz, frijol y calabaza— y se dieron a la gente en forma de un puñado de semillas, para que nunca más pasaran hambre.

En pleno verano, cuando los días son largos y brillantes y los truenos hacen acto de presencia para empapar la tierra, las enseñanzas de la reciprocidad se manifiestan de manera evidente en el cultivo de las Tres Hermanas. Sus tallos trazan, entrelazados, lo que a mí me parece un mapa de mundos enteros, un plano de equilibrio y armonía. El maíz alcanza dos metros y medio de altura, y sus hojas, como cintas verdes, se comban hacia fuera, alejándose del tallo, buscando el sol en todas direcciones. Ninguna hoja se abre sobre la siguiente, de forma que todas reciben luz sin dar sombra a las demás. Mientras tanto, el frijol asciende por la caña del maíz y se enreda entre sus hojas sin interferir nunca en el trabajo de estas. Allí donde el maíz no ha echado hoja, la echa el frijol, cuyos capullos se convertirán en racimos de flores fragantes. Las hojas del frijol se inclinan hacia el suelo sin separarse del tallo del maíz. Mientras tanto, a sus pies se extiende una alfombra de grandes hojas de calabaza que recibe la luz sobrante. El espacio se distribuye en capas y la luz, el obsequio del sol, se emplea de forma eficiente, nada se desperdicia. La orgánica simetría de sus formas parece diseñada para esta asociación; es la ubicación de cada hoja y la armonía de sus modulaciones lo que transmite el mensaje. Que nos respetemos los unos a los otros, que nos apoyemos mutuamente, que compartamos nuestro don con el mundo y recibamos los dones de los demás; de ese modo, habrá suficiente para todos.

Al final del verano, cuelgan pesados los racimos de vainas verdes y suaves de los frijoles; las mazorcas asoman, pendiendo del tallo, engordando al sol, y las calabazas se hinchan en el suelo. Metro a metro, la asociación de las Tres Hermanas en el huerto produce más alimento que el cultivo de cualquiera de ellas por sí sola.

¿Quién podría dudar de que son hermanas? Una se enreda alrededor de la otra en un cómodo abrazo mientras la más pequeña se acurruca a sus pies; cerca, pero no demasiado cerca: cooperando, no compitiendo. Es algo que ya he visto en las familias humanas, en las relaciones entre hermanas. En mi familia también éramos tres chicas. La mayor es perfectamente consciente de que está al mando; alta, directa, eficaz, muestra el camino que deben seguir las demás. Es la hermana maíz. En una casa no hay sitio para más de una mujer maíz, así que la hermana mediana debe buscar un camino alternativo. La hermana frijol tiene que aprender a ser flexible y adaptarse, a encontrar la manera de obtener la luz que necesita alrededor de la estructura dominante. Por último, la hermana pequeña tiene libertad para labrarse un camino propio, ya no necesita satisfacer expectativas. Se encuentra en suelo firme, no tiene que demostrar nada y busca una manera diferente de contribuir al bien común.

Sin el apoyo del maíz, los frijoles serían una maraña sobre la tierra, sin orden ni concierto, a merced de los depredadores. Parecería que ellos son los que más beneficio obtienen de la asociación, de la altura del maíz y la sombra de la calabaza, pero las reglas de la reciprocidad dictaminan que nadie puede tomar más de lo que recibe. El maíz se preocupa de que haya luz disponible; la calabaza minimiza la aparición de hierba. ¿Y los frijoles? Para encontrar el obsequio que les hacen a sus hermanas hemos de mirar bajo tierra.

Sobre la superficie, las hermanas cooperan colocando las hojas con cuidado, sin molestarse entre sí. Lo mismo ocurre por debajo. El maíz es una monocotiledónea; básicamente, una hierba gigantesca, y sus raíces son finas y fibrosas. Si levantáramos el suelo en que crece, veríamos que se asemeja a un trapeador lleno de hebras con un tallo por mango. Las raíces no alcanzan demasiada profundidad, sino que crean una red superficial que absorbe el agua lluvia. Una vez que ellas beben, dejan pasar el agua hacia las raíces más profundas del frijol. En cuanto a la calabaza, esta opta por alejarse de sus hermanas. Su tallo puede producir una mata de raíces adventicias allí donde toca la tierra para absorber agua lejos del maíz y el frijol. Comparten el suelo de la misma manera que comparten la luz, intentando que todas tengan suficiente.

Ahora bien, hay algo que las tres necesitan y de lo que siempre hay escasez: nitrógeno. Resulta una paradoja ecológica que este sea el factor que limite el crecimiento de una planta: nada más y nada menos que el 78 por ciento de la atmósfera es nitrógeno gaseoso. El problema es que la mayoría de las plantas no puede utilizarlo.

Necesitan nitrógeno mineral, nitrato o amonio. Para ellas el nitrógeno en la atmósfera es como un plato de comida a la vista de una persona hambrienta, pero detrás de una verja cerrada con llave. Ahora bien, siempre hay maneras de transformar ese nitrógeno. Una de las mejores es, precisamente, el frijol.

Los frijoles forman parte de la familia de las leguminosas, que poseen una sorprendente capacidad para absorber el nitrógeno de la atmósfera y convertirlo en nutrientes utilizables. Pero no lo hacen solos. A menudo ocurre que mis alumnos me traen un puñado de raíces de frijol con pequeñas bolas blancas que cuelgan de ellas. «¿Es una enfermedad? —me preguntan—. ¿Les pasó algo malo a las raíces?». En realidad, todo lo contrario, respondo.

En esos nódulos brillantes hay bacterias del género *Rhizobium*, que son capaces de fijar el nitrógeno. Sin embargo, únicamente pueden hacerlo cuando se dan una serie de circunstancias específicas. Sus enzimas catalizadoras no funcionan en presencia de oxígeno y, dado que más de la mitad del volumen de un puñado de tierra cualquiera suele ser aire, la bacteria necesita encontrar un refugio anaeróbico para hacer su trabajo. Afortunadamente, los frijoles están dispuestos a acogerla. Cuando las raíces encuentran bajo tierra a un bacilo microscópico de *Rhizobium*, intercambian comunicaciones químicas y llegan a un acuerdo. El frijol produce un nódulo libre de oxígeno en el que la bacteria se resguarda y, a cambio, esta comparte su nitrógeno con la planta. Juntas crean un fertilizante de nitrógeno que penetra en la tierra y espolea también el crecimiento del maíz y la calabaza. Así, las capas de la reciprocidad que ocurren en el huerto son múltiples: entre el frijol y la bacteria, entre el frijol y el maíz, entre el maíz y la calabaza, y, al final, con el ser humano.

Resulta tentador imaginar a estas tres hermanas decididas a trabajar juntas, y es posible que sea así. Pero lo hermoso de la asociación está en que cada planta hace lo que hace en beneficio propio. Y como siempre sucede, cuando un individuo progresa, también lo hace el conjunto.

El funcionamiento de las Tres Hermanas me recuerda a una de las enseñanzas básicas de nuestro pueblo. Lo más importante que cada uno de nosotros ha de descubrir es la naturaleza del don único que se nos ha entregado y cómo podemos ponerlo al servicio del mundo. Debemos estimar y educar la individualidad, pues si queremos que el conjunto progrese, es necesario que cada uno de nosotros sepa quién es, que cada uno entregue sus dones con convicción a la mesa común. Las Tres Hermanas son muestra evidente de aquello en lo que puede convertirse una comunidad cuando sus miembros entienden y comparten los dones que poseen. Mediante la reciprocidad, llenamos tanto el espíritu como el estómago.

He dedicado muchos años de mi vida a enseñar Botánica General en el interior de un aula, con diapositivas, diagramas y relatos que debían espolear el entusiasmo de chicos y chicas de dieciocho años respecto a las maravillas de la fotosíntesis. ¿Cómo podía alguien no asombrarse de la forma en que las raíces se abren camino por la tierra? ¿Cómo no desear, presa de la impaciencia y al borde de la silla, que nos sigan hablando del polen? Sin embargo, el mar de miradas vacías me sugería que a la mayoría de los alumnos esos temas les interesaban tanto como ver crecer la hierba. Cuando trataba de liberar mi elocuencia recreando la elegancia con que el brote de frijol busca la luz primaveral, la primera fila asentía con entusiasmo, pero el resto de la clase dormitaba.

En un ataque de frustración, hice una encuesta a mano alzada. «¿Cuántos de los aquí presentes han cultivado algo alguna vez?». Todos en la primera fila levantaron la mano. Por detrás, solo vi tímidos gestos de un alumno cuya madre tenía una violeta africana que había muerto de calor y sed. En ese momento comprendí su aburrimiento. Yo enseñaba a partir de mis propios recuerdos, rememorando las vidas vegetales de las que había sido testigo a lo largo de los años. Gracias a la sustitución de los huertos por supermercados, estos jóvenes carecían del acervo de imágenes de verdor que yo pensaba que todos los humanos compartíamos. Solo los de la primera fila conocían los milagros cotidianos de los que les hablaba y querían descubrir cómo eran posibles. El resto de la clase carecía de experiencia con las semillas y la tierra, nunca habían visto una flor convertirse en manzana. Necesitaban una maestra diferente.

Por eso, ahora, todos los otoños empiezo el curso académico en el huerto, donde se encuentran las mejores maestras que conozco, tres hermosas hermanas. Pasamos toda una tarde de septiembre sentados junto a ellas. Medimos la producción y el crecimiento y observamos la anatomía de las plantas de las que obtienen alimentos. Al principio lo único que les pido es que presten atención. Ellos lo hacen y dibujan la relación que une a las tres. Una de las alumnas es artista y no deja de observarlas, emocionada. «Pero fíjate en la composición —dice—. Es lo mismo que los elementos del diseño que vimos hoy en clase de arte. Hay unidad, equilibrio, color. Es perfecto». Observo el esbozo en su cuaderno. Para ella se trata de un cuadro. Hojas largas, hojas redondas, lobuladas y suaves, amarillo, naranja, marrones en una matriz verde. «¿Lo ven? El maíz es el elemento vertical, la calabaza es el horizontal y todo está unido por las ramas curvilíneas de los frijoles. Deslumbrante», dice, extática.

Una de las chicas está vestida como para salir de fiesta, no para ir al campo a estudiar botánica. Hasta el momento, se ha abstenido de cualquier contacto con la tierra. Tratando de suavizarle el mal trago, le sugiero que realice la tarea relativamente limpia de observar una rama de calabaza entera, desde el principio hasta el final, y trazar el diagrama de las flores. Al final de la punta de la rama hay capullos naranjas tan ampulosos y ostentosos como su falda. Le señalo el ovario hinchado de la flor después de la polinización. He ahí el resultado de una seducción exitosa. Camina afectadamente sobre los tacones hasta el origen de la rama; las flores más viejas se marchitaron y en el lugar en que estaba el pistilo apareció una diminuta calabaza. Estas son mayores cuanto más nos acercamos al tallo principal. Pasamos de un nudo del tamaño de una moneda que aún conserva la flor a un fruto plenamente formado de hasta veinticinco centímetros. Es como asistir al progreso de un embarazo en vivo. Cogemos una calabaza moscada y la abrimos para que pueda ver las semillas en la cavidad interior.

—¿Quiere decir que las calabazas vienen de las flores? —me pregunta, incrédula, al ver la progresión a lo largo de la rama—. Esta variedad es la que comemos en Acción de Gracias; me encanta.

—Sí —le explico—, es el ovario maduro de la flor.

Abre los ojos, asombrada.

—O sea, ¿que he estado comiendo ovarios todos estos años? Puaj, no pienso volver a probarlas.

En el huerto existe una sexualidad muy terrenal; a la mayoría de los alumnos les fascina la revelación del fruto. Les pido que abran una mazorca con cuidado, sin tocar el pelo que crece al final. Primero desprenden la basta cáscara externa, luego quitan capa tras capa de hojas internas, cada una más fina que la anterior, hasta llegar a la última, la más delgada de todas, tan íntimamente pegada al maíz que pueden sentir los granos adheridos en el envés. La despegamos y de la mazorca expuesta y sus hileras de granos emerge un dulce aroma lechoso. Observamos los filamentos individuales del pelo del maíz. Por fuera son marrones y rizados, pero en el interior son incoloros, decididamente apetitosos, como si estuvieran llenos de agua. Cada una de las hebras conecta un grano de la mazorca con el mundo exterior.

La flor del maíz contiene múltiples ingenios: para empezar, cada hebra es, en realidad, un pistilo larguísimo. Uno de los lados se agita en la brisa para recoger el polen y el otro continúa adherido al ovario. Funcionan como conductos acuosos por los que viaja el esperma que se libera de los granos de polen. Este recorre las hebras hasta el grano lechoso: el ovario. Solo cuando se fertilizan, los granos de maíz adquieren esa forma rellena y el característico color amarillo. Una mazorca es madre de tantos hijos como granos de maíz hay en ella, cada uno con un padre potencialmente diferente. No es de extrañar que haya sido la Madre del Maíz quien se lo entregó a nuestro pueblo.

Los frijoles también crecen como fetos en el vientre materno. Los alumnos mascan plácidamente unas finas y verdes vainas de frijol fresco. Les pido que abran primero una de ellas, para ver lo que están comiendo. Jed hace una hendidura con la uña y la abre. Ahí están, diez pequeños frijoles en fila. Cada una está unida a la vaina por un frágil cordón verde, el funículo. No mide más de unos milímetros y es el análogo del cordón umbilical de los humanos. A través de él, la madre planta alimenta a su prole. Los estudiantes se acercan para observar. Jed pregunta: «¿Significa eso que las semillas de los frijoles tienen ombligo?». Todos se ríen, pero la respuesta está ante sus ojos. Cada frijol presenta la pequeña cicatriz del funículo, un punto coloreado en la cubierta, el hilo. Sí, los frijoles tienen ombligo. Las madres plantas nos alimentan. Y traen a sus hijos al mundo, en forma de semillas, para seguir haciéndolo.

Cada agosto, me gusta celebrar una cena colaborativa en honor a las Tres Hermanas. Pongo manteles en las mesas que hay detrás de los arces y ramos de flores silvestres en tarros de cristal sobre cada una de ellas. Empiezan a llegar los invitados y todos traen consigo un plato o una cesta. Las mesas se llenan con bandejas de pan de maíz dorado, ensalada de frijoles, pastel de frijol pinto, chili de frijoles negros y guiso de calabacín. Mi amiga Lee prepara una bandeja de calabazas rellenas de crema de polenta. Hay una cazuela humeante de sopa de Tres Hermanas, verde y amarilla, con rodajas de calabacín.

Cuando estamos todos, como si no hubiera suficiente comida, tenemos el ritual de ir al huerto y recolectar más. Llenamos un cesto solo con mazorcas. A los niños se les encarga pelar el maíz mientras los padres llenamos cuencos de frijoles verdes recién cortados y otros niños más pequeños rebuscan entre las hojas ásperas los capullos de flores de calabaza. Con cuidado, rebozamos las flores con una masa de queso y harina de maíz y las freímos hasta que quedan crujientes. Nada más salir al plato, desaparecen.

Lo asombroso de las Tres Hermanas no está solo en el proceso de crecimiento, también en su complementariedad en la mesa. Sus sabores combinan muy bien y forman una tríada nutricional que alimentaría a cualquier pueblo. El maíz es esencialmente almidón, sea cual sea la forma en que se consuma. En verano se ocupa de convertir la luz del sol en hidratos de carbono para que la gente pueda tener energía durante el invierno. Pero nutricionalmente el maíz por sí solo no basta. Los frijoles han colaborado con él en el huerto y ahora lo complementan en la dieta. Gracias a su capacidad para fijar el nitrógeno, son ricos en proteínas y llenan los huecos alimenticios que deja el maíz. Una persona puede vivir bien con una dieta de frijoles y maíz, aunque ninguno de ellos, individualmente, sería suficiente. Además, carecen de las vitaminas que ofrece la carne de la calabaza, rica en caroteno. Las tres juntas son, de nuevo, mucho mejores que por sí solas.

Cenamos tanto que no nos cabe el postre. Hay un plato de pudin indio y bizcochos de maíz con sirope de arce esperándonos, pero no podemos más que quedarnos sentados y observar el valle mientras los niños corren y juegan. Las tierras que tenemos delante son, fundamentalmente, cultivos de maíz, largas parcelas rectangulares alternando entre las zonas de bosque. Bajo la luz inclinada de la tarde, las hileras de maíz se dan sombra unas a otras, acomodándose a los contornos de la colina. Desde donde estamos, parecen líneas de texto sobre una página, largas líneas de letras verdes recorriendo la ladera. La verdad de nuestra relación con la tierra no está escrita en ningún libro tan bien como sobre el propio terreno. En esa colina leo una historia de gente que valora, por encima de todo, la uniformidad y la eficiencia, una historia en la que la tierra se ha modelado para satisfacer los deseos de las máquinas y las demandas del mercado.

En la agricultura indígena, lo habitual era modificar las plantas para que estas se adaptaran a la tierra. En consecuencia, existen múltiples variedades de maíz, que nuestros antepasados domesticaron para que cada una pudiera darse en un lugar específico. La agricultura moderna, basada en la potencia del motor y en los combustibles fósiles, optó por el camino contrario: alterar la tierra para que esta se adaptara a las plantas, que son clones unas de otras, espeluznantemente similares.

Una vez que reconoces al maíz como una de las hermanas, ya es para siempre. Sin embargo, las largas filas de maíz de los cultivos convencionales parecen una criatura totalmente distinta. La relación desaparece y los individuos se pierden en la anonimia. Es imposible reconocer un rostro amigo en un ejército uniformado. Estas hectáreas son hermosas a su manera, pero tras haber visto el maíz en el huerto de las Tres Hermanas, me pregunto si no se sentirá demasiado solo.

Ahí debe de haber millones de plantas de maíz, hombro con hombro, sin frijoles ni calabaza ni apenas una hierba a la vista. Son los campos de mi vecino y he observado la cantidad de viajes de tractor necesarios para tener un terreno tan «limpio». Las fumigadoras le aplican fertilizantes, cuyo aroma puede notarse en primavera cuando se levanta la brisa. Una dosis de nitrato de amonio sustituye a los frijoles. Y puesto que no hay calabazas, los tractores tienen que regresar con herbicidas para acabar con las hierbas.

En la época en que estos valles se dedicaban al cultivo de las Tres Hermanas, había multitud de insectos y muchísima hierba, pero nadie necesitaba insecticidas. Los policultivos —campos con diferentes especies vegetales— son menos susceptibles a las plagas que los monocultivos. La diversidad vegetal favorece que haya hábitats para una amplia variedad de insectos. Algunos de ellos, como los gusanos del maíz y los escarabajos del frijol y el barrenador de la calabaza, tratan de alimentarse de los cultivos. Pero también aparecen otros que se alimentan de estos. Los escarabajos carábidos y las avispas parásitas coexisten en el huerto y controlan la población de los depredadores. El huerto no solo da de comer a los humanos. Y siempre hay suficiente para todos.

Las Tres Hermanas ofrecen también una posible metáfora para la creciente relación entre el saber indígena y la ciencia occidental, ambas enraizadas en la tierra. Pienso en el maíz como una especie de saber ecológico tradicional, el marco espiritual y físico en el que puede desarrollarse el frijol curioso de la ciencia, enredándose y enramándose como la doble hélice del genoma. Mientras tanto, la calabaza crea el hábitat ético en el que es posible la coexistencia y el florecimiento mutuo. Algún día, pienso, el monocultivo intelectual de la ciencia será remplazado por un policultivo de conocimientos complementarios. Y entonces habrá suficiente para todos.

Fran saca un cuenco de crema batida para el pudin indio. Introducimos la cuchara en la capa superior, rica en melaza y harina de maíz, y vemos cómo la luz se esfuma de los campos. También hay pay de calabaza. Mi intención con este banquete es que las Tres Hermanas sepan que hemos escuchado su historia. «Utilicen sus dones para cuidar los unos de los otros, trabajen juntos y habrá para todos», nos dicen.

Las tres han traído sus dones a la mesa, pero no lo han hecho solas. Nos recuerdan que hay otra participante en la simbiosis. Está aquí, sentada, y también en la granja al otro lado del valle. Se trata de aquella que observó la manera en que funcionaba cada especie e imaginó que llegarían a convivir armoniosamente. Tal vez deberíamos llamar a esto el huerto de las Cuatro Hermanas, pues la mano que las siembra resulta esencial en la asociación. Ella levanta el suelo, ahuyenta a los cuervos, introduce las semillas en la tierra. Somos nosotras, las sembradoras, las que limpiamos la tierra, deshierbamos y cogemos bichos, las que guardamos las semillas en invierno y las volvemos a sembrar en primavera. Somos comadronas de sus dones. No podemos vivir sin ellas, pero tampoco ellas pueden vivir sin nosotras. El maíz, los frijoles y la calabaza han sido completamente domesticados. Dependen de que seamos capaces de crear unas condiciones apropiadas para su crecimiento. Somos parte de la reciprocidad. No pueden llevar a cabo sus responsabilidades a menos que nosotras llevemos a cabo las nuestras.

De todos los sabios maestros que me han acompañado en la vida, ninguno ha sido más elocuente que estas tres, que han encarnado en la hoja y en la rama, sin palabras, la enseñanza de cómo relacionarse con los demás. Individualmente, el frijol es solo una enredadera y la calabaza, una hoja más grande de lo normal. Únicamente cuando crecen al lado del maíz emerge un conjunto que trasciende lo individual. Los dones de cada una de ellas se expresan más plenamente cuando se crían en compañía. Las mazorcas maduras y los frutos hinchados nos recuerdan que todos los dones se multiplican en las relaciones. Así es como el mundo sigue adelante.

Wisgaak gokpenagen:
una cesta de fresno negro

Pum, pum, pum. Silencio. Pum, pum, pum.

La parte de atrás del hacha encuentra en el tronco una música hueca. Golpea tres veces sobre el mismo lugar y después John desliza la mirada unos milímetros para repetir los impactos un poco más abajo. Pum, pum, pum. Separa las manos cuando levanta el hacha por encima de la cabeza y las junta de nuevo al golpear. Lleva una camisa de franela tirante en los hombros y una delgada trenza a la espalda que da un respingo con cada impacto. Repite los golpes triples, pesados, a lo largo de todo el tronco.

Hace una hendidura en el extremo, levanta el borde de la madera y tira de él con los dedos, despacio, sin pausa. De ese modo, obtiene el principio de una cinta aún demasiado gruesa, tan ancha como la cabeza del hacha. Vuelve a empuñar la herramienta y sigue golpeando. Pum, pum, pum. Tira otra vez de la cinta de madera, que va separándose del tronco, deshaciéndolo por la línea que marcó el hacha. Cuando termina, sostiene entre sus manos dos metros y medio de cinta de madera blanca, brillante. Se la lleva a la nariz y aspira el benévolo aroma de la madera recién cortada. Nos la enseña. A continuación, la dobla en una circunferencia perfecta, la ata rápidamente y la cuelga de una rama cercana. «Les toca», dice, entregándonos el hacha.

Este cálido día de verano mi maestro es John Pigeon, miembro de la famosa familia Pigeon de cesteros potawatomis. Desde aquella primera introducción al golpeo del tronco, he tenido la suerte de asistir a las clases de cestería con fresno negro que imparten miembros de varias generaciones de la familia Pigeon: Steve, Kitt, Ed, Stephanie, Pearl, Angie, entre otros, jóvenes y ancianos. Todos son capaces de extraer cintas del árbol, todos poseen un don para la cestería: portadores de cultura, maestros generosos. También el tronco es un buen maestro.

Conseguir un golpeo uniforme a lo largo del tronco es más difícil de lo que parece. Si el impacto es demasiado fuerte, las fibras pueden romperse, y si es demasiado suave, la tira no se desgajará por completo y resultará demasiado estrecha en ciertas zonas. Los novatos hacemos lo que podemos: algunos alzan el hacha por encima de la cabeza y dibujan todo el arco de caída, seco, mientras que otros dan golpes breves, tentativos, como si estuvieran clavando algo. El sonido es diferente en función de quién golpea: una nota aguda, sostenida, como el canto del ganso silvestre; el breve aullido de un coyote asustado; el sordo aleteo del grévol.

Cuando John era pequeño, ese repiqueteo sobre los troncos formaba parte de la rutina sonora de la comunidad. De vuelta a casa, al salir de la escuela, podía identificar quién estaba trabajando la madera con solo escuchar el ruido que hacía. El tío Chester producía un veloz y duro crac, crac, crac. Al otro lado de los setos linderos se escuchaban los prolongados zas de la abuela Bell, separados por las largas pausas con que trataba de recobrar el aliento. Ahora el silencio se había apoderado del pueblo: los ancianos ya no estaban y los niños parecían más interesados en los videojuegos que en atravesar los pantanos para buscar troncos. Por eso, John Pigeon enseña su oficio a todo aquel que esté interesado e intenta transmitir lo que le enseñaron los ancianos y los árboles.

John es un maestro artesano y un portador de la tradición. Las cestas de la familia Pigeon pueden encontrarse en museos como el Smithsonian y galerías de todo el mundo. Y también aquí, en el puesto que instalan durante la Reunión Anual de Naciones Potawatomis. Colocan sobre la mesa cestas de múltiples colores, todas distintas. Las hay pequeñas, del tamaño de un nido de pájaro, muy elaboradas y con abundante decoración. Tienen cestas para recolectar frutos, para recoger papas, para limpiar el maíz. Todos los miembros de la familia tejen, y nadie quiere marcharse de la reunión sin su cesta Pigeon. Yo ahorro todos los años para comprar una.

Como el resto de la familia, John también está convencido de la importancia de compartir lo que tantas generaciones transmitieron.

Aquello que se le otorgó, él se lo devuelve a la gente. Hay clases de cestería que comienzan con todos los materiales, limpios, colocados sobre la mesa. Pero John no está de acuerdo con esa forma de enseñar: en vez de *tejer* directamente, con las cintas ya preparadas, él prefiere *hacer*, acudir al árbol.

Al fresno negro *(Fraxinus nigra)* le encanta mojarse los pies. Sus hábitats preferidos son los bosques anegables y las inmediaciones de los pantanos, que comparte con otras especies, como el arce rojo, el olmo o el sauce. Nunca es el árbol predominante —solo aparece en ciertas zonas, en grupúsculos dispersos—, así que hasta encontrar el ejemplar idóneo uno puede pasarse el día entero en los humedales, con las botas caladas y barro hasta las rodillas. Se le identifica por la corteza. Hay que pasar por delante de los arces de láminas grises y rígidas, de las hendiduras porosas y trenzadas del olmo, de las profundas arrugas de los sauces, y entonces se te aparece el elegante patrón entrelazado de crestas y cortados del fresno negro. Si los presionas, los nudos tienen un tacto esponjoso. No es la única especie de fresno que crece en el pantano, por lo que también es bueno fijarse en las hojas. Todos los fresnos —el verde, el blanco, el azul, el negro— tienen hojas compuestas, que se oponen mutuamente en ramas corchosas y resistentes.

Y no es suficiente con encontrar cualquier fresno negro; hay que encontrar el adecuado, el árbol que esté listo para convertirse en cesta. El fresno ideal para la cestería tiene el tronco recto y limpio y carece de ramas en la parte inferior. Las ramas generan nudos que interrumpen las vetas de la madera cuando se extraen las tiras. Ha de tener aproximadamente un palmo de ancho y una copa frondosa, llena de vida. Ha de ser un árbol sano. Aquel que ha crecido recto hacia el sol será elegante, de vetas finas. Los que hayan tenido que retorcerse para encontrar la luz mostrarán, en cambio, dobleces y recodos en sus fibras. Algunos cesteros seleccionan únicamente los árboles que crecen sobre montículos en el humedal, y otros evitan los fresnos negros que crecen junto a los cedros.

Los árboles, como los humanos, están marcados por su infancia, por los días en que no fueron más que un brote en la tierra. Su historia se manifiesta en los anillos de crecimiento. Los años buenos producen un anillo ancho; los de escasez, uno delgado, y este patrón, la sucesión de los anillos, resulta crucial para la cestería.

Los anillos de crecimiento se forman con el ciclo de las estaciones, con los periodos de vigilia y descanso de la frágil capa de células que separa la corteza y la madera nueva, el cámbium, cuya resbaladiza humedad podemos sentir cuando retiramos la corteza. Las células del cámbium son embrionarias y se dividen constantemente para aumentar la circunferencia del árbol. En primavera, cuando los capullos detectan que los días son más largos y la savia empieza a ascender por el tronco, el cámbium genera células propias de periodos de abundancia, grandes, conductos más anchos que transportan el agua hacia las hojas. Son estas líneas, estos grandes vasos comunicantes, lo que se cuenta cuando se quiere conocer la edad de un árbol. El ritmo de crecimiento es rápido, así que las paredes celulares tienden a ser muy finas. En botánica, esta parte del anillo anual se conoce como *madera temprana*. Cuando la primavera deja paso al verano, los nutrientes y el agua son más escasos y el cámbium produce células más pequeñas y densas, hechas para periodos de escasez, que constituyen la *madera tardía*. Cuando los días se hacen más cortos y las hojas empiezan a caer, el cámbium se prepara para el descanso del invierno y detiene el proceso de división celular. Pero tan pronto como la primavera parece inminente, el cámbium vuelve a ponerse en marcha y fabrica las grandes células de la madera temprana. La abrupta transición entre la madera tardía, de células pequeñas, del año anterior, y la madera temprana de la primavera es lo que crea la apariencia de línea, de anillo de crecimiento.

John ha desarrollado un ojo clínico para estas cosas. Pero a veces, cuando quiere asegurarse, desenvaina el cuchillo y corta una cuña de la madera para fijarse en los anillos. Busca árboles que tengan entre treinta y cuarenta anillos de crecimiento, cada uno de ellos con una anchura aproximada de una moneda de cinco centavos. En cuanto encuentra el adecuado, comienza el proceso de obtención del árbol. Este no empieza con un serrucho, sino con una conversación.

Los cesteros tradicionales reconocen la individualidad de cada árbol en cuanto que persona no humana, persona del bosque. Uno no se adueña de un árbol, sino que lo solicita. Respetuosamente, se le explica cuáles son las intenciones y se le pide permiso para cortarlo. A veces la respuesta es no. La negativa la puede comunicar el entorno —un nido de víreo en una rama, la resistencia adamantina de la corteza a los avances de la navaja— o una intuición inefable que aleja al cestero del árbol. Si se obtiene el consentimiento, se pronuncia una oración y se deja un poco de tabaco para corresponder al obsequio. Solo después se hace caer el árbol, con mucho cuidado para que no dañe a los demás al irse a tierra. En ocasiones, el cestero prepara un colchón con ramas de pícea que amortiguan la caída. Cuando terminan, John y su hijo se echan el tronco al hombro y emprenden el camino de vuelta.

John y el resto de su familia fabrican multitud de cestas. A su madre le gusta golpear el tronco por sí misma, aunque a veces la artritis se lo impide y sus hijos la ayudan. Tejen durante todo el año, pero hay ciertas épocas más adecuadas para la cestería. Lo mejor es empezar a golpear el tronco poco después de haberlo cortado, cuando este todavía está verde, aunque John dice que también puedes enterrarlo en una zanja y cubrirlo con tierra húmeda para mantenerlo fresco. Sus épocas preferidas son la primavera —cuando «la savia sube y la energía de la tierra fluye hacia el árbol»— y el otoño, «cuando la energía regresa a la tierra».

Hoy contemplo a John retirar la corteza esponjosa, que desviaría la dirección del impacto del hacha, y empezar a trabajar. Entiendo lo que sucede cuando tira del extremo de la primera cinta: los golpes del hacha rompen las finas paredes celulares de la madera temprana y esta se separa de la madera tardía. El tronco se fractura por la línea divisoria entre la madera primaveral y la estival: la cinta que John separa es la madera que ha quedado entre dos anillos anuales.

En función de la historia individual de cada árbol y de la disposición de sus anillos, al tirar de una cinta podemos estar sacando la madera de un año o de cinco. Todos los árboles son diferentes, pero siempre que el cestero lo golpea y lo pela, se produce una regresión en el tiempo. Entre las manos de John, capa a capa, toda la vida del árbol vuelve a la luz. Cada vez hay más cintas de madera enrolladas y el tronco es más delgado; en unas pocas horas no queda más que un poste muy fino. «Miren —nos señala John—, lo devolvimos a cuando solo era una plántula. —Hace un gesto indicando el montón de tablillas acumuladas—. Nunca olviden que lo que le están sacando al árbol es la vida entera».

Las largas cintas de madera varían en grosor, así que el siguiente paso es abrirlas en las diversas capas que las componen, seguir separando los anillos anuales. Las cintas más gruesas se utilizan para los canastos de lavandería o para los cestos de los tramperos. Las cestas más elaboradas se fabrican solo con cintas de un año. John saca el artefacto divisor de la cajuela de su nueva *pickup* blanca: dos trozos de madera unidos con una abrazadera, como una gigantesca pinza de tender. Se sienta en el borde de la silla y sujeta el divisor entre las rodillas de forma que las patas abiertas reposan en el suelo y el extremo en punta, en su regazo. Enhebra una cinta de madera de dos metros y medio dentro de la abrazadera y la ata, dejando un centímetro o dos en el otro lado. Abre la navaja e introduce la hoja longitudinalmente en el extremo de la cinta, manipulándola hasta hacer una hendidura en el anillo de crecimiento. Las manos oscuras agarran cada uno de los lados del corte y los separan con un movimiento suave y continuo del que obtiene cintas tan lisas y uniformes como dos largas briznas de hierba.

«Y ya estaría», dice, pero veo la picardía en su mirada cuando sus ojos se cruzan con los míos. Paso la cinta por la arandela, intento que el divisor quede fijo y hago el corte por donde empezaré a separar las cintas. Al instante me doy cuenta de que hay que hacer mucha fuerza para sujetar el divisor entre las piernas. Se me escapa. «Ah, sí —se ríe John—. Tienen que utilizar un viejo invento indio: ¡el control de los muslos!». Cuando logro hacer una hendidura, parece que una ardilla ha roído el extremo de la cinta. John tiene mucha paciencia y no va a hacerlo por mí. Sonríe mientras corta ese extremo, y me dice: «Inténtalo otra vez». Al final tengo dos cintas de las que tirar, pero no son uniformes, y cuando las abro, me quedo con una astilla de treinta centímetros en una mano, ancha por un lado y estrecha por el otro. John nos observa y nos anima. Se ha aprendido el nombre de cada uno de nosotros y ha identificado algunas de nuestras necesidades. A unos les toma el pelo, les dice que tienen bíceps débiles, a otros les aprieta cariñosamente el hombro. Se sienta al lado de los que más frustrados parecen y les dice: «Tranquilo, no seas tan duro contigo mismo». Con otros, opta por separarles él mismo las cintas de madera. Es tan buen juez de personas como de árboles.

«Este árbol es un gran maestro —dice—. Su enseñanza ha sido siempre la misma: la tarea del hombre consiste en encontrar el equilibrio. Sigan abriendo cintas de fresno y nunca lo olvidarán».

En cuanto das con el truco, resulta fácil separar las cintas de manera uniforme. Las caras interiores son sorprendentemente hermosas: brillantes, cálidas, capturan la luz como un lazo de satén blanco. La superficie exterior sigue siendo irregular, rugosa, y las zonas astilladas dejan largos «pelos».

«Ahora necesitan una navaja bien afilada —dice—. Yo le doy unos pases en la piedra todos los días. Con cuidado, no se vayan a cortar, que es muy fácil». John nos entrega a cada uno un retal de la pernera de unos jeans usados, y nos enseña a colocar el doblez más grueso del tejido sobre el muslo izquierdo. «Lo mejor es usar piel de ciervo —dice—, si encuentran un trozo por ahí. Pero los jeans también sirven. Despacio». Se sienta con nosotros, uno por uno, para enseñarnos los movimientos, pues la línea que separa el éxito del derramamiento de sangre no es más que una ligera inclinación de navaja y la presión de la mano. Pone la cinta sobre el muslo, la parte irregular hacia arriba, y apoya en ella el filo de la navaja. Con la otra mano, tira de la cinta en un movimiento continuo, de forma que se sirve del filo de la navaja como si fuera la cuchilla de unos patines deslizándose sobre el hielo. Las virutas de madera van quedando en la hoja de la navaja y el resultado es una superficie completamente lisa. Hasta eso parece fácil cuando lo hace él. He visto a Kitt Pigeon extraer cintas perfectas, como recién sacadas de un carrete. Sin embargo, a mí siempre se me atasca la navaja y no consigo que la madera me quede uniforme. Coloco la navaja en un ángulo demasiado agudo, y el resultado es que corto la cinta y me quedo con un fragmento en la mano.

«Llevas ya una hogaza de pan —me dice John, sacudiendo la cabeza al verme estropear otro trozo—. Eso es lo que nos decía mi madre cuando fastidiábamos las tiras». La cestería ha sido y sigue siendo la forma de vida de la familia Pigeon. En la época de su abuelo, el lago, los bosques y los huertos les proporcionaban la mayor parte del alimento y provisiones que necesitaban, pero había veces en que tenían que comprar productos en la tienda. Las cestas eran lo único que podían vender para adquirir pan, melocotones envasados, zapatos para la escuela. Estropear cintas era como desperdiciar comida. En función del tamaño y el diseño, se podía sacar bastante dinero por una cesta de fresno negro. «La gente se altera un poco al ver el precio —dice John—. Creen que es "solo" cestería, pero el 80 por ciento del trabajo está antes de empezar a tejer. Encontrar el árbol, golpearlo, sacar las cintas. Con el dinero por el que las vendemos apenas se llega al salario mínimo».

Cuando las cintas están listas, nos preparamos para tejer. Nosotros también pensábamos que esa era la verdadera labor del cestero. Entonces John detiene la clase y en su voz distinguimos cierta dureza. «No se han dado cuenta de algo esencial —dice—. Miren a su alrededor». Lo hacemos: vemos el bosque, el campamento, a los compañeros. «¡Al suelo!», grita. En torno a cada uno de nosotros hay un círculo con restos de madera y tablillas desperdigadas. «Dediquen un momento a pensar en lo que tienen en la mano. Ese fresno creció en el pantano durante treinta años, echó hojas, las dejó caer y echó más. Se lo comieron los ciervos y lo golpearon las heladas, pero él siguió produciendo anillos de madera año sí y año también. Las cintas que tienen alrededor son años de la vida del árbol. ¿Van a pisarlas, a trizarlas, a machacarlas contra el suelo? Ese árbol nos ha hecho el obsequio de su propia vida. No pasa nada por estropear una cinta; están aprendiendo, al fin y al cabo. Ahora bien, hagan lo que hagan, deben guardarle respeto al árbol; nunca han de malgastarlo». Nos dirige mientras recogemos el desorden. Ponemos las cintas más cortas en el montón para cestas pequeñas y decoración. Los restos misceláneos con los que no se puede tejer, en una caja para secarlos y usarlos como combustible. John es un fiel seguidor de los principios de la Cosecha Honorable: «Toma solo aquello que necesitas y utiliza todo lo que has tomado».

Sus palabras me traen a la memoria otras que yo solía escuchar en mi casa. Mis padres crecieron durante la Gran Depresión, una época en la que el imperativo era el de no malgastar. Resultaba imposible encontrar restos de nada en el suelo. Pero la noción de «utilízalo hasta que se gaste, haz que sea útil y si no, no lo toques» sirve de ética económica y ecológica. Desperdiciar cintas es una afrenta al árbol y un atentado contra el presupuesto del hogar.

La mayor parte de lo que utilizamos a diario es el resultado de otra vida, distinta a la nuestra. Nuestra sociedad casi nunca reconoce una realidad tan obvia. Utilizamos láminas de fresno casi tan finas como hojas de papel. El «flujo de residuos» de Estados Unidos está dominado por el papel. Igual que una cinta de madera, una hoja de papel es también la vida de un árbol, además del agua y la energía y los productos tóxicos que participaron en su producción. Sin embargo, nos servimos de las hojas como si no valieran nada, como si no fueran nada. Valga como prueba el constante trasiego del buzón a la papelera. ¿Qué ocurriría con toda la propaganda que recibimos si viéramos en ella al árbol que fue, la vida perdida del individuo? ¿Si John estuviera ahí para recordarnos su valor?

En algunas zonas de la cordillera, los cesteros comenzaron a observar una disminución del número de fresnos. Se preguntaron si podría deberse a la sobreexplotación, a la excesiva preocupación por las cestas y la escasa preocupación por los bosques en que estas se originan. Mi alumno de posgrado Tom Touchet y yo decidimos investigar. Analizamos primero la estructura de población del fresno negro en el estado de Nueva York con el objetivo de averiguar dónde se encontraban las complicaciones en el ciclo de vida de los árboles. Hicimos recuento de cuantos fresnos pudimos encontrar en los pantanos y medimos su circunferencia. Tom analizó el corazón de algunos de ellos en cada emplazamiento para comprobar la edad. En todas las localizaciones que visitamos había árboles viejos y árboles muy jóvenes, pero faltaban los de edades intermedias. Había un enorme agujero en el censo demográfico. Encontrábamos multitud de brotes y de plántulas, pero la generación anterior —los árboles jóvenes, el futuro del bosque— había muerto o desaparecido.

Solo en dos lugares hallamos abundantes árboles adolescentes. El primero eran las zonas de apertura del dosel arbóreo, allí donde las enfermedades o el viento habían derribado algunos árboles viejos y permitido el paso de la luz. Curiosamente, Tom descubrió que en los lugares en que la grafiosis había acabado con los olmos, el fresno negro los estaba remplazando, en un equilibrio entre pérdida de una especie y ganancia de otra. Para completar la transición de plántula a árbol, los jóvenes fresnos negros necesitaban un claro en el bosque. Si estaban a la sombra de otras especies, morían.

El otro lugar en que los árboles jóvenes sí lograban sobrevivir era cerca de aquellas comunidades en que la cestería aún era importante. Nuestra hipótesis fue que la aparente disminución de los fresnos podía no deberse a la sobreexplotación, sino a la *sub*explotación. En la época en que las comunidades escuchaban el constante golpeteo del trabajo, pum, pum, pum, había numerosos cesteros recorriendo los bosques y eran ellos quienes creaban los claros: las plántulas recibían luz y los árboles jóvenes salían disparados hacia el dosel arbóreo y la adultez. Sin embargo, allí donde los cesteros habían desaparecido o eran pocos, el bosque no se abría lo suficiente para que creciera el fresno negro.

El fresno negro y los cesteros son aliados en la simbiosis que se produce entre el recolector y lo recolectado: el fresno depende de la gente tanto como la gente depende del fresno. Sus destinos están unidos.

Las enseñanzas de los Pigeon acerca de este vínculo entroncan con un movimiento cada vez mayor de recuperación de la cestería tradicional ligado a la revitalización de las tierras, el lenguaje, la cultura y las filosofías indígenas. Los pueblos nativos de toda Isla Tortuga luchan en la actualidad por el resurgimiento de los conocimientos y formas de vida tradicionales, casi desaparecidas a causa de las presiones de los recién llegados. Hoy, además, una nueva especie invasora amenaza la recuperación de la cestería de fresno.

John nos deja descansar, beber algo fresco y estirar los dedos agarrotados. «Para lo que viene ahora necesitan tener la mente despejada», dice. Paseamos, tratando de aliviar los calambres en el cuello y las manos, y John nos reparte un panfleto del Departamento de Agricultura de Estados Unidos a cada uno, en cuya portada vemos la fotografía de un brillante escarabajo verde. «Si te importan los fresnos —reza—, presta atención. Los están atacando».

El barrenador esmeralda del fresno (*Agrilus planipennis*), procedente de China, pone los huevos en el tronco del árbol. Cuando las larvas salen, se alimentan del cámbium hasta que se convierten en crisálida. Una vez transformados en escarabajos, perforan el árbol y escapan en busca de un nuevo tronco en el que incubar. Allí donde aparecen, resultan fatales para los árboles infestados. Para desgracia de los habitantes de las regiones de los Grandes Lagos y Nueva Inglaterra, su árbol preferido es el fresno. Se ha prohibido mover troncos y leña, intentando contener la expansión, pero el insecto se extiende más rápido de lo que los científicos habían predicho.

«Así que tengan los ojos abiertos —dice John—. Debemos proteger nuestros árboles; ese es nuestro trabajo». En otoño, cuando él o alguien de su familia se lleva un tronco, recoge siempre las semillas caídas y las dispersa por el humedal al volver a casa. «Es como todo —nos recuerda—. No puedes tomar algo sin dar algo a cambio. Este árbol se preocupa por nosotros, así que nosotros debemos preocuparnos por él».

En Míchigan ya han desaparecido amplias extensiones de fresno; los bosques más queridos por los cesteros son hoy un osario de árboles sin corteza. Se ha producido una interrupción en una relación que se remonta a tiempos inmemoriales. Los pantanos en los que generaciones de Pigeon han cortado el fresno negro y cuidado de él están ahora infestados. Angie Pigeon escribe: «Nuestros árboles han desaparecido. No sé si habrá más cestas». Para la mayoría de la gente, las especies invasoras representan pérdidas paisajísticas, espacios vacíos que rellenar con alguna otra cosa. Para quienes cargan con la responsabilidad de una interdependencia tan antigua, ese espacio vacío supone manos también vacías y un vacío en el corazón colectivo.

Muchos árboles han caído y la tradición transmitida durante generaciones corre el riesgo de desaparecer. Los Pigeon están intentando protegerlos a ambos. Se han aliado con los científicos forestales para establecer una resistencia contra el insecto y adaptarse a las consecuencias. Ellos enmiendan y remiendan.

En esa tarea, John y su familia no están solos. En Akwesasne, una reserva mohawk en la frontera entre el estado de Nueva York y Canadá, el fresno negro cuenta con más guardianes. Durante las últimas tres décadas, Les Benedict, Richard David y Mike Bridgen han dirigido un esfuerzo conjunto para recuperar los conocimientos ecológicos tradicionales y las herramientas científicas de protección del fresno negro. Han cultivado miles de plántulas para repartirlas entre las comunidades indígenas de la región. Les Benedict ha sido capaz de convencer al Vivero Forestal del Estado de Nueva York para que recuperasen el cultivo y llevaran las plántulas a diversos lugares, como patios de escuelas y terrenos bajo la Superfund.[1] Ya se habían plantado miles en bosques y comunidades restaurados cuando el barrenero hizo su aparición.

A medida que la amenaza se acerca a su hogar, otoño tras otoño, Les y sus compañeros se ocupan de recoger y guardar las mejores semillas que pueden hallar para replantar el bosque cuando pase la invasión, en un acto de fe hacia el futuro. Todas las especies necesitan a su Les Benedict, a su familia Pigeon, a sus aliados y guardianes. Nuestras enseñanzas tradicionales reconocen la labor de ayuda y orientación que realizan ciertas especies. Las Instrucciones Originales nos recuerdan que debemos devolverles el favor. Es un honor ser el guardián de otra especie; un honor, además, al alcance de cualquiera, aunque lo olvidemos con frecuencia. Una cesta de Fresno Negro es un obsequio que nos habla de los obsequios que recibimos de otras criaturas, dones a los que podemos corresponder, agradecidos, defendiéndolas y cuidando de ellas.

John nos pide que regresemos al círculo para la siguiente lección: montar la base de la cesta. Vamos a fabricar una cesta redonda, tradicional, por lo que formamos cuatro ángulos rectos con las dos primeras tiras, una cruz simétrica. Fácil. «Ahora, contemplen lo que han hecho —dice John—. Han colocado frente a ustedes las cuatro direcciones. Ese es el corazón de la cesta. A partir de ahí se

[1] Tierras contaminadas por sustancias peligrosas y en proceso de recuperación bajo los auspicios de la Comprehensive Environmental Response, Compensation and Liability Act (Ley de Respuesta Ambiental Exhaustiva, Compensación y Responsabilidad Pública) de 1980, también conocida como Superfund. *(N. del T.)*.

construye todo lo demás». Nuestro pueblo honra las cuatro direcciones sagradas y los poderes que en ellas residen. Donde las dos tiras se cruzan, en la intersección, es donde nos encontramos todos, tratando de hallar el equilibrio. «¿Ven? —dice John—. Todo lo que hacemos en la vida es sagrado. Y siempre construimos a partir de las cuatro direcciones. Por eso comenzamos así».

Una vez que los ocho rayos del armazón están asegurados con otras tiras, lo más finas posible, cada cesta comienza su propio crecimiento. Buscamos con la mirada a John para que nos dé más instrucciones, pero no lo hace. Dice: «Ahora van por su cuenta. El diseño de la cesta depende de ustedes. Nadie puede decirles qué deben crear». Utilizamos tiras de diverso grosor, y John saca una bolsa llena de cintas teñidas de todos los colores. El montón enmarañado recuerda a los adornos de las camisas que llevan los hombres en los *pow wows*. «Piensen en el árbol y en cuánto se ha esforzado antes de que vinieran —nos dice—. Dio su vida para que hagan esta cesta: esa es su responsabilidad. Creen algo hermoso para corresponderle».

La responsabilidad hacia el árbol hace que todos nos detengamos antes de comenzar. Siento lo mismo a veces cuando me enfrento a un folio en blanco. Para mí escribir es un acto de reciprocidad con el mundo; es lo que puedo darle a cambio de todo lo que él me ha dado. Y ahora hay otro nivel en esa responsabilidad: escribo en la hoja extraída de un árbol y tengo que conseguir que las palabras valgan la pena. Es un peso que podría hacer desistir a cualquiera.

Las primeras dos vueltas de la cesta son las más difíciles. Al principio, la cinta parece moverse con voluntad propia, como si quisiera salirse del ritmo circular de subida y bajada que marca la estructura. Se resiste a seguir el patrón y el resultado parece flojo, poco tenso. John viene entonces en mi ayuda, me da ánimos y me ofrece una mano firme para sujetar la cinta. La segunda vuelta es casi igual de frustrante: no logro dominar la cesta ni la forma que va tomando, tengo que sujetarla con abrazaderas para que no se mueva. Aun así, no consigo que me quede bien. Cada vez que paso una cinta, el extremo húmedo me golpea la cara. John se ríe. Lo que mis manos sujetan es un enjambre de partes diversas, de ninguna manera un todo homogéneo. Pero entonces empiezo la tercera vuelta, mi favorita. Es el momento en que la tensión exterior queda equilibrada por la tensión interior y las fuerzas opuestas se estabilizan. El proceso de dar y recibir —la reciprocidad— ya está en marcha, y las partes, ahora sí, se ensamblan en un conjunto. Tejer se hace más fácil a medida que las cintas encuentran su sitio. Del caos emergen el orden y la estabilidad.

A la hora de entretejer el bienestar de la tierra y el de la gente debemos prestar atención a lo que estas tres primeras vueltas nos enseñan. La primera vuelta es siempre el bienestar ecológico y las leyes de la naturaleza. Sin ellas, no hay cesta posible ni posibilidad de futuro. Solo cuando la primera circunferencia está en su sitio, podemos tejer la segunda, donde se encuentra el bienestar material, las necesidades para la subsistencia humana. La economía ha de construirse sobre la ecología. Sin embargo, la cesta aún corre peligro de deshacerse. Tiene que haber una tercera vuelta que sujete a las dos anteriores. Con ella se completa un tejido en el que se unen la ecología, la economía y el espíritu. Logramos el equilibrio cuando utilizamos los materiales como si fueran un don y correspondemos a ese don mediante un uso responsable, honorable. La tercera vuelta conoce muchos nombres: Respeto, Reciprocidad. Todas Nuestras Relaciones. Para mí es la vuelta del espíritu. Sea cual sea su nombre, estas tres vueltas representan el reconocimiento de que nuestras vidas dependen unas de otras, de que las necesidades humanas son solo una parte de la cesta que ha de dar cabida a todas. En esta imbricación, cada una de las cintas forma parte de la cesta entera, robusta, resistente, una cesta en la que todos podemos viajar hacia el futuro.

Mientras trabajamos, una pandilla de niños se acerca a observar. John, al que reclamamos constantemente para que nos ayude, se detiene y les dedica su atención. Son demasiado pequeños para trabajar la madera, pero vinieron por su propia voluntad, así que John coge algunas cintas pequeñas, las dobla y retuerce con manos lentas y afanosas y unos minutos después enseña, en la palma, un pequeño caballo de juguete. Les da algunos retales, el modelo y unas palabras en potawatomi, pero no les indica cómo hacer el caballo. Ellos están acostumbrados a esta metodología de enseñanza y no hacen preguntas. Miran el caballito una y otra vez y se ponen manos a la obra, buscando por sí mismos la manera de replicarlo. Poco después, una manada de caballos galopa sobre la mesa y los niños contemplan el crecimiento de las cestas.

Hacia el final de la tarde, cuando las sombras se alargan, la mesa de trabajo empieza a llenarse de cestas terminadas. John nos ayuda a decorarlas con los adornos tradicionales. Las tiras de fresno negro son tan flexibles que podemos añadirle al exterior de la cesta lazos y nudos en los que relumbra el brillo limpio de la madera. Algunas cestas son redondas y bajas, otras son altas y estrechas. Hay cestas para ir a recoger manzanas. Las hay de todo tipo de texturas y colores. «Solo falta el último paso —nos dice John, entregándonos un rotulador—. Tienen que firmar la cesta. Tienen que enorgullecerse de lo que han creado. Las cestas no se hicieron solas. Aprópiense de ellas con todos sus fallos y sus aciertos». A continuación, nos pide que tomemos las cestas y posemos para una fotografía. «Es una ocasión especial —dice, sonriendo como un padre orgulloso—. Vean lo que aprendieron hoy. Quiero que recuerden lo que les enseñaron las cestas. Todas son hermosas. Aunque procedan del mismo árbol, todas son diferentes. Todas están hechas del mismo material y, sin embargo, son únicas. Eso mismo creemos en nuestro pueblo, que todos estamos hechos de lo mismo y que cada uno de nosotros posee una belleza propia».

Esa noche contemplo el círculo del *pow wow* con otros ojos. Me percato de que la pérgola de cedro bajo la que se encuentran los tambores se ha construido sobre una estructura de postes que representa las cuatro direcciones. El ritmo nos pide que salgamos a bailar. Hay un solo compás, pero tantos pasos como individuos: la danza punteada de la hierba, la danza en cuclillas del bisonte, los elegantes giros de la danza del chal, los pasos elevados de las chicas de vestidos de cascabeles, el ritmo dignificado de la danza tradicional femenina. Cada hombre, cada mujer, cada niño, todos vestidos con colores imposibles, con cintas al aire, con flecos que se agitan, todos hermosos, todos bailando al mismo latido. Pasamos la noche alrededor del círculo, tejiendo juntos la misma cesta.

Tengo la casa llena de cestas. Mis preferidas son las de la familia Pigeon. Puedo escuchar en ellas la voz de John, oír el pum, pum, pum y aspirar el aroma del pantano. Me hacen pensar en el árbol y en los años de vida que sostengo entre las manos. ¿Cómo sería, me pregunto, vivir constantemente con esa sensibilidad agudizada hacia las vidas que hemos recibido? Ver el árbol en el pañuelo, las algas en la pasta de dientes, los robles en la tarima, las uvas en el vino; recorrer siempre y con todas las cosas el hilo que nos devuelve a las vidas individuales, y mostrarles nuestro respeto. Una vez que empiezas, es difícil parar. Empiezas a sentir que estás inundado de dones.

Abro la alacena, un probable depósito de obsequios. Pienso: «Tarro de mermelada. Vidrio que fuiste arena en una playa continuamente lavada y rebasada, bañada por la espuma y los gritos de las gaviotas, arena convertida en vidrio hasta el momento en que regreses al mar. Frutos del bosque, tan jugosos en junio, convertidos ahora en provisiones para el invierno. Azúcar que estás lejos de tu hogar caribeño: gracias por haber hecho tan largo viaje».

Con esa misma conciencia observo los objetos sobre el escritorio —la cesta, la vela, el papel— y dedico unos placenteros segundos a recorrer el hilo que los une con su origen en la tierra. Entre los dedos, doy vueltas a un lapicero: una varita mágica hecha con la madera de un cedro de incienso. La corteza del sauce en la aspirina. Hasta el metal de la lámpara me pide que considere sus raíces en el interior de la tierra. Me doy cuenta, sin embargo, de que la vista y el pensamiento no se detienen ante los objetos de plástico. El plástico está demasiado lejos del mundo natural. Me pregunto si es ahí donde empieza la desconexión, la pérdida del respeto, cuando ya nos resulta difícil ver la vida dentro del objeto.

Sin embargo, creo que las algas diatomeas y los invertebrados marinos merecen idéntico respeto. Ellos también vivieron una buena vida hace doscientos millones de años y cayeron al fondo de un antiguo mar, y se convirtieron, bajo las grandes presiones de una tierra en movimiento, en petróleo que mucho después volvería a la superficie, a las refinerías donde lo descomponemos y polimerizamos para fabricar la funda de la computadora o el tapón del bote de aspirinas. Ser consciente de la vasta red de productos hiperindustrializados puede causarle dolor de cabeza a cualquiera. No nos es dado mantener esa clase de conciencia constante. Tenemos otras cosas que hacer.

Pero de vez en cuando, al sujetar una cesta en la mano, o un melocotón, o un lapicero, la mente y el espíritu se abren a la totalidad de las conexiones, a todas las vidas y a la responsabilidad humana de utilizarlas bien. Y es en ese instante cuando escucho a John Pigeon decir: «Aguarda. Tienes en la mano treinta años de la vida de un árbol. ¿No se merece que dediques unos minutos a pensar qué hacer con ellos?».

Mishkos kenomagwen:
las enseñanzas de la hierba

I. Introducción

Percibes su aroma antes de verla. Una pradera de hierba sagrada en un día de verano. La fragancia baila en la brisa y todos tus sentidos se lanzan tras ella, como un perro persiguiendo un rastro. De repente desaparece, sustituida por el olor cenagoso del humedal. E igual que se fue, regresa. Te atrapa el dulce aroma a vainilla.

II. Estado de la cuestión

A Lena no la engañan fácilmente. Entra en la pradera con la seguridad que le dan los años, abriéndose camino entre la hierba con su enjuta figura. Es una anciana menuda, de pelo cano, y la hierba le llega hasta la cintura. Con la mirada, hace inventario de las especies que la rodean y va directo hacia una zona que para los no iniciados es igual que todas las demás. La mano morena y arrugada toma una brizna de hierba entre el pulgar y el índice. «¿Ves cómo brilla? Aunque se esconda entre el resto de las hierbas, en realidad quiere que la encuentren. Por eso reluce así». Lena sigue caminando, acariciando la hierba con los dedos. Sus antepasados le han enseñado a no coger nunca la primera planta que vea, y ella les obedece.

Yo sigo el rastro de las caricias que acomodan el vaivén de la eupatoria y la vara de oro. Su paso se acelera cuando distingue un brillo entre los tallos. «Ah, *Bozho*», dice. «Hola». Saca un estuche de piel de ciervo con los bordes de hilo rojo del bolsillo de una vieja chaqueta de nailon, y se coloca un montoncito de hebras de tabaco en la palma de la mano. Con los ojos cerrados, murmurando, levanta una mano hacia las cuatro direcciones y, a continuación, esparce el tabaco por el suelo. «¿Sabes esto? —me dice, dibujando con el ceño un signo de interrogación—. ¿Dejar siempre un obsequio para las plantas, preguntar si podemos llevárnoslas? Sería descortés hacerlo sin preguntar primero». Es entonces cuando se agacha y corta una hierba por la base, con cuidado de no dañar las raíces. Busca en los alrededores y corta otra hierba, y otra, hasta reunir un buen manojo de tallos relucientes. En el dosel de la pradera queda un sendero ondulante como prueba del recorrido.

Pasamos por delante de muchas otras zonas con hierba densa, pero no molestamos su oscilación en la brisa. «Hemos de tomar solo lo que necesitamos —dice—. Así es como lo hacemos nosotros. Yo siempre aprendí que no había que cortar más de la mitad». A veces no corta nada y viene a la pradera únicamente a comprobar su estado, a ver qué tal están las plantas. «Nuestras enseñanzas —dice— son muy claras. No las habrían transmitido durante tanto tiempo si no fueran útiles. Lo más importante que hay que recordar es lo que decía siempre mi abuela: "Si utilizamos una planta respetuosamente, se quedará con nosotros y prosperará. Si la ignoramos, se marchará. Si no le mostramos respeto, nos abandonará"». Es lo que las propias plantas nos enseñan, *mishkos kenomagwen*. Cuando salimos de la pradera al camino que atraviesa el bosque, Lena hace un nudo con un haz de hierbas timoteas que crecen en la vereda. «Así los recolectores sabrán que estuve aquí —me dice— y que no pueden cortar más. Si aquí crece buena hierba sagrada es porque la tratamos bien. En otros sitios cada vez es más difícil encontrarla, creo que no la cortan como es debido. Muchos van con prisa y tiran de la planta y le quitan hasta las raíces. Así no es como me lo enseñaron a mí».

He estado con recolectores que hacían eso, que arrancaban y dejaban un pequeño espacio vacío entre las hierbas, en el que quedaban las raíces rotas. No olvidaban hacer la ofrenda del tabaco y me aseguraban también que solo se llevaban la mitad y que su método de recolección era el correcto. Se ponían un poco a la defensiva si les sugerías que ese método de recolección podía estar acabando con la hierba sagrada. Le pregunté a Lena al respecto y se encogió de hombros.

III. Hipótesis

La hierba sagrada está desapareciendo de muchas de las zonas en que tradicionalmente se ha encontrado, así que los cesteros que la utilizan han formulado una petición a los botánicos: debemos analizar si las diferentes formas de recolección son el origen del declive poblacional.

Yo quiero ayudar, pero tengo ciertos reparos. En mi caso, la hierba sagrada no es un objeto de experimentación: es un obsequio. Hay una barrera de lenguaje y significados entre la ciencia y los saberes tradicionales, diferentes formas de conocer, diferentes formas de transmitir. No sé si quiero forzar las enseñanzas de la hierba para que encajen en el encorsetado uniforme del pensamiento científico y la escritura técnica que nos exige la academia: Introducción, Estado de la Cuestión, Hipótesis, Metodología, Resultados, Discusión, Conclusiones, Agradecimientos, Bibliografía. Pero me han pedido que lo haga por la hierba sagrada y sé que es mi responsabilidad.

Para que tu voz se oiga, debes hablar el mismo lenguaje que aquel que te va a escuchar. Por eso, al volver a la universidad le propuse a Laurie, una estudiante de posgrado, que tomara la idea como proyecto de tesis. Ella no se sentía cómoda enfrentándose a cuestiones puramente académicas y buscaba un proyecto de investigación que, como ella misma decía, «significara algo para alguien», que no estuviera destinado a acumular polvo en una estantería.

IV. Metodología

Laurie tenía ganas de ponerse manos a la obra, pero era la primera vez que trabajaba con esa especie vegetal. «Será la propia hierba la que te transmita lo que debes saber —le dije—, así que empieza por familiarizarte con ella». Nos dirigimos a una pradera restaurada de hierba sagrada y fue amor a primera vista. A partir de ese momento, no le costó nada empezar a reconocerla. Era como si la Hierba Sagrada quisiera que ella la encontrara.

Diseñamos juntas experimentos que permitieran comparar los efectos de los dos métodos de recolección que habían comunicado las comunidades de cesteros. Laurie había recibido una educación puramente científica y yo deseaba que se aventurara en terrenos y metodologías de investigación ligeramente diferentes. Para mí un experimento es una especie de conversación con las plantas: tengo una pregunta para ellas, pero no hablamos el mismo lenguaje, por lo que ni yo puedo preguntarles directamente ni ellas me van a responder con palabras. Sin embargo, las plantas pueden ser igual de elocuentes a través de las respuestas físicas y el comportamiento. Responden a las preguntas a través de su forma de vivir, reaccionando a los cambios. Solo hay que saber cómo preguntar. Sonrío cuando escucho a mis colegas decir: «He descubierto X». Es como si Cristóbal Colón afirmara haber descubierto América. América ya estaba ahí, pero él no lo sabía. Los experimentos no buscan descubrir algo, sino escuchar y traducir los saberes de otras criaturas.

Puede que a mis colegas les resulte ridícula la idea de que un cestero es también un científico, pero cuando Lena y sus hijas recogen solo el 50 por ciento de la hierba sagrada, observan el resultado, evalúan lo ocurrido y después crean unas directrices a partir de ese análisis, están practicando algo que a mí me parece ciencia experimental. La fundamentación de sus teorías se basa en generaciones de recolección de datos y validación a lo largo del tiempo.

En nuestra universidad, como en muchas otras, los estudiantes de posgrado deben presentar su proyecto de tesis ante un comité de profesores. Laurie expuso de manera brillante el experimento que proponía y describió a la perfección las diferentes localizaciones, las diversas reproducciones y las técnicas de muestreo intensivo. Pero cuando terminó de hablar, se produjo un silencio incómodo en la sala de reuniones. Uno de los profesores pasó rápidamente las páginas de la propuesta y las apartó con un gesto de desdén. «Yo no veo que esto presente nada nuevo para la ciencia —dijo—. Ni siquiera tiene marco teórico».

Para los científicos una teoría es algo bastante diferente a lo que habitualmente se conoce como tal, a la idea de una formulación especulativa o que aún no ha sido probada. Una teoría científica es un conjunto cohesionado de conocimientos, una explicación consistente para una casuística variada que permite predecir lo que ocurrirá en ciertas situaciones. Exactamente igual que esta. Nuestra investigación estaba perfectamente enraizada en la teoría —en la de Lena, esencialmente—, en los saberes ecológicos tradicionales de los pueblos indígenas: si utilizamos respetuosamente una planta, esta prosperará. Si la ignoramos, se marchará. Es una teoría que hemos obtenido a partir de miles de años de observación de las respuestas que dan las plantas a su recolección, sujeta a la revisión por pares de generaciones de expertos, de cesteros a herboristas. Pese a lo incontestable de la evidencia, al comité le costó reprimir una mueca de fastidio.

El decano miró por encima de las gafas, que se le habían deslizado hasta la punta de la nariz, fijando la vista en Laurie y dedicándome a mí miradas de soslayo. «*Cualquiera* sabe que la recolección de una planta supondrá un perjuicio para su población. Están perdiendo el tiempo. Y me temo que todo esto de los saberes tradicionales no resulta muy convincente». Como maestra que había sido, Laurie añadió nuevas explicaciones de forma tranquila y elegante, pero parecía querer atravesarlos con la mirada.

Mirada que más tarde se llenó de lágrimas. Igual que la mía. En el pasado, por muy preparada que estuvieras, este era casi un rito iniciático para todas las mujeres científicas: la condescendencia, la brutalidad verbal por parte de las autoridades académicas, sobre todo si tenías el valor de basar tu trabajo en las observaciones de ancianas que probablemente no habían terminado la secundaria y que, por si fuera poco, se dedicaban a hablarles a las plantas.

Conseguir que un científico se tome en serio la validez del saber indígena es como nadar contra corriente en agua helada. Han sido condicionados para cultivar el escepticismo y poner en duda hasta los datos más irrefutables; son prácticamente incapaces de aceptar teorías verificadas mediante otros métodos que no sean los gráficos y las ecuaciones habituales. Si unimos a eso la idea aparentemente incontestable de que el método científico ostenta el monopolio de la verdad, no nos queda mucho espacio para el debate.

Pero no nos venimos abajo y continuamos trabajando. Los cesteros nos habían dado los requisitos previos del método científico: observación, patrones y una hipótesis verificable. Para mí eso es ciencia. Empezamos por establecer parcelas de experimentación en las praderas, en las que preguntaríamos a las plantas: «¿Contribuyen estos dos métodos diferentes de recolección al descenso de la población?». Después intentaríamos detectar su respuesta. Las zonas elegidas serían aquellas donde había aumentado la densidad de la hierba sagrada gracias a su recuperación artificial, para no poner en riesgo los hábitats nativos en que actuaban los recolectores.

Con infinita paciencia, Laurie realizó un censo poblacional de la hierba sagrada y obtuvo un recuento preciso de la cantidad previa a la recolección. Marcó incluso tallos individuales de hierba con bridas de plástico para seguirles la pista. Terminadas las mediciones, empezamos a recolectar.

En cada parcela se reprodujo uno de los dos métodos de recolección descritos por los cesteros. Laurie nunca se llevó más de la mitad de los tallos en ninguna de ellas: en algunas parcelas cortaba la brizna por la base con cuidado y en otras arrancaba un manojo y dejaba una pequeña zona expuesta en la tierra. En todo experimento debe haber muestras de control, así que Laurie dejó otras tantas parcelas sin recolectar. Banderines rosáceos festoneaban las praderas, señalando las áreas de estudio.

Un día, sentadas al sol en una pradera, conversábamos sobre si nuestro método reproducía verdaderamente las formas tradicionales de recolección. «Sé que no —dijo ella—, porque no estoy repitiendo la relación que se establece. No hablo a las plantas y no hago ninguna ofrenda». Llevaba un tiempo librando esta batalla por dentro y había decidido que era mejor no hacerlo: «Respeto la relación tradicional, pero no podría realizarla en el marco de un experimento. Estaría añadiendo una variable que no llego a comprender y que la ciencia no puede siquiera soñar con cuantificar, y no estaría bien, de ninguna manera. Además, no soy quién para hablarle a la hierba sagrada». Más tarde admitiría que durante la investigación le resultaba difícil mantenerse neutral y no sentir afecto hacia las plantas; había pasado tanto tiempo entre ellas, escuchándolas y aprendiendo, que el distanciamiento era imposible. Optó por demostrarles un consciente respeto, convirtiendo esa relación en una constante para no alterar los resultados en un sentido u otro. Contó y pesó toda la hierba sagrada recolectada y se la regaló a los cesteros.

Cada pocos meses, Laurie cuantificaba y marcaba toda la hierba de las parcelas: los brotes que habían muerto, los que seguían vivos y los más recientes que empezaban a salir. En una tabla incluyó los datos de nacimiento, muerte y reproducción en cada zona. Repitió la recolección en julio, igual que hacían las mujeres cesteras en las parcelas nativas de hierba sagrada. Cosechó y tomó mediciones durante dos años. La ayudó un grupo de estudiantes. No había sido fácil reclutarlos: les habían dicho que tendrían que dedicarse a ver crecer la hierba.

V. Resultados

Laurie observó con atención y llenó el cuaderno de mediciones, completando gráficas que reflejaban el vigor de cada parcela. Se preocupó un poco al contemplar el aspecto enfermizo de las parcelas de control. Esas, las áreas de estudio donde no se llevaba a cabo la recolección, debían ser la referencia para comparar los efectos en las otras parcelas. Esperábamos que mejorasen al llegar la primavera.

Durante el segundo año de investigación, Laurie estaba embarazada de su primer bebé. La hierba crecía y crecía, igual que su vientre. Empezó a resultarle difícil realizar ciertos movimientos, como arrodillarse o encorvarse o tumbarse en la hierba para leer las etiquetas de las plantas. Pero les fue fiel, se sentó sobre la tierra con ellas, las contó, las marcó. Decía que la tranquilidad del trabajo de campo, la calma de sentarse en una pradera cubierta de flores rodeada por el aroma de la hierba sagrada, era un buen comienzo para su hijo o hija. Yo también lo creía.

Los meses de verano fueron una carrera contrarreloj para terminar el trabajo de campo antes de que naciera el bebé. Durante las semanas previas al parto, trabajaba en equipo. Cuando terminaba una parcela, llamaba a los estudiantes para que la ayudaran a levantarse. Ese también era un rito iniciático para las biólogas de campo.

Conforme crecía el bebé en su vientre, aumentaba la fe de Laurie en la sabiduría de los maestros cesteros, reconociendo, al contrario de lo que suele hacer la ciencia occidental, la calidad de las observaciones de aquellas mujeres que han forjado una relación tan íntima con las especies vegetales y sus hábitats. Estas compartieron muchas enseñanzas con Laurie y le tejieron muchos gorros a Celia.

Celia nació a principios del otoño y sobre su cuna hubo siempre una trenza de hierba sagrada. Mientras dormía a su lado, Laurie introducía los datos en la computadora y empezaba a comparar los métodos de recolección. Gracias a las bridas de los tallos, podía registrar gráficamente los nacimientos y las defunciones en las parcelas de muestra. Había algunas que estaban llenas de brotes jóvenes, lo que indicaba el progreso de la población, y otras que no.

Sus análisis estadísticos fueron irrefutables y exhaustivos, pero apenas le hicieron falta gráficos para contar la historia. La diferencia podía verse desde lejos: en algunas parcelas relucía el verde con brillos dorados y otras estaban apagadas, carentes de vigor. No dejaba de pensar en la crítica del comité: «Cualquiera sabe que la recolección de una planta supondrá un perjuicio para su población».

Lo sorprendente fue que las parcelas que fallaban no eran las que se habían cosechado, como predijeron ellos, sino las muestras de control sin recolectar. La hierba sagrada que no se había recogido, que no había sufrido perturbación alguna, se asfixiaba bajo tallos muertos, mientras las parcelas recolectadas prosperaban. Cada año se recogían la mitad de los tallos, pero estos volvían a crecer rápidamente, remplazando todo lo cortado e incluso produciendo más brotes de los que había antes de la cosecha. Así pues, la recolección de la hierba sagrada parecía estimular su crecimiento. En el primer año, las plantas que mejor crecieron fueron las de las parcelas que se habían cosechado a manojos. Pero el resultado era casi idéntico con ambos métodos, el corte en la base o el tirón: lo importante no era cómo se recogía la hierba, lo importante era hacerlo.

El comité evaluador de Laurie había desestimado de entrada esa posibilidad. Ellos habían aprendido que toda cosecha implica una pérdida de población. Ahora, sin embargo, las propias hierbas les contradecían inequívocamente. Como es lógico, después de los comentarios que había recibido durante la propuesta de investigación, Laurie aguardaba aterrorizada la defensa de la tesis. Pero contaba con aquello que los científicos escépticos más valoran: datos. Mientras Celia dormía en brazos de su orgulloso padre, Laurie presentó los gráficos y las tablas que demostraban que la hierba sagrada prospera cuando se recolecta y pierde población cuando no se hace. El decano, dubitativo, callaba. Los cesteros sonreían.

VI. Discusión

Todos somos el producto de nuestra propia concepción del mundo, también los científicos, por mucho que estos se arroguen el monopolio de la objetividad. Sus predicciones para el experimento con la hierba sagrada se ajustaban a la cosmovisión de la ciencia occidental, que sitúa a los seres humanos fuera de la «naturaleza» y considera que todas sus interacciones con el resto de las especies son, por regla general, perjudiciales. Se les había inculcado la noción de que la mejor manera de proteger una especie en peligro es dejarla a su suerte y mantenerla fuera del alcance de los humanos. Sin embargo, aquellas praderas nos estaban diciendo que para la hierba sagrada los seres humanos somos parte del sistema, y una parte esencial. Puede que los descubrimientos de Laurie sorprendieran a los ecólogos académicos, pero no hacían más que confirmar la teoría que transmitieron nuestros antepasados. «Si utilizamos una planta respetuosamente, se quedará con nosotros y prosperará. Si la ignoramos, se marchará».

«Su experimento parece demostrar un efecto significativo —dijo el decano—. Pero ¿cómo lo explica? ¿Está sugiriendo usted que la hierba no cosechada se siente ofendida cuando la ignoran? ¿Cuál es el mecanismo responsable de ello?».

Laurie tuvo que admitir que la literatura académica carecía de explicación para la relación que se establecía entre los cesteros y la hierba sagrada, dado que tales cuestiones nunca se habían considerado merecedoras de atención científica. Pero entonces recurrió a estudios sobre la forma en que la hierba responde a otros factores, como el fuego o el pastoreo, y descubrió que los científicos agrónomos ya habían documentado esa forma de crecimiento acelerado. La hierba se adapta perfectamente a ciertas alteraciones humanas. Por eso sembramos pastos. Al segar, estos se multiplican. La hierba posee su punto vegetativo justo bajo la superficie, de forma que cuando la segadora, los animales o el fuego acaban con las hojas, se recupera fácilmente.

Laurie explicó que la recolección provocaba un declive poblacional y, de ese modo, permitía a los tallos restantes responder al exceso de espacio y de luz y reproducirse rápidamente. Incluso el método de arrancar la hierba resultaba favorable para el crecimiento. El tallo subterráneo que une los brotes está lleno de yemas. Cuando se tira de él, el tallo se rompe y las yemas producen nuevos brotes que ocupan el lugar dejado por los anteriores.

En muchas hierbas se produce un tipo de alteración fisiológica conocido como crecimiento compensatorio, por el que la planta se resarce de la pérdida de hojas haciendo crecer otras rápidamente. Parece absurdo, pero cuando un rebaño de bisontes sacia su hambre en una zona de hierba fresca, esta reacciona creciendo aún más rápido. Eso ayuda a la recuperación de la planta y también invita al bisonte a regresar más adelante. Se ha descubierto, incluso, que hay una enzima en la saliva del bisonte que estimula el crecimiento de la hierba. Por no hablar del abono producido por estos rebaños itinerantes. La hierba sirve al bisonte y el bisonte sirve a la hierba.

El sistema encuentra así su equilibrio, pero solo cuando el rebaño consume la hierba de manera respetuosa. Los bisontes silvestres o en régimen de ganadería extensiva pastan y continúan su camino y no regresan al mismo lugar en varios meses. Obedecen de ese modo a la regla de no tomar más de la mitad de lo que se les ofrece y así no incurren en el sobrepastoreo. ¿Por qué iba a ser distinto para la gente? No somos ni más ni menos que el bisonte y estamos sujetos a las mismas leyes naturales.

Con una larguísima historia de uso cultural, parece ser que la hierba sagrada ha llegado a depender de la «perturbación» que desencadena el ser humano para estimular un crecimiento compensatorio. Participamos así en una simbiosis en la que la hierba sagrada nos hace entrega de sus hojas perfumadas y nosotros, al recogerla, creamos las condiciones para su desarrollo.

Resulta fascinante preguntarse si el declive de la hierba sagrada en la región no se deberá a una recolección excesiva, sino a la falta de recolección. Laurie y yo estudiamos el mapa de las ubicaciones históricas de la hierba sagrada que Daniela Shebitz, una antigua alumna, había elaborado. Los puntos azules indicaban lugares en que la hierba sagrada había existido y desaparecido. Los puntos rojos marcaban los escasos lugares en que se había encontrado históricamente y aún seguía creciendo. La ubicación de estos últimos no era aleatoria. Se concentraban alrededor de las comunidades nativas, especialmente aquellas conocidas por su tradición cestera. Así pues, la hierba sagrada prospera donde se utiliza y desaparece del resto de los lugares.

Puede que la ciencia y los saberes tradicionales formulen preguntas diferentes y hablen distintos lenguajes, pero convergen cuando ambos se dedican a escuchar de verdad a las plantas. Ahora bien, si queríamos que los académicos de la sala comprendieran los saberes de los ancestros, debíamos utilizar explicaciones científicas, expresadas en un lenguaje mecánico y objetivado: «Al retirar el 50 por ciento de la biomasa vegetal, los tallos dejan de competir por los recursos. El estímulo del crecimiento compensatorio incrementa la densidad de población y el vigor de las plantas. En cambio, en ausencia de perturbaciones, el agotamiento de los recursos y la competitividad provocan una pérdida de vigor y un aumento de la mortalidad».

Los científicos le regalaron a Laurie una cálida ronda de elogios. Había hablado en su idioma y defendido de manera convincente los estimulantes efectos de la recolección, la reciprocidad entre el recolector y la hierba. Uno de ellos llegó a retirar la objeción original acerca de que esta investigación «no presenta nada nuevo para la ciencia». Los cesteros sentados a la mesa simplemente asintieron con la cabeza. ¿No era esto acaso lo que habían dicho los antepasados?

La pregunta era: «¿Cómo podemos mostrarle respeto?». La hierba sagrada nos había ofrecido una respuesta a medida que avanzábamos: tal vez la forma de tratar correctamente a una planta es realizar una cosecha sostenible, recibir su don de forma honorable.

Puede que no sea casualidad que la Hierba Sagrada, de entre todas las plantas, nos haya revelado este principio. Mujer Celeste sembró *wiingaashk* en la espalda de Isla Tortuga antes que ninguna otra especie. La hierba nos entrega su ser y su aroma y nosotros recibimos esos obsequios con gratitud. A cambio, mediante la mera aceptación de este, los recolectores abren espacios, dejan que entre la luz y con un suave tirón agitan las yemas dormidas, que producirán nuevas hierbas. La reciprocidad se basa en el movimiento de los dones a través del proceso de dar y recibir, en un ciclo que se perpetúa a sí mismo.

Nuestros ancianos nos enseñaron que la relación entre las plantas y los humanos ha de basarse en el equilibrio. La gente puede tomar demasiado y agotar la capacidad de las plantas, que de ese modo no volverán a compartir. De ahí viene la enseñanza de «no tomar más de la mitad». Ahí resuena la voz de la experiencia. Sin embargo, también nos mostraron que existe la posibilidad de tomar demasiado poco. Si permitimos que las tradiciones mueran y que las relaciones se desvanezcan, la tierra sufrirá. Estas leyes son el producto de una historia de colaboración, de los errores del pasado. Y no todas las plantas son iguales; cada una tiene su propia manera de regenerarse. Algunas se dañan fácilmente al recolectarlas, al contrario que la hierba sagrada. Lena diría que lo importante es conocerlas lo suficiente como para respetar sus diferencias.

VII. Conclusiones

Con el tabaco y la gratitud, nuestro pueblo le dice a la Hierba Sagrada: «Te necesito». Renovándose tras la recolección, la hierba le dice a la gente: «Yo también los necesito».

Mishkos kenomagwen. ¿No es esa la enseñanza de la hierba? A través de la reciprocidad, el don queda restaurado. Toda prosperidad es mutua.

VIII. Agradecimientos

En un campo en que crece alta la hierba, sin otra compañía que la del viento, se habla un idioma que trasciende las diferencias entre las cosmovisiones científicas y las tradicionales, entre los datos y las plegarias. El viento lo atraviesa y lleva consigo la canción de la hierba. Yo escucho «*miiiishkos*», una y otra vez, como un bucle, repetido en las ondulaciones de la pradera. Nos ha enseñado mucho y es hora de que yo le dé las gracias.

IX. Bibliografía

Wiingaashk, Bisonte, Lena, los Antepasados.

Nación del Arce:
guía para el ciudadano

En la comunidad donde resido hay una única gasolinera. Está ahí, junto al semáforo. También es el único semáforo. Ya puedes hacerte una idea del lugar del que hablo. Seguro que tiene un nombre, pero nosotros la llamamos el Pompey Mall (centro comercial de Pompey). En él se encuentran los productos más necesarios para la vida: café, leche, hielo, comida para perros. Cinta de embalaje para juntar cosas y aerosol multiusos para separarlas. Tarros de sirope de arce del año pasado. No los miro, pues al salir de aquí iré a la casa del azúcar, donde me espera el sirope de este año. La clientela consiste básicamente en *pickups* y algún Prius ocasional. No hay motonieves acelerando junto a los surtidores porque ya casi no queda nieve.

Esta es la única gasolinera en kilómetros a la redonda y las colas de autos suelen ser larguísimas. Hoy la gente espera fuera, bajo el sol de primavera, apoyada contra sus vehículos. La conversación, igual que las estanterías del interior, versa sobre lo esencial: el precio del combustible, el flujo de la savia, quién ha terminado de hacer la declaración. En esta tierra la temporada azucarera y la de los impuestos se superponen.

—Entre el precio de la gasolina y el cobrador de impuestos, me desplumaron —se queja Kerm mientras cambia la boquilla y se limpia las manos en unos Carhartt manchados de aceite—. ¿Y ahora van a subirnos los impuestos para poner un molino de viento en la escuela? Todo por el cambio climático. Pues que no vengan a pedir por aquí.

Delante de mí está una funcionaria municipal. Es una mujer fuerte, antigua maestra de Ciencias Sociales de la escuela primaria, que no tiene reparos en intervenir. Es probable que le diera clase a Kerm.

—¿No te gusta? Está muy bien quejarse sin participar. ¿Por qué no vienes a una maldita reunión?

Hay restos de nieve bajo los árboles, una alfombra brillante a los pies de los troncos grisáceos de los arces, donde las yemas empiezan a cobrar tonos rojizos. Anoche, una fina astilla de luna brillaba en la oscuridad azulada del primer cielo de primavera. Es la luna que le abre las puertas al año nuevo anishinaabe: la *Zizibaskwet Giizis*, la Luna del Azúcar de Arce. El momento en que la tierra empieza a desperezarse tras un merecido descanso y renueva sus dones a la gente. Para celebrarlo, me voy a hacer azúcar.

Hoy recibí los documentos para el censo; van conmigo en el asiento del copiloto mientras subo y bajo colinas hacia el bosque. Si hiciéramos un censo biológico de los individuos del pueblo, el número de arces sería unas cien veces superior al de seres humanos. Los anishinaabes contamos a los árboles como personas, «la gente que se yergue». Por mucho que el Gobierno solo quiera centrarse en los humanos, es innegable que vivimos en la nación de los arces.

Una asociación que se dedica a recuperar tradiciones alimentarias elaboró un hermoso mapa con las distintas biorregiones del país. En él, las fronteras entre estados desaparecían y las sustituían las de las regiones ecológicas, definidas por sus moradores principales, las criaturas icónicas que dan forma al territorio, influyen en la vida diaria y alimentan a los seres humanos, tanto material como espiritualmente. En el mapa aparecen la Nación del Salmón en el Pacífico Noroeste y la Nación del Pino en el Suroeste, entre otras. Nosotros, en el Noreste, vivimos en la Nación del Arce. Me pregunto qué supondría declararse ciudadano de la Nación del Arce. Imagino que Kerm respondería con dos palabras tirantes, resentidas: pagar impuestos. Y tendría razón, claro: la ciudadanía significa, entre otras cosas, compartir lo que posees en beneficio de la comunidad.

Hoy, casi llegado el día de la declaración de impuestos, mis congéneres humanos se preparan para realizar su contribución al bienestar de la comunidad. Sin embargo, los arces llevan haciendo eso mismo todo el año. Entregaron la madera que calentó la casa de mi vecino, el anciano señor Keller, que en invierno no puede pagar la factura del diésel. Nos dieron el sirope con que la brigada voluntaria de bomberos y el equipo de la ambulancia unta los panqueques del desayuno social que celebran cada mes para recaudar fondos y arreglar los vehículos. Permiten rebajar la factura de la luz de la escuela y, gracias a sus grandes doseles, nadie tiene que gastarse dinero en aire acondicionado. Donan su sombra al desfile anual del Día de los Caídos sin que tengamos que pedírselo. Y si no fuera porque detienen el viento, el departamento de carreteras tendría que pasar la quitanieves el doble de veces.

Durante años, mis padres trabajaron de forma activa en el gobierno del pueblo, así que yo he conocido de primera mano cómo funciona la administración de una comunidad. «Las buenas comunidades no se hacen solas —decía mi padre—. Tenemos mucho por lo que estar agradecidos, y todos hemos de poner nuestro granito de arena para que prospere». Él fue supervisor municipal y acaba de jubilarse. Mi madre sigue aún en la comisión de planificación. Gracias a ellos, descubrí que, para la mayoría de sus conciudadanos, el gobierno resulta invisible, y que quizá es así como debe ser: el acceso a los servicios básicos está tan normalizado que nadie se para a pensar en ellos. La nieve desaparece de las carreteras, el agua está limpia, los parques, atendidos, y acaba de concluir la obra del nuevo centro para personas mayores, todo ello sin demasiado alboroto. La mayoría de las personas no se preocupan de estas cosas a no ser que les afecten directamente. Caso aparte son los quejosos crónicos, perpetuamente pegados al teléfono para protestar por las subidas de impuestos un día y para protestar por los recortes en servicios cuando los bajan.

Menos mal que dentro de toda organización hay personas conscientes de sus responsabilidades, personas que nunca intentan librarse de ellas. Son pocas pero invaluables. Es gracias a ellas que las cosas funcionan. Dependemos de ellas. Cuidan de nosotros como líderes silentes.

Para mis vecinos de la nación onondaga, el arce es el líder de los árboles. Constituyen el comité de calidad ambiental: realizan un servicio de purificación del aire y el agua veinticuatro horas al día y siete días a la semana. Se apuntan a todos los equipos de operarios, el del pícnic de la sociedad histórica y el del departamento de carreteras, el comité escolar, la biblioteca. Cuando llega el momento del embellecimiento cívico, ellos solos adornan el otoño de tonos carmesí, y reciben escaso reconocimiento.

Eso, por no hablar de que también crean hábitats para las aves cantoras y dan cobijo a la fauna, hojas doradas que revolver, casas en el árbol y ramas para columpios. Siglos de hojas caídas han construido este suelo que ahora cultivamos para obtener fresas, manzanas, maíz dulce y heno. ¿Qué proporción del oxígeno de estos valles procede de nuestros arces? ¿Cuánto dióxido de carbono absorben de la atmósfera? Los ecólogos han acuñado el término de «servicios ecosistémicos» para referirse a estos procesos, a las estructuras y funciones del mundo natural que hacen la vida posible. Podemos asignarle un valor económico a la madera de arce o al litro de sirope, pero los servicios ecosistémicos son mucho más valiosos. Sin embargo, la economía humana no los tiene en cuenta. Igual que ocurre con los servicios del gobierno municipal, no pensamos en ellos salvo cuando nos faltan. No hay un sistema de impuestos oficial para pagarlos, como pagamos por el servicio de quitanieves o los libros de texto. Los recibimos de manera gratuita, donados constantemente por los arces. Ellos cumplen su parte. La pregunta es: ¿hasta qué punto mejoran nuestras vidas?

Cuando llego a la casa del azúcar, los chicos ya tienen la savia hirviendo en la palangana. Una columna de humo sale por los conductos de ventilación, constante, indicando a los vecinos y a cuantos viven al otro lado del valle que, en esta casa, hoy, se está haciendo sirope. Hay un flujo constante de gente que viene a charlar y por una garrafa de sirope fresco. Todos se detienen en la puerta del cobertizo nada más entrar: las gafas se les empañan y el dulce olor de la savia hirviendo les frena en seco. Me gusta entrar y salir una y otra vez solo para sentir el impacto del aroma.

La casa del azúcar es una tosca construcción de madera con una cúpula característica con ventilación por los cuatro lados, que permite que el vapor salga zumbando hacia las nubes aterciopeladas del cielo de primavera.

La savia fresca entra por un lado del evaporador, abierto, y su propio peso hace que fluya por los canales, cada vez más densa a medida que el agua se evapora. La cocción al principio es intensa y espumosa, con grandes burbujas que explotan por todas partes, y se calma al final, pasando de ser un líquido claro a tener un tono y una textura parecidos a los del caramelo. Hay que retirar el sirope en el momento exacto, cuando tiene la densidad precisa. Si lo dejas cocer demasiado, puede cristalizar en un delicioso ladrillo azucarado.

Es un trabajo duro y los dos chicos que vigilan el proceso llevan aquí desde el amanecer. Les traje un pastel para que piquen de vez en cuando, entre las tareas. Mientras observamos la cocción, les hago una pregunta: «¿Qué significa ser un buen ciudadano en la Nación del Arce?».

Larry se ocupa del fuego. Cada diez minutos se enfunda unos guantes hasta el codo y una máscara protectora y abre la compuerta. El intenso calor nos golpea mientras él introduce otra brazada de troncos de un metro de largo, uno a uno. «Tiene que seguir cociendo a toda máquina —dice—. Lo hacemos como se ha hecho siempre. Algunos se han pasado a fuegos de diésel o gasolina, pero yo espero seguir siempre con la madera. Creo que es como hay que hacerlo».

El montón de leña es tan grande como la propia casa del azúcar, una pared de tres metros de alto con brazadas y brazadas de troncos de fresno, abedul y, por supuesto, dura madera de arce. Los estudiantes de Ciencias Forestales cortan y recogen buena parte de la madera de árboles muertos que hay por los caminos. «Al final, es lo mejor. Si reducimos la competencia, los árboles productores crecen con más fuerza. Los árboles que quitamos suelen acabar aquí, en la leñera. No se desperdicia nada. Eso es ser un buen ciudadano, ¿no? Tú cuidas de los árboles y los árboles cuidan de ti». No creo que haya muchas facultades que cultiven sus propias plantaciones de arces, y me siento afortunada de que la nuestra lo haga.

Bart se sienta junto al tanque de embotellar e interviene en la conversación: «El diésel habría que conservarlo para cuando de verdad haga falta. Aquí, lo mejor para calentar es la madera y, además, su huella de carbono es cero. El carbono que emitimos al quemarla procede de los árboles que lo absorbieron y volverá a ellos, de forma que no se produce un incremento neto». Continúa explicando que estos bosques son parte del plan de neutralidad de carbono de la universidad: «De hecho, recibimos un crédito fiscal por no tocar estos bosques, para que puedan absorber el dióxido de carbono».

Supongo que, para cualquier nación, una de las condiciones de ciudadanía es la utilización de una misma moneda. En la Nación del Arce, esa moneda es el carbono. Se intercambia, se comercia con ella, interviene en trueques entre miembros de la comunidad: de la atmósfera al árbol, al pájaro carpintero, a las setas, al tronco, a la leña, a la atmósfera y otra vez al árbol. Aprovechamiento total, riqueza compartida, equilibrio, reciprocidad. ¿Acaso necesitamos un modelo mejor para la economía sostenible?

¿Qué significa ser ciudadano en la Nación del Arce? Se lo pregunto a Mark, que se ocupa de los últimos estadios de la producción con una pala enorme y un hidrómetro que mide la concentración de azúcar. «Buena pregunta», dice mientras echa unas gotas de nata en el sirope para reducir la espuma que se forma con la cocción. Después, cuando se enfría, sirve en varias tazas un poco del jarabe dorado y caliente y alza la suya para brindar. «Supongo que consiste en esto —dice—. Preparas sirope. Lo disfrutas. Tomas lo que se te da y lo tratas bien».

El sirope de arce siempre provoca un subidón de azúcar. Ser ciudadano en la Nación del Arce también es tener arce en la sangre, arce en los huesos. Somos lo que comemos: con cada cucharada, el carbono del arce se hace carbono humano. Nuestra cosmovisión estaba en lo cierto: los arces son personas, las personas somos arces.

En el idioma anishinaabe llamamos al arce *anenemik*, el hombre árbol. «Mi esposa prepara pastel de arce —dice Mark—, y en Navidad siempre regalamos hojas de arce de caramelo». Para Larry lo mejor es cuando echas sirope en el helado de vainilla. A mi abuela, a sus noventa y seis años, le gusta tomarse una cucharada ocasional cuando siente las defensas bajas. Dice que es su propia vitamina A, su vitamina Arce. El mes que viene, la universidad va a celebrar un desayuno con panqueques y nos vamos a juntar los profesores y el personal con nuestras familias, para celebrar, con los dedos pegajosos, nuestra membresía en la Nación del Arce, nuestro vínculo con los demás y con esta tierra. Ser ciudadano también supone celebrar en compañía.

En la palangana ya queda poca savia, así que bajo con Larry hacia la arboleda, donde la savia fresca se dirige, gota a gota, a un depósito. Paseamos entre los árboles evitando las redes de tuberías que la transportan y gorgotean como un arroyo encajonado. No se escucha la música metálica de las gotas en el caldero, pero este método permite que dos personas puedan hacer el trabajo de veinte.

El bosque ha sido el mismo desde hace incontables primaveras; los ciudadanos de la Nación del Arce empiezan a despertar. Las pulgas de la nieve salpican las huellas de los ciervos, los musgos rezuman al pie de los árboles el agua que dejó la nieve y los gansos pasan volando en una irregular formación en V, ansiosos por volver a casa.

Cuando regresamos con el depósito lleno en el auto, Larry me dice: «La verdad es que nunca sabes cómo va a darse el año de azúcar. No puedes controlar el flujo de savia. Hay años que son buenos y otros que no. Tomas lo que se puede tomar y das las gracias. Todo depende de la temperatura, y la temperatura no depende de nosotros». Pero eso ya no es completamente cierto. La adicción a los combustibles fósiles y las políticas energéticas vigentes incrementan año tras año las emisiones de dióxido de carbono, provocando inequívocamente el aumento global de las temperaturas. La primavera llega casi una semana antes de lo que lo hacía hace solo veinte años.

No quiero irme, pero tengo que regresar a mi mesa de trabajo. De camino a casa, sigo reflexionando sobre la ciudadanía. Cuando mis hijas iban la escuela, tenían que memorizar la Declaración de Derechos. Me atrevería a decir que a los brotes jóvenes de los arces lo que les transmitieron fue una Declaración de Responsabilidades.

Al llegar, consulto los juramentos de ciudadanía de varias naciones humanas. Tienen muchos elementos en común. Algunos exigen fidelidad a un líder. La mayoría demandan una promesa de lealtad, una expresión de creencias compartidas y el juramento de obedecer las leyes de la tierra. Estados Unidos casi nunca permite dobles nacionalidades: hay que optar por una u otra. ¿Sobre qué base elegimos el objeto de nuestra lealtad? Si tuviera que hacerlo, yo me decantaría por la Nación del Arce. Si la ciudadanía es una cuestión de creencias compartidas, yo creo en la democracia de las especies. Si la ciudadanía trata de una promesa de lealtad al líder, yo sigo al líder de los árboles. Si todos los ciudadanos nos ponemos de acuerdo en aceptar unas leyes para la nación, yo me adscribo a la ley natural, la ley de la reciprocidad, de la regeneración, de la prosperidad mutua.

En Estados Unidos, el juramento de ciudadanía estipula que los ciudadanos han de defender a la nación contra todo enemigo y que tomarán las armas en el caso de que se les requiera. Si el mismo juramento existiera en la Nación del Arce, el llamamiento ya resonaría por las colinas y los bosques. Los arces de todo Estados Unidos se enfrentan a un poderoso enemigo. Los modelos predictivos de mayor credibilidad nos dicen que el clima de Nueva Inglaterra resultará hostil para ellos en cincuenta años. El aumento de las temperaturas reducirá el éxito de los árboles más jóvenes y la regeneración comenzará a fallar. Ya está fallando. A ellos les seguirán los insectos y los robles se verán beneficiados. Imagina Nueva Inglaterra sin arces. Impensable. Un otoño marrón en lugar de estas colinas encendidas de carmesí. Las casas de azúcar clausuradas. El fin del aroma de las grandes columnas de vapor. ¿Seríamos capaces de reconocer nuestros hogares? ¿Podríamos soportarlo?

La amenaza es global: «Si las cosas no cambian, me mudo a Canadá». Parece que eso es lo que tendrán que hacer los arces. Igual que los campesinos migrantes de Bangladés que huyen del ascenso del nivel del mar, los arces se convertirán en refugiados climáticos. Para sobrevivir tendrán que migrar hacia el norte, buscar un nuevo hogar en los márgenes boreales. Nuestra política energética les está obligando a marcharse. Se convertirán en exiliados para satisfacer nuestro apetito de combustibles fósiles baratos.

En las gasolineras no pagamos el coste del cambio climático y la pérdida de los servicios ecosistémicos que nos proporcionan los arces, como tantas otras especies. ¿Qué preferimos, gasolina barata hoy o arces para las generaciones futuras? Llámenme loca, pero yo pagaría feliz el impuesto que resolviera el problema.

Individuos mucho más sabios que yo han dicho que tenemos el gobierno que nos merecemos. Puede que sea cierto. Pero los arces, nuestros benefactores más generosos y los más responsables de entre todos los ciudadanos, no se merecen nuestro gobierno.

Se merecen que tú y yo hablemos por ellos. Citando a la funcionaria municipal: «¿Por qué no vienes a una maldita reunión?». La acción política, el compromiso civil: he ahí dos potentes formas de reciprocidad con la tierra. La Declaración de Responsabilidades de la Nación del Arce exige que nos levantemos por el pueblo erguido, que tengamos líderes con la sabiduría del Arce.

La Cosecha Honorable

Los cuervos me ven venir desde el otro lado de la parcela. Soy la mujer de la cesta. A graznidos, debaten mi procedencia. La tierra que piso es dura, tierra desnuda en la que solo se ven las piedras soliviantadas por el arado y algunas cañas de maíz del año anterior, cuyas raíces aéreas yacen en el suelo como patas de araña descoloridas. Años de herbicidas y monocultivo la han dejado así. Ni siquiera todas las lluvias de este abril han hecho nacer una brizna de hierba. En unos meses reaparecerán las hileras de maíz, rectas y formales de servidumbre, pero de momento puedo atravesar por aquí para llegar al bosque.

El séquito de cuervos me acompaña hasta el muro de piedra seca, mampostería de guijas alabeadas por los glaciares, extraídas de la tierra para marcar lindes. Al otro lado, la tierra del bosque es blanda y profunda por siglos de descomposición; un mantillo forestal plagado de diminutas «bellezas primaverales» y lechos de violetas amarillas. El humus se despierta con los lirios de la trucha y los trilios que emergen sobre la hojarasca del invierno. Un zorzal maculado sostiene un trino metálico entre las ramas aún desnudas de los arces. El primer verdor suele proceder de las densas poblaciones de puerros silvestres, un color intenso que parece pedir en luces de neón: «¡LLÉVAME A CASA!».

Resisto la tentación de obedecer inmediatamente y me acerco a ellos como me han enseñado a hacerlo. En primer lugar, me presento, pues cabe la posibilidad de que me hayan olvidado. Les explico a qué vine y pido su permiso para la recolección, preguntándoles educadamente si estarían dispuestos a compartir sus dones.

Los puerros son un tonificante para la primavera; en ellos se difuminan los límites entre el alimento y el remedio medicinal. Despiertan al cuerpo de su lasitud invernal y aceleran el ritmo sanguíneo. Pero hay otra cosa que necesito, algo que solo la verdura de este preciso bosque puede satisfacer. Mis dos hijas, que viven lejos, van a pasar el fin de semana en casa. Deseo que los puerros les renueven el vínculo con esta tierra, que ellas lleven siempre, en los huesos, la sustancia del hogar.

Algunas de las hojas ya se han abierto, estirándose hacia el sol, mientras que otras siguen enrolladas en forma de lanza, abriéndose paso entre el mantillo. Clavo la pala junto a uno de los puerros, pero sus raíces son profundas, prietas, y se me resisten. La paleta es pequeña y me duelen las manos, debilitadas por la inacción del invierno. Al final consigo sacar un manojo y sacudo la tierra.

Esperaba que hubiera un buen puñado de bulbos blancos, grandes, pero en su lugar encuentro vainas apergaminadas e irregulares. Mustias, flácidas, como si hubieran perdido todo el jugo. Y eso es exactamente lo que ha ocurrido. Cuando uno pide permiso, ha de escuchar la respuesta. Vuelvo a enterrarlos en el suelo y regreso a casa. Junto al muro, los capullos de los saúcos se han abierto y las primeras hojas comienzan a salir, como manitas envueltas en diminutos guantes morados.

En días como este, cuando los brotes de los helechos se abren y el aire tiene la textura sedosa del pétalo de una flor, me inundan los anhelos. Sé que «no codiciar el cloroplasto de tu prójimo» es un buen consejo, pero qué no daría yo por tener clorofila. Desearía poseer la capacidad de realizar la fotosíntesis; desearía, por el mero hecho de ser, por brillar en la linde de una pradera o flotar perezosamente al sol en un estanque, estar realizando ya, en silencio, la labor del mundo. Como las tsugas, como las hierbas que mece el viento y producen moléculas de azúcar que envían hacia bocas y mandíbulas abiertas, escuchando el canto de las reinitas y contemplando la danza de la luz sobre el agua.

Qué placer servir así al bienestar de los demás, volver a ser madre, volver a ser necesitada. Sombra, remedios, frutos, raíces, dar un servicio infinito. Si fuera una planta, podría mantener la hoguera, sujetar el nido, curar la herida, llenar el cubo.

Lamentablemente, esa forma de generosidad no está al alcance de mi reino. No soy más que un organismo heterótrofo alimentándose del carbono transformado por otros. Para vivir, debo consumir. Así funciona el mundo, el intercambio de una vida por otra, los infinitos ciclos entre mi cuerpo y el cuerpo de la tierra. En el fondo, claro, prefiero el papel del heterótrofo. Y además, si hiciera la fotosíntesis, no podría comer puerros.

Vivo vicariamente a través de la fotosíntesis de otros seres. No soy la hojarasca del bosque, sino la mujer de la cesta. En mi caso, lo importante es cómo la lleno. Cuando somos plenamente conscientes del mundo, cada vez que acabamos con una vida en beneficio de la nuestra, tenemos que enfrentarnos a una pregunta moral. Estemos en el bosque recolectando puerros o comprando en el supermercado, se nos interpela: «¿Cómo podemos consumir haciendo justicia a las vidas que tomamos?».

Es una pregunta que ya aparecía en los relatos antiguos. Cuando dependemos tanto de otras vidas, se hace evidente la urgencia de protegerlas. Nuestros antepasados, que apenas tenían posesiones materiales, reflexionaron sobre esta cuestión profundamente, mientras que nosotros, que nos ahogamos en un mar de pertenencias, casi no le prestamos atención. Es posible que el horizonte cultural sea distinto, pero el problema se mantiene: la tensión que se produce entre el respeto a las vidas que nos rodean y su utilización para nuestra propia supervivencia resulta connatural al ser humano.

Varias semanas después vuelvo a cruzar la tierra aún vacía, de nuevo con la cesta en la mano. Al otro lado del muro, los capullos del trilio alfombran el suelo de blanco, como una nevada tardía. Debo parecer una bailarina de ballet, moviéndome de puntillas entre los lechos de calzones de holandés, el azul misterioso del *cohosh*, las extensiones de la sanguinaria y los brotes verdes del nabo indio y la manzana de mayo que emergen entre las hojas caídas. Saludo a cada especie, una a una, y tengo la impresión de que ellas también se alegran de verme.

Hemos aprendido que hay que tomar solo aquello que se nos ofrece. La última vez que estuve aquí, los puerros no tenían nada que ofrecer. Los bulbos acumulan energía como dinero en el banco para las generaciones futuras. El otoño pasado, los bulbos eran grandes y hermosos, pero durante los primeros días de primavera la cuenta de ahorro se queda vacía, pues las raíces envían la energía acumulada a las hojas para ayudarlas a completar su trayecto hacia la superficie. Durante esos días, las hojas se convierten en consumidoras, toman de la raíz, la secan y no le dan nada a cambio. Pero tras desplegarse, se convierten en un potente panel solar capaz de recargar la energía de las raíces, y en unas pocas semanas saldan la reciprocidad entre lo consumido y lo producido.

Hoy los puerros son el doble de grandes de lo que eran la primera vez que vine, y de las hojas majadas por los ciervos emana un intenso aroma. Paso por delante del primer grupo y me arrodillo junto al segundo. Vuelvo a pedir permiso, sin palabras.

Pedir permiso es una manera de mostrar respeto hacia la planta en cuanto que individuo, pero también supone una evaluación del bienestar de la población. Hemos de utilizar ambos lados del cerebro para procesar la respuesta. El izquierdo, analítico, registra las señales empíricas y juzga si la población es lo suficientemente grande y sana para soportar la cosecha, si está en condiciones de compartir sus dones. El hemisferio derecho, intuitivo, registra otra cosa, una marca sutil de generosidad, el resplandor de la mano abierta que dice «sírvete» o, por el contrario, los labios apretados de la obstinación que me obligan a retirar la pala. Es una percepción que no puedo explicar, pero tan manifiesta como una señal de «prohibido el paso». Meto la pala en la tierra y saco un manojo de bulbos blancos, rollizos, suaves y aromáticos. «Sí», oigo, y antes de empezar a cavar saco unas hebras de tabaco del viejo y gastado estuche para corresponder al obsequio.

Los puerros son plantas clónicas que se multiplican por división. Amplían constantemente sus dominios. Tienden a amontonarse en el centro de la población, así que es ahí donde llevo a cabo la recolección. De ese modo, puedo ayudar al crecimiento del resto de las plantas. Fuera lo que fuera lo que recolectaban, jacintos indios, hierba sagrada, arándanos o mimbre, nuestros antepasados desarrollaron modos de hacerlo capaces de beneficiar a largo plazo tanto a las plantas como a la gente.

Es cierto que si tuviera una pala afilada cavaría más rápido. Pero también es cierto que más rápido sería demasiado rápido. Recolectar todos los puerros que necesito en cinco minutos supondría no pasar tiempo arrodillada en la tierra, contemplando la aparición del jengibre y escuchando a la oropéndola que acaba de regresar a casa. Decididamente, esta es una apuesta por la «comida lenta». Además, esa simple modificación tecnológica también podría provocar tajos en las plantas adyacentes. No quiero llevarme más de lo que debo. A lo largo y ancho del país, los bosques pierden sus puerros silvestres por culpa de la desmesura en el amor de los recolectores. Cavar ha de conllevar dificultades añadidas. No todo debería ser conveniente.

El saber ecológico tradicional de los recolectores indígenas posee muchísimas fórmulas para favorecer la sostenibilidad. Estas se encuentran en la ciencia y la filosofía nativas, en las prácticas diarias, en las formas de vida y, especialmente, en los relatos que se cuentan a sí mismos, aquellos que permiten restablecer el equilibrio y situarnos de nuevo dentro del círculo.

El anciano anishinaabe Basil Johnston cuenta la historia de cuando nuestro maestro Nanabozho se encontraba en el lago, como tantas otras veces, intentando pescar algo para cenar con una cuerda y un anzuelo. Entre los juncos se le acercó Garza, con las patas en zigzag y el pico como un arpón. Garza era, además de gran pescador, un amigo generoso, y enseñó a Nanabozho un método de pesca que le haría la vida mucho más fácil. Le advirtió también que no debía coger demasiados peces, pero Nanabozho ya estaba pensando en el festín que se iba a dar. A la mañana siguiente salió temprano y en poco tiempo había llenado un cesto, tan grande que apenas podía con él y con más pescado del que podía comer. Limpió todos los peces y los puso a secar en estantes de madera, fuera de casa. Al día siguiente, aún con el estómago lleno, volvió al lago y repitió lo que le había enseñado Garza. «Ah —pensó, transportando las capturas a su casa—, he de tener comida suficiente para el invierno».

Día tras día volvió Nanabozho a colmar el cesto. A medida que el lago se vaciaba de peces, sus estantes de secado se llenaban y enviaban un delicioso aroma al bosque, donde Zorro se relamía. Regresó una vez más al lago, henchido de orgullo. Ese día sus redes salieron vacías y Garza lo miró decepcionado desde el cielo. Al volver a casa, aprendió una lección muy valiosa: nunca hay que tomar más de lo que uno necesita. Los estantes de madera estaban volcados en el suelo y el pescado había desaparecido.

Este tipo de relatos ejemplarizantes, con moralejas acerca de las consecuencias de tomar más de lo debido, son frecuentes en todas las culturas nativas. Sin embargo, resultan difíciles de encontrar en inglés. Quizá eso explique por qué estamos atrapados en esta red de consumo irresponsable, nociva tanto para nosotros como para aquellos a los que consumimos.

En las culturas indígenas, el código colectivo de principios y prácticas que rigen los intercambios entre las distintas formas de vida se conoce como la Cosecha Honorable. Se trata de una suerte de lista de reglas que presiden los momentos de recolección, modelan nuestra relación con la naturaleza y refrenan nuestra tendencia al consumo, para que las siguientes generaciones puedan disfrutar también de la exuberancia del mundo. Los detalles concretos dependen en última instancia de cada cultura y cada ecosistema, pero los principios fundamentales son casi universales en todos los pueblos que viven apegados a la tierra.

No soy ninguna experta en este modo de pensar: no soy más que una aprendiz. Como ser humano, incapaz de realizar la fotosíntesis, intento atenerme a los principios de la Cosecha Honorable, aunque resulte difícil. Por eso me acerco a observar y escuchar atentamente a aquellos que saben más que yo. Lo que aquí ofrezco, igual que a mí me lo ofrecieron antes, son semillas recogidas en los campos de su sabiduría colectiva, en las superficies incultas, el musgo en la montaña de su conocimiento. Me siento afortunada por haber recibido esas enseñanzas y tengo la responsabilidad de transmitirlas lo mejor que pueda.

Una amiga mía es secretaria de un pequeño pueblo en las montañas Adirondacks. En verano y en otoño se forma una cola delante de su puerta para conseguir licencias de pesca y caza. Con cada tarjeta laminada, ella entrega una hoja con las regulaciones, todo en blanco y negro salvo por las imágenes satinadas de las posibles presas, en caso de que alguien no sepa a qué le tiene que apuntar.

A veces ocurre: todos los años hay algún cazador despistado al que paran en la autopista con un ternero Jersey atado al capó, seguro de haberle disparado a un ciervo.

Otro amigo mío se dedicó un año a la inspección de piezas abatidas durante la temporada de la perdiz. Cuenta que llegó un hombre con un enorme Oldsmobile blanco y abrió el maletero, orgulloso, para la inspección de los animales. Todos los pájaros estaban perfectamente colocados en una lona, pico contra pico, con el plumaje alborotado. Un par tras otro de carpinteros escapularios.

Los pueblos tradicionales que extraen el sustento de la tierra también poseen guías de recolección: protocolos detallados que tratan de mantener la salud y el vigor de las especies silvestres. Como las regulaciones estatales, estas se basan en sofisticados conocimientos ecológicos y amplios censos poblacionales. Ambas comparten el objetivo común de proteger eso que los gestores de caza llaman «los recursos», tanto por el bien de esos recursos como para garantizar el sustento de las generaciones futuras.

Los primeros colonizadores que llegaron a Isla Tortuga se maravillaron ante las riquezas de estas tierras, atribuyéndolas a la munificencia de la propia naturaleza. En los diarios de quienes se asentaron en la zona de los Grandes Lagos se menciona la abundancia del arroz silvestre que cosechaban los pueblos nativos, que eran capaces de llenar las canoas de arroz para todo el año en unos pocos días. Lo que más les sorprendió a los colonos fue el hecho de que, como escribió uno de ellos, «los salvajes dejaron de recoger mucho antes de que se acabara el arroz». Observó que «la cosecha de arroz comienza con una ceremonia de gratitud y una petición de buen tiempo para los cuatro días siguientes. Cosecharán del amanecer al anochecer durante esos cuatro días y luego se detendrán, y a menudo dejarán mucho arroz sin recolectar. Este, dicen, no es para ellos sino para los Truenos. Nada los incentiva a seguir, y por eso desperdician tanto». Los colonos vieron aquí una prueba de la pereza y falta de ánimo de los paganos. No concebían que las prácticas indígenas de cuidado de la tierra pudieran contribuir a la misma riqueza que habían hallado.

Recuerdo a un estudiante de Ingeniería que venía de Europa y me contaba, emocionado, que iba a cosechar arroz a Minnesota con la familia ojibwe de un amigo suyo. Estaba deseando experimentar la cultura nativa americana. Al regresar me dijo que se metían en el lago al amanecer y se pasaban el día entero remando entre los arrozales, echando las semillas maduras a la canoa. «Recogimos un montón enseguida —me informó—, pero su método no es muy eficaz. Al menos la mitad del arroz se cae al agua y no parece importarles demasiado. Es como tirarlo». Para agradecerles la hospitalidad a sus anfitriones, una tradicional familia arrocera, les ofreció elaborar un artefacto de recolección del grano que pudieran colocar en la borda de las canoas. Les hizo un diseño y les informó de que con esa técnica podrían aumentar un 85 por ciento la cosecha. Sus anfitriones le escucharon respetuosamente y después dijeron: «Sí, de ese modo obtendríamos más. Pero hay que dejar semillas para el año que viene. Y lo que dejas atrás no se tira. No solo a nosotros nos gusta el arroz. ¿Crees que los patos pasarían por aquí si nos lo lleváramos todo?». Nuestras enseñanzas nos recuerdan que nunca tomemos más de la mitad.

Cuando tengo suficientes puerros en la cesta, me levanto y vuelvo a casa. Al caminar otra vez entre las flores encuentro una zona plagada de las hojas brillantes de la raíz de serpiente y me acuerdo de la historia que me contó una herborista. Fue ella quien me enseñó una de las reglas fundamentales a la hora de recolectar: «No te lleves nunca la primera planta que encuentres: podría ser la última, y querrás que esa le hable bien de ti al resto de la especie». Es fácil cumplirlo cuando estás ante toda una pradera llena de uña de caballo, cuando junto a la primera hay muchas más, pero no lo es tanto cuando las plantas escasean y la tentación es grande.

«Una vez soñé con la raíz de serpiente —me contó la herborista—. Soñé que iba a emprender un viaje al día siguiente y que tenía que llevármela conmigo por algún motivo, aunque no sabía cuál. Era demasiado pronto para recolectarla. Las hojas tardarían aún una semana en abrirse. Pensé que tal vez habría alguna zona donde se hubiera despertado antes, algún punto especialmente soleado, por lo que me dirigí a la zona en la que suelo encontrar provisiones de tales remedios». Vio a la sanguinaria, y a las «bellezas primaverales». Las saludó al pasar ante ellas, pero no encontró raíz de serpiente. Empezó a caminar más lentamente, a prestar más atención, y su conciencia se convirtió en un halo de visión periférica. Finalmente, la descubrió acurrucada a los pies de un árbol, orientada hacia el sureste, un brillante conjunto de hojas verdes y oscuras. Se arrodilló, sonriendo, y le habló en voz baja. Pensó en su próximo viaje, en la bolsa vacía que guardaba en el bolsillo, y entonces se levantó, lentamente. Aunque la edad había hecho mella en sus rodillas, siguió adelante, evitando recoger esa primera planta.

Recorrió el bosque, admirando los trilios que acababan de levantar la cabeza. Contempló los puerros. Sin embargo, no halló ninguna raíz de serpiente más. «Ya me había hecho a la idea de que tendría que marchar sin ella. Y entonces, volviendo a casa, a mitad de camino, me di cuenta de que había perdido la pala, la que siempre utilizo para sacar las hierbas medicinales. Así que me di la vuelta. Tiene el mango rojo y no me costó encontrarla. Y ocurrió que había caído en una zona plagada de raíces de serpiente. Le hablé a la planta, igual que te dirigirías a una persona a la que tuvieras que pedir ayuda, y ella me dio un poquito de sí misma. Al día siguiente, al llegar a mi destino, me esperaba una mujer que necesitaba la medicina de la raíz, y de ese modo yo pude transmitir el obsequio. Esa planta me recordó que si recolectamos con respeto, las plantas nos ayudarán».

El reglamento de la Cosecha Honorable no está escrito en ningún sitio. Ni siquiera puede considerarse un conjunto sistemático de reglas. Se trata, más bien, de una serie de prácticas definidas en el día a día. Pero si hubiera que hacer una lista, sería algo parecido a esto:

Conoce las costumbres y necesidades de quienes cuidan de ti, para poder cuidar tú de ellos.

Preséntate. Que te conozcan como aquel o aquella que viene a buscar la vida.

Pide permiso antes de tomar algo. Acata la respuesta.

Nunca te lleves el primero. Nunca te lleves el último.

Toma solo lo que necesites.

Toma solo aquello que se te ofrece.

Nunca tomes más de la mitad. Deja algo para los demás.
Cosecha de manera que el daño sea el menor posible.
Utilízalo de forma respetuosa. Nunca desperdicies lo que has tomado.
Comparte.
Da las gracias por aquello que se te ha dado.
Haz un obsequio para corresponder a lo que has tomado.
Sé sostén de aquellos que te sostienen y la tierra durará para siempre.

Las guías estatales para la caza y la recolección toman en consideración exclusivamente el reino biofísico, mientras que las reglas de la Cosecha Honorable se ocupan de rendir cuentas tanto al reino físico como al metafísico. Tomar otra vida para sustentar la tuya propia resulta mucho más significativo cuando reconoces a los seres de los que te sirves como individuos, personas no humanas equipadas con conciencia, inteligencia y espíritu; también con familias que los esperan en casa. Matar *a alguien* es diferente a matar *algo*. Si consideras que esas personas no humanas son de los tuyos, las reglas para la recolección cambian por completo, y van mucho más allá del tamaño permitido de la bolsa y de las temporadas estipuladas por ley.

Las regulaciones estatales son, por lo general, listas de prácticas ilegales: «Está prohibido llevarse truchas arcoíris cuya longitud de la boca a la aleta caudal no exceda los treinta centímetros». Quedan claramente definidas las consecuencias de desobedecer la legislación, que normalmente implican una transacción financiera tras hablar con el agente ambiental de turno.

Frente a las normas estatales, la Cosecha Honorable no ha sido refrendada por Gobierno alguno ni se aplican sanciones al contravenirla. Sin embargo, sigue siendo un acuerdo, entre personas y, sobre todo, entre consumidores y proveedores. Los proveedores tienen la sartén por el mango. El ciervo, el esturión, los frutos silvestres y los puerros dicen: «Si cumples estos principios, seguiremos ofreciendo nuestras vidas para dar sustento a la tuya».

La imaginación es una de nuestras herramientas más poderosas. Aquello que imaginamos puede volverse real. A mí me gusta imaginar lo que sucedería si la Cosecha Honorable se convirtiese hoy en ley de la tierra, como lo fue en el pasado. Imaginar que un promotor inmobiliario, al buscar parcelas para edificar un centro comercial, tuviera que pedirle permiso a la vara de oro, a los estorninos y a la mariposa monarca que viven en ellas. ¿Y qué pasaría si tuviera que acatar la respuesta de estos? ¿Y por qué no habría de ser así?

Me gusta imaginar una tarjeta laminada, como la que mi amiga la secretaria reparte con las licencias de caza y pesca, donde se hubieran grabado los principios de la Cosecha Honorable. Todos estaríamos sujetos a las mismas leyes, pues estas serían las máximas del gobierno *real*, la democracia de las especies, las leyes de la Madre Naturaleza.

Cuando pregunto a los ancianos por las tradiciones con que nuestro pueblo trata de salvaguardar la salud del mundo, escucho el mandato de tomar solo lo que uno necesita. Pero nosotros, los humanos, somos descendientes de Nanabozho y tenemos sus mismos problemas para contenernos. La idea de tomar solo lo indispensable queda abierta a la interpretación desde el momento en que nos resulta difícil distinguir entre deseos y necesidades.

Tras esa zona de grises hay una regla más elemental que la de la necesidad, una vieja enseñanza casi ignorada en la actualidad, enterrada por el ritmo de la industria y la tecnología. Es un principio muy antiguo, profundamente enraizado en las culturas de gratitud: el criterio básico no ha de ser el de tomar únicamente lo que necesitamos, sino el de tomar aquello que se nos ofrece.

Es algo que ya hacemos en el nivel de las interacciones humanas. Es lo que les enseñamos a nuestros hijos. Cuando visitas a tu abuela y ella saca galletas recién hechas en un plato de porcelana, está claro lo que hay que hacer: aceptarlas, dar las gracias y apreciar la relación de cariño que reafirman la canela y el azúcar. Tomas lo que se te ofrece y lo agradeces. En ningún momento se te pasa por la cabeza asaltar la despensa y llevarte todas las galletas y hasta el plato de porcelana. Eso sería, como mínimo, una infracción de los buenos modales, una traición al vínculo que les une. A tu abuela se le rompería el corazón y no volvería a hacerte galletas en una temporada.

Sin embargo, somos incapaces como cultura de trasladar estos buenos modales al mundo natural. La cosecha deshonrosa se ha convertido en nuestra forma de vida: tomamos lo que no nos pertenece y lo destruimos hasta que es irrecuperable: el lago Onondaga, las arenas bituminosas de Alberta, las selvas de Malasia. La lista es infinita. Son los dones de nuestra dulce abuela, la Tierra, y nosotros los tomamos sin pedir permiso. ¿Cómo podemos regresar a los principios de la Cosecha Honorable?

Si estamos recolectando bayas o frutos secos, resulta lógico tomar solo lo que se ofrece. Están a la vista y al recolectarlos cumplimos con nuestra responsabilidad recíproca. Al fin y al cabo, las plantas han creado estos frutos con el objetivo expreso de que los tomemos, los dispersemos y los sembremos. Cuando utilizamos sus dones, ambas especies prosperamos y la vida se agranda, se magnifica. Ahora bien, ¿qué sucede cuando tomamos algo sin evidencia de un beneficio mutuo, cuando alguien sale perdiendo en el intercambio?

¿Cómo podemos distinguir entre aquello que la tierra nos ofrece y aquello que no? ¿En qué momento la obtención se convierte en hurto? Creo que los ancianos responderían que no hay un único camino, que cada uno de nosotros debe encontrar la hoja de ruta de su propio discernimiento. Yo lo he intentado y me he encontrado en callejones sin salida y en grandes claros. Indagar en las posibles soluciones es como adentrarse entre la vegetación más cerrada. A veces, si tienes suerte, encuentras un sendero de ciervos.

Es un día brumoso de octubre, en plena temporada de caza. Estamos sentados en el porche de la cocina de la nación onondaga. Las hojas poseen un tono dorado, ahumado, y se desprenden y revolotean mientras escuchamos las historias de los hombres. Jake, con un pañuelo rojo en la cabeza, nos hace reír a todos recordando cómo imita Junior a los pavos. Con los pies en la barandilla y la trenza oscura colgando tras el respaldo de la silla, Kent habla de la vez en que siguió el rastro de sangre de un oso por la nieve recién caída y no dio con él. Salvo un anciano, todos son hombres jóvenes con reputaciones que forjar.

Oren lleva una gorra de béisbol con el símbolo de la Séptima Generación y el pelo recogido en una fina coleta gris. Sus palabras nos llevan por matorrales y quebradas, hasta su lugar favorito para la caza. Sonríe al recordar, y dice: «Vi al menos diez ciervos aquel día, pero solo disparé una vez. —Se recuesta en la silla y mira hacia la colina, aún abstraído. Los jóvenes le escuchan y no levantan la vista del suelo del porche—. El primero llegó casi hasta donde yo estaba agitando la hojarasca y serpenteó colina abajo entre los matorrales. No llegó a verme. A continuación, apareció un joven macho. Se dirigió hacia mí, contra el viento, y se escondió detrás de un bloque de roca. Podía haberlo seguido por el riachuelo, pero yo era consciente de que ese no era el que tenía que cazar». Ciervo a ciervo, Oren recuerda cada uno de los encuentros para los que ni siquiera levantó el rifle: la cierva junto al agua, el ciervo de seis puntas escondido detrás de un tilo, del que solo se distinguía la grupa. «Nunca llevo más de una bala», dice.

Los jóvenes en camiseta, sentados en el banco frente a él, se inclinan hacia delante, beben sus palabras. «Y entonces, de repente, hay uno que camina derecho al claro, que me mira a los ojos. Sabe perfectamente que estoy ahí y lo que voy a hacer. Se gira y me da el flanco para facilitarme el disparo. Yo sé que es el indicado, y él también lo sabe. Se produce una especie de asentimiento mutuo. Por eso nunca llevo más de una bala. Estoy esperando al ciervo correcto. El que se me ofrece. Eso es lo que me enseñaron: toma solo lo que se te ofrece y, después, trátalo con respeto —recuerda Oren a su público—. Por eso le damos las gracias al ciervo, que es el líder de los animales, por la generosidad con que alimenta a nuestro pueblo. Reconocer las vidas que nos dan sustento y vivir manifestando nuestra gratitud es una de las fuerzas que hacen que el mundo siga adelante».

La Cosecha Honorable no nos pide que hagamos la fotosíntesis. No dice: «No tomes», sino que nos brinda inspiración y un modelo para saber qué *deberíamos* tomar. No es una lista de prohibiciones, sino de posibilidades. *Come* aquello que se ha cosechado de forma honrosa, y celebra cada bocado. *Utiliza* aquellas tecnologías que minimizan el daño; *toma* lo que se te ofrece. Esta filosofía no se refiere solo a los alimentos, sino a todos los obsequios de la Madre Tierra, al aire, al agua y a su mismo cuerpo: las piedras y el suelo y los combustibles fósiles.

Sacar carbón de las profundidades de la tierra implica provocar daños irreparables y viola todos los preceptos del código. Por mucha imaginación que uno tenga, resulta imposible pensar que el carbón «se nos ofrece». Tenemos que remover tierra y agua para sacarlo de la Madre Tierra. ¿Qué ocurriría si una ley obligara a la compañía minera que quisiera abrir una montaña en los antiguos plegamientos de los Apalaches a tomar solo aquello que se le ofrece? ¿No te entran ganas de entregarles la tarjeta laminada e informarles de que las reglas han cambiado?

Eso no significa que no podamos consumir la energía que necesitamos, sino que debemos tomar, de manera honrosa, solo aquello que está a nuestra disposición. El viento sopla cada día, cada día brilla el sol; las olas rompen contra la orilla y la tierra conserva su calor bajo nuestros pies. Podemos entender estas fuentes de energía renovable como ofrecimientos, pues son las fuerzas que han movido al planeta desde el principio. No hace falta que destruyamos la tierra para servirnos de ellas. A mí me parece que cuando utilizamos responsablemente las energías solar, eólica, geotérmica y mareomotriz —las llamadas «energías limpias»—, estamos actuando de acuerdo con las antiguas normas de la Cosecha Honorable.

El código pide también que para cualquier forma de recolección, incluida la de energía, el propósito debe hacerle honor al recurso que tomamos. Del ciervo de Oren se obtuvieron unos zapatos y alimento para tres familias. ¿Para qué vamos a utilizar nosotros la energía?

Me acuerdo de una charla que di en una pequeña universidad privada donde el curso académico llegaba a costar unos cuarenta mil dólares. Se titulaba «Culturas de gratitud». Durante los cuarenta y cinco minutos que me asignaron, hablé del Mensaje de Gratitud de los haudenosaunees, de la tradición del *potlatch* en el Pacífico Noroeste y de la economía de dones de la Polinesia. Después les conté una historia tradicional sobre los años en que las cosechas de maíz eran tan abundantes que las despensas estaban llenas. Los campos habían sido tan generosos con los habitantes que estos apenas necesitaban trabajar. Así que no lo hicieron. Las azadas se recostaron, ociosas, contra los árboles. La gente se volvió tan perezosa que cuando llegó la época de las ceremonias del maíz, no le dedicaron ni un solo canto de agradecimiento. Empezaron a utilizar el maíz para propósitos que no eran lo que las Tres Hermanas tenían en mente cuando les hicieron entrega del sagrado obsequio. Lo quemaban como combustible para no cortar madera. En vez de ponerlo a resguardo en los graneros, lo amontonaban al descubierto y los perros se lo llevaban. Nadie impedía que los niños jugaran en los poblados a darles patadas a las mazorcas.

Dolido por el ultraje, el Espíritu del Maíz decidió marcharse, buscar otro lugar en el que fuera apreciado. Al principio, la gente no se dio cuenta. Hasta que al año siguiente los maizales no dieron más que hierbas. Las reservas se vaciaron y el grano que no habían protegido estaba húmedo o mordisqueado por los ratones. No tenían nada que comer. Los habitantes iban de un lado a otro, desesperados y sin saber qué hacer, cada vez más delgados. Le habían dado la espalda a la gratitud y ahora los dones les abandonaban.

Un niño pequeño salió del pueblo y vagó durante días, hambriento, hasta encontrar al Espíritu del Maíz en un bosque, iluminado por el sol en un claro. Le suplicó que regresara con su pueblo. Él le sonrió amablemente y le encomendó que volviera a enseñar la gratitud y el respeto que los suyos habían olvidado. Solo entonces regresaría. El niño lo hizo así y él regresó en primavera, después de un invierno muy duro, sin maíz, que les sirvió para comprender las consecuencias de desatender sus deberes.[1]

Varios de los alumnos bostezaron. No podían imaginar de qué les estaba hablando. Los pasillos del supermercado donde ellos compraban estaban siempre repletos. En la recepción posterior, los vi echarse comida a los platos de poliestireno. Intercambiamos preguntas y comentarios mientras sujetábamos vasos de plástico con refresco. Se alimentaban de queso y galletitas, de una amplia variedad de verduras cortadas, de tarritos con salsas diversas. Había comida suficiente para dar de comer a todo un pueblo. Todo lo que sobró acabó en los cubos de basura colocados a propósito junto a las mesas.

---

[1] Este relato es conocido desde el suroeste al noreste. Joseph Bruchac cuenta una versión en *Keepers of Life* (Guardianes de la vida), de Caduto y Bruchac.

Una hermosa joven, con el pelo atado con un pañuelo, esperaba su turno para participar en la conversación, retraída. Cuando casi todos se habían marchado, se me acercó e hizo un gesto para señalar las sobras desperdiciadas de la recepción, una sonrisa de disculpa. «No quiero que piense que nadie entendió de lo que hablaba —me dijo—. Yo sí. Habla igual que mi abuela, que vive en un pequeño pueblo, en Turquía. Le voy a contar que tiene una hermana aquí, en Estados Unidos. La Cosecha Honorable es también su modo de vida. En su casa aprendimos que todo lo que nos llevamos a la boca, todo lo que nos permite vivir, es el regalo que otra vida nos hace. Recuerdo estar acostada junto a ella, de noche, y tener que dar las gracias a las vigas de la casa y a las mantas de lana con que dormíamos. Ella nos obligaba a recordar que todo lo que poseíamos era un regalo y que teníamos que cuidarlo para mostrar nuestro respeto hacia la vida que nos lo había entregado. Nos enseñó también a besar el arroz. Si un solo grano de arroz se caía al suelo, teníamos que recogerlo y besarlo, para que supiera que no era nuestra intención faltarle al respeto». El mayor contraste cultural que ella había experimentado al venir a Estados Unidos no había sido la comida o el idioma o la tecnología, sino el despilfarro.

—Nunca se lo he contado a nadie —dijo—, pero la cafetería de la facultad me daba ganas de vomitar, la forma en que la gente trataba la comida. Con lo que ellos tiran se podría alimentar a todo mi pueblo. Pero no podía hablarlo con nadie, nadie podría entender por qué besamos los granos de arroz.

Le di las gracias por contármelo a mí y ella me respondió:

—Por favor, considérelo un regalo, y entrégueselo a otra persona.

He escuchado a veces que basta con dar las gracias para corresponder a los obsequios de la tierra. Ninguna otra criatura posee el don de la gratitud, pues solo el ser humano recuerda, gracias a su conciencia y memoria colectiva, que el mundo podría ser de otra forma, podría ser menos generoso de lo que es. En mi opinión, sin embargo, hemos de ir más allá de la cultura de gratitud: hemos de convertirnos en culturas de reciprocidad.

Conocí a Carol Crowe, una ecóloga algonquina, en un congreso sobre modelos nativos de sostenibilidad. Nos contó lo que le había sucedido cuando solicitó al consejo tribal financiación para asistir al evento. Le preguntaron: «¿A qué se refieren? ¿Qué es eso de la sostenibilidad?». Les hizo un resumen de las principales definiciones de desarrollo sostenible, incluyendo aquella de «gestión de los recursos naturales y las instituciones sociales capaz de garantizar la satisfacción continuada de las necesidades humanas para las generaciones presentes y futuras». Tras unos momentos de silencio y reflexión, uno de los ancianos dijo: «En mi opinión, lo que quieren con el desarrollo sostenible es seguir apropiándose de las cosas del mismo modo en que se han apropiado hasta ahora. Es lo único que quieren. Ve allí y diles que, en nuestra forma de vida, lo primero que pensamos no es: "¿Qué podemos tomar?", sino: "¿Qué podemos darle a la Madre Tierra?". Así es como debería ser».

La Cosecha Honorable trata de que correspondamos recíprocamente a lo que se nos ha dado. La reciprocidad ayuda a resolver la tensión moral de quitar una vida. A cambio de ella, ofrecemos algo de valor para sustentar a aquellos que nos sustentan a nosotros. Una de nuestras responsabilidades como seres humanos es encontrar formas de corresponder al mundo no humano. Podemos hacerlo a través de la gratitud, la ceremonia, la protección de la tierra, la ciencia, el arte o a través de actos cotidianos de honor práctico.

He de confesar que fui a verle cargada de prejuicios. No podía interesarme nada de lo que un trampero pudiera decirme. Entiendo que las bayas, los frutos secos, los puerros y, quizá, ese ciervo que te mira a los ojos están en la matriz de la Cosecha Honorable. Poner cepos para cazar armiños y sigilosos linces que acabarían adornando el cuerpo de alguna mujer acomodada me parecía difícil de justificar. Pero podía ser respetuosa y escuchar.

Lionel había crecido en los bosques septentrionales, cazando, pescando y haciendo de guía para otros pescadores y cazadores, obteniendo de la tierra su sustento en una remota cabaña de madera donde mantenía viva la tradición de los *coureurs des bois* (corredores de los bosques). Su abuelo indio fue quien le enseñó a poner cepos, un hombre famoso por su destreza en el oficio. Quien quiera cazar visones tiene que pensar como uno de ellos.

Si su abuelo fue un gran trampero es porque respetaba profundamente el aprendizaje de todo lo relacionado con los animales: sabía por dónde se movían, cómo cazaban, dónde se cobijaban cuando el tiempo venía malo. Era capaz de ver el mundo a través de los ojos de un armiño. Así sacaba adelante a su familia.

«Me encantaba vivir en el bosque —dijo Lionel—, y me encantaban los animales. Mi familia comía siempre gracias a la pesca y la caza, y obtenía el calor de los árboles, y una vez que tenían cubiertas sus propias necesidades de abrigo, vendían las pieles y con ese dinero compraban querosén, café, frijoles y ropa para la escuela. Todos pensaban que yo continuaría el oficio, pero al principio me negué». Lionel no quería tener nada que ver con la trampería de cepos de pisada, que era la que se practicaba entonces y le parecía una crueldad. Había visto animales tratando de arrancarse la pata a mordiscos para liberarse. «Los animales tienen que morir para que nosotros sobrevivamos, pero no es necesario que sufran», dijo.

Para quedarse a vivir en el bosque, intentó hacerse leñador. Conocía el método tradicional de transporte de la madera durante el invierno, en trineo por las carreteras heladas. La madera se se talaba solo mientras el manto de nieve protegía la tierra. Sin embargo, esas viejas prácticas, de escaso impacto ambiental, habían sido remplazadas por maquinaria pesada que destrozaba el bosque y acababa con las tierras que necesitaban los animales. Habían convertido la oscura foresta en un campo de muñones; los claros arroyos, en zanjas embarradas. Probó a trabajar en la cabina de un buldócer Caterpillar D9 y en una taladora sobre orugas, una máquina diseñada para arrasarlo todo. No pudo hacerlo.

A continuación, Lionel fue a emplearse en las minas de Sudbury (Ontario): sustituyó el bosque por el trabajo bajo tierra, de donde extraía mineral que alimentaba las fauces de las fundiciones. La lluvia ácida provocada por el dióxido de azufre y los metales pesados que salían de las chimeneas acababa con cualquier criatura viva en kilómetros a la redonda y dejaba sobre la tierra una quemadura imborrable. Al no haber vegetación, el suelo se perdía y lo que quedaba era un paisaje tan yermo que la NASA lo utilizaba para probar sus vehículos lunares. Los altos hornos de

Sudbury eran los cepos que se cerraban sobre las patas de la tierra mientras el bosque moría, lenta y dolorosamente. Solo después de que el daño estuviera hecho, Sudbury se convirtió en un símbolo de la lucha política y legislativa contra la contaminación.

Nada hay de humillante en trabajar en la mina para alimentar a tu familia —un intercambio de trabajo duro por comida y abrigo—, pero todos queremos que nuestro trabajo sirva para algo más. Cada noche, cuando volvía a casa, atravesando en su auto el paisaje baldío que él mismo había contribuido a crear, sentía las manos manchadas de sangre. Dejó el trabajo.

En la actualidad, Lionel pasa los inviernos recorriendo con raquetas la ruta de cepos por el día, y preparando las pieles por la noche. En vez de los químicos nocivos que se utilizan en las fábricas, él emplea los aceites del cerebro del animal para que los curtidos sean más duraderos y suaves. Con voz asombrada y una tersa piel de alce en el regazo, dice: «El cerebro de cada animal contiene la cantidad justa para curtir su propia piel». Fue su propio cerebro y su corazón los que le llevaron de vuelta a los bosques, de vuelta al hogar.

Lionel pertenece a la nación métis; dice de sí mismo que es un «indio de ojos azules». Procede de los bosques del norte de Quebec, como delata su melodioso acento. En la conversación se le entreveran con tanta gracia los *«oui, oui, madame»* que tengo la impresión de que me va a besar la mano en cualquier momento. Sus manos también son reveladoras: manos de leñador, anchas y lo suficientemente fuertes para colocar un cepo o una cadena alrededor de un tronco, pero con la sensibilidad necesaria para evaluar el grosor de una piel. Cuando lo conocí, Canadá ya había prohibido los cepos de pisada y solo estaban permitidas las trampas de cuerpo entero, que garantizan una muerte instantánea. Nos hace una demostración: hacen falta dos brazos fuertes para abrirla y colocarla. Al cerrarse, puede romperle el cuello a cualquiera.

Los tramperos son quienes más tiempo pasan en los caminos y llevan un registro detallado de lo que capturan. Lionel tiene siempre una libreta llena de notas en el bolsillo; la saca y la enseña, diciendo: «¿Quieres ver mi nueva BlackBerry? Funciona con grafito, ¿sabías?».

Por la ruta de sus cepos pasan castores, linces, coyotes, martas pescadoras y armiños. Muestra cada una de las pieles, explicando la densidad de la capa interior y la longitud del pelo externo y cómo juzgar la salud de un animal por su pelaje. Se detiene al llegar a la textura sedosa de la marta cibelina. La piel tiene un color muy hermoso y es tan liviana como una pluma.

Las martas constituyen una parte importante de la vida de Lionel: son sus vecinas y él agradece que su población se haya recuperado desde el estado de casi extinción en que se encontraban. Los tramperos son los primeros en conocer la densidad y el bienestar de la fauna silvestre. Tienen la responsabilidad de cuidar de las especies de las que dependen y cada visita a los cepos les proporciona la información en la que basarán sus actuaciones posteriores: «Cuando solo cazamos martas macho, los cepos están abiertos», dice. Si hay un exceso de machos que no encuentran hembra, estos se mueven sin rumbo fijo y son fáciles de cazar. Además, si hay demasiados machos jóvenes es posible que no haya comida para todos. «Ahora bien, si cazamos a una hembra, dejamos de poner trampas. Entendemos que acabamos con el excedente y ya no tocamos a los que quedan. De ese modo, la población no resulta excesiva, nadie pasa hambre y ellos salen adelante».

A finales del invierno, cuando aún hay una densa capa de nieve, pero los días ya son más largos, Lionel saca la escalera del techo del garaje. Se pone las raquetas y sale al bosque con la escalera al hombro, martillo, clavos y trozos de madera en el morral. Busca unos árboles muy concretos: árboles grandes y viejos con oquedades de tal tamaño y tal forma que solo una especie pueda utilizarlos. Coloca la escalera en la nieve y sube hasta una rama alta, donde construye una plataforma. Vuelve a casa antes del anochecer y al día siguiente se levanta para hacer lo mismo. No es fácil llevar una escalera a cuestas por el bosque. Cuando termina de construir plataformas, saca un cubo blanco de plástico del congelador y lo pone junto a la estufa para que se descongele.

En verano, Lionel trabaja de guía de pesca en los recónditos lagos y ríos de su región natal. Dice que en esos momentos trabaja solo para sí y que su empresa se llama Ver Más y Hacer Menos. No es mal plan de negocio. Cuando limpian el pescado, él echa las tripas a grandes cubos blancos y las guarda en el congelador. Oye al resto de pescadores murmurar: «Debe de ser para hacer guisos en invierno».

Al día siguiente, sale de nuevo, amarra el cubo al trineo y recorre varios kilómetros por la ruta de los cepos. Se encarama a todas las plataformas que ha construido en los árboles. Se agarra a la escalera con una mano para no llenarse de tripas de pescado y con la otra echa una gran palada maloliente. Y se marcha a la siguiente plataforma.

Como les sucede a muchos depredadores, las martas tardan bastante en reproducirse, lo que supone un riesgo para su población. La gestación suele durar unos nueve meses y no empiezan a parir hasta que no cumplen los tres años. Tienen entre una y cuatro crías, y el número que sacan adelante depende del alimento disponible. «Descongelo las tripas de pescado unas semanas antes de que la madre dé a luz —dice—. Si las pones en un lugar donde ningún otro animal pueda alcanzarlas, esas madres podrán darse un par de festines, lo que las ayudará a cuidar de las crías y a que sobreviva un número mayor de ellas, especialmente cuando hay nevadas tardías, o algo así». La ternura de su voz me hace pensar en el vecino que le lleva un guiso caliente a la casa del enfermo. Desde luego, no es la imagen que yo tenía de los tramperos. «Bueno —dice, sonrojándose un poco—, esas martas cuidan de mí y yo cuido de ellas».

Las enseñanzas nos dicen que una cosecha se vuelve honorable con lo que tú entregas a cambio de lo que recibes. No puede negarse el hecho de que los cuidados de Lionel supondrán más martas en sus cepos. Tampoco el hecho de que acabarán muertas. Alimentar a las hembras en estado de gestación no es un gesto altruista, sino de profundo respeto por la forma en que funciona el mundo, por las conexiones que nos unen, por la vida que alimenta otra vida. Cuanto más da, más puede tomar, y él hace el esfuerzo de dar siempre más de lo que toma.

Me conmueve el afecto y el respeto que siente Lionel hacia esos animales, las atenciones que nacen del conocimiento íntimo de sus necesidades. Vive la tensión de amar a la presa que caza y la resuelve por su cuenta poniendo en práctica los principios de la Cosecha

Honorable. Pero es innegable que la piel de la marta va a convertirse, con toda probabilidad, en un abrigo de lujo, que tal vez acabará en el armario del dueño de una mina en Sudbury.

Los animales que morirán a manos de Lionel vivirán antes una buena vida, gracias en parte a él. Su forma de vida, que yo había condenado sin comprender, protege el bosque, los lagos y los ríos, no solo para beneficio propio y de la industria peletera, sino para el beneficio de todas las criaturas del bosque. Una cosecha se vuelve honorable cuando hace prosperar al dador tanto como al recolector. Y hoy Lionel se ha convertido en un excelente maestro, al que escuelas de todas partes invitan para que comparta los saberes tradicionales sobre conservación de la fauna. Está devolviendo aquello que se le ha dado.

El tipo que lleva una marta al cuello en una oficina de Sudbury es incapaz de imaginar el mundo de Lionel. No puede concebir una forma de vida que le exija tomar solo lo que necesita, entregar algo a cambio de lo que se le ofrece, fomentar la reciprocidad, cuidar del mundo que le cuida, llevar la comida a una madre gestante en lo alto de un árbol. Pero tiene que aprender a hacerlo, a no ser que quiera que el mundo se vuelva una tierra baldía.

Puede que estas reglas para la caza y la cosecha nos resulten pintorescos anacronismos y creamos que su relevancia desapareció a la vez que los bisontes. Pero hemos de recordar que los bisontes no se han extinguido; que están, de hecho, recuperándose gracias a los cuidados de quienes conservan su memoria. El código de la Cosecha Honorable también está listo para regresar de la mano de aquellos que recuerdan lo que es bueno para la tierra y para la gente.

Necesitamos actos de restauración, no solo para las aguas contaminadas y los suelos degradados, también para nuestra relación con el mundo. Necesitamos recuperar el honor en nuestro modo de vida para poder llevar la cabeza en alto, para ganarnos el respeto del resto de las criaturas y que no tengamos que apartar la mirada.

Me siento afortunada por poder recolectar puerros silvestres, dientes de león, caléndulas acuáticas y pacanas (si las encuentro antes que las ardillas). Pero sé que son solo añadidos a una dieta basada en productos de mi huerta y del supermercado. Nos sucede a todos, ahora que la mayoría de la gente vive en centros urbanos.

Las ciudades son como la mitocondria de nuestras células animales: consumidoras, alimentadas por los autótrofos, por la fotosíntesis de un lejano verdor. Podríamos argüir que los habitantes urbanos no tienen los medios para practicar una reciprocidad directa con la tierra. Sin embargo, por muy separados que estemos del origen de los productos que consumimos, podemos practicar la reciprocidad a través de la forma en que gastamos el dinero. Tal vez la extracción del puerro y del carbón nos quedan demasiado lejos, pero los consumidores tenemos una herramienta muy poderosa en el bolsillo. Los dólares pueden convertirse en moneda vicaria de la reciprocidad.

Pensemos en la Cosecha Honorable como en un espejo en el que juzgar nuestras adquisiciones. ¿Qué vemos en él? ¿Hace honor lo que compramos a las vidas consumidas? Los dólares funcionan como representantes, apoderados del recolector que tiene las manos en la tierra. Pueden estar al servicio de la Cosecha Honorable o no.

Parece fácil plantearlo así, y creo que los principios de la Cosecha Honorable se aplican perfectamente a esta época en que el consumo desaforado amenaza todos los niveles de nuestro bienestar. Pero resulta aún más fácil trasladar la carga de la responsabilidad a la compañía minera o al promotor inmobiliario. ¿Qué pasa con nosotros, los que compramos aquello que ellos venden, los cómplices de la cosecha deshonrosa?

Yo vivo en el campo. Aquí cultivo el huerto, obtengo huevos de las gallinas del vecino, compro manzanas en el valle contiguo al mío, y recolecto frutos y verduras silvestres de unas pocas hectáreas de bosque. Muchas de las cosas que poseo son de segunda o tercera mano. El escritorio en el que trabajo fue una vez una hermosa mesa de comedor que alguien abandonó en una cuneta. Sin embargo, pese a que me caliento con madera, preparo mi propio fertilizante orgánico, reciclo y llevo a cabo muchísimas prácticas responsables, un honesto inventario de mi hogar dejaría la mayor parte de su contenido fuera de los estándares de la Cosecha Honorable.

Quiero hacer el experimento, ver si es posible ceñirse a los principios de la Cosecha Honorable y sobrevivir en la economía de mercado. Así que me voy con mi lista de compras.

En la tienda de abarrotes local resulta sencillo ser consciente de las decisiones que se toman y de la posibilidad de un beneficio mutuo para la tierra y la gente. Se ha asociado con productores locales para vender alimentos orgánicos de proximidad a un precio que casi todo el mundo puede permitirse. Tienen multitud de productos reciclados y «verdes», así que puedo colocar el papel higiénico ante el espejo de la Cosecha Honorable sin avergonzarme. Cuando recorro los pasillos con los ojos abiertos, soy capaz de identificar el origen de la comida, aunque los Cheetos y las galletas industriales siguen siendo un misterio ecológico. En general, puedo utilizar mi dinero para tomar buenas decisiones ecológicas, además de seguir satisfaciendo mi constante, aunque cuestionable, necesidad de chocolate.

No aguanto el proselitismo de quienes rechazan todo lo que no sea orgánico, de granja o de comercio justo. Cada uno da lo que está en sus manos; la Cosecha Honorable se ocupa tanto de las relaciones como de las capacidades materiales. Una amiga dice que ella compra un producto verde a la semana: es lo que puede permitirse y, por tanto, es lo que hace. «Quiero votar con mi dólar», dice. Yo puedo tomar más decisiones porque tengo los ingresos suficientes para elegir productos «verdes» en vez de otros más baratos, y espero que eso contribuya a que el mercado tome el rumbo correcto. En los desiertos alimentarios del South Side carecen de esa posibilidad. La deshonra de la desigualdad va mucho más allá del suministro de alimentos.

Me detengo en seco en la sección de productos frescos. Allí, en bandejas de poliestireno, revestidos de plástico y al espléndido precio de siete dólares el kilo, están los Puerros. El plástico los comprime, parecen atrapados, como si se estuvieran ahogando. Suenan las alarmas en mi cabeza, las alarmas de la mercantilización de aquello que debería ser un obsequio y de los riesgos de la forma de pensar que hay detrás. Al vender los puerros, estos se convierten en meros objetos, se abaratan, aun a siete dólares el kilo. No debería comerciarse con productos silvestres.

La siguiente parada es el centro comercial, un lugar que trato de evitar a toda costa. Hoy quiero adentrarme en las fauces de la bestia para continuar con el experimento. Me quedo unos minutos sentada en el auto, intentando recuperar la perspectiva y el estado mental con el que me interno en el bosque: receptiva, observadora y agradecida, aunque en lugar de puerros silvestres vaya a buscar papel y bolígrafos.

Aquí también hay un muro de piedra que atravesar, el edificio de tres plantas del centro comercial. Y la antesala desolada del aparcamiento, con cuervos posados sobre los montantes. Cruzo la entrada y siento un suelo igual de duro bajo los pies, y los zapatos repiquetean en las baldosas de imitación al mármol. Me detengo para asimilar los nuevos sonidos. Aquí no se escuchan cuervos ni zorzales, sino una banda sonora de guitarras eléctricas haciendo versiones asépticas de temas clásicos sobre el ruido constante del sistema de ventilación. La luz es fluorescente, débil, salvo allí donde los reflectores apuntan al suelo. Con esa iluminación, resaltan los estallidos de color de las tiendas y sus logos, perfectamente identificables, lechos de sanguinarias reclamando el protagonismo del bosque. Igual que entre los árboles en primavera, el aire lleva retales de aromas diferentes: un poco de café, rollos de canela, una tienda de caramelos, el penetrante olor de la fritura china en el restaurante de comida rápida de la zona de restauración.

Al final de esa ala veo la guarida de mi presa. Me oriento fácilmente, pues llevo años comprando aquí material de oficina. A la entrada hay un montón de cestas rojas de plástico con asas de metal. Saco una. Vuelvo a ser la mujer de la cesta. En el pasillo del papel me enfrento a una gran diversidad de especies —de renglón ancho y estrecho, para fotocopiadora, para cartas, en cuadernos de espiral, hojas sueltas— dispuestas en montones idénticos según la marca y el uso. Encuentro lo que busco, mis cuadernos favoritos, del mismo amarillo que las violetas amarillas del bosque.

Ante ellos, intento recuperar mi mentalidad recolectora, convocar los principios de la Cosecha Honorable por los que he de regirme, pero me resulta imposible hacerlo sin reírme. Trato de sentir los árboles en la pila del papel y dirigir hacia ellos mi pensamiento, pero aquí sus vidas resultan tan distantes que solo percibo un lejano eco. Pienso en el método de recolección: ¿arrasaron toda la arboleda? Pienso en el hedor de la fábrica, en los vertidos, en las dioxinas. Afortunadamente, hay un montón en el que pone: «Reciclado», así que me decanto por esos, aunque pague más por el privilegio. Me pregunto si el tinte del papel amarillo será peor que la decoloración. No estoy segura, pero elijo el amarillo, el de siempre. Queda bonito con tinta verde o morada, como un jardín.

A continuación, camino hacia el pasillo de los bolígrafos o, como ellos lo llaman, «útiles de escritura». Aquí las opciones son aún más numerosas y soy incapaz de imaginar su procedencia. Todo lo que sé es que participo en algún tipo de síntesis petroquímica. ¿Cómo puedo honrar esta adquisición, utilizar el dinero como moneda de respeto cuando la vida que hay tras el producto es invisible? Tardo tanto en decidirme que un empleado viene a preguntarme si busco algo en particular. Supongo que parezco una ladrona planeando el gran golpe de «útiles de escritura» con mi cesta roja en la mano. Lo que me gustaría preguntarle es: «¿De dónde salieron todas estas cosas? ¿De qué están hechas y en la fabricación de cuál de ellas se utilizó una tecnología menos nociva con la tierra? ¿Puedo comprar bolígrafos con la misma mentalidad con que se sacan los puerros de la tierra?». Imagino que su respuesta sería llamar a seguridad a través del pequeño auricular incorporado a la alegre gorra corporativa, así que me decido por mi opción favorita, una estilográfica con tinta morada y verde. La única reciprocidad se produce en la caja, en el momento de entregar la tarjeta de crédito a cambio de los útiles de escritura. La cajera y yo nos damos las gracias mutuamente, pero no se las damos a los árboles.

Estoy tratando con todas mis fuerzas de que esto funcione, pero eso que siento en el bosque, ese latido y esa animación, sencillamente, no está aquí. Comprendo por qué no funcionan los principios de la reciprocidad, por qué este reluciente laberinto de pasillos y estantes parece reírse de la Cosecha Honorable. Es obvio, pero yo no lo veía, obsesionada como estaba por encontrar la vida tras el producto. Esa vida no existe. Todo lo que aquí se vende está muerto.

Pido una taza de café y me siento en un banco a contemplar el escenario. Con el cuaderno abierto sobre las piernas, tomo notas.

Adolescentes sombríos buscan su identidad en oferta y viejos de mirada triste se sientan solos en las mesas de la zona de restauración. Hasta las plantas son de plástico. Nunca antes había ido de compras así, con esta conciencia intencional de cuanto sucede a mi alrededor. Supongo que he bloqueado las prisas habituales, ese impulso de entrar, comprar y marcharme cuanto antes. Ahora observo el paisaje con los sentidos aguzados. Los sentidos abiertos a las camisetas, los pendientes de plástico, los iPods. Abiertos a los zapatos que hacen daño, a las ilusiones que hacen daño, a las pilas de cosas innecesarias que dañan la posibilidad de que mis nietos tengan una tierra buena y verde de la que cuidar. Resulta doloroso traer aquí las ideas de la Cosecha Honorable. Siento que he de defenderlas. Querría hacerles un refugio en las manos, como si fueran un animal pequeño y cálido, querría protegerlas de los ataques de su antítesis. Pero sé que ellas son más fuertes que todo esto.

En cualquier caso, la aberración aquí no es la Cosecha Honorable, sino el centro comercial. Igual que los puerros no pueden sobrevivir en un bosque asolado, la Cosecha Honorable no puede sobrevivir aquí. Hemos construido un artificio, el Pueblo Potemkin de un ecosistema en el que perpetrar la ilusión de que las cosas que consumimos nos llueven del trineo de Papá Noel, que no se le han arrancado a la tierra. Es esa ilusión la que nos permite imaginar que solo tenemos que elegir entre una marca y otra.

Al volver a casa, limpio los últimos restos de tierra negra y corto las largas raíces blancas. Apartamos un buen manojo de puerros, sin lavar. Las chicas trocean los bulbos delgados y las hojas y los echamos a mi sartén de hierro fundido favorita, con más mantequilla de la que probablemente sería recomendable. El aroma de los puerros salteados inunda la cocina. Aspirarlo es ya un buen remedio contra los males. La acritud no tarda en desvanecerse y la fragancia que permanece es profunda, limpia, con un ligero toque a la humedad de las hojas y el agua de lluvia. El puré de puerro y papa, el *risotto* de puerro silvestre o un simple cuenco de puerros sirve de alimento para el cuerpo y el alma. Me siento feliz al saber que cuando mis hijas se marchen el domingo, llevarán consigo algo de los bosques de su infancia.

Después de cenar, llevo el cubo con los puerros sin lavar a la arboleda que hay sobre el estanque, para trasplantarlos. El proceso de recolección hoy se realiza a la inversa. Les pido permiso para traerlos aquí, para abrir la tierra que ha de recibirlos. Busco los agujeros en el suelo húmedo y rico y vacío la cesta en vez de llenarla. Estos árboles forman un bosque secundario o terciario, donde hace mucho que se perdieron, por desgracia, los puerros originales. En los terrenos recuperados a los cultivos, los árboles vuelven a crecer enseguida, pero a los arbustos y al sotobosque les cuesta más.

Desde la distancia, los nuevos árboles posagrícolas parecen sanos: la arboleda es densa y fuerte. Sin embargo, dentro falta algo. Las lluvias de abril no traen las flores de mayo. No hay trilios, ni manzanas de mayo, ni sanguinarias. Tras un siglo de restauración, el bosque sigue empobrecido, mientras que bajo los árboles del otro lado del valle se abren multitud de flores. Los ecólogos se preguntan todavía el motivo por el que los remedios vegetales y las hierbas medicinales no regresan. Puede que fuera el microhábitat, o la dispersión, pero está claro que el hábitat original desapareció cuando la tierra se le entregó al maíz, en una cascada de consecuencias imprevistas. Los suelos ya no los acogen y no sabemos por qué.

Los bosques de Mujer Celeste al otro lado del valle nunca se han arado, conservan todo su esplendor, pero en muchos otros bosques han desaparecido el sotobosque y el mantillo forestal. Las arboledas llenas de puerros se han convertido en una rareza. El tiempo y el azar, por sí solos, nunca devolverían los puerros y los trilios a mi arboleda, así que mi tarea consiste, según creo, en traerlos del otro lado del muro. Gracias a esta labor de trasplante, la colina ha recuperado en los últimos abriles pequeños lechos de un verde brillante, que alimenta mi esperanza de que los puerros puedan regresar, de que cuando yo sea una anciana daré una cena para celebrar la primavera. Ellos me han dado, yo les doy a ellos. La reciprocidad es una inversión en la abundancia tanto para el que come como para el que es comido.

Necesitamos recuperar la Cosecha Honorable. Pero igual que los puerros y la marta, esta es una especie en peligro que nació en otro contexto, en otro tiempo, a partir de un legado de saberes tradicionales. Esa ética de la reciprocidad fue arrasada junto con los bosques, y la belleza de la justicia se vendió para poder comprar cosas. El paisaje cultural y económico que hemos creado no permite el crecimiento de los puerros silvestres ni del honor. Si la tierra no es más que materia inanimada, si las vidas no son más que bienes de consumo, entonces está claro que la tradición de la Cosecha Honorable ha muerto. Pero cuando uno conoce el frenesí primaveral del bosque, sabe que la tierra y las vidas son mucho más que eso.

Es el latido de la tierra el que nos pide que alimentemos a las martas y besemos los granos de arroz. Los puerros silvestres y las ideas salvajes están en peligro. Hemos de trasplantarlos y cuidarlos para que regresen a las tierras en que nacieron. Tenemos que conseguir que crucen el muro. Recuperar la Cosecha Honorable. Recuperar los remedios que se perdieron.

TRENZAR
HIERBA SAGRADA

Tradicionalmente trenzamos la hierba sagrada, el cabello de la Madre Tierra, para demostrarle nuestro aprecio y el cuidado que ponemos en su bienestar. Estas trenzas, de tres cabos, se entregan en señal de gratitud y bondad.

Tras los pasos de Nanabozho:
volverse nativo

La niebla envuelve la tierra. Entre la penumbra no se distingue más que esta roca y las olas, que rompen con el bramido de un trueno y me recuerdan lo frágil que es mi posición sobre la minúscula isla. Casi siento sus pies, en vez de los míos, sobre la roca fría y húmeda; Mujer Celeste, en un puntito de tierra en mitad de un mar oscuro y gélido, momentos antes de crear nuestro hogar. Al caer del Mundo del Cielo, Isla Tortuga fue su Plymouth Rock, su Ellis Island. La Madre de la Gente fue la primera inmigrante.

Yo también soy nueva aquí, en el límite occidental del continente, junto al océano; no estoy familiarizada con la forma en que la tierra aparece y desaparece entre las mareas y la niebla. Nadie conoce mi nombre y yo no sé el nombre de quienes me rodean. Sin ese mínimo intercambio, sin esa forma básica de reconocimiento, siento que la niebla podría tragarme a mí también, como a todo lo demás.

Nuestras historias cuentan que el Creador reunió a los cuatro elementos sagrados y les transmitió el aliento de la vida para dar forma al Hombre Original, al que envió después a Isla Tortuga. Fue el último en ser creado, y recibió el nombre de Nanabozho. El Creador pronunció su nombre en las cuatro direcciones para que todos supieran de su llegada. Nanabozho, mitad hombre y mitad *manido* —un poderoso espíritu—, es la personificación de las fuerzas de la vida, el héroe de la cultura anishinaabe, el gran maestro del ser humano. Tanto él, el Hombre Original, como nosotros, los humanos, hemos sido los últimos en llegar a la tierra. Somos los más jóvenes y, por tanto, los que hemos de aprender a vivir.

No me cuesta imaginar aquellos primeros días de Nanabozho. Antes de conocer a nadie, antes de que lo conocieran. Al principio yo también era una extraña en este bosque sombrío y húmedo que tiembla al borde del mar, hasta que busqué a una anciana, la abuela Pícea de Sitka, cuyo regazo da cobijo a muchos nietos. Me presenté, le dije mi nombre y la razón por la que había venido. Le entregué un poco de tabaco y le pedí permiso para hacerle compañía, a ella y a su comunidad, durante una temporada. Me indicó que me sentara: había un sitio libre entre sus raíces. Su copa se erguía sobre el bosque y el follaje susurraba constantemente a los vecinos. Confío en que le trasladará mi nombre y mi petición al viento.

Nanabozho no conocía sus orígenes ni su parentesco: solo sabía que estaba en un lugar profusamente habitado por plantas y animales, vientos y agua. Él también era un inmigrante. Todas las criaturas estaban ya aquí cuando él llegó, todas en armonía, cumpliendo el propósito que la Creación les había encomendado. Supo entender algo que, mucho después, otra gente no comprendería: no contemplaba un «Nuevo Mundo», sino uno que ya era antiguo a su llegada.

La tierra en que me siento al abrigo de la abuela Sitka está cubierta de acículas, un suelo esponjoso por siglos de acumulación de mantillo; los árboles son tan viejos que mi propia vida, a su lado, es un breve instante, el canto de un pájaro. Sospecho que Nanabozho caminaría por el mundo como yo lo hago, asombrada, alzando la vista hacia los árboles con tanta frecuencia que no dejo de tropezarme.

Como Hombre Original, el Creador le encomendó a Nanabozho algunas tareas: sus Instrucciones Originales.[1] El anciano anishinaabe Eddie Benton-Banai relata de una manera muy hermosa la historia de la primera tarea de Nanabozho: debía recorrer el mundo al que Mujer Celeste había dado vida. Sus instrucciones consistían en caminar de tal modo «que cada paso sea un reconocimiento a la Madre Tierra», pero no estaba seguro de lo que significaba eso. Afortunadamente, aunque las suyas serían las huellas del Primer

---

[1] Estas enseñanzas tradicionales se han publicado en *The Mishomis Book*, de Eddie Benton-Banai.

Hombre en la tierra, ya había muchas sendas que seguir, abiertas por aquellos que habían hecho de este su hogar.

La época en que se nos entregaron las Instrucciones Originales es lo que habitualmente se conoce como «hace mucho mucho tiempo». El modo de pensar más extendido concibe la historia como una «línea» temporal, como si el tiempo marchara, marcial, en una sola dirección. Hay quien dice que el tiempo es un río en el que no nos podemos bañar más de una vez, pues fluye y huye constantemente en dirección al mar. Pero el pueblo de Nanabozho sabe que el tiempo es un círculo. Que no es un río que corre inexorable, sino que es el mismo mar: las mareas que aparecen y desaparecen, la niebla que viene a hacer de la lluvia otro río distinto. Y que todo lo que fue será de nuevo.

Según la primera concepción, la del tiempo lineal, uno puede comprender los relatos de Nanabozho como una especie de sabiduría mítica popular, una narración cosmogónica que se remonta a un pasado muy lejano. Sin embargo, en la del tiempo circular, estos relatos son a la vez historia y profecía, narraciones para un tiempo que aún no ha llegado. Si el tiempo es un círculo continuo, hay un lugar en el que la historia y la profecía convergen y las huellas del Primer Hombre se aparecen tanto en el camino que dejamos atrás como en el que tenemos por delante.

Con todas las facultades y las imperfecciones del ser humano, Nanabozho hizo lo que pudo para seguir las Instrucciones Originales, para volverse nativo de su nuevo hogar. Ese es su legado, el intento irrenunciable, el anhelo de conseguirlo. Pero ha pasado mucho tiempo. Las instrucciones se han descuidado y muchos se han olvidado de ellas.

Tantas generaciones después de la llegada de Colón, a algunos de nuestros más sabios ancianos aún les resulta difícil comprender al pueblo que desembarcó en estas costas. Observan el sufrimiento que le causan a la tierra y dicen: «El problema con los nuevos pobladores es que no han puesto los dos pies en la orilla. Siguen teniendo uno en el barco. No parecen saber si van a quedarse o no». Es el mismo análisis que hacen ciertos estudiosos contemporáneos, que ven en las patologías sociales y en una cultura despiadadamente materialista el producto de la falta de hogar, del desarraigo. Se ha dicho de este país que es el lugar de las segundas oportunidades. Por el bien de los pueblos y de la tierra, el Segundo Hombre tiene la urgente tarea de rechazar las costumbres del colonizador y volverse nativo. La pregunta es: ¿pueden los estadounidenses, una nación de inmigrantes, vivir como si fueran a quedarse aquí para siempre? ¿Con ambos pies en la orilla?

¿Qué ocurre cuando somos verdaderamente nativos de un lugar, cuando establecemos, por fin, un hogar? ¿Cuáles son los relatos que abren esa senda? Si es cierto que el tiempo vuelve continuamente sobre sí mismo, es posible que en el camino del Primer Hombre estén las huellas que han de guiar los pasos del Segundo.

A Nanabozho, su recorrido le llevó primero hacia el sol naciente, el lugar en que comienza el día. Según caminaba, iba pensando en qué comería, pues ya estaba hambriento. ¿Cómo encontraría el camino? Repasó las Instrucciones Originales y comprendió que todos los saberes que necesitaba para sobrevivir se encontraban ya en la tierra. Su papel como ser humano no consistía en someter o modificar el mundo, sino que debía volverse humano aprendiendo de él.

Wabunong —el este— es la dirección del conocimiento. Hacia el este enviamos nuestro agradecimiento por la posibilidad de aprender algo cada día, de empezar de nuevo. En el este fue donde Nanabozho descubrió que la Madre Tierra es nuestra más sabia maestra. Conoció el *sema*, el tabaco sagrado, y aprendió a utilizarlo para dirigir sus propios pensamientos hacia el Creador.

A medida que Nanabozho exploraba la tierra, se instalaba sobre sus hombros una nueva responsabilidad: debía aprender los nombres de todas las criaturas. Empezó a observarlas atentamente para saber cómo eran sus vidas y hablaba con ellas para descubrir los dones que poseían. Reconocía así sus verdaderos nombres. En el momento en que pudo dirigirse a los otros por su nombre y que ellos le saludaban al pasar: «¡Bozho!» —aún nuestro saludo tradicional—, empezó a sentirse en casa, a olvidar la soledad.

Hoy, lejos de mis vecinos de la Nación del Arce, reconozco algunas de las especies que me rodean, pero otras no, así que recorro este bosque igual que pudo hacerlo el Hombre Original, el que las vio por primera vez. Intento acallar mi mente científica y designarlas con la mente de Nanabozho. He observado que en cuanto alguien le pone un nombre científico a una criatura nueva, esta deja de interesarle por completo. Sin embargo, los nombres que yo busco me obligan a prestar aún más atención, a comprobar su idoneidad. Así, hoy no digo «*Picea sitchensis*», sino «brazos fuertes cubiertos de musgo». Digo «rama como un ala» en vez de «*Thuja plicata*».

La mayoría de la gente ignora el nombre de las criaturas con las que convive y, de hecho, muchos apenas se percatan de su presencia. Pero es a través de los nombres que los seres humanos forjamos relaciones no solo con los demás, sino también con el mundo natural. Intento imaginar lo que supondría ir por la vida sin conocer los nombres de las plantas y los animales de mi entorno. Me resulta imposible, por ser quien soy y dedicarme a lo que me dedico, pero creo que me daría algo de miedo, que me desorientaría, como si estuviera perdida en una ciudad extranjera en la que no pudiera leer los nombres de las calles. Los filósofos llaman a este estado de aislamiento y desconexión la «soledad de la especie», una honda tristeza sin nombre que nace del distanciamiento respecto al resto de la Creación, de la pérdida del vínculo. Cuanto mayor es la dominación humana del mundo, más aislados nos sentimos, más solos, pues ni siquiera sabemos llamar a nuestros vecinos por su nombre. No es de extrañar que la primera tarea que el Creador le encargó a Nanabozho fuera la de darle nombre al resto de las criaturas.

Así pues, Nanabozho recorrió la tierra, nombrando todo lo que encontraba a su paso, como un Linneo anashinaabe. A veces me imagino que los dos caminan juntos. Linneo, el botánico y zoólogo sueco, con su chaqueta de loden y sus pantalones de algodón, el sombrero de fieltro ladeado sobre la frente y el *vasculum* en la mano. A su lado, casi desnudo salvo por el taparrabos y la pluma en la cabeza, Nanabozho, con un morral de piel de venado bajo el brazo. Pasean sin rumbo fijo mientras discuten acerca de los nombres de las cosas. Ambos igual de entusiasmados, señalando las hermosas formas de las hojas, el diseño inigualable de las flores. Linneo explica su *Systema naturæ*, el esquema que ha elaborado y que permite representar la forma en que todo está relacionado. Nanabozho asiente, eufórico. «Sí, así también pensamos nosotros. "Todos estamos relacionados", eso decimos». Le explica que hubo una época en la que la totalidad de los seres hablaba el mismo idioma y se podían entender mutuamente, de forma que la Creación entera conocía el nombre de los demás. En la mirada de Linneo asoma una sombra de nostalgia. «Yo tuve que traducirlo todo al latín —dice, refiriéndose a la nomenclatura binominal—. Hace mucho que perdimos cualquier otro idioma común». Linneo le presta a Nanabozho su lupa para que pueda observar las diminutas partes de las flores. Nanabozho le entrega una canción a Linneo para que pueda contemplar sus espíritus. Y ninguno de los dos se encuentra solo.

Después de su estancia en el este, Nanabozho puso rumbo al sur, *zhawanong*, la tierra del nacimiento y el crecimiento. Del sur viene el verdor que inunda el mundo en primavera, a hombros de vientos cálidos. Allí recibió las enseñanzas del cedro, *kizhig*, la planta sagrada del sur. Sus ramas son la medicina que purifica y protege la vida dentro de su abrazo. Se llevó el *kizhig* consigo para acordarse siempre de que ser nativo supone proteger la vida sobre la tierra.

Siguiendo las Instrucciones Originales, cuenta Benton-Banai que a Nanabozho se le encomendó también la tarea de aprender a vivir de sus hermanos y hermanas mayores. Cada vez que necesitaba alimento, observaba lo que comían los animales y los imitaba. Garza le enseñó a recolectar el arroz silvestre. Una noche, en un riachuelo, vio a un pequeño animal de cola anillada que lavaba con mucho cuidado su comida. Pensó: «Al parecer, debo limpiar los alimentos antes de llevármelos a la boca».

Nanabozho recibió también consejo de muchas plantas, que compartieron con él sus dones, y aprendió a tratarlas siempre con el mayor de los respetos. Al fin y al cabo, las plantas habían sido las primeras en habitar la tierra, eran las que más tiempo habían tenido para investigar cómo funciona el mundo. Todos los seres juntos, plantas y animales, le enseñaron cuanto debía saber. El Creador le había informado de que sucedería así.

Sus hermanos y hermanas mayores le sirvieron también de inspiración para fabricar herramientas que le ayudaron a sobrevivir.

Castor le enseñó a fabricar un hacha. Ballena le mostró la forma que habría de tener la canoa. Se le había dicho que si podía combinar las enseñanzas de la naturaleza con la fuerza de su propia mente, descubriría artefactos novedosos que serían muy útiles para los hombres y mujeres que vinieran tras él. Su imaginación convirtió la tela de la abuela Araña en una red para pescar. Estudió las enseñanzas invernales de las Ardillas para preparar azúcar de arce. Todas las lecciones que recibió Nanabozho constituyen la raíz mítica de la ciencia, la medicina, la arquitectura, la agricultura y el saber ecológico de los pueblos nativos.

Y ahora, siguiendo el círculo que dibuja el tiempo, la ciencia y la tecnología occidentales se ponen al día de la ciencia nativa y adoptan la perspectiva de Nanabozho, buscando modelos en la naturaleza para sus propios diseños. Se trata de la biomímesis de lo que llevaron a cabo estos grandes arquitectos. Para ser nativo de un lugar, hay que honrar el conocimiento de la tierra y cuidar a quienes son depositarios de él.

Las piernas fuertes y largas de Nanabozho le llevaron a cada una de las cuatro direcciones. Cantaba muy alto mientras deambulaba y no oyó el piar alarmado de los pájaros. Se llevó una tremenda sorpresa cuando vio a Oso frente a él. Desde entonces, cada vez que se acercaba al territorio de otro, no lo hacía con esa indolencia, como si el mundo entero le perteneciera. Aprendió a sentarse en silencio al borde del bosque, a esperar a que le invitaran. Solo cuando le brindaban acceso, contaba Benton-Banai, Nanabozho se levantaba y hablaba a los habitantes del lugar del siguiente modo: «No deseo mancillar la belleza de la tierra ni molestar el propósito de mi hermano. Solicito poder pasar».

Vio flores brotando entre la nieve, Cuervos hablando con Lobos e insectos iluminando las noches de la pradera. Sintió aún mayor gratitud por todas las habilidades que le enseñaban y llegó a comprender que al recibir un obsequio recibía también una responsabilidad. El Creador le entregó un hermoso canto a Zorzal Maculado junto con el deber de cantar las buenas noches del bosque. Agradecía cuando en plena noche brillaban las estrellas y guiaban su camino. Respirar bajo el agua, volar de un confín a otro de la tierra, excavar madrigueras, fabricar medicinas. Todas las criaturas poseían un don, todas ellas tenían un deber que cumplir. Observó sus manos, vacías. Debía confiar su propia vida a los cuidados del mundo.

Desde estos riscos en la costa miro hacia el este, a las colinas que enseñan los restos, los jirones del bosque aún en pie. Hacia el sur hay un estuario represado, con diques para que los salmones no puedan remontar. Sobre el horizonte occidental asoma un barco pesquero que arrastra el fondo del océano. Y en el norte, a lo lejos, han descerrajado la tierra para extraer petróleo.

Si los nuevos pobladores hubieran aprendido lo que se le enseñó al Hombre Original en la asamblea de los animales —a no infligir daño a la Creación, a no interferir nunca en el propósito sagrado del resto de las criaturas—, hoy el águila estaría contemplando un mundo distinto desde las alturas. Los salmones llenarían los ríos y las palomas de la Carolina ensombrecerían el cielo. Los lobos, las grullas, *Nehalem*, los pumas, *Lenape*, los bosques más antiguos seguirían aquí, cada uno cumpliendo su propósito sagrado. Yo estaría hablando en potawatomi. Veríamos lo que vio Nanabozho. No es fácil de imaginar. La imagen nos rompe el alma.

En contraposición a esta historia, hoy parece que invitar a que una sociedad de colonizadores se vuelva nativa de un lugar es dar carta blanca para el pillaje y el saqueo. Permitir que se apropien de lo poco que queda. ¿Cabe esperar que los colonos aprendan de Nanabozho, que caminen de manera que «cada paso sea un reconocimiento de la Madre Tierra»? El dolor y el miedo aguardan aún en las sombras, detrás del fulgor de la esperanza. Son ellos quienes no quieren que abra mi corazón.

Pero hemos de recordar que ese dolor también lo padecen los colonizadores. Que ellos nunca caminarán por las praderas de hierbas altas donde los girasoles bailan con los jilgueros. También sus hijos han perdido la oportunidad de cantar en la Danza del Arce. Ellos tampoco pueden beber el agua.

En su viaje hacia el norte, Nanabozho encontró a los maestros de la medicina. Le hicieron entrega de la *wiingaashk*, de la que aprendería a practicar la compasión, la bondad y la sanación, incluso con aquellos que han cometido graves errores. ¿Quién no los ha cometido, al fin y al cabo? Volverse nativo implica también ampliar el círculo de sanación para incluir a la Creación en su conjunto. Nanabozho guardó en el morral la larga trenza de hierba sagrada, que sirve de protección al viajero. Un sendero perfumado de hierba sagrada conduce a un horizonte de perdón y curación para todo el que lo necesite. Su don no hace distinciones.

Cuando Nanabozho vino al oeste, vio muchas cosas que le asustaron. La tierra temblaba bajo sus pies. Había fuegos enormes que consumían la tierra. Allí estaba la salvia blanca, *mshkodewashk*, la planta sagrada del oeste, para ayudarle y borrar los miedos. Benton-Banai nos cuenta que el Guardián del Fuego se acercó a Nanabozho. «Este es el mismo fuego que templa tu hogar —le dijo—. Todo poder tiene dos caras, el poder de crear y el de destruir. Hemos de reconocer ambos, pero entregar todos nuestros dones al lado creador».

Nanabozho descubrió que en la dualidad de todas las cosas, igual que él buscaba el equilibrio, tenía un hermano gemelo que buscaba el desequilibrio. Ese hermano había conocido la correlación entre la creación y la destrucción y la agitaba como un barco en un mar bravío para que la gente nunca hallase calma. Observó que, en la arrogancia, todo poder podía utilizarse para impulsar un crecimiento ilimitado, una forma desmedida y cancerosa de creación que llevaría inexorablemente a la destrucción. Nanabozho prometió caminar siempre en la humildad para intentar equilibrar la soberbia de su hermano. Esa es también la tarea de aquellos que deciden seguir sus pasos.

Me siento a pensar junto a mi abuela Pícea de Sitka. Yo no soy nativa aquí, soy una extranjera que viene con gratitud y respeto a formular la pregunta de cómo es posible pertenecer a un lugar. Y ella me da la bienvenida y me acoge, igual que, cuentan, los grandes árboles del oeste acogieron a Nanabozho a su llegada.

Las ideas se me alborotan incluso bajo su quieta sombra. Yo también deseo, como mis ancianos antes que yo, conocer el camino para que una sociedad inmigrante se convierta en una sociedad nativa, pero tropiezo en las palabras. Los inmigrantes, por definición, no pueden ser nativos. *Nativo* es un derecho de nacimiento.

Por más tiempo o cuidado que se le dedique a un lugar, no se puede cambiar la historia ni sustituir esa fusión del alma con la tierra. Seguir los pasos de Nanabozho no garantiza que el Segundo Hombre vaya a convertirse en Primero. Ahora bien, aunque no seamos «nativos», ¿seremos capaces de acceder a esa profunda relación de reciprocidad que permita la renovación el mundo? ¿Es algo que pueda aprenderse? Si es así, ¿dónde están los maestros? Recuerdo ahora las palabras del anciano Henry Lickers. «¿Sabes?, ellos llegaron aquí creyendo que se harían ricos trabajando la tierra. Excavaron minas y cortaron árboles. Pero aquí la que posee el poder es la tierra. Mientras ellos trabajaban la tierra, la tierra los trabajaba a ellos. Les enseñaba».

El sonido del viento en las ramas de abuela Sitka se lleva todas las palabras. Me pierdo al escuchar la nítida voz de los laureles, el parloteo de los alisos, los susurros de los líquenes. Han tenido que recordarme —como a Nanabozho— que las plantas son nuestras más antiguas maestras.

Me levanto del rincón acolchado de acículas entre las raíces de la abuela y regreso al camino, donde me detengo. Deslumbrada por los nuevos vecinos —los abetos gigantes, los helechos de espada, el *salal*—, pasé junto a un viejo amigo sin reconocerlo. Me avergüenza no haberlo saludado. Ha llegado hasta aquí, el límite último de la costa oeste, desde la otra punta del continente. Es una pequeña planta de hojas redondeadas que nuestro pueblo conoce como la Huella del Hombre Blanco.

Se trata solo de un círculo de hojas bajas, que emergen del suelo sin apenas tallo. Llegó con los primeros colonizadores y les siguió a todas partes. Se instaló en las veredas de los caminos que cruzaban los bosques, junto a las rutas de los carros y el ferrocarril, como un perrillo fiel. Linneo lo llamó *Plantago major*, el llantén común. Ese término latino, *Plantago*, se refiere a la planta de los pies.

Al principio, los pueblos nativos desconfiaban de una planta que había llegado de la mano de tantos problemas y conflictos. Pero el pueblo de Nanabozho era consciente de que todas las cosas tienen un propósito y que no debemos interferir en su realización. Cuando se hizo evidente que la Huella del Hombre

Blanco iba a quedarse en Isla Tortuga, comenzaron a preguntarse cuáles serían sus dones. Era deliciosa en primavera, antes de que el calor del verano hiciera que las hojas se endurecieran. Todos se alegraron de tenerla cerca cuando descubrieron que esas hojas, si se enrollan o se mascan para hacer una cataplasma, sirven de remedio para cortes, quemaduras y, sobre todo, picaduras de insectos. Todas las partes de la planta resultaban útiles. Sus pequeñas semillas son un extraordinario medicamento para la digestión. Las hojas pueden detener una hemorragia al instante y curar heridas sin infectarlas.

Esta planta sabia y generosa, que seguía fielmente a la gente, se convirtió en un miembro respetado de la comunidad vegetal. Era extranjera, inmigrante, pero tras quinientos años de vida aquí, de buena vecindad, nadie se acuerda ya de eso.

Las plantas inmigrantes son también nuestras maestras. Hay muchas que nos enseñan modelos de cómo no ser bienvenido en un continente nuevo. La hierba del ajo envenena el suelo para que mueran las especies nativas. El taray agota el agua. Especies invasoras como la arroyuela, el *kudzu* o la espiguilla tienen la costumbre de ocupar los hogares de los demás y extenderse sin freno. Pero Llantén no actúa así. Él prefiere resultar útil, crecer en sitios pequeños, coexistir con el resto de las especies, curar heridas. Llantén es tan frecuente y se ha integrado tan bien que ya nos parece una especie nativa más. Se ha ganado el apelativo que los botánicos reservan a las especies que ya le pertenecen al lugar. Llantén no es nativa, sino «naturalizada». Es el mismo término que utilizamos con los extranjeros que se vuelven ciudadanos de nuestro país. Juran respetar las leyes del Estado. Deberíamos institucionalizar el respeto a las Instrucciones Originales de Nanabozho.

Puede que la tarea que se le ha asignado al Segundo Hombre consista en desaprender el modelo del *kudzu* y seguir las enseñanzas de la Huella del Hombre Blanco, hacer el esfuerzo de naturalizarse, abandonar el modo de pensar del inmigrante. Ser naturalizado implica vivir como si esta fuera la tierra que te da de comer, como si estos fueran los arroyos de los que bebes, como si formaran tu cuerpo y alimentaran tu espíritu. Que es aquí donde entregarás tus dones y conocerás tus responsabilidades. Ser naturalizado supone vivir como si el futuro de tus hijos importara, cuidar de la tierra como si nuestras vidas y las vidas de todos nuestros parientes dependieran de ello. Porque en realidad es así.

Donde el círculo del tiempo vuelve a cerrarse sobre sí mismo, es posible que la Huella del Hombre Blanco siga los pasos de Nanabozho. Tal vez Llantén se haya extendido a lo largo del camino que lleva al hogar. Podríamos ir tras él. La Huella del Hombre Blanco, generosa y sanadora, crece con las hojas tan pegadas al suelo que cada paso es un reconocimiento a la Madre Tierra.

El sonido de las
Campanillas Plateadas

En realidad nunca quise vivir en el sur, pero cuando el trabajo de mi marido nos obligó a mudarnos, me dediqué a estudiar la flora local. Aunque echaba de menos los arces encendidos del norte, traté de cultivar el afecto hacia los monótonos robles. Nunca me sentí completamente en casa, pero lo menos que podía hacer era ayudar a mis alumnos a desarrollar su propia noción de pertenencia botánica.

Mis alumnos estudiaban el curso preparatorio para acceder a la Escuela de Medicina. Un año, con ese humilde propósito en la cabeza, decidí llevármelos a visitar un parque natural, una zona montañosa en la que el bosque ascendía por las colinas en franjas de diversos colores, indicando la disposición secuenciada de las especies entre la ribera y la cresta. Les pedí que formulasen una hipótesis o dos para explicar la existencia de ese patrón.

—Es parte del plan divino —dijo uno de ellos—. El gran diseño y todo eso, ¿no?

Tuve que hacer esfuerzos para contenerme, tras diez años de inmersión en la hegemonía de la ciencia materialista como forma de explicar el funcionamiento del mundo. De donde yo vengo, tal respuesta habría provocado risas incontenibles o, como mínimo, muecas de fastidio y sonrisas de superioridad, pero en este grupo las reacciones consistieron en algunos asentimientos y una tolerancia generalizada.

—Ese es un punto de vista relevante —respondí, cauta—, pero los científicos tenemos otra forma de explicar la distribución de la vegetación en el territorio, los arces en un sitio y las píceas en otro.

Aún no dominaba del todo las argucias mentales necesarias para enseñar en el Cinturón Bíblico. Tenía miedo de meter la pata.

—¿Alguna vez se han preguntado cómo llegó el mundo a ser tan hermoso? ¿Por qué ciertas plantas crecen en un lugar y no en otro?

A juzgar por la cordial perplejidad de sus rostros, no era una cuestión que les quitara el sueño. Me dolió su desinterés por las ciencias de la tierra. El saber ecológico, que para mí es la música de las esferas, para ellos era solo un requisito de acceso a los estudios de Medicina. Les interesaba únicamente la historia biológica del cuerpo humano. No me cabía en la cabeza que alguien pudiera dedicarse a la biología sin contemplar la tierra, sin conocer la historia de las especies y el elegante fluir de las fuerzas de la naturaleza. Lo menos que podemos hacer para corresponder a la extraordinaria exuberancia de la tierra es observarla con atención. Así, con algo de fervor evangélico por mi parte, me propuse la conversión de sus almas a la ciencia.

Todas las miradas estaban puestas en mí, todos esperaban que me equivocase. Volví a revisar el equipaje. Iba a demostrarles que los equivocados eran ellos. Repasé la lista mientras las furgonetas aguardaban en círculo frente al edificio de administración: los mapas preparados, las plazas del camping reservadas, dieciocho pares de prismáticos, seis microscopios de campo, comida para tres días, botiquín de primeros auxilios y resmas de folletos con cuadros y terminología científica. El decano me había comunicado que la universidad no podía permitirse salidas de campo con los alumnos y yo le había contestado que lo que no nos podíamos permitir era no hacerlas. Tanto si los alumnos querían como si no, nuestra pequeña caravana iba a salir a la autopista para cruzar las montañas de cimas abiertas por la minería, donde las aguas de los arroyos bajaban rojas por el ácido. ¿Alguien que va a dedicar su vida a la salud de los demás no debería ver eso con sus propios ojos?

Tuve tiempo de sobra, en aquella oscura autopista, para reflexionar sobre la conveniencia de poner a prueba la paciencia del decano. Era mi primer trabajo. La facultad atravesaba dificultades financieras y yo solo impartía algunas clases mientras terminaba la tesis. Había dejado a mis hijas en casa con su padre para llevar a los hijos de otra gente a conocer algo que no les interesaba demasiado. Esta pequeña facultad debía su reputación al elevado número de alumnos que lograban acceder a la Escuela de Medicina. Para los hijos e hijas de la aristocracia sureña, era el primer paso en el camino hacia una vida llena de privilegios.

Para hacer honor a su estatus médico, el decano vestía bata blanca cada día, con el mismo ritual con que un párroco se viste en la sacristía. Sus jornadas consistían en reuniones administrativas, evaluaciones presupuestarias y eventos extracurriculares, pero nunca se quitaba la bata. A pesar de que jamás lo vi en laboratorio alguno, estoy segura de que desconfiaba de las científicas en camisa de franela como yo.

El biólogo Paul Ehrlich definió la ecología como «la ciencia subversiva» por su capacidad para hacernos reconsiderar la posición del ser humano en el mundo natural. Mis alumnos no habían estudiado, hasta ahora, más que a una única especie: la suya propia. Tenía tres días enteros para ser subversiva, para distraerles del *Homo sapiens* y abrirles una puerta al planeta que compartimos con otros seis millones de especies. El decano declaró no estar convencido de que fuera buena idea financiar un mero «viaje de acampada», pero yo defendí que las Grandes Montañas Humeantes eran una extraordinaria reserva de biodiversidad y le prometí que la expedición tendría un carácter exclusivamente científico. A punto estuve de añadir que llevaríamos siempre batas de laboratorio. Él suspiró, resignado, y firmó la solicitud.

El compositor Aaron Copland tenía razón. La primavera en los Apalaches es como una canción para bailar. Los bosques danzan con los colores de las flores silvestres, los encorvados ramilletes del cornejo blanco y la espuma rosácea del ciclamor del Canadá, los fieros arroyos y la solemnidad de infinitos detalles de las oscuras montañas. Pero habíamos venido a trabajar. Aquella primera mañana salí de la tienda con el portafolios en la mano y unas cuantas explicaciones en la cabeza.

La cordillera se extendía por encima del valle en el que habíamos acampado. A principios de cada primavera, las Grandes Montañas Humeantes parecen formadas por retales de tonalidades diversas, como un mapa que representara cada país de un color diferente: verde claro para los álamos que acaban de echar las hojas, retazos grises de los robles aún dormidos, el rosa envejecido de los arces que empiezan a brotar. Dispersas extensiones del fucsia de los ciclamores y las franjas blancas que revelan dónde florecen los cornejos. El verde oscuro de las tsugas señalando los cursos del agua, como el lapicero de un cartógrafo. Antes, en clase, había dibujado un diagrama con los gradientes de temperatura, suelo y época de crecimiento. Ante nosotros, la montaña desplegaba el mapa de nuestro viaje, traducía lo abstracto en lechos de flores.

Ascender por la montaña era el equivalente ecológico a una ruta por territorio canadiense. En el fondo templado del valle podíamos disfrutar del clima de un verano en Georgia, mientras en las crestas, a mil quinientos metros de altitud, se diría que estábamos en Toronto. «Traigan abrigos de invierno», les dije. Una ascensión de trescientos metros equivale a desplazarse unos ciento cincuenta kilómetros al norte y, por tanto, a revertir la primavera. En las laderas más bajas los cornejos estaban ya floridos, ramilletes de un blanco cremoso entre las hojas emergentes. Según ganábamos altura, parecían retroceder en el tiempo, de la flor abierta al capullo cerrado que el calor aún no ha despertado, como si viéramos hacia atrás las imágenes de una cámara rápida. A mitad de la ladera, donde la temporada de crecimiento es demasiado corta, los cornejos desaparecen y su lugar lo ocupa otro árbol menos vulnerable a las heladas tardías, las campanillas plateadas.

Recorrimos este mapa ecológico durante tres días, atravesando zonas de elevación desde las arboledas de tulíperos y magnolia acuminada que habitaban en las hondonadas hasta las crestas. Las vaguadas eran un vergel de flores silvestres, lechos brillantes de jengibres y nueve especies diferentes de trilios. Los alumnos anotaban con diligencia todo lo que les contaba, creando sin interés aparente una imagen reflejo de mi propia lista de comprobación de cosas que ver. Me pidieron que deletreara los nombres científicos tantas veces que sentí que estaba en un concurso de ortografía. El decano habría estado orgulloso.

Durante tres días taché especies y ecosistemas de la lista para justificar el viaje. Trazamos mapas de la vegetación, los suelos y la temperatura con el fervor del mismísimo Alexander von Humboldt. Por la noche elaborábamos tablas y gráficas en torno al fuego. Ecosistema de robledal y pacanas a media altura, terreno cascajoso y de piedra suelta: visto. Menor estatura de la vegetación y mayor velocidad del viento en altitudes superiores: visto. Patrones fenológicos con los cambios de altitud: visto. Salamandras endémicas, diferenciación de nicho: visto. Ansiaba que contemplaran el mundo que había más allá de sí mismos. No quería desperdiciar ni una sola oportunidad para enseñarles algo nuevo y convertí aquellos tranquilos bosques en un batiburrillo de datos e imágenes. Al final del día, cuando por fin me metía a dormir en el saco, me dolía la mandíbula.

Era un trabajo duro. Cuando salgo a pasear, me gusta hacerlo en silencio, asistir a la mera existencia de cuanto me rodea. Sin embargo, allí no dejaba de hablar, de señalar cosas, de formular preguntas en mi cabeza que pudieran introducir nuevos temas de debate. No dejaba de ser profesora.

Solo me salí del papel en una ocasión. La carretera se hacía más empinada cuanto más cerca estábamos de la cresta. Las furgonetas tenían que ascender por curvas muy pronunciadas y fuertes ráfagas de viento nos zarandeaban. Desaparecieron los arces y la espuma rosácea de los ciclamores. A esta altitud, no hacía mucho que la nieve se había derretido bajo los abetos. Veíamos claramente lo estrecha que era esta franja de bosque boreal, una pequeña tira de hábitat canadiense al borde de Carolina del Norte, a cientos de kilómetros de los ecosistemas de bosques de abetos, una reliquia única de la época en que el hielo cubría el norte de Estados Unidos, hasta Kentucky. Hoy estas altas cumbres son un refugio para las píceas y los abetos, islas en un mar sureño de maderas duras, lo suficientemente elevadas como para replicar el clima canadiense.

Estas islas de bosques septentrionales me recordaban a mi hogar y perdí el hilo de la lección cuando me acarició la brisa fría. Merodeamos entre los árboles, aspirando aromas balsámicos. Caminaba sobre un suave colchón de acículas, de gaulteria, de flor de mayo canadiense, de cornejo canadiense: tenía a toda mi familia alfombrando el mantillo del bosque. Me sentí, de repente, completamente sola, enseñando en los bosques nativos de otros, tan lejos de los míos.

Me tumbo en una alfombra de musgo y doy la clase desde la perspectiva de una araña. Aquí, en estas cumbres, vive la última población mundial de la araña del musgo del abeto (*Microhexura montivaga*), una especie en peligro de extinción. No esperaba que eso fuera a preocupar a unos alumnos del curso de preparación para la Escuela de Medicina, pero mi deber era también el de dar voz a las arañas. Llevan aquí desde que los glaciares abandonaron estas montañas, viviendo sus diminutas existencias y tejiendo redes entre las rocas cubiertas de musgo. El calentamiento global es la gran amenaza para ellas y su hábitat. Conforme suban las temperaturas, esta isla de bosque boreal desaparecerá y con ella se irán para no volver muchas formas de vida. Cuando el aire caliente ascienda, no habrá refugio posible, pues ya han alcanzado la cima. Saldrán volando, en hebras de seda.

Acaricié el musgo de una piedra, pensando en cómo se deshacen los ecosistemas, en la mano que tira del hilo suelto. «No tenemos ningún derecho a arrebatarles su hogar», pensé. Tal vez hablé en voz alta o puede que se me hubiera puesto cara de fanática, porque uno de los alumnos preguntó de repente: «¿Es esta su religión o algo así?».

Desde que un alumno cuestionó que enseñara la teoría de la evolución, sabía que tenía que ir con pies de plomo en estos asuntos. Me estaban atravesando con sus miradas de buenos cristianos. Murmuré algo sobre el amor a los bosques y empecé a explicar la filosofía ecológica de los nativos y el vínculo que nos une con el resto de los seres de la Creación, pero me miraron con tal desconcierto que dejé de hablar y me alejé para mostrarles un grupo de helechos en proceso de esporulación. En aquel momento de mi vida, en aquel contexto, no me sentía capaz de hablar de la ecología del espíritu, una noción que se alejaba tanto del cristianismo y de la ciencia que estaba segura de que no podrían comprenderla. Y, además, era la Ciencia lo que nos ocupaba ese día. Tenía que haber contestado que sí y haberme callado.

Muchos kilómetros y muchas charlas después, llegó por fin el domingo por la tarde. El trabajo estaba hecho, habíamos subido a las montañas y recogido datos. Mis alumnos estaban sucios y cansados y sus cuadernos estaban llenos de anotaciones sobre más de ciento cincuenta especies no humanas y los mecanismos que explicaban su distribución. Tenía un buen informe que presentarle al decano.

Regresamos a las furgonetas con la última luz del día, atravesando una arboleda plagada de las flores colgantes de la Campanilla Plateada, que parecían brillar por dentro como faroles de perlas. Los alumnos guardaban un silencio sepulcral, que atribuí a su propio agotamiento. Una vez cumplida la misión, me alegré de ver la brumosa luminosidad sobre las montañas que le da nombre y fama a la cordillera. Un zorzal ermitaño cantó entre las sombras y una ligera brisa nos cubrió con una lluvia de pétalos blancos al atravesar ese lugar, indeciblemente hermoso. Me inundó una repentina tristeza. Comprendí que había fracasado. No había podido enseñarles el tipo de ciencia que yo quería que me enseñaran cuando era como ellos, la que indagaba en el secreto de la vara de oro y el aster, una ciencia que iba más allá de los datos.

Les había dado demasiada información, demasiados patrones y procesos, una maraña de datos tan densa que ocultaba la verdad fundamental. Había perdido mi oportunidad, llevándolos por todos los caminos posibles excepto por el más importante. ¿Cómo iba a preocuparles el destino de las arañas si no les enseñaba a reconocer el mundo como un don, a responder ante ello? Les había hablado del funcionamiento de todo, pero no les había hablado de su significado. Perfectamente podríamos habernos quedado en casa y leído algo sobre las montañas. En realidad, pese a todos mis prejuicios, lo que había hecho era traer la bata blanca del laboratorio a la naturaleza. La traición es una carga pesada y yo ahora la tenía sobre mi espalda. Me sentía cansada.

Me giré para ver a los alumnos que me seguían por el sendero cubierto de pétalos en la luz difusa. Uno de ellos, no sé quién, empezó a cantar unas notas familiares, en voz muy baja al principio. Unas notas de esas que te abren la garganta, que te obligan a cantar con ellas. *Amazing grace, how sweet the sound.* Uno a uno, todos se unieron, cantando bajo las sombras alargadas, con un tapiz de pétalos blancos sobre los hombros. *That saved a wretch like me. I once was lost but now I'm found.*[1]

---

[1] El texto en cursiva forma parte de la letra del himno cristiano *Amazing Grace*: «Gracia asombrosa, cuán dulce el sonido / que salvó a un miserable como yo. Una vez anduve perdido, pero ahora he sido hallado». *(N. del T.)*.

Me sentí abrumada. Su canto transmitía todo aquello que mis bienintencionadas lecciones no habían logrado. Siguieron cantando, sumando armonías al caminar. Esas armonías que ellos comprendían de una forma distinta a la mía. En sus voces alzadas escuché la misma emanación de amor y gratitud hacia la Creación que expresara Mujer Celeste por primera vez sobre la espalda de Isla Tortuga. En la caricia de ese viejo himno descubrí que lo importante no era el nombre que le diéramos a aquello que provocaba el asombro y el sobrecogimiento, sino el asombro y el sobrecogimiento mismos. Pese a mis frenéticos esfuerzos y mi lista de términos científicos, comprendía ahora que no todo había sido en vano. *Was blind, but now I see.*[2] Y vieron. Y yo vi también. Podré olvidar todos los géneros y especies naturales que he aprendido en mi vida, pero nunca olvidaré ese momento. Ni el peor ni el mejor maestro del mundo son capaces de imponer su voz sobre las de campanilla plateada y zorzal ermitaño. El bramido de las cascadas y el silencio de los musgos tienen siempre la última palabra.

Era una joven recién doctorada, dominada por la arrogancia de la ciencia, y me había engañado a mí misma creyendo ser la única profesora válida. La tierra es la verdadera maestra. Todo lo que necesitan los alumnos es prestar atención a cuanto les rodea. Prestar atención es también una forma de reciprocidad con el mundo natural, para recibir sus dones con los ojos y el corazón abiertos. Mi verdadera tarea consistía en llevarlos allí y enseñarles a escuchar. En aquella tarde brumosa, las montañas fueron maestras para los alumnos y los alumnos fueron maestros para la profesora.

En el camino de vuelta a casa, por la noche, los alumnos dormían o estudiaban a la luz de los frontales. Esa tarde de domingo cambiaría para siempre mi forma de enseñar. El maestro llega, dicen, cuando estás preparado. Y si ignoras su presencia, te hablará más fuerte. Pero para escuchar sus palabras hay que guardar silencio.

---

[2] De nuevo, *Amazing Grace*: «Era ciego, pero ahora veo». *(N. del T.).*

Sentarse en círculo

B rad llega vestido con mocasines y polo al campamento en el que impartiremos el curso de Etnobotánica. Lo observo deambular por la orilla del lago, buscando en vano cobertura móvil. Al parecer, necesita urgentemente hablar con alguien. «La naturaleza está bien, no digo que no», me comenta cuando le enseño el complejo y los alrededores, pero lo aislado del lugar le hace sentir incómodo. «No hay más que árboles».

La mayoría de los alumnos acuden a la Estación Biológica de Cranberry Lake con eufórico entusiasmo, pero siempre se ve a alguno resignado ante la idea de pasar cinco semanas sin conexión, que es uno de los requisitos de la experiencia curricular. Tras años de enseñanza, he notado que el comportamiento del alumnado es un buen indicador acerca de la evolución de nuestras relaciones con la naturaleza. Solían llegar decididos, animados por el recuerdo de campamentos infantiles, salidas a pescar o lo bien que se lo pasaban en los bosques cuando eran pequeños. Hoy, aunque la pasión por la naturaleza sigue intacta, esta se inspira en canales de televisión como Animal Planet o National Geographic. Cada vez es más frecuente que la naturaleza real, la que hay fuera del salón, los pille desprevenidos.

Intento tranquilizar a Brad, explicándole que el bosque es el lugar más seguro de la tierra. Le confieso que yo siento esa misma incomodidad en la ciudad, el leve pánico de no saber cuidar de mí misma en un entorno en el que no hay más que gente. Pero entiendo que la transición no es sencilla. Hemos cruzado el lago hasta un área sin acceso por carretera, sin rastro alguno de asfalto, completamente rodeados por la naturaleza en, como mínimo, un día entero de camino en cualquier dirección. La asistencia médica está a una hora de nosotros y el Walmart más cercano, a tres. «¿Qué hacemos si necesitamos algo?», me pregunta. Supongo que no tardará en descubrirlo.

En solo unos días en la estación, los alumnos parecen ya auténticos biólogos de campo. La confianza en sí mismos se les dispara a medida que dominan el instrumental y la jerga científica. No paran de estudiar nombres en latín y se apuntan victorias cada vez que los usan. Por las tardes, al terminar la jornada, juegan al voleibol. En la cultura de la bioestación resulta aceptable dejar caer el balón si uno de los contrincantes grita: «¡*Megaceryle alcyon!*» cuando un martín gigante norteamericano hace su aparición a la orilla del lago. No hay nada de malo en que aprendan estas cosas, que empiecen a discernir las individualidades del mundo natural, que identifiquen los hilos en el tapiz del bosque, que reconozcan el cuerpo de la tierra.

Sin embargo, también veo que confían menos en sus propios sentidos cuando caminan de la mano del instrumental científico. Cuanta más energía invierten en memorizar términos latinos, menos tiempo dedican a observar a las criaturas en sí. Todos ellos poseen ya extensos conocimientos sobre los diversos ecosistemas y son capaces de identificar una amplia variedad de especies vegetales. Pero cuando les pido que me expliquen de qué manera cuidan las plantas de ellos, no saben responderme.

Por eso, antes de empezar las clases de Etnobotánica, hacemos una lluvia de ideas: repasamos las necesidades del ser humano para, a continuación, analizar si las especies vegetales de las Adirondacks pueden satisfacerlas y cómo. La lista es la habitual: alimento, cobijo, calor, vestimenta. Me alegro de que al menos pongan el oxígeno y el agua entre las diez principales. Algunos conocen ya la jerarquía de necesidades humanas de Maslow y van más allá, a los niveles «superiores» del arte, el contacto con otros seres y la espiritualidad. Es inevitable que eso provoque ciertos chistes turbios acerca de personas que satisfacen su necesidad de contacto interpersonal con zanahorias. Dejamos tales cuestiones al margen. Nos ocupamos, en primer lugar, de la necesidad de refugio: comenzamos a construir nuestra propia aula.

Han elegido el lugar y dibujado la estructura en el suelo. Han traído grandes ramas de arce y las han clavado, con bastante espacio entre ellas, para formar un círculo de unos ocho metros de diámetro. Es una tarea laboriosa, pesada. Al principio puede llevarla a cabo una sola persona, pero cuando el círculo está terminado y se ata el primer par de postes, resulta necesario trabajar en equipo: los más altos alcanzan la parte de arriba de las ramas, los más fuertes las sujetan y los más pequeños se dedican a amarrarlas. El primer arco lleva al siguiente, siempre guiados por la forma del *wigwam*, que empieza a hacerse evidente. La simetría propia de su diseño hace que cualquier error resulte obvio y los alumnos atan y desatan hasta que les queda perfecto. El bosque se llena con sus voces hasta que amarran el último par de ramas: entonces todos se quedan en silencio y contemplan lo que han levantado. Se asemeja a un nido de águila boca abajo, una cesta abovedada, como el caparazón de una tortuga. La invitación a entrar es irresistible.

Hay sitio para que los quince nos sentemos cómodamente en círculo, ocupando todo el espacio. Resulta acogedor, incluso antes de ponerle la cubierta. Ya casi nadie vive en este tipo de casas redondas, sin muros ni esquinas. La arquitectura indígena, sin embargo, tiende a ser pequeña y circular, siguiendo el modelo de los nidos y las madrigueras y los cubiles y los lechos de desove y los huevos y los vientres: como si el círculo fuese el prototipo universal del hogar. Apoyamos la espalda contra los postes y pensamos en la conveniencia del diseño. Una esfera posee la mayor proporción de superficie por volumen y minimiza los materiales necesarios por habitáculo. Su forma permite que el agua de la lluvia fluya hacia fuera y distribuye el peso de la nieve. Es fácil de calentar y resistente al viento. Más allá de las consideraciones materiales, vivir dentro de un círculo tiene también un significado cultural del que pueden extraerse una serie de enseñanzas. Les informo de que la puerta siempre se orienta al este y ellos comprenden rápidamente su utilidad, dada la prevalencia de los vientos del oeste. El otro provecho, el de saludar al amanecer, aún no forma parte de su manera de pensar, pero el sol naciente no tardará en hacérselo comprender.

Y esto es solo el armazón desnudo del *wigwam*. Todavía tiene mucho que enseñarnos. Faltan las paredes de espadaña y el techado de corteza de abedul amarrado con raíces de pícea. Aún queda mucho por hacer.

Veo a Brad antes de clase. Todavía parece apesadumbrado. Intento levantarle el ánimo y le digo: «¡Hoy vamos a cruzar el lago para ir de compras!». Hay una tienda diminuta en el pueblo al otro lado del lago, el Emporium Marine, el tipo de comercio que vende de todo y que aparece siempre en estos parajes remotos, el lugar que tiene lo que necesitas al lado de los cordones de los zapatos, la comida para gatos, los filtros de café, un bote de ternera guisada Hungry-Man y otro de antiácido. Pero no es allí a donde vamos. Los ecosistemas de los humedales, donde crecen las espadañas, guardan algo en común con el Emporium. Con los grandes supermercados, mejor, como Walmart, que también ocupa hectáreas de terreno. Es a los humedales a donde vamos de compras.

Hubo una época en que los humedales y los pantanos tenían mala reputación: se los relacionaba con bestias viscosas, enfermedades, pestilencia y toda clase de contrariedades, hasta que la gente comprendió lo importantes que eran. Hoy nuestros alumnos cantan las bondades de su biodiversidad y sus funciones ecosistémicas, aunque meterse en ellos les sigue provocando el mismo rechazo. Me dirigen miradas escépticas cuando les informo de que donde mejor se recogen las espadañas es dentro del agua. Les garantizo que no hay serpientes acuáticas venenosas tan al norte, ni arenas movedizas, y que las tortugas toro se recogen en cuanto nos oyen llegar. De lo que no hablo es de las sanguijuelas.

Al final todos me siguen y consiguen bajar de las canoas sin volcar. Nos movemos entre las cañas como garzas, aunque sin su gracia y su porte. Los alumnos buscan apoyos sólidos en los islotes de hierbas y matas, asegurando cada paso antes de trasladar todo el peso. Si sus breves vidas aún no se lo han enseñado, hoy descubrirán que toda solidez es una ilusión. Aquí, el fondo del lago se encuentra a varios metros de profundidad, varios metros de un barrizal tan firme como una tarta de chocolate.

Chris es el más atrevido y —gracias al cielo— abre camino para los demás. Sonríe feliz, como un niño pequeño, con el agua hasta la cintura y los codos apoyados sobre un montículo de cañas, como si estuviera recostado en un sillón. Aunque es la primera vez que hace algo así, anima a los demás a seguirle y aconseja a quienes intentan mantenerse en pie sobre los troncos. «Métete de una vez. Así te relajas y empiezas a disfrutar». Natalie se lanza de un salto, gritando: «¡Soy una rata almizclera!». Claudia se echa hacia atrás para que no le salpique el agua sucia. Está asustada. Con el gesto galante del portero de un hotel de lujo, Chris le ofrece una mano para bajar al barro. A su espalda emerge una larga ristra de burbujas que rompen en la superficie con un sonoro borboteo. Se sonroja y mueve los pies mientras los demás le miran. Se produce una nueva sucesión de fétidas burbujas, ante la que la clase entera suelta una carcajada. Pronto todos están en el agua, avanzando lentamente, y a medida que liberan el metano, el «gas del pantano», se oyen más y más chistes de pedos. En la mayoría de los sitios el agua les llega por los muslos, pero de vez en cuando se escucha el grito —y las risas consiguientes— de alguien que cae en un agujero y queda hundido hasta el pecho. Siempre espero que no sea Brad.

Para recoger espadañas hay que encontrar la base de la planta bajo el agua y tirar de ella. Si los sedimentos no están muy apelmazados, o si tienes la fuerza suficiente, puedes llevarte la planta entera, con rizoma incluido. El problema es que es imposible saber si la caña se va a partir hasta que no tiras de ella con todas tus fuerzas, y puede ocurrir entonces que salga del fondo y te caigas de espaldas y te quedes sentado en el agua con barro hasta las orejas.

Los rizomas —tallos subterráneos, básicamente— son sin duda el premio gordo. Marrones y fibrosos por fuera, por dentro están blancos y llenos de almidón, casi como una papa. Asados en el fuego saben riquísimos. Si se hierven en agua limpia, se obtiene una pasta blanca de almidón que puede consumirse en forma de harina o de copos. Algunos presentan un brote blanco y duro en el extremo, un órgano fálico, no solo en sentido figurado, para la propagación horizontal. Es el punto vegetativo que hace que las espadañas se extiendan por el humedal. Varios alumnos recurren a él para, cuando creen que no les oigo, hacer chistes a costa de la jerarquía de las necesidades humanas.

La planta de la espadaña —*Typha latifolia*— es como una hierba gigante: no tiene un tallo único, sino que las hojas se retraen una sobre otra, en capas concéntricas, para formar un haz enrollado. Ninguna hoja podría soportar por sí sola la acción del viento y de las olas, pero el conjunto es mucho más resistente y la red de rizomas sumergidos les sirve de ancla. Si esperas hasta agosto, puedes llegar a encontrar hojas de más de dos metros de largo, cada una de ellas de unos dos centímetros de ancho y reforzada por las venas paralelas que van desde el pie hasta la punta encorvada. Estas venas circulares están cubiertas por fibras robustas que le sirven de sostén a la planta. Planta que, a su vez, nos hace de sostén a nosotros. Las hojas, abiertas y retorcidas, son uno de los mejores materiales para fabricar cordaje vegetal, nuestras cuerdas y cordeles. Cuando regresemos, prepararemos amarres para el *wigwam* e hilos tan finos que nos servirán para tejer.

Las canoas no tardan en llenarse de atados de hojas. Parecen una flota de balsas en un río tropical. Las remolcamos hasta la orilla, donde empezamos a seleccionarlas y limpiarlas, quitando hoja por hoja, de fuera hacia dentro. A medida que las separa, Natalie las echa al suelo. «Uf, está todo pegajoso», dice, y trata de limpiarse las manos en los pantalones, como si eso fuera a servir de algo. Ocurre que, al cortar el pie de las hojas, fluye entre ellas un gel, una mucosidad acuosa, transparente. Al principio parece asqueroso, hasta que notas las manos mucho más suaves. Los herboristas suelen decir que «la cura crece al lado del problema», como demuestra el hecho de que el antídoto para las quemaduras del sol y los picores que provoca recoger espadañas está en la espadaña misma. Limpio, claro, agradable, el gel refresca la piel y es antimicrobiano: es el aloe vera del pantano. Las espadañas lo fabrican para defenderse de los microbios y para mantener la humedad en el pie de las hojas cuando baja el nivel del agua. Las mismas propiedades que protegen a la planta nos protegen también a nosotros. Su efecto balsámico sobre las quemaduras del sol es tan placentero que los alumnos no tardan en embadurnarse con él.

Esas no son las únicas adaptaciones que las espadañas han desarrollado para habitar los humedales. Aunque el pie de las hojas está sumergido, sigue necesitando oxígeno. Por eso, como si fueran las bombonas de aire que llevan los buceadores, se equipan con un tejido esponjoso que tiene espacios llenos de aire, el plástico de burbujas de la naturaleza. Se trata del aerénquima, una estructura de células blancas tan grandes que pueden contemplarse a simple vista y que crean un flotador acolchado en cada hoja. Además, las hojas están cubiertas por una capa cerosa, una barrera impermeable, como un impermeable que funcionara en sentido inverso, guardando los nutrientes solubles en el interior para que no se filtren al agua.

Todas estas adaptaciones suponen beneficios para la especie, claro, pero también para la gente. Las espadañas son el material perfecto para levantar un refugio. Sus largas hojas repelen el agua y contienen una espuma de celdas cerradas que procura aislamiento. Antiguamente se cosían o se ataban, formando cubiertas delgadas para revestir el *wigwam* en verano. En la temporada seca, las hojas se encogían y se separaban unas de otras, permitiendo que la brisa entrara y ventilara la estancia. Cuando llegaban las lluvias, las hojas se hinchaban y los huecos se cerraban, fabricando por sí mismas una cubierta impermeable. Servían también para fabricar esterillas para dormir. La cera no permite que cale la humedad del suelo y los aerénquimas ofrecen aislamiento térmico y una consistencia mullida. Si pones bajo el saco un par de esterillas de espadaña —suaves, secas, emanando un ligero aroma a hierba recién cortada—, consigues una estupenda noche de sueño.

Apretando las hojas entre los dedos, Natalie dice: «Es casi como si las plantas hicieran todas estas cosas para nosotros». El paralelismo entre las adaptaciones evolutivas de las especies vegetales y las necesidades humanas es verdaderamente asombroso. Ciertos idiomas nativos tienen un término para referirse a las plantas en general que puede traducirse como «aquellas que cuidan de nosotros». Mediante procesos de selección natural, las espadañas han desarrollado sofisticadas adaptaciones que incrementan sus posibilidades de supervivencia en el humedal. Quienes compartían con ellas el ecosistema eran alumnos aplicados que tomaron prestadas soluciones vegetales a sus problemas, lo que a su vez aumentó sus propias posibilidades de supervivencia. Las plantas se adaptan, las personas adoptan.

Seguimos pelando las hojas, adelgazando la espadaña, como si fuera una mazorca. En el centro, las hojas casi se funden con el tallo, una suave columna de pulpa blanca del grosor del dedo meñique, tan crujiente como las calabazas de verano. Corto la médula en trocitos y les entrego uno a cada uno. Hasta que yo no como el mío, nadie se atreve a dar el primer mordisco, mirándose de reojo. Poco después están pelando troncos como osos panda famélicos entre el bambú. Esta pulpa cruda, que también se conoce como «espárrago del cosaco», tiene un sabor parecido al de los pepinos. Puede saltearse, cocerse o comerse directamente a la orilla de un lago si es que llevas, como yo, a un grupo de estudiantes hambrientos a los que hace rato que se les acabaron las provisiones.

Vemos en el pantano las huellas de nuestro propio trabajo. Parece la labor de un ejército de ratas almizcleras. Los alumnos se enzarzan en una conversación acalorada acerca de su propio impacto en el medio.

Las canoas de la compra están ya llenas de hojas con las que fabricar vestidos, esterillas, cordeles y revestimientos para el *wigwag*. Tenemos carbohidratos en cubos llenos de rizomas, verdura en los tallos de la espadaña. ¿Qué más necesitamos? Los alumnos comparan el botín que han acumulado con la lista de necesidades humanas. Aunque las espadañas presentan una asombrosa versatilidad, observan, hay aún ciertas carencias. Proteínas, fuego, luz, música. Natalie quiere incluir los panqueques en la lista de necesidades básicas del ser humano. «¡Papel higiénico!», propone Claudia. En su catálogo, Brad ha incluido el iPod.

Continuamos las compras por los pasillos del supermercado del pantano. Los alumnos empiezan a actuar como si de verdad estuvieran en un Walmart, y Lance finge ser el empleado que informa a la puerta, para evitar meterse en el agua. «Bienvenida al *Wal-marsh*, señora.[1] ¿Panqueques? Pasillo cinco. ¿Linternas? Pasillo tres. Lo siento, no tenemos iPods».

---

[1] Juego de palabras. *Marsh*: «humedal». *(N. del T.)*.

Las flores de la espadaña no parecen en realidad flores. El peciolo mide metro y medio y acaba en un cilindro verde y rollizo que se estrecha a la mitad, dividido en dos partes: las flores masculinas arriba y las femeninas abajo. La polinización es obra del viento: las flores masculinas se abren para liberar al aire una nube de polen amarillo sulfuroso. Esas son las señales visuales que busca ahora el equipo de los panqueques oteando el humedal. Cuando encuentran una, con mucho cuidado, cubren el cilindro con una pequeña bolsa de papel, la cierran y la agitan. En el fondo queda una cucharada de polvo amarillo brillante y, aproximadamente, un volumen equivalente de insectos. El polen (y los insectos) es casi proteína pura, un alimento con alto valor nutricional que complementa a los rizomas de almidón que llevamos ya en la canoa. Una vez limpio de bichos, el polvo puede añadirse a bollos y panqueques para dar valor nutritivo y un hermoso color dorado. No todo el polen acaba dentro de la bolsa. Cuando los alumnos salen de entre las plantas, tienen la ropa y la piel manchadas de estallidos dorados.

La mitad hembra del peciolo parece un perrito caliente ensartado, verde y delgado, una esponja granulada de ovarios ceñidos que aguardan la llegada del polen. Los hervimos en un poco de agua salada y luego extendemos mantequilla por encima. A continuación, solo hay que sujetarlos por ambos lados, igual que las mazorcas de maíz, y mordisquear las flores no fecundadas como si se tratara de una brocheta. El sabor y la textura se asemejan enormemente a los de la alcachofa. Kebab de espadaña para cenar.

Oigo algunas exclamaciones y veo nubes de pelusa flotando en la brisa. Me parece que los alumnos han llegado al pasillo número tres del *Walmarsh*. Cuando las flores diminutas maduran, forman una semilla adherida a un penacho de pelusa, dando forma a la imagen icónica de la espadaña, con su elegante salchicha marrón al final del tallo. En esta época del año, la acción del viento y el invierno las ha desmadejado y se deshacen como algodón. Los alumnos separan la pelusa y la guardan en sacos, que se llevarán para preparar almohadas o edredones. Estoy segura de que a nuestras antepasadas les encantaba ver el humedal poblado de espadañas. En el idioma potawatomi, uno de los nombres para esta especie es *bewiieskwinuk*, que significa literalmente «envolvemos al bebé en ella». Suave, cálida, absorbente: la espuma era un material aislante que conservaba el calor y servía de pañal.

Elliot se gira hacia nosotros y grita: «¡Encontré las antorchas!». Tradicionalmente, los tallos con la pelusa más densa y enmarañada solían untarse en grasa para prenderse. El propio tallo es bastante recto y liso, casi como una vara de madera torneada. Nuestro pueblo los recogía con diversos propósitos, entre los que se incluían fabricar flechas o hacer fuego por fricción. Lo normal era colocar un poco de la espuma de la espadaña bajo la vara, y eso era lo que se prendía. Los alumnos lo recogen todo y vuelven a las canoas presumiendo de las gangas que se llevan. Natalie sigue metida en el agua. Dice que, antes de irse, va a pasar por el «Marsh-alls».[2] Chris aún no ha regresado.

Sobre alas de espuma, las semillas recorren grandes distancias para formar nuevas colonias. Las espadañas crecen en casi cualquier tipo de humedal, siempre que haya suficiente luz, abundancia de nutrientes y suelos saturados. A medio camino entre la tierra y el agua, los pantanos de agua dulce son uno de los ecosistemas más productivos de la Tierra, comparables incluso a las selvas tropicales. No son solo las espadañas, los estantes del pantano están repletos de pesca y de caza. Los peces desovan en las aguas superficiales, abundan las ranas y las salamandras. Las aves acuáticas anidan protegidas por la densa vegetación y las aves migratorias hacen escala para proseguir el viaje.

Desgraciadamente, la explotación de tierras tan productivas ha provocado la desaparición del 90 por ciento de los humedales y de los pueblos nativos que dependían de ellos. Las espadañas contribuyen también a la riqueza de los suelos. Todas esas hojas y rizomas regresan al sedimento cuando la espadaña muere. Lo que no se ha comido se descompone en las aguas anaeróbicas, formando la turba. Esta es rica en nutrientes y posee la capacidad de retención de agua de una esponja, lo que hace que sea ideal para el cultivo a gran escala. Tachados de «tierras baldías», los panta-

---

[2] Nuevo juego de palabras, similar al anterior, esta vez con la tienda de descuentos Marshall's. (*N. del T.*).

nos empezaron a drenarse para la industria agrícola. Las llamadas «granjas de lodo» levantaron la tierra negra del humedal desecado y los terrenos que un día fueron el hábitat de una biodiversidad inigualable sirven ahora para cultivar un único producto. Algunos humedales se pavimentaron para hacer aparcamientos. Esa sí es una auténtica tierra baldía.

Mientras descargamos el botín de las canoas, vemos a Chris acercarse por la orilla con una misteriosa sonrisa, ocultando algo a su espalda. «Aquí tienes, Brad. Encontré tus iPods». Enseña dos vainas de algodoncillo, se las coloca sobre los ojos y las sujeta arrugando el ceño: *eye pods* («vainas de ojos»).

Tras todo un día de lodo, quemaduras y risas, y sin haber encontrado una sola sanguijuela, tenemos las canoas llenas de cuanto necesitamos para satisfacer las necesidades de cordaje, ropa de cama, aislamiento, luz, comida, calor, cobijo, ropa impermeable, zapatos, herramientas y medicinas. Mientras remamos de vuelta a casa, me pregunto si Brad seguirá preguntándose qué hacer en caso de que «necesitemos algo».

Unos días después, con los dedos endurecidos por la cosecha y el tejido de las esterillas, nos reunimos en el *wigwam*. Finísimos rayos de sol entran entre las paredes de hojas de espadaña y se posan sobre los cojines de espuma de la misma planta. La parte superior de la bóveda está aún abierta al cielo. En esa aula que nosotros mismos hemos tejido, nos sentimos como manzanas en una cesta, todos en el mismo nido. El techado es el último paso, y la previsión es que va a llover. Ya tenemos preparado un buen montón de láminas de corteza de abedul para fabricarlo. Es el momento de ir por los últimos materiales.

Hubo un tiempo en que enseñaba igual que me habían enseñado a mí, pero ahora delego gran parte de la tarea en otros. Si las plantas son nuestras maestras más antiguas, ¿por qué no dejarlas trabajar a ellas?

Después de una larga ruta desde el campamento, de cavar y golpear rocas con la pala y del tormento incesante de los moscardones sobre la piel empapada de sudor, ponerse a la sombra es como sumergirse de cabeza en agua fresca. Sin dejar de espantar a los insectos, colocamos las mochilas junto al camino para descansar unos instantes en el denso silencio. A nuestro alrededor el aire lleva consigo repelente de insectos e impaciencia. Es posible que los alumnos estén ya notando el efecto de las picaduras en la cintura, donde asoma la piel desnuda, entre la camisa y el pantalón, cuando se arrodillan para buscar raíces. Tal vez pierdan algo de sangre, pero siento envidia de que vayan a experimentar esto, la visión del principiante.

El mantillo forestal lo han formado aquí las acículas de las píceas, de un marrón herrumbroso, profundo y suave, con el ocasional toque más claro de las hojas del arce o del cerezo negro. Helechos, musgos y algunos espinos de perdiz dispersos brillan bajo los escasos rayos de sol que atraviesan a jirones el denso dosel. Hemos venido a recolectar *watap*, las raíces de la pícea blanca, *Picea glauca*, una de las piedras angulares de las culturas indígenas en la región de los Grandes Lagos. Es una madera lo suficientemente fuerte como para mantener unidas las canoas de corteza de abedul o el *wigwam* y lo suficientemente flexible como para fabricar hermosas cestas. Las raíces de otras píceas también sirven, pero merece la pena buscar un poco más hasta dar con el follaje azulado y el acre aroma felino de la pícea blanca.

Nos abrimos camino entre ellas, partiendo ramas muertas que amenazan con sacarnos un ojo, buscando el lugar adecuado. Mi intención es que aprendan a leer el suelo del bosque, que desarrollen una especie de visión de rayos X para encontrar las raíces bajo la superficie. Es difícil sistematizar en una serie de fórmulas algo que ha de nacer de la intuición. Las probabilidades aumentan si eliges zonas llanas entre dos píceas y evitas los sitios en los que hay piedras. Los troncos en descomposición y las capas de musgo son también buenas señales.

Si empezamos a cavar en cualquier sitio, al azar, lo único que encontraremos es un buen agujero. Para hallar raíces es necesario desaprender la premura. Lo más importante aquí es la pausa. «Primero damos. Luego tomamos». Sea para recolectar espadañas, abedules o raíces, los alumnos se han acostumbrado a que empiece por el ritual de la Cosecha Honorable. Algunos cierran los ojos y me acompañan y otros consideran que es el momento adecuado para buscar en la mochila el lapicero perdido. Murmuro mi nombre a las Píceas y les digo por qué vine. En una mezcla de potawatomi e inglés, solicito permiso para cavar a sus pies. Les pregunto si pueden compartir con los jóvenes estudiantes aquello que solo ellas pueden ofrecer, sus cuerpos físicos y sus enseñanzas. No pido solo raíces. A cambio, les ofrezco un poco de tabaco.

Los alumnos se reúnen a mi alrededor, apoyados en las palas. Aparto la capa de hojarasca, crujiente y olorosa como tabaco de pipa añejo. Saco la navaja y hago el primer corte en la tierra adyacente al árbol —no tan profundo como para afectar a las venas o a los músculos, solo una incisión superficial en la piel del bosque—, meto los dedos y tiro. Me llevo un buen trozo de la capa superior del mantillo, que coloco en un lugar seguro para volver a colocarla cuando terminemos. Un ciempiés corre a ciegas en la sorpresiva luz. Un escarabajo busca de nuevo cobijo bajo tierra. Abrir el suelo requiere tanto cuidado como una disección anatómica y causa el mismo asombro en los alumnos, que ahora contemplan la metódica belleza de los órganos, la armonía de su posición, unos contra otros, el equilibrio entre su forma y su función. Estas son las vísceras del bosque.

Sobre el humus negro, los colores destacan como luces de neón en una callejuela húmeda y oscura. Las raíces del hilo de oro zigzaguean por el suelo, de un intenso tono naranja, como el de un autobús escolar. Una red de raíces cremosas, cada una del grosor de un lapicero, conecta las zarzaparrillas. Chris observa inmediatamente: «Parece un mapa». Y es cierto, con carreteras de diferentes colores y tamaños. Contemplamos el tráfico pesado de las interestatales rojas cuyo origen desconocemos. Tiramos de una y a escasos metros se agita una arandanera. Blancos tubérculos de la flor de mayo canadiense aparecen conectados por hilos traslúcidos como carreteras del condado, esas que unen los pueblos más pequeños. En un terrón de materia orgánica se abre un abanico micélico de un tono amarillo claro, como las calles sin salida de una urbanización. Una enorme y densa metrópolis de raíces marrones, fibrosas, parte de una joven tsuga. Los alumnos estudian la red con sus propias manos, siguiendo las rutas, tratando de emparejar el color de las raíces con las plantas de la superficie, leyendo el mapa del mundo.

Ninguno de ellos habría pensado que iba a sorprenderles el suelo. Han cavado en los jardines de sus casas, han plantado árboles, han sacado puñados de tierra recién removida y la han observado atentamente: cálida, deshaciéndose a migajas, lista para acoger las semillas. Pero ese puñado de tierra de labor desmerece al lado del mantillo forestal. Es como comparar medio kilo de carne de hamburguesa con todo un pastizal poblado por vacas, abejas y tréboles, por estorninos y marmotas, y por todo lo que los une. La tierra en el patio trasero de una casa es como la carne picada: tal vez sea nutritiva, pero ha sufrido un proceso de homogeneización que ya no permite reconocer su origen. Los humanos fabrican el suelo agrícola mediante las labores de cultivo; en el bosque, en cambio, el suelo se produce a sí mismo a través de una red de procesos recíprocos que muy pocos tienen la oportunidad de contemplar.

Al levantar, con mucho cuidado, la hierba y sus raíces, contemplamos el mantillo inferior, tan negro como el café del desayuno, tan sedoso como el polvo molido: el humus, húmedo y denso. Nada hay de sucio en la tierra. Es tan dulce y limpia que uno podría comérsela a cucharadas. Pero tenemos que excavar un poco más para llegar a las raíces de los árboles y empezar a identificarlas. Las de arces, abedules y cerezos son demasiado quebradizas: solo nos interesan las píceas. Sus raíces se distinguen al tacto: se notan tirantes y elásticas. Puedes puntearlas como si fueran cuerdas de una guitarra, y tañen contra el suelo, fuertes, resistentes. Esas son las que buscamos.

Cuando la tienes, hay que rodearla con los dedos. Tirar de ella hacia arriba, y entonces la tierra se empieza a mover, en dirección al norte. Hago un pequeño canal para liberarla. Veo cómo se cruza con otra raíz que viene del este, recta, como si supiera su rumbo. Excavo un poco más y al cabo de un rato ya tengo tres raíces. De repente, miro a mi alrededor y parece que un oso ha estado dándole zarpazos a la tierra. Regreso a la primera, corto uno de los extremos y empiezo a seguirla, por encima y por debajo de las demás. Es solo el primero de los cables en el andamio que sostiene el bosque y ya veo que es imposible liberarlo sin desenmarañar el resto. Dejo al descubierto una docena de raíces. Tengo que elegir una sola. Ir tras ella, sin romperla, para conseguir una tira larga, grande y continua. No es nada fácil.

Mando a los alumnos a recolectar, a que lean la tierra. A ver dónde pone «raíces». Salen riendo a carcajadas brillantes, armando barullo en la suave frescura del bosque. Durante unos instantes, continúan llamándose unos a otros, maldiciendo en voz alta a los insectos que les muerden por debajo de la camisa.

Se dispersan para no concentrar la recolección en un único lugar. La alfombra de raíces es probablemente tan extensa y densa como el dosel superior. Sacar unas pocas no provocará demasiados daños, pero ponemos cuidado en arreglar todos los desperfectos que causamos, colocamos el hilo de oro y el musgo donde los encontramos y vaciamos las botellas de agua sobre las hojas mustias al terminar.

Yo me quedo en mi zona de trabajo, con mis raíces, escuchando cómo se aleja lentamente la conversación. De vez en cuando, no muy lejos, oigo un gruñido de frustración. Un resoplido cuando a alguien le salta la tierra a la cara. Sé lo que hacen sus manos e intuyo también adónde han viajado sus mentes. Sacar raíces de pícea te lleva a un lugar diferente. El mapa en el suelo nos obliga a hacernos preguntas y tomar decisiones constantemente: cuál seguir, qué raíz transcurre por el territorio más hermoso, cuál lleva a un callejón sin salida. Esa fina hebra que habías elegido y excavado con tanto cuidado de la tierra se hunde de repente bajo una roca, hacia mundos que te están vedados. ¿Abandonas esa dirección y tomas otra? Tal vez las raíces se extiendan como un mapa, pero los mapas solo sirven de algo si sabes adónde quieres ir. Algunas se bifurcan. Otras se rompen. Contemplo en el rostro de los alumnos el paso de la infancia a la madurez. Creo que esa maraña de posibilidades les interpela directamente. ¿Qué camino hemos de tomar? ¿No es esa siempre la pregunta?

Poco después cesan los ruidos y se posa sobre nosotros un silencio húmedo, esponjoso. No se escucha más que el sss del viento entre las píceas y el canto de un chochín hiemal. El tiempo pasa. Mucho más tiempo que los cincuenta minutos de clase a los que están acostumbrados. Aun así, nadie habla. Yo aguardo. Va a llegar. Hay cierta energía en el aire, cierto zumbido. Por fin, la escucho: una voz que canta, suave, feliz. Me noto la sonrisa en la cara y respiro aliviada. Siempre llega.

En el idioma apache, la raíz léxica para *tierra* es la misma que para *mente*. Recoger raíces es como colocar un espejo entre el mapa de la tierra y el de nuestra mente. Eso es lo que ocurre, creo, en el silencio y en el canto y cuando las manos están en la tierra. En cierto ángulo del espejo, las carreteras convergen y nos permiten seguir el camino de vuelta a casa.

Investigaciones recientes han demostrado que el olor del humus tiene un determinado efecto fisiológico en los seres humanos. Aspirar el aroma de la Madre Tierra estimula la segregación de oxitocinas, la misma hormona que contribuye a fabricar el vínculo entre madres e hijos, entre amantes. Y es muy normal que, protegidos en ese afecto, empecemos a cantar.

Recuerdo la primera vez que saqué raíces de la tierra. Vine al bosque en busca de materias primas, madera que pudiera transformar en una cesta, pero fui yo la que salió transformada. Descubrí que el patrón zigzagueante estaba ya en la tierra, mucho más firme y hermoso que cualquiera que yo pudiera idear o tejer. Las píceas y los arándanos, las moscas y el chochín hiemal, todo el bosque contenido en una cesta salvaje, nativa, tan grande como una colina. Tan grande que me contenía a mí también.

Nos reencontramos en el camino y presumimos de nuestros ovillos de raíces, y los chicos compiten por ver cuál es la tira más grande. Elliot extiende la suya en la tierra y se tumba a su lado con los brazos estirados, unos dos metros y medio desde los dedos del pie a los de la mano.

—Se metía entre un tronco podrido —cuenta— y yo fui detrás.

—Sí, la mía también —añade Claudia—. Creo que buscaba nutrientes.

La mayor parte de las madejas está compuesta de trozos pequeños, pero los relatos de sus capturas tienden a alargarse: un sapo que dormía y que alguien confundió con una piedra, una lente de cristal con la que algún día se encendió un fuego, una raíz que se rompió de repente y llenó a Natalie de tierra.

—Me encantó. No quería parar —dice—. Es como si las raíces estuvieran esperando a que llegáramos.

Siempre noto un cambio en mis alumnos cuando terminan de excavar raíces. Hay algo más tierno en ellos, más abierto, como si emergieran del abrazo de unos brazos que no sabían que estaban ahí. Recuerdo a través de ellos lo que significa abrirse al mundo como un regalo, que te inunde la seguridad de que la tierra cuidará de ti y te proporcionará cuanto necesites.

Nos jactamos también del estado de nuestras manos: negras hasta el codo, negras entre las uñas, negras en cada grieta de la piel como si nos las hubiéramos teñido con hena y tuviéramos restos de té en las uñas.

—¿Ves? —dice Claudia, con el meñique levantado, lista para un aperitivo con la reina—. Es el manicure especial de raíces de pícea.

De vuelta al campamento, nos detenemos en el riachuelo para limpiar las raíces. Sentados sobre las rocas, las dejamos en agua unos momentos. Sumergimos también los pies. Les enseño a pelarlas con una pequeña agarradera hecha con una rama abierta. La rugosa corteza y el córtex carnoso se desprenden como un calcetín sucio en una pierna blanca y esbelta. La raíz queda limpia, lechosa. Ahora la podemos enrollar en la mano, como si fuera un hilo, pero cuando se seque, estará sorprendentemente dura. Huele bien, huele como si se acabara de preparar para un evento especial.

Desenredamos las raíces y nos sentamos junto al arroyo a tejer nuestras primeras cestas. Tenemos manos primerizas y nos salen torcidas, pero cumplen su función. A pesar de sus imperfecciones, creo que permiten tejer de nuevo el vínculo entre la gente y la tierra.

El techo del *wigwam* empieza a cobrar forma enseguida: unos alumnos llevan a otros a hombros para alcanzar la parte superior y atar las cortezas con las raíces. Mientras doblan ramas y tiran de las espadañas, recuerdan por qué se necesitan unos a otros. En la monotonía de tejer las esterillas, y ante la falta de iPods, reaparecen los contadores de historias para curarnos del hastío, renacen las canciones que dan alas a la labor de los dedos. Cualquiera diría que están acordándose de cómo se hace.

Desde que llegamos, hemos construido un aula y celebrado un banquete con kebabs de espadaña, rizomas asados y panqueques de polen. Hemos utilizado el gel de las espadañas para calmar las picaduras de los insectos. Aún tenemos cuerdas y cestas que terminar, así que nos sentamos juntos en el interior del *wigwam* y tejemos, y hablamos.

Les cuento cómo el anciano y erudito mohawk Darryl Thompson se sentó una vez con nosotros mientras fabricábamos cestas de espadaña. «Me hace tan feliz —dijo— ver a gente joven familiarizándose con esta planta. Ella nos da todo lo necesario para vivir». La espadaña es una planta sagrada presente en la cosmogonía mohawk. Y resulta que el término en mohawk para espadaña tiene mucho en común con el término en potawatomi. El suyo también hace referencia al empleo de la planta en las cunas para bebés, pero con un toque distinto, tan hermoso que casi no puedo contener las lágrimas. En potawatomi, la palabra significa «envolvemos al bebé en ella»; en mohawk, significa que la espadaña envuelve a los humanos en sus dones, como si *nosotros* fuéramos sus bebés. Con esa palabra, la Madre Tierra nos lleva en su cuna.

¿Cómo podremos corresponder alguna vez a la riqueza de esos cuidados? Al reconocer que ella carga con nosotros, ¿seremos capaces de ayudarla a soportar su propia carga? Es la pregunta que tengo en la cabeza cuando Claudia interviene con un comentario que parece reflejar mis propios pensamientos:

—No quiero que se tome a mal lo que le voy a decir, me parece fantástico preguntarles a las plantas si podemos llevárnoslas y ofrecerles tabaco a cambio, pero ¿es suficiente? Recibimos tanto de ellas… Decimos que vamos de compras por los humedales, ¿no? Pero, si lo piensan, en realidad nos fuimos de la tienda sin pagar.

Tiene razón. Si las espadañas fueran el Walmart del pantano, las alarmas de seguridad de la salida estarían sonando, estridentes, al paso de las canoas, llenas de productos robados. En cierto sentido, a no ser que encontremos una forma de participar en la reciprocidad, nos estamos llevando un montón de bienes por los que no hemos pagado.

Les recuerdo que la ofrenda del tabaco no es algo material, sino un obsequio espiritual, una forma de transmitir nuestro más profundo agradecimiento. A lo largo de los años, he preguntado a los ancianos al respecto y he escuchado diversas respuestas. Un hombre me dijo que nuestra única responsabilidad es la gratitud. Me advirtió acerca de la arrogancia de creer que tenemos la capacidad de devolverle a la Madre Tierra algo mínimamente parecido a lo que ella nos da. Yo respeto la *edbesendowen*, la humildad inherente a esa perspectiva. Sin embargo, me parece que los seres humanos poseemos otros dones, aparte de la gratitud, que podemos entregar a cambio. La filosofía de la reciprocidad es hermosa como teoría, pero en la práctica resulta bastante complicada.

Cuando ocupamos las manos en alguna actividad, nuestra mente tiende a liberarse. Los alumnos se entretienen con este dilema mientras entretejen las fibras de la espadaña. Les pregunto qué podríamos ofrecerles a las espadañas o al abedul o a la pícea. Lance se mofa de la idea:

—Solo son plantas. Está bien que podamos usarlas, pero no creo que les debamos nada. Simplemente están aquí.

Hay una suave protesta general. Todos me miran, aguardando mi reacción. Chris, que pretende dedicarse al derecho, interviene en el debate como si estuviera en clase de argumentación:

—Si las espadañas son «gratis», entonces es que son un regalo y todo lo que les tenemos que dar a cambio es nuestro agradecimiento. Los regalos no se pagan, sino que se aceptan gustosamente.

Pero Natalie se opone:

—Aunque sea un regalo, eso no hace que tú estés menos en deuda con ellas. Siempre habría que dar algo a cambio.

La deuda es ineludible, ya sea por un obsequio que se recibe o por la adquisición de un bien. En el primer caso es moral; en el segundo, legal. Si queremos comportarnos de manera ética, ¿no es nuestro deber compensar a las plantas de algún modo por aquello que nos entregan?

Me encanta que se tomen el problema tan en serio. No creo que mucha gente reflexione al salir de Walmart acerca de su deuda con la tierra que ha producido los objetos que acaban de adquirir. Los alumnos ríen y divagan mientras tejen, pero al final han elaborado una larga lista de propuestas. Brad sugiere un sistema de licencias en el que pagásemos por lo que nos llevamos, una tasa estatal que después se invirtiese en la protección de los humedales. Un par de alumnos optan por fomentar el aprecio hacia el ecosistema, con más actividades escolares destinadas a reconocer su valor. Sugieren también estrategias de conservación: proteger las espadañas de todo aquello que las amenaza u organizar batidas contra especies invasoras como los carrizos o la arroyuela, esa sería nuestra forma de corresponderles. Asistir a reuniones municipales y alzar la voz en defensa de los humedales. Votar. Natalie promete instalar un depósito de agua de lluvia en su casa, para reducir la contaminación del agua. Lance jura boicotear la fertilización del césped la próxima vez que sus padres le manden hacerlo, para detener la escorrentía de residuos. Apuntarse a organizaciones conservacionistas como Ducks Unlimited o Nature Conservancy. Claudia dice que va a tejer mantelitos de espadaña y se los va a regalar a todo el mundo en Navidad, para que renueven su amor hacia los humedales cuando los utilicen. Me desborda su creatividad. Pensé que no habría ninguna respuesta. Los obsequios con que quieren corresponder a las espadañas son tan diversos como aquellos que las espadañas les han dado a ellos. Esa es nuestra tarea, descubrir qué podemos ofrecerles. ¿Y no es, al fin y al cabo, el propósito de la educación? ¿Aprender a reconocer la naturaleza de nuestros dones y a utilizarlos por el bien del mundo?

Escucho sus palabras con atención y oigo también otro susurro procedente de la vibración de las paredes de espadañas, de los arcos de píceas al viento, un recordatorio de que los cuidados nunca son abstractos. El círculo de nuestra compasión ecológica se magnifica en la experiencia directa del mundo natural y se estrecha cuando esta falta. Si no nos hubiéramos metido hasta la cintura en el agua del pantano, si no hubiéramos seguido las sendas de las ratas almizcleras y no nos hubiéramos embadurnado en aquella baba balsámica, si nunca hubiéramos fabricado una cesta con raíces de píceas o comido panqueques de espadaña, ¿estaríamos discutiendo acerca de los dones que podemos ofrecer a cambio? En el aprendizaje de la reciprocidad, las manos pueden guiar al corazón.

Decidimos pasar la última noche del curso en el *wigwam*. A la caída del sol, llevamos los sacos de dormir y nos quedamos riendo en torno al fuego hasta bien entrada la noche. Claudia dice: «Me entristece que nos vayamos mañana. Cuando no duerma en las espadañas, extrañaré la sensación de conexión con la tierra». Lejos del *wigwam*, no resulta fácil recordar que es la tierra la que nos proporciona cuanto necesitamos. El intercambio de reconocimiento, gratitud y reciprocidad por esos dones es tan importante en un apartamento de Brooklyn como bajo un techo de corteza de abedul.

Cuando los alumnos empiezan a alejarse del círculo de fuego con las linternas, susurrando en grupos de dos o tres, percibo una atmósfera de conspiración. Antes de que me dé cuenta, están todos ante el fuego con partituras en la mano, como un improvisado coro. «Tenemos algo para usted», dicen, y comienzan a cantar un himno maravilloso compuesto por ellos mismos, plagado de rimas sorprendentes: las espadañas y las raíces que se enmarañan, las necesidades del ser humano y los carrizos del pantano, las antorchas caseras en nuestras eras. Los *crescendos* de la canción conducen a un estribillo vehemente, que reza «adondequiera que vaya, tendré un hogar junto a las plantas». No podría imaginar un regalo más perfecto.

Cuando todos estamos ya en los sacos, como orugas somnolientas dentro del *wigwam*, hay un último momento de risas y retazos de conversación. Recuerdo la rima improbable de «el ecotono y el rizoma al horno» y yo también empiezo a reír, provocando una cascada de hilaridad en el resto de los sacos, como ondas en un estanque. Cuando por fin nos quedamos dormidos, lo hago con la feliz sensación de que la bóveda de nuestro techo de abedul nos contiene a todos, un eco de la bóveda celeste que la contiene a ella. En el silencio, solo se escucha la respiración de los alumnos y el susurro de las paredes de espadaña. Me siento una buena madre.

El sol entra por la puerta oriental. Natalie es la primera en levantarse. Camina de puntillas entre los sacos y sale al exterior. Veo, a través de las rendijas de las espadañas, cómo levanta los brazos y da las gracias al nuevo día.

Los fuegos
de Cascade Head

«La danza de la renovación, esa danza que le dio forma al mundo, siempre se bailó aquí al borde mismo de las cosas, al límite, entre la niebla que cubre la línea de la costa».

URSULA K. LE GUIN

A lo lejos, más allá de la espuma de las olas, lo percibieron. Fuera del alcance de cualquier canoa, a medio mar de distancia, algo se les removió por dentro, un antiguo reloj de hueso y carne que les recordaba: «Llegó la hora». Sus cuerpos de escamas plateadas, esa brújula cuya aguja gira sin descanso en el mar, señalaron el camino de vuelta a casa. Llegaron de todas partes y el mar se convirtió en un embudo de peces que estrechaban su rumbo al acercarse, más y más, hasta que sus cuerpos plateados encendieron el agua, compañeros de fatigas y desoves enviados al océano, el salmón pródigo que regresa al hogar.

El litoral está aquí ribeteado de incontables caletas, envuelto en bancos de niebla y dividido por los ríos que vienen del bosque; un lugar en el que todas las referencias desaparecen bajo la neblina y resulta fácil perderse. Abundan las píceas, cuyo denso manto negro oculta los signos reconocibles del hogar. Los ancianos hablan de canoas perdidas que el viento desvía hacia bancos de arena extraños. Si hace demasiado tiempo que las embarcaciones han zarpado, las familias bajan a la playa para encender una hoguera, con la que pretenden atraer a sus seres queridos a casa. Las canoas llegan cargadas de alimento y a los recolectores se les honra con danzas y canciones. Los rostros encendidos de gratitud son la recompensa a un trayecto lleno de peligros.

También se les prepara el recibimiento a los hermanos, esos que traen comida en las canoas de su propio cuerpo. Observan el mar y esperan. Las mujeres cosen en sus mejores prendas, las que llevarán en las danzas, otra hilera de conchas colmillo, de escafópodos. Amontonan madera de aliso para el banquete de bienvenida y afilan las ramas de las arandaneras. Mientras remiendan las redes, practican viejas canciones. Pero aún no hay señal de sus hermanos. Todos bajan a la orilla y otean el mar y buscan señales. ¿Y si se han olvidado? ¿Y si están perdidos, a la deriva? ¿Y si creen que no serán bien recibidos?

Las lluvias se retrasan, los ríos vienen escasos, los caminos del bosque están secos y llenos de polvo y cubiertos por una lluvia constante de agujas amarillas de pícea. La hierba en las praderas del promontorio cruje, quebradiza, y ni siquiera la niebla calma su sed.

Y allá a lo lejos, más allá de la espuma batiente, donde las canoas no pueden llegar, en esa profunda oscuridad en que la luz se zambulle y desaparece, ellos se mueven como un solo cuerpo, un banco, que no gira al este ni al oeste hasta sentir que el momento ha llegado.

A la caída del sol, un hombre baja por el camino y trae algo en la mano. Son ascuas que coloca dentro de un nido de corteza de cedro y hierbas. Sopla un poco para avivarlas. Las ascuas bailan y las hierbas se ennegrecen y encogen y entonces nace la llama, que asciende tallo a tallo. Otros hacen lo mismo por toda la pradera, dibujando en la hierba un crepitante anillo de fuego, que crece, cada vez más rápido, hasta que todos los fuegos se juntan y el humo blanco serpentea en la luz declinante del atardecer: es su propia respiración, que jadea sobre la colina hasta que el movimiento de convección del aire enciende la noche. Un faro para traer a los hermanos a casa.

El promontorio arde. Las llamas corren con el viento hasta que el muro verde y húmedo del bosque las detiene. A una altura de cuatrocientos metros sobre la espuma de las olas reluce una torre de fuego: amarillo, naranja, rojo, una inmensa bengala. La pradera en llamas expulsa a la oscuridad del cielo una densa nube de humo blanco con reflejos de rosa salmón en su vientre. «Vengan, vengan, carne de mi carne. Hermanos míos. Vuelvan al río en que comenzaron sus vidas. Preparamos una fiesta de bienvenida en su honor». Eso es lo que quieren decir.

Desde sus lejanías marinas, fuera del alcance de las canoas, puede distinguirse un alfiler de luz en la negrura absoluta, una cerilla encendida en la noche, que titila, que hace señas mientras la columna de humo se extiende por la costa hasta fundirse con la niebla. Una chispa en la inmensidad. Es la hora. Giran hacia el este como un solo cuerpo, en dirección a la orilla y al río del hogar. Nadan hasta que pueden oler el aroma de sus aguas natales, y entonces se detienen y descansan en el suave movimiento de la marea. Sobre ellos, en el promontorio, la centelleante torre de fuego se refleja en el agua, besando las crestas enrojecidas de las olas y devolviéndoles el brillo a las escamas plateadas.

Al amanecer, el promontorio es gris y blanco, como si lo hubiera tapizado una nevada temprana. Una fría corriente de ceniza cae sobre el bosque y el viento lleva en sí la penetrante tufarada de la hierba quemada. Sin embargo, nadie lo nota, pues todos han ido al río que los salmones remontan, aleta contra aleta: entonan un canto de bienvenida, un himno de alabanza. Las redes se quedan en la orilla; los arpones siguen colgados en las casas. Los primeros peces, con su mandíbula en forma de gancho, tienen vía libre para guiar a los demás y comunicar a sus parientes, río arriba, que los humanos les profesan gratitud y respeto.

En este momento, hordas de peces pasan junto al campamento sin ser molestados. Han de transcurrir cuatro días desde la aparición de los primeros peces para que el pescador más afamado capture y prepare, según un cuidado ritual, el Primer Salmón. Después, lo coloca en una mesa de cedro cubierta de helechos para el banquete ceremonial. Y todos comen los alimentos sagrados, seleccionados por la misma cuenca del río: salmón, venado, raíces, bayas. Beben de una misma taza para celebrar el agua que los conecta a todos. Bailan y cantan en largas hileras, dando gracias por todo lo que se les ha ofrecido. El esqueleto del salmón regresa al río, con la cabeza en dirección al nacimiento, para que su espíritu pueda seguir a los demás. Su destino es la muerte, como el destino de todos nosotros, pero antes de morir se habrá unido a la vida en ese ciclo atemporal que hace que el mundo siga adelante y permite su renovación.

Es entonces cuando sacan las redes, colocan las trampas y comienzan la recolecta. Cada uno sabe ya lo que ha de hacer. Un anciano le da consejos a uno de los jóvenes, que lleva un arpón ya en la mano: «Si tomas solo lo que necesitas y dejas que los demás se vayan, los peces durarán para siempre». Cuando en los estantes de secado hay suficiente comida para el invierno, detienen la pesca.

Y así, en la estación de las hierbas secas, llegan año tras año enormes bancos de salmón chinook. Se cuenta que cuando Salmón apareció en estas orillas por primera vez fue recibido por Col de los Prados, que había sido el encargado de dar de comer a la gente todo ese tiempo. «Gracias, hermano, por ocuparte de mi gente», dijo Salmón, le dio dos regalos a Col de los Prados —una manta de piel de alce y una maza de guerra— y lo llevó a la tierra húmeda y suave para que pudiera descansar.

La gran variedad de salmones en el río —chinook, chum, rosado y coho— garantizaba que la gente no pasase hambre. Tampoco los bosques. Los salmones nadan muchos kilómetros tierra adentro y de ese modo les entregan a los árboles un recurso fundamental: nitrógeno. El cuerpo de los salmones muertos tras la freza, arrastrados al bosque por osos, águilas y seres humanos, servía para fertilizar tanto los árboles como a Col de los Prados. A través del análisis de los isótopos estables, los científicos han podido identificar que el nitrógeno presente en la madera de bosques antiquísimos procede del océano. El salmón nos alimentaba a todos.

Al volver la primavera, el promontorio reluce de nuevo como un faro, brillante con la intensa luz verde de la hierba recién nacida. El suelo quemado y ennegrecido se calienta rápidamente y los primeros brotes salen enseguida gracias a la ceniza que los fertiliza, generando un pasto propicio para los alces y sus crías en medio de los bosques de pícea de Sitka. Cuando llega el esplendor de la estación, la pradera aparece plagada de flores silvestres. Los curanderos se dirigen a ella para recolectar hierbas medicinales que solo crecen aquí, en la montaña que ellos conocen como «el lugar donde siempre sopla el viento».

El promontorio emerge de la orilla y el mar se arremolina en torno a su falda en blancos tirabuzones. Las vistas son asombrosas. Hacia el norte, la costa rocosa. Hacia el este, una colina tras otra de bosques cubiertos de musgo. Y hacia el sur, el estuario. Un enorme banco de arena que se arquea en la bahía de la desembocadura, encerrándola y enclaustrando al río en un curso muy estrecho. Todas las fuerzas que dan forma al encuentro entre la tierra y el mar están presentes aquí, grabadas en arena y agua.

Por encima, las Águilas, portadoras de visión, sobrevuelan las térmicas que se originan en la montaña. Este era suelo sagrado, reservado para aquellos que venían en busca de una visión y ofrecían el sacrificio de su propio ayuno durante días, en el mismo sitio en que las hierbas se le entregaban al fuego. Un sacrificio por el Salmón, por la Gente, para escuchar la voz del Creador, para soñar.

De la historia de Cascade Head solo nos quedan fragmentos. Quienes la conocían desaparecieron antes de que sus saberes pudieran recopilarse. La muerte fue con ellos demasiado meticulosa, no dejó apenas supervivientes. Sin embargo, la pradera conservó la historia de los fuegos rituales hasta mucho después de que hubiera gente que pudiera contarla.

Un tsunami de enfermedades asoló la costa de Oregón durante la década de 1830, cuando los gérmenes viajaban mucho más rápido que los carromatos. La viruela y el sarampión alcanzaron a los nativos, enfermedades a las que estos podían oponer la misma resistencia que una brizna de hierba ante el fuego. Quienes llegaron a ocupar estas tierras alrededor del año 1850 encontraron poblados prácticamente deshabitados, desolados. Los diarios de los colonos guardan registro de su sorpresa al encontrar, entre los densos bosques, pastos preparados para el ganado. Inmediatamente, mandaron a sus propias vacas a pacer y engordar. Es lógico pensar que estas también siguieron los caminos ya existentes y que los marcaron aún más firme y decididamente en la tierra, como hacen todas las vacas. Ellas replicaron parte del trabajo de los antiguos fuegos, que servían para evitar la invasión del bosque y fertilizar la hierba.

Cuanta más gente se instalaba en los antiguos terrenos de los nechesnes, más pastos necesitaban para sus vacas Holstein. No es fácil hallar en estas regiones tierras de llanura, así que empezaron a fijarse, ávidamente, en las marismas saladas del estuario.

Situados en la intersección entre ecosistemas, al límite de otro límite, allí donde se entreveran el río, el océano, el bosque, la tierra, la arena y la luz del sol, es posible que los estuarios sean los humedales que mayores niveles de biodiversidad y productividad acogen. Son el caldo de cultivo perfecto para toda clase de invertebrados. La densa esponja de vegetación y sedimentos está atravesada por canales de todos los tamaños, que reflejan idéntica variedad en las dimensiones de los peces que los recorren. El estuario es un vivero para toda clase de salmones, desde los alevines más pequeños que acaban de salir del lecho de desove hasta el esguín que comienza a engordar y adaptarse al agua salada. Aquí pueden vivir perfectamente garzas, patos, águilas y moluscos. Las vacas no: el mar de hierbas les resulta demasiado húmedo. En consecuencia, los humanos decidieron construir diques, para evitar que el agua entrara. Inventaron eso que después se llamaría «tierras ganadas al mar» y que convertía a los humedales en pastos.

Los diques transformaron las condiciones fluviales. Ya no teníamos una red capilar de riachuelos, sino un único flujo, rectilíneo, que avanzaba a toda velocidad hacia el mar. Puede que fuera bueno para las vacas, pero fue terrible para los jóvenes salmones, que ahora eran lanzados al océano sin más preámbulos.

La transición del agua dulce al agua salada supone una agresión fortísima sobre la química corporal del salmón. Un biólogo marino lo compara con las transfusiones de sangre necesarias tras una quimioterapia. Los peces requieren una transición gradual, una especie de alto en el camino. Las aguas salobres de los estuarios, ese ecosistema intermedio entre el río y el océano, desempeñan un papel fundamental en la supervivencia del salmón.

La pesca del salmón también se expandió, impulsada por la posibilidad de hacer fortuna en la industria conservera. Pero ya no hubo muestras de respeto hacia los peces que volvían a casa, ni vía libre para que los primeros en llegar remontaran el río. Por si no fuera suficiente ultraje, la construcción de presas dio forma a ríos de no retorno, y la degradación por el pastoreo y la silvicultura industrial acabó con la posibilidad de desove y reproducción. La mentalidad mercantil dejó a los peces que habían alimentado a la gente durante miles de años al borde de la extinción.

Sin embargo, había que conservar el flujo de ganancias. Esa misma mentalidad fue la que creó los criaderos de salmón: el pez industrial. Se pensaba que no hacían falta ríos para fabricar salmones.

Desde el mar, los salmones salvajes buscaron la llama en el promontorio y durante años no vieron nada. Pero tenían un pacto con los Hombres y debían cumplir la promesa hecha a Col de los Prados, así que siguieron viniendo. Cada vez eran menos. Al regresar, encontraban una casa vacía, oscura y solitaria. Ya no había canciones ni mesas decoradas con helechos. No había luces en la orilla para darles la bienvenida.

Las leyes de la termodinámica dictan que todo tiene que dirigirse a algún lugar. ¿Adónde se fue la relación de respeto afectuoso y cuidado mutuo entre la gente y los peces?

El camino sale abruptamente del río por unos pasos abiertos en el barranco. Me pican las piernas mientras trepo por las raíces de las enormes píceas de Sitka. Musgos, helechos y coníferas repiten un patrón de plumas, un mosaico de teselas verdes, de hojas y frondas impresas en las paredes del bosque, cada vez más cerradas.

Las ramas me arañan los hombros y me impiden ver más allá del camino que discurre bajo mis pies. Esta ruta me lleva hacia el pequeño bosque de mi propia mente, mi mente inmersa en el tictac de un paisaje de listas y de recuerdos. No oigo más que el ruido de mis propios pasos, el frufrú de los pantalones impermeables y los latidos de mi corazón, hasta que llego a la intersección de un arroyo. El agua canta al caer sobre las piedras, levantando una leve neblina. Se me abren los ojos al bosque: entre los helechos de espada me habla un chochín hiemal; un tritón de vientre naranja se cruza en mi camino.

La sombra de las píceas deja paso a una luz moteada cuando el camino asciende por la ladera, a unos metros tan solo de la cumbre, cubierta de alisos blancos. Tengo ganas de acelerar un poco, sabiendo lo que me aguarda, pero este momento de transición me seduce de tal modo que me fuerzo a ir más despacio, a paladear las expectativas y los cambios en el aire, en la brisa que se levanta. Frente a mí, el último aliso inclinado se aleja del camino, me deja vía libre.

Negro contra la hierba dorada, ahondando varios centímetros en la tierra, el camino sigue el perfil del relieve, como si siglos de otras pisadas hubieran precedido a las mías. Estamos solos la hierba, el cielo y yo, y dos águilas calvas a lomos de las térmicas. Al salir a la cresta, siento una explosión de luz, espacio y viento. Mi cabeza arde al contemplar el paraje. No sé de qué otra forma expresar el efecto que tiene sobre mí el promontorio sagrado, donde parece arrasada la posibilidad misma de las palabras. El pensamiento se desvanece, igual que las nubes que se desgajan, abandonando el promontorio. Solo existe el ser.

Antes de conocer su historia, antes de que el fuego iluminara mis sueños, habría caminado hasta aquí igual que los demás, sacándole fotos al paisaje desde los improvisados miradores. Habría admirado la gran curva que forman los bancos de arena, como una hoz que encerrase la bahía, y el filo de encaje con que las olas entran en la playa. Saldría a la loma para contemplar la sinuosa línea plateada del río entre las marismas saladas, el final de su camino desde la Cordillera de la Costa. Me asomaría al acantilado y me perturbaría la vertiginosa caída hasta la espuma que rompe en la base del promontorio, a decenas de metros. Escucharía el grito de las focas y su eco resonando en la caleta. Observaría la hierba mecida por el viento como el pelaje de un puma. Y el cielo yendo y viniendo. Y el mar.

Antes de conocer su historia, habría tomado algunos apuntes de campo, consultado la guía para identificar especies vegetales desconocidas y habría sacado el almuerzo. No habría hablado por teléfono, como hace el tipo asomado al saliente contiguo al mío, eso no.

Sin embargo, conozco la historia y me quedo de pie, inmóvil, incapaz de contener las lágrimas ni la emoción que me recorre, que tiene sabor a alegría y a dolor. Alegría por la existencia del fulgor del mundo, dolor por lo que hemos perdido. Las hierbas recuerdan las noches en que las llamas las consumían e iluminaban el camino de vuelta a casa, un fuego de amor entre especies. ¿Alguien sabe hoy qué significa eso? Me arrodillo en la hierba y puedo oír la tristeza, como si la propia tierra llorase por su pueblo: «Vuelve a casa. Vuelve a casa».

A menudo encuentro a otras personas en el camino. En algún momento, todos apartan la cámara de fotos de la cara y se quedan inmóviles sobre el promontorio, tratando de escuchar la voz que tapa el viento, echando la mirada nostálgica al mar. Mi impresión es que tratan de recuperar aquella sensación, aquel amor hacia el mundo.

Es una extraña dicotomía la que nos hemos impuesto, esta que opone el amor a la gente y el amor la tierra. Sabemos que amar a una persona es un acto poderoso: sabemos que puede cambiarlo todo. Sin embargo, actuamos como si el amor a la tierra fuese una cuestión meramente individual, interna, sin repercusión fuera de los límites de la mente y del corazón. En la pradera del promontorio de Cascade Head se revela otra verdad: se hace visible la fuerza activa del amor a la tierra. Aquí, el ritual de prenderle fuego a la pradera cimentó la conexión entre la gente y el salmón, entre el propio pueblo, entre el ser humano y los espíritus. Y contribuyó, al mismo tiempo, al desarrollo de la biodiversidad. Las llamas ceremoniales convirtieron los bosques en pastos junto al mar, islas de hábitats abiertos en una matriz de arboledas oscuras y húmedas de niebla. Esas praderas fueron hábitat de especies que dependen del fuego y que no se dan en ningún otro lugar de la tierra.

Del mismo modo, la Ceremonia del Primer Salmón, con toda su belleza, reverbera por las bóvedas del mundo. Aquellas fiestas de amor y gratitud no eran solo expresiones de una emoción interna, sino que servían para facilitarles a los salmones el remonte del río, pues se evitaba la pesca durante los momentos críticos. Entregarle el esqueleto de salmón al agua era una forma de devolverle los nutrientes al sistema. Eran ceremonias de reverencia práctica.

El faro ardiente es un hermoso poema, escrito físicamente, grabado en la tierra.

> La gente amaba el salmón igual que el fuego ama la hierba
> y las llamas aman la oscuridad del mar.

Un poema que hoy ya no escribimos más que en postales («Increíble vista desde Cascade Head. Me gustaría que estuvieses aquí») y listas de la compra («Salmón, tres cuartos de kilo»).

Las ceremonias sirven para llamar la atención y para que esta se vuelva intención. Cuando un grupo de individuos se juntan y manifiestan algo delante de su comunidad, deben responder por ello.

Las ceremonias trascienden los límites del individuo y resuenan más allá del reino de lo humano. Son actos de respeto poderosamente pragmáticos. Actos que magnifican la vida.

En muchas comunidades indígenas, el tiempo y la historia pueden haber descosido los dobladillos y los bordados de los ropajes ceremoniales, pero la tela no ha perdido su fuerza. En la sociedad hegemónica, sin embargo, todas las ceremonias parecen haberse evaporado. Supongo que hay muchos motivos que lo explican: el ritmo frenético de la vida, la disolución de la comunidad, la idea de que las ceremonias son artefactos creados por religiones organizadas e impuestos sobre los participantes, y no celebraciones elegidas libre y felizmente.

Las ceremonias que la sociedad occidental sigue llevando a cabo —los cumpleaños, las bodas, los funerales— se centran únicamente en el individuo, en la conmemoración de ritos de transición personal. Puede que la más comunal de todas sea la graduación de la secundaria. A mí me encanta. Vemos a todos los miembros de la comunidad vestirse de gala, una noche de junio, para asistir al auditorio, tengan un hijo en la secundaria o no. Las emociones compartidas producen una sensación de vínculo comunal. Un sentimiento de orgullo ante los jóvenes que cruzan el escenario. De alivio por algunos de ellos. Una buena dosis de nostalgia y recuerdos. Conmemoramos a esos hermosos jóvenes que han enriquecido nuestras vidas; reconocemos el duro trabajo realizado y los logros conseguidos contra todo pronóstico. Les decimos que depositamos en ellos nuestras esperanzas para el futuro. Les animamos a salir al mundo y pedimos que vuelvan sanos y salvos. Les aplaudimos. Ellos nos aplauden. Todo el mundo derrama alguna lágrima. Y entonces comienzan los festejos.

Somos conscientes, al menos en nuestro pequeño pueblo, de que no es un ritual vacío. La ceremonia tiene cierto poder. Los buenos deseos colectivos ayudan de verdad a que esos jóvenes que están a punto de abandonar el hogar no desfallezcan. La ceremonia les recuerda de dónde vienen y la responsabilidad contraída con la comunidad que los ha apoyado. Esperamos que les sirva de inspiración. Y los cheques que introducimos en las tarjetas de felicitación ayudan a que sus primeros pasos sean más fáciles. Estas ceremonias también magnifican la vida.

Sabemos cómo realizar tales ritos, y lo hacemos bien. Pero imagínate por un momento de pie junto a un río, inundado por esos mismos sentimientos mientras los Salmones cruzan el auditorio de su estuario. Imagina que te levantas en su honor, les das las gracias por todas las formas en que han enriquecido nuestras vidas, cantas para reconocer el duro trabajo realizado y los logros conseguidos contra todo pronóstico, les dices que en ellos depositamos las esperanzas de futuro, los animas a salir y crecer en el mundo y les pides que vuelvan sanos y salvos. Imagina que entonces comienza el banquete. ¿Somos capaces de extender nuestros vínculos de celebración y apoyo más allá de nuestra propia especie, hacia otras que también nos necesitan?

Muchas tradiciones indígenas reconocen aún el rol que desempeñan las ceremonias y tienen como costumbre celebrar la vida de otras especies y ciertos eventos en el ciclo de las estaciones. En una sociedad de colonos, sin embargo, las ceremonias que aún perviven no se encargan de conmemorar la tierra, sino la familia y la cultura, los valores importados del viejo mundo. No me cabe duda de que allí también existen ceremonias que celebran la tierra, pero parece ser que no sobrevivieron a la emigración. Creo que sería inteligente regenerarlas aquí, como una manera de forjar vínculos con esta tierra.

Para actuar pragmáticamente sobre el mundo, las ceremonias deberían ser creaciones recíprocas, orgánicas, en las que la comunidad diera forma a la ceremonia y la ceremonia diera forma a la comunidad. No deberían ser apropiaciones culturales de otros pueblos. Sin embargo, es muy difícil generar esa clase de ritos en el mundo actual. Conozco pueblos donde se celebran festivales de la manzana y la Jornada del Alce, pero, por mucha riqueza gastronómica que haya, son acontecimientos que tienden siempre a lo mercantil. Eventos educativos como los fines de semana de estudio de las flores silvestres y los censos participativos de aves en Navidad son pasos en la dirección correcta, pero en ellos no se forja una relación activa y recíproca con el mundo no humano.

Quiero aguardar junto al río con mi mejor vestido. Quiero cantar, alto y claro, y pisar fuerte con otras cien personas para que las aguas se agiten al son de nuestra felicidad. Quiero bailar por la renovación del mundo.

En las orillas del estuario del río Salmón, muchas personas vuelven hoy a esperar junto al curso del agua, todas expectantes. Sus rostros se iluminan y a veces les surcan arrugas de preocupación. No llevan sus mejores vestimentas, sino botas de goma y chalecos de loneta. Algunas portan redes; otras, cubos. De vez en cuando, gritan y se regocijan de alegría por lo que cae en ellos. Es otro tipo de Ceremonia del Primer Salmón.

Desde 1976, el Servicio Forestal de Estados Unidos y una serie de organizaciones asociadas, encabezadas por la Universidad Estatal de Oregón, comenzaron un proyecto de recuperación del estuario. Su plan era retirar los diques, las presas y las esclusas para dejar que las aguas mareales regresaran a donde debieran regresar, que cumplieran su propósito. Esperando que la tierra recordase cómo ser un estuario, los diversos equipos colaboraron en el desmantelamiento de las estructuras humanas, una a una.

Era un plan que partía de la información recopilada tras años de investigación ecológica, infinitas horas en el laboratorio, muchas quemaduras al sol y gélidos días invernales recopilando datos bajo la lluvia. También hubo maravillosas jornadas veraniegas, en las que veían regresar milagrosamente a las diversas especies. Eso es lo que nos mueve a los biólogos de campo: la oportunidad de estar ante la presencia viva, en su hábitat, de otras especies, por lo general más interesantes que nosotros. La oportunidad de sentarnos a sus pies y escuchar. Las narraciones potawatomis nos recuerdan que al principio todas las plantas y animales, humanos incluidos, hablaban el mismo idioma. Podíamos comunicarnos unos con otros y contarnos cómo eran nuestras vidas. Pero hemos perdido ese don y ahora somos más pobres.

Dado que no hablamos el mismo idioma, nuestra tarea como científicos consiste en reconstruir sus historias. Al salmón no podemos preguntarle directamente aquello que queremos saber, así que tenemos que preguntarle con experimentos y prestar atención a la respuesta. Nos quedamos despiertos toda la noche con las pestañas pegadas al microscopio, analizando los anillos anuales de los huesos que se encuentran en el oído interno de los peces para saber cómo reaccionan a la temperatura del agua. Para arreglar el problema. Hacemos experimentos acerca de los efectos de la salinidad en el crecimiento de hierbas invasivas. Para arreglar el problema. Realizamos mediciones y las registramos y las analizamos de formas aparentemente inorgánicas, pero que nos permiten comprender la vida en sus diversas e inescrutables formas, ajenas a nosotros. Practicar la ciencia con capacidad de asombro y humildad es un poderoso acto de reciprocidad hacia el mundo no humano.

Nunca he conocido a un ecólogo que saliera a investigar al campo por amor a los datos o dispuesto a maravillarse del valor p de algo. Estos son solo los medios de que nos servimos para cruzar la frontera entre especies, para salir de nuestra piel humana y ponernos aletas o plumas u hojas, para intentar conocer al otro tan plenamente como nos sea posible. La ciencia es una forma de generar una intimidad y un respeto hacia especies extrañas solo comparable con las observaciones de quienes aún conservan los saberes tradicionales. Puede ser un camino hacia la fraternidad.

Ellos también son mi pueblo. Todos esos científicos apasionados en cuyos cuadernos, plagados de columnas de números y de lamparones de lodo del estuario, hay cartas de amor a los salmones. A su manera, están haciéndoles señales, indicándoles el camino de vuelta a casa.

Quitaron los diques y las presas y la tierra no había olvidado cómo ser una marisma salobre. El agua recordaba su distribución a través de los diminutos canales de drenaje entre los sedimentos. Los insectos recordaban dónde tenían que poner los huevos. Hoy se ha recuperado el flujo curvilíneo del río. Desde el promontorio, este parece el bosquejo de un viejo pino, nudoso y retorcido por la acción del viento contra la costa, envuelto en un fondo de juncias ondulantes. Barras de arena y profundas lagunas crean un paisaje arremolinado de oro y azul. Y en este mundo acuático que vuelve a nacer, en cada curva descansan jóvenes salmones. Las únicas líneas rectas son las viejas fronteras impuestas por los diques, recordatorio de cómo se interrumpió el flujo del agua, y de cómo se restauró su curso.

Las Ceremonias del Primer Salmón no tenían como objeto a la gente. Eran ceremonias que conmemoraban al propio Salmón, a todos los fastuosos reinos de la Creación y a la renovación del mundo. La gente comprendía que cuando una vida se les entregaba para su propia supervivencia, recibían algo infinitamente valioso. Las ceremonias eran una manera de dar algo a cambio.

Con el cambio de estación, cuando las hierbas se secan en el promontorio, llega el momento de empezar los preparativos: las redes se remiendan y se ordena el material. Vienen todos los años, por esta época. Traen comida para todos. Los aparatos de registro de datos se encuentran calibrados y listos. Se meten en el río, con pantalones de pescador y botas de goma, e introducen las redes en los renovados canales del estuario, para tomarles el pulso. Día tras día, los biólogos realizan mediciones, bajan hasta la orilla y miran hacia el mar. Pero los salmones se hacen de rogar. Los científicos siguen esperando, extienden los sacos de dormir y apagan los equipos. Todos los aparatos, salvo uno. Siempre dejan encendida la luz de un microscopio.

Los salmones se reúnen a lo lejos, más allá de la espuma, y saborean las aguas del hogar. La ven contra la oscuridad del promontorio. La luz encendida, una minúscula señal en la noche, para indicarles el camino de vuelta a casa.

Echar raíces

Un día de verano en la ribera del río Mohawk:

Én:ska, tékeni, áhsen. Agacharse y tirar, agacharse y tirar. *Kaié:ri, wísk, iá:ia'k, tsiá:ta.* Las hierbas le llegan hasta la cintura. Llama a su nieta, dobla la espalda. El manojo es cada vez mayor. Se incorpora, se frota los riñones y levanta la cabeza al cielo azul del verano, con la negra trenza balanceándose a su espalda. Los aviones zapadores pían junto al río. Del agua se levanta una ligera brisa, que agita y esparce la fragancia de la hierba sagrada.

Una mañana de primavera, cuatrocientos años después:

Én:ska, tékeni, áhsen. Uno, dos, tres; agacharse y cavar, agacharse y cavar. Mi manojo se hace más pequeño cada vez que doblo la espalda. Introduzco la paleta en la tierra blanda, la muevo en círculos. Encuentro una piedra enterrada, la extraigo con los dedos y la tiro. La oquedad, del tamaño de una manzana, es perfecta para las raíces. Saco algunas del manojo envuelto en arpillera. Las coloco en el agujero, esparzo tierra alrededor, pronuncio unas palabras de bienvenida y lo tapo. Me incorporo y me froto los riñones doloridos. El sol nos envuelve. Templa la hierba y libera su aroma. Banderillas rojas ondean en la brisa, señalando los contornos del terreno.

Kaié:ri, wísk, iá:ia'k, tsiá:ta. Desde tiempos inmemoriales, los mohawks han habitado este valle y las inmediaciones del río que ahora lleva su nombre. Hubo una época en que abundaban los peces y el limo de las inundaciones primaverales fertilizaba los campos de maíz. En sus orillas crecía la hierba sagrada, que los mohawks conocían como *wenserakon ohonte*. Hace siglos que su idioma no se escucha por aquí. Las oleadas de inmigrantes obligaron a los mohawks a abandonar el fértil valle en el norte del estado de Nueva York, y poner rumbo a los confines del país. La que un día fue la cultura dominante de la gran Confederación Haudenosaunee (Iroquesa) quedó reducida a retales de pequeñas reservas. El idioma que por primera vez formuló ideas de democracia, de igualdad de las mujeres o la Gran Ley de la Paz estaba en peligro de extinción.

El idioma y la cultura mohawk no desaparecían por sí solos. Para acabar con el llamado «problema indio», el Gobierno optó por la asimilación forzosa y envió a los niños mohawks a los barracones de Carlisle (Pensilvania), un internado cuyo propósito confeso era: «Matar al indio para salvar al hombre». Se les cortaba la trenza y se les prohibía hablar en su propia lengua. Las niñas recibían una formación basada en cocinar, limpiar y ponerse guantes blancos los días de fiesta. Sustituyeron el aroma de la hierba sagrada por el del jabón con que lavaban la ropa de los barracones. Los niños aprendían diversos deportes y habilidades útiles para una vida sedentaria en un pueblo cualquiera del país: carpintería, agricultura, economía básica. El Gobierno casi consigue el objetivo de romper los lazos que unían a los pueblos indígenas con sus tierras y su idioma. Pero los mohawks se autodenominan *Kanienkeha* —los pueblos del pedernal o del sílex—, un material muy difícil de fundir en el gran crisol de culturas de Estados Unidos.

Por encima de las hierbas que mece el viento veo dos cabezas más, inclinadas hacia el suelo. Los rizos azabaches atados con una badana roja son de Daniela. La observo levantarse y hacer recuento del número de plantas en su área: cuarenta y siete, cuarenta y ocho, cuarenta y nueve. Toma notas sin levantar la mirada del portafolios. Pasa al siguiente. Daniela es una de mis estudiantes de posgrado y llevamos meses planeando la jornada. Este trabajo se ha convertido en su proyecto de tesis y quiere que todo salga bien. Los documentos de la universidad dicen que yo soy su profesora, pero no he dejado de repetirle que su verdadera maestra será la planta.

En el otro extremo del terreno, Theresa levanta la vista, colocándose la trenza a la espalda. Se ha enrollado las mangas de la camiseta, en la que se lee: «IROQUOIS NATIONALS LACROSSE», y tiene los antebrazos llenos de tierra. Theresa es una cestera mohawk, parte integral de nuestro equipo de investigación. Se ha tomado el día libre para acompañarnos y arrodillarse con nosotras en el suelo. La expresión de felicidad en su rostro es apabullante. Al ver que empezaban a flaquearnos las fuerzas, ha entonado una canción tradicional para contar, y consigue levantarnos el ánimo. «*Kaié:ri, wísk, iá:ia'k, tsiá:ta*», grita, y continuamos recorriendo las filas de plantas. Hay siete plantas en cada hilera, por las siete generaciones. Con ellas queremos echar raíces en la tierra, darle la bienvenida a la hierba sagrada, que regresa a casa.

A pesar de Carlisle, del exilio y de los cuatrocientos años de asedio continuado, hay algo, un último núcleo de piedra viva, que no se va a rendir. No sé qué fue lo que permitió a la gente seguir resistiendo, pero estoy segura de que se encuentra en las palabras. Retazos de lenguaje sobrevivieron entre quienes conservaron el vínculo con la tierra, las raíces en ella. Son los mismos que aún pronuncian el Mensaje de Gratitud: «Unamos nuestras mentes y demos las gracias a la Madre Tierra, que con todos sus dones da sustento a nuestras vidas». Fue esa relación de gratitud y reciprocidad hacia el mundo, sólida como una piedra, la que los mantuvo en pie cuando les despojaron de todo lo demás.

En el siglo XVIII, los mohawks tuvieron que abandonar sus hogares en el valle y asentarse en Akwesasne, en la frontera con Canadá. Theresa procede de una larga familia de cesteros de Akwesasne.

Lo maravilloso de las cestas es su transformación, la travesía desde la totalidad de una planta viva a la fragmentación de las tiras que se tejen y, de ahí, a una nueva plenitud como cesta. Las cestas conocen los poderes duales de creación y destrucción que dan forma al mundo. Las tablillas y las hebras que estuvieron separadas se tejen para formar un nuevo todo. El viaje de una cesta es, también, el viaje de un pueblo.

El fresno negro y la hierba sagrada echan raíces en los mismos humedales de ribera. Son vecinos en la tierra y vuelven a serlo en las cestas de los mohawks, donde se reúnen, donde se entreveran. Theresa recuerda pasar muchas horas, de niña, trenzando hebras de hierba sagrada, prietas y parejas para que revelasen todo su brillo. En ese trenzado se entretejían también las risas y las historias de las artesanas, contadas en una mezcla de inglés y mohawk.

La hierba sagrada se enrosca alrededor del aro de la cesta y se ensarta en la tapa, de forma que incluso una cesta vacía ha de contener el aroma de la tierra. En ellas se forja el vínculo que une a un pueblo y un lugar, un idioma y una identidad. La cestería permite, además, seguridad económica. Una mujer que sepa tejer cestas no pasará hambre. La identidad mohawk y la cestería con hierba sagrada son prácticamente sinónimos.

Tradicionalmente, el pueblo mohawk ha pronunciado palabras de agradecimiento a la tierra, pero en estos momentos las tierras a lo largo del río San Lorenzo tienen poco por lo que estar agradecidas. Cuando las centrales hidroeléctricas inundaron parte de los terrenos de la reserva, las grandes fábricas se trasladaron aquí para aprovechar la disponibilidad de energía barata y la situación logística estratégica. Los principios por los que se rigen Alcoa, General Motors y Domtar no se basan precisamente en el Mensaje de Gratitud, y eso provocó que la reserva de Akwesasne se convirtiera en una de las comunidades más contaminadas del país. Los pescadores y sus familias ya no pueden consumir lo que capturan. La leche materna contiene altas cantidades de dioxinas y policloruro de bifenilo (PCB). La contaminación industrial provocó que las formas de vidas tradicionales dejasen de ser seguras y puso en riesgo el vínculo entre la gente y la tierra. Las toxinas industriales iban a terminar lo que había comenzado en Carlisle.

Sakokwenionkwas, Tom Porter por otro nombre, es miembro del Clan Oso, un clan conocido por ocuparse de la protección de la gente y la salvaguarda de los saberes médicos. Hace veinte años hizo honor a esa reputación, cuando partió de Akwesasne en compañía de otras personas con una idea fija, un claro propósito curativo. De niño, su abuela le había relatado una vieja profecía, que decía que algún día un pequeño grupo de mohawks volvería a habitar el antiguo hogar a orillas del río Mohawk. Ese día llegó en 1993. Tom y sus compañeros se dirigieron a las tierras ancestrales con el proyecto de crear una nueva comunidad, lejos del PCB y de las centrales hidroeléctricas.

Se asentaron en ciento sesenta hectáreas de bosque y tierras de labor en Kanatsiohareke. Ese topónimo viene de la época en la que el valle estaba lleno de asentamientos indígenas, plagado de casas comunales. Al estudiar la historia de la región, descubrieron que Kanatsiohareke era el hogar de un antiguo poblado del Clan Oso. Esos recuerdos se entretejen hoy con las nuevas historias. Un cobertizo y varias casas se agrupan al pie de una pared de roca, en un meandro del río, hasta cuyas orillas llegan llanuras cenagosas. Las laderas que los leñadores habían esquilmado se han reforestado con pino y roble. De un pozo artesiano en la pared de la roca mana el agua con tanta fuerza que ni siquiera en los veranos más áridos se ha secado. Vierte sobre un estanque cristalino, rodeado de musgo. En esa agua, quieta, puedes ver tu propio reflejo. La tierra habla el idioma de la renovación.

Cuando Tom y los demás llegaron, todos los edificios se encontraban en un estado deplorable. A lo largo de los años, cuadrillas de voluntarios se unieron para reparar tejados y reponer ventanas. En la gran cocina comunal volvió a respirarse el aroma de la sopa de maíz y la bebida de fresa de los días de fiesta. Se colocó una pérgola entre los manzanos para celebrar bailes, un lugar en el que la gente podía reunirse a reaprender y celebrar la cultura haudenosaunee. El objetivo era «revertir Carlisle»: Kanatsiohareke le devolvería al pueblo aquello que le habían arrebatado: su idioma, su cultura, su espiritualidad, su identidad. Los hijos de la generación perdida podían volver a casa.

Tras la reconstrucción, el siguiente paso fue la enseñanza del idioma, bajo la premisa anti-Carlisle de «sana al indio, salva el idioma». A los niños de Carlisle y otras misiones de todo el país les dejaron los nudillos en carne viva —entre otras torturas más crueles— por hablar en idioma indio. Quienes sobrevivieron a los internados intentaron evitarles a sus hijos las penurias que ellos pasaron y no les enseñaron los antiguos idiomas. Y así, a la vez que la tierra, se fue perdiendo la lengua, hasta que solo quedaron unas pocas personas capaces de hablarlo con fluidez, la mayoría ancianos. Se encontraba, como una especie amenazada cuando pierde el hábitat en el que criar a su progenie, al borde de la extinción.

Cuando un idioma desaparece, no se pierden solo las palabras. Todo idioma es también hábitat de una serie de ideas que no existen en ningún otro lugar. Es un prisma a través del cual observar el mundo. Tom afirma que incluso términos tan básicos como los numerales están cargados de diversas capas de significado. Por ejemplo, los números que utilizamos para contar la hierba sagrada en la pradera llevan consigo la Historia de la Creación. *Én:ska*: uno. El término remite a la caída de Mujer Celeste del mundo superior. Ella sola, *én:ska*, cayó a la tierra. Pero no estaba sola, pues en su vientre crecía una segunda vida. *Tékeni*: había dos. Mujer Celeste dio a luz a una niña, y esta, a su vez, a gemelos, y así hubo tres: *áhsen*. Cada vez que los haudenosaunees cuentan hasta tres en su idioma, reafirman su vínculo con la Creación.

Las plantas son fundamentales para restaurar el entramado que conecta la tierra con la gente. Un lugar se convierte en hogar cuando puede ser sostén de vida, cuando nos alimenta el cuerpo y el espíritu. Si queremos restaurar el hogar, tenemos que conseguir que las plantas regresen. En cuanto me enteré de que los nativos habían vuelto a Kanatsiohareke, me vino a la mente la hierba sagrada. Empecé a buscar la manera de que ella también volviera.

Así, una mañana de marzo, nos dirigimos a casa de Tom. Quería proponerle que plantáramos hierba sagrada en primavera. Ya bullían en mi cabeza planes de posibles experimentos de restauración de especies, pero había olvidado que aquí lo primero de todo es dar de comer a los invitados. Nos sentamos a desayunar con él, panqueques con denso sirope de arce. Tom se levantó para atender la estufa. Llevaba una camisa roja de franela, era de complexión ancha, tenía el pelo negro con vetas grises, pero casi ninguna arruga en el rostro pese a sus más de setenta años. Las palabras brotaban de su boca como el agua del manantial al pie de la pared junto al río: historias, sueños y bromas que calentaron la cocina tanto como el aroma del sirope de arce. Volvió a llenarnos los platos con una sonrisa y otro relato, antiguas enseñanzas que entrelazaba en la conversación con la naturalidad con que se insertan los comentarios sobre el tiempo que hace. Tiras y hebras de espíritu y materia, entretejidas, como el fresno negro y la hierba sagrada.

—¿Qué hace una potawatomi por aquí? —me preguntó—. ¿No estás muy lejos de casa?

Solo necesité una palabra para responder: *Carlisle*.

Nos alargamos con el café y empezamos a hablar de sus proyectos para Kanatsiohareke. Él tenía en mente la creación de una comunidad agrícola en la que la gente aprendiera de nuevo a cultivar los alimentos tradicionales, un lugar donde se recuperasen las antiguas ceremonias que conmemoraban el ciclo de las estaciones, donde se pronunciasen «las palabras que van antes que todo lo demás». Reflexionó durante bastante tiempo sobre el Mensaje de Gratitud como clave de bóveda en la relación de los mohawks con la tierra. Quise formularle una pregunta en la que llevaba pensando desde hacía mucho tiempo.

Después de las palabras que van antes que todo lo demás, después de haberles dado gracias a todos los seres de la tierra, le pregunté: «¿Alguna vez la tierra ha respondido dándonos las gracias a nosotros?». Tom se quedó en silencio unos segundos, me echó más panqueques en el plato y puso ante mí la jarra de sirope. No podía haber mejor respuesta.

De un cajón en la mesa, Tom sacó un morral de piel de ciervo con flecos y extendió otra piel sobre la mesa. Dejó caer sobre ella un montoncito de huesos de melocotón, que se montaron unos sobre otros con un sonido traqueteante. Todos tenían un lado pintado de negro y otro de blanco. Jugamos a un juego que consistía en tirarlos y apostar cuántos mostrarían el lado blanco y cuántos el negro. Su montón de ganancias aumentaba y el mío se reducía rápidamente. Mientras agitábamos los huesos y los tirábamos sobre la mesa, nos contó una historia: la historia de cuando en ese mismo gesto hubo en juego mucho más.

Los nietos gemelos de Mujer Celeste habían luchado durante largo tiempo acerca del hacer o el deshacer del mundo. Al final, decidieron resolver su disputa con este juego. Si los huesos salían negros, la totalidad de la vida creada sería destruida. Si eran blancos, la hermosa tierra continuaría. Jugaron y jugaron, sin resolución, hasta que llegaron a la última tirada. Si todos salían negros, sería el fin. El gemelo que traía la dulzura al mundo envió sus pensamientos a las criaturas que había creado y les pidió ayuda. Solicitó que defendieran la vida. Tom nos contó cómo, en esa última tirada, los huesos de melocotón se detuvieron un instante en el aire, justo en el momento en que todos los miembros de la Creación gritaron al unísono, con enorme potencia, a favor de la vida. E hicieron que el último hueso saliera blanco. Siempre hay una alternativa.

La hija de Tom vino a jugar con nosotros. Tenía en la mano una bolsa de terciopelo rojo y dejó caer el contenido sobre la piel de ciervo. Diamantes. En cada una de las caras de las piedras brillaban arcoíris. Nos dedicó una amplia sonrisa mientras nosotros nos dirigíamos gestos y voces de incredulidad. Tom explicó que se trataba de diamantes de Herkimer, hermosos cristales de cuarzo, transparentes como el agua y más duros que el sílex. Enterrados bajo la superficie, es el río el que nos los ofrece, de vez en cuando, como una bendición de la tierra.

Nos pusimos las chaquetas y salimos hacia los campos. Tom se detuvo en el cercado para darles unas manzanas a las grandes vacas belgas. Todo estaba en calma, el río fluía delante de nosotros. Si uno tiene la vista correctamente calibrada, casi se puede ignorar la presencia de la carretera 5, la vía del tren y la autopista I-90 al otro lado del río. Casi se pueden ver los campos del blanco maíz iroqués y las praderas junto al río donde las mujeres recogieron hierba sagrada. Agacharse y tirar, agacharse y tirar. Pero en los terrenos por los que caminamos no hay maíz ni hierba sagrada.

Cuando Mujer Celeste repartió las plantas por el mundo, sembró hierba sagrada en las orillas de este río, pero hoy no queda rastro de ella. Igual que el inglés, el italiano y el polaco sustituyeron al idioma mohawk, la hierba sagrada se vio acorralada por otros inmigrantes. Perder una planta puede poner en riesgo a una cultura tanto como perder su propio idioma. Sin hierba sagrada, las abuelas no llevan a las nietas a las praderas en julio. ¿Y qué pasa entonces con las historias que deben contarles? Sin hierba sagrada, ¿qué pasa con las cestas? ¿Con las ceremonias en que se emplean esas cestas?

La historia de las plantas está unida de forma indisoluble a la historia de los pueblos, a las fuerzas duales de creación y destrucción. En las ceremonias de graduación de Carlisle, los jóvenes debían pronunciar un juramento: «Ya no soy un indio. Dejaré para siempre el arco y las flechas y guiaré las manos hacia el arado». Los arados y las vacas supusieron una enorme transformación en el paisaje vegetal. La identidad de los inmigrantes europeos que trataban de construir aquí su hogar también estaba unida a las plantas que les daban sustento, igual que la identidad mohawk. Trajeron sus propias especies. Las hierbas asociadas a estas siguieron al arado y suplantaron a las hierbas nativas. En las plantas pueden leerse los cambios en la cultura y la propiedad de la tierra. Hoy estos terrenos están alfombrados por especies que los primeros recolectores de hierba sagrada no reconocerían: grama, hierba timotea, trébol, margarita común. Un ejército de arroyuelas amenaza desde el otro lado del cenagal. Para restaurar la hierba sagrada tenemos que conseguir que los colonizadores aflojen la garra, abrir camino para que regresen los nativos.

Tom me preguntó qué haría falta para traer de vuelta la hierba sagrada, para crear una pradera donde los cesteros y cesteras pudieran reencontrar sus materiales. Los científicos no le han dedicado demasiados esfuerzos al estudio de la hierba sagrada, pero los artesanos nativos saben que puede hallarse en una amplia variedad de condiciones, desde los humedales a los márgenes secos de las vías del tren. Le encanta la luz del sol durante todo el día y los suelos húmedos y abiertos. En los terrenos inundables junto al río, Tom se agachó y tomó un puñado de tierra y lo dejó caer entre los dedos. Salvo por el denso manto de especies exóticas que ahora se extendía por esos terrenos, lo cierto es que parecía un lugar perfecto para ella. Tom dirigió la mirada hacia el viejo tractor Farmall junto al camino, cubierto con una lona azul. «¿Dónde podemos encontrar semillas?».

Eso es lo raro de la hierba sagrada, las semillas. La planta produce flores a principios de junio, pero sus semillas rara vez resultan útiles. Si siembras cien, tal vez te crezca una planta, con suerte. La hierba sagrada tiene su propia manera de multiplicarse. Cada uno de los brillantes brotes verdes que salen del suelo está unido a un rizoma largo y fino que se abre camino por la tierra. Al extenderse, hace que nuevos brotes salgan hacia la luz. El rizoma puede crecer hasta un par de metros desde el lugar de origen, y de ese modo la planta puede viajar por las inmediaciones de los ríos. Era un buen plan cuando la tierra se encontraba en plenitud.

Esos tiernos rizomas blancos no pueden abrirse camino por una autopista o un aparcamiento. Si se pierde un lecho de hierba sagrada, es imposible recuperarlo mediante siembra externa. Daniela ha visitado muchos lugares donde los datos históricos muestran que existió hierba sagrada y en más de la mitad de ellos es imposible reencontrar su aroma. La principal causa del declive parece ser el desarrollo, la eliminación de las poblaciones nativas por el drenaje de los humedales, la conversión de la tierra para la agricultura y la pavimentación. Cuando llegan las especies no nativas, expulsan a la hierba sagrada. Las plantas repiten así la historia de sus respectivos pueblos.

En el vivero experimental de la universidad he estado cultivando hierba sagrada, a la espera de que este día llegara. Busqué por todas partes a alguien que pudiera vendernos plantas para comenzar el cultivo y al final encontré a una persona en California que disponía de ellas. Me pareció raro, dado que la *Hierochloe odorata* no crece en California de forma natural. Cuando le pregunté de dónde había sacado tantas, me dio una respuesta sorprendente: Akwesasne. Era una señal. Las compré todas.

Con irrigación y fertilizando la tierra, los lechos han ganado densidad. Pero un cultivo no es una restauración. La ciencia de la restauración ecológica depende de muchos y muy diversos factores: la tierra, los insectos, los patógenos, los herbívoros, los competidores. Yo casi afirmaría que solo las plantas saben dónde van a vivir, desafiando las predicciones de la ciencia: en el caso de la hierba sagrada, existe además una inesperada condición para el desarrollo. Las poblaciones que crecen con mayor vigor son aquellas que lo hacen bajo la atención de las comunidades cesteras. La reciprocidad también es clave del éxito. Cuando cuidamos y tratamos con respeto la hierba sagrada, esta prospera, pero si la relación fracasa, fracasa también la planta.

Lo que aquí contemplamos es más que un ejemplo de restauración ecológica; es la restauración de la relación entre las especies vegetales y el ser humano. La ciencia que se ocupa de la recuperación de los ecosistemas ha avanzado mucho, pero nuestros experimentos siguen centrándose en el pH del suelo y la hidrología: en la materia, excluyendo al espíritu. Podríamos dejar que el Mensaje de Gratitud nos orientase, aprender a entretejer ambos. Aún soñamos con el día en que la tierra le dé las gracias a la gente.

Volvemos a la casa, imaginando las futuras clases de cestería. Theresa podría ser la maestra y tal vez llevar a sus nietas a recoger hierba sagrada en los terrenos que ella ha ayudado a replantar. Allí funciona una tienda de regalos, que sirve para financiar los trabajos en beneficio de la comunidad de Kanatsiohareke. Está llena de libros y hermosas piezas de artesanía, mocasines bordados, tallas en cuernas de ciervo y, cómo no, cestas. Tom nos abre la puerta y entramos. En el aire flotaba denso el aroma de la hierba sagrada que colgaba de las vigas. ¿Qué palabras pueden capturar ese olor? La fragancia del cabello recién lavado de tu madre cuando te sujeta contra ella, el olor melancólico del final del verano, el del recuerdo que te hace cerrar los ojos un instante, otro instante más.

Cuando yo era pequeña, no había nadie para contarme que, igual que los mohawks, el pueblo potawatomi venera la hierba sagrada como una de las cuatro plantas sacras. Nadie para decirme que fue la primera planta que creció sobre la Madre Tierra y que por eso la trenzamos, como si se tratara del cabello de nuestra propia madre: que así le demostramos el amor y el cuidado con que la trataremos. Los mensajeros que debían transmitir esa historia no consiguieron abrirse paso hasta mí a través de un territorio cultural hechos pedazos. La historia me la arrebataron en Carlisle.

Tom se dirige al estante de los libros y saca un grueso volumen rojo, que abre sobre el mostrador. *The Indian Industrial School, Carlisle Pennsylvania. 1879–1918*. Al final del libro hay páginas y páginas con listas de nombres: Charlotte Bigtree (mohawk), Stephen Silver Heels (oneida), Thomas Medicine Horse (siux). Tom me señala con el dedo el nombre de su tío. «Es por ellos por quienes hacemos todo esto. Para deshacer Carlisle».

Mi abuelo también está en el libro, estoy segura. Recorro con el dedo las largas columnas de nombres y me detengo en Asa Wall (potawatomi). Un niño de nueve años que recogía pacanas en Oklahoma, metido en el tren que atravesó las grandes llanuras hasta llegar a Carlisle. El nombre que aparece a continuación es el de su hermano, el tío Oliver, que logró huir y volver a casa. Asa, sin embargo, no lo hizo. Él fue de la generación perdida, de los que nunca regresaron. Lo intentó, pero después de Carlisle ya no encajaba en ningún sitio. Se alistó en el Ejército. Después, en vez de volver a una vida con su familia en Territorio Indio, se asentó al norte del estado de Nueva York, no lejos de este mismo río, y crio a sus hijos en el mundo de los inmigrantes. En la época en que los autos eran aún algo novedoso, él se convirtió en un excelente mecánico. Siempre estaba arreglando autos estropeados, siempre estaba enmendando algo, trabajando por la integridad de las cosas. Creo que esa misma necesidad, la necesidad de dar a las cosas su plenitud, es lo que me llevó a mí a trabajar por la restauración ecológica. Lo imagino con su nariz aguileña husmeando bajo el capó de un auto, limpiándose las manos en un trapo lleno de grasa. Durante la Depresión, la gente acudía en masa a su taller. El pago, si es que lo había, solía consistir en unos huevos o nabos del huerto. Pero hubo cosas a las que no pudo devolver su integridad.

No hablaba mucho de aquellos días, pero me pregunto si pensaba alguna vez en Shawnee, en la arboleda de pacanas donde vivía su familia sin él, el niño perdido. Cuando los nietos éramos pequeños, las tías nos enviaban regalos: mocasines, una pipa, una muñeca de piel de ciervo. Iban directamente al desván, hasta que nuestra abuela los sacaba y nos los enseñaba afectuosamente, como un susurro: «Recuerden quiénes son».

Supongo que, al final, obtuvo lo que le habían enseñado a desear, un futuro mejor para sus hijos y nietos, el estilo de vida americano cuyo respeto y cumplimiento le inculcaron. Mi mente le agradece el sacrificio, pero mi corazón sufre por aquel que pudo haberme contado los relatos de la hierba sagrada. He sentido esa ausencia toda la vida. Lo que robaron en Carlisle se convirtió en una piedra de amargura en lo más hondo de mi corazón. No me ocurre solo a mí. La pena habita en las familias de todos los que aparecen en las páginas de ese enorme libro rojo. La brecha en el vínculo que unía a la tierra y a la gente, al pasado y el presente, duele como un hueso roto que aún no se ha soldado.

La ciudad de Carlisle (Pensilvania) está orgullosa de su pasado y parece llevar bien el paso de los años. Para celebrar el tricentenario, los habitantes se propusieron fijarse de nuevo en su propia historia, atenta y honestamente. El origen está en los barracones de Carlisle, unas instalaciones para que los soldados se agruparan durante la guerra de Independencia. Cuando los Asuntos Federales Indios formaban parte aún del Departamento de Guerra, esos mismos edificios se convirtieron en la Escuela India de Carlisle, el fuego que alimentaba el bullente crisol de la asimilación. Hoy, los barracones espartanos donde estuvieron los catres para niños lakotas, nez percés, potawatomis y mohawks son las elegantes dependencias de los oficiales del Ejército estadounidense, y los cornejos blancos florecen a la puerta.

Para conmemorar el aniversario, invitaron a los descendientes de todos aquellos niños a las llamadas «ceremonias de recuerdo y reconciliación». Tres generaciones de mi familia hicimos el viaje. Nos encontramos en Carlisle con cientos de otros hijos y nietos. Para muchos de nosotros, era la primera oportunidad de contemplar un lugar que nunca se mencionaba de forma directa en los relatos familiares, o que nunca se mencionaba en absoluto.

La localidad se había engalanado y de las ventanas colgaban banderas de barras y estrellas. A la entrada de la calle principal, una pancarta anunciaba un inminente desfile por el tricentenario. Era una imagen de postal, la ciudad perfecta con el ladrillo a la vista brillando en las avenidas y los edificios coloniales restaurados para recuperar su antiguo encanto. Las verjas de hierro forjado y las placas de metal atestadas de fechas celebraban la historia. A mí me parecía una monstruosidad hacer que en Carlisle convergieran todos los esfuerzos por la conservación del patrimonio, cuando ese nombre es, en los territorios indios, el escalofriante emblema de la aniquilación de nuestro pasado. En silencio, caminé entre los barracones. No me resultaba fácil perdonar.

Nos reunimos en el cementerio, un pequeño rectángulo rodeado por una verja al otro lado del patio, con cuatro hileras de lápidas. No todos los que entraron en Carlisle pudieron salir. Aquí descansan los huesos de niños de Oklahoma, de Arizona, de Akwesasne. Sonaban los tambores en al aire húmedo, empapado de lluvia. El aroma de la salvia blanca y la hierba sagrada quemadas envolvió la oración de los allí congregados. La hierba sagrada es una medicina curativa y su fuego convoca la bondad y la compasión, que emanan de nuestra primera Madre. Elevamos las palabras sagradas de sanación.

Niños robados. Vínculos arrebatados. El peso de lo que se perdió flota en el aire y se mezcla con el aroma de la hierba sagrada, recordándonos que hubo una época en la que todos los huesos del melocotón pudieron mostrar su cara negra. Uno puede enfrentarse al dolor de esa pérdida mediante la ira y la autodestrucción. Pero las cosas siempre vienen de manera dual, el blanco y el negro en los huesos, la creación y la destrucción. Si toda la gente lanza un poderoso grito a favor de la vida, el juego de los huesos de melocotón puede tener un final diferente. El dolor solo encuentra alivio verdadero en la creación, en la reconstrucción del hogar que intentaron borrar. Los fragmentos, como las tiras de fresno, pueden volver a tejerse y formar un nuevo todo. Por eso estamos aquí, arrodillados junto al río, por eso nos huelen las manos a hierba sagrada.

De rodillas sobre la tierra, encuentro mi propia ceremonia de reconciliación. Agacharse y cavar, agacharse y cavar. Mis manos tienen ya el color de la tierra cuando coloco la última planta, susurro unas palabras de bienvenida y aprieto la tierra. Miro hacia Theresa. Está concentrada, también a punto de terminar. Daniela toma los últimos apuntes.

El día se acaba y la luz se torna dorada sobre el terreno que replantamos de hierba sagrada, de plantas larguiruchas y endebles. Si calibro bien la vista, casi puedo ver a las mujeres que caminan, que caminarán dentro de unos años. Agacharse y tirar, agacharse y tirar, los manojos que se hacen cada vez más grandes. Me siento bendecida por este día junto al río y murmuro para mí misma palabras de agradecimiento.

Los diversos caminos que partieron de Carlisle —el de Tom, el de Theresa, el mío— convergen en este lugar. Es así como podemos unirnos al poderoso grito que vuelca el hueso y lo vuelve blanco: echando raíces en la tierra, a la tierra. Puedo sacar la piedra que tengo dentro del corazón y plantarla aquí, restaurar este terreno, restaurar la cultura, restaurarme a mí misma.

La paleta entra en el suelo y golpea una piedra. Hago un pequeño agujero a su lado y la saco para dejar sitio a las raíces. Casi la arrojo lejos, pero al sostenerla en la mano me resulta extrañamente ligera. La observo más atentamente. Tiene casi el tamaño de un huevo. Al limpiarla con el dedo, revela una superficie transparente, cristalina, y luego otra, y otra. Brilla incluso sucia de tierra, con el fulgor del agua. Tiene una cara áspera, más apagada, pero todo lo demás es brillante. La luz la atraviesa. Es un prisma en el que se refracta la luz declinante de la tarde y forma múltiples arcoíris.

La lavo en el río y llamo a Daniela y a Theresa para que vengan a verla. A las tres nos maravilla. La sostengo en la mano y me pregunto si me corresponde quedármela, pero en realidad no puedo dejarla donde estaba. La he descubierto y ahora descubro que ya no puedo abandonarla. Recogemos las herramientas y volvemos a despedirnos, hasta el día siguiente. Abro la mano para enseñarle la piedra a Tom, para preguntarle mi duda. «Esta es la manera que tiene el mundo de funcionar —dice—: la reciprocidad». Le dimos hierba sagrada a la tierra y la tierra nos ha entregado un diamante. Una sonrisa le ilumina el rostro cuando me cierra el puño en torno a la piedra. «Es para ti», dice.

Umbilicaria:
el ombligo del mundo

B loques erráticos tachonan el paisaje de las Adirondacks. Son
los enormes bloques de granito que los glaciares llevaban en
su grupa y que abandonaron ahí a medida que se derretían y retiraban hacia el norte. La roca predominante en esta región es la
anortosita, una de las rocas más antiguas de la tierra y de las más
resistentes a la erosión. La mayoría de los bloques muestran aris-
tas redondeadas por el tiempo, pero algunos siguen erguidos hacia lo alto, exhibiendo su filo, como este, que tiene el tamaño de
un camión. Acaricio la superficie con los dedos, siguiendo las vetas
de cuarzo. Termina en punta, afilado como un cuchillo, y las paredes están demasiado inclinadas para subir por ellas.

El anciano no se ha movido de la arboleda a la orilla del lago
en diez mil años. Ha visto pasar bosques, subir y bajar el nivel de
las aguas, y aún conserva el microcosmos de la era posglacial,
cuando el mundo era un frío desierto de escombros de roca y
tierra arrasada. Achicharrándose bajo el sol del verano y cubierto
de nieve en los largos inviernos, sin tierra fértil, sin un solo árbol,
el till glaciar constituía un hogar intimidante para los primeros
pobladores que se atrevieron a habitarlo.

Los líquenes no se amedrentaron y se presentaron voluntarios
para instalarse y echar raíces. Metafóricamente, pues no tienen
raíces, lo que supone un punto a su favor cuando tampoco hay
lugar en el que enraizar. No tienen ni raíces ni hojas ni flores. Son
la vida en su estado más básico. El tamiz de propágulos que se
escondía en diminutas fisuras y en hendiduras del tamaño de una
aguja fue a asentarse en el granito desnudo. La microtopografía les
dio protección contra el viento y cavidades en las que se detenía

el agua tras la lluvia, formando charcos microscópicos. No era mucho, pero sí suficiente.

Con el paso de los siglos, una capa vidriosa de líquenes verdosos y grisáceos ha revestido la roca y se ha vuelto casi indistinguible de esta, una mínima costra de vida. Las paredes inclinadas y la exposición a los vientos del lago han impedido la acumulación de tierra, de forma que esta superficie se ha convertido en una última reliquia de la Edad de Hielo.

A veces vengo aquí solo para estar acompañada de criaturas de tanta edad. Todas las superficies de la roca están cubiertas por los irregulares flecos de *Umbilicaria americana*, marrones y verdes, el más impresionante de los líquenes del noreste. Al contrario que sus diminutos antepasados, el talo de *Umbilicaria* —su cuerpo— puede alcanzar las dimensiones de una mano abierta. El más grande del que se tiene constancia llegó a superar los sesenta centímetros de longitud. Los más pequeños se recogen como polluelos alrededor de la mamá gallina. A esta carismática criatura se le han dado muchos nombres: habitualmente se le conoce como «tripa de roca». También se la llama «liquen de hoja de roble».

La lluvia no se detiene en las caras verticales de la roca, así que el bloque de granito suele estar seco. Los líquenes se encogen y se encrespan, dándole una apariencia costrosa a la roca. Sin hojas ni peciolos, la *Umbilicaria* es solo un talo, de forma más o menos circular, como un rasgado jirón de ante. Cuando está seco, la superficie superior presenta un color marrón topo. Los bordes del talo se retuercen de manera caótica, volantes ondulados que dejan a la vista el interior negro, crujiente y granulado como una papa frita carbonizada. No está anclado a la pared más que por un pequeño tallo central. Se parece al mango muy corto de un paraguas. Este es el *umbilico*, el vínculo que une el talo a la roca.

Los bosques donde habitan los líquenes forman un paisaje vegetal de texturas muy variadas. Sin embargo, los líquenes no son plantas. En ellos se desdibuja la noción misma del ser, pues no son una sola criatura, sino dos: un hongo y un alga. Compañeros completamente diferentes que, sin embargo, se juntan en una relación simbiótica plena, de cuya unión resulta un organismo nuevo.

En una ocasión, una herborista de la nación navaja me explicó que ella entendía que ciertos tipos de plantas están «casados», debido a lo perdurable de la asociación que forman y a la confianza ciega que se profesan mutuamente. Los líquenes son de esas parejas en las que el todo es más que la suma de las partes. Mis padres celebrarán este año su sexagésimo aniversario de boda y aparentemente están unidos en la misma clase de simbiosis, un matrimonio en el que el equilibrio entre dar y recibir es dinámico, en el que los papeles del que da y el que recibe cambian a cada momento. Están comprometidos con un «nosotros» que nace de las fortalezas y debilidades compartidas de sus socios, un «nosotros» que se extiende más allá de los límites de la pareja y abarca a la familia y a la comunidad. Algunos líquenes actúan también así: sus vidas compartidas benefician a todo el ecosistema.

Todos los líquenes, desde las diminutas cortezas a la majestuosa *Umbilicaria*, son simbiosis mutualistas, una clase de asociación en la que ambos miembros se benefician. En las costumbres nupciales de muchos pueblos nativos americanos, los novios se entregan una cesta de regalos, que representa, siguiendo la tradición, aquello que cada uno promete traer al matrimonio. La cesta de la mujer suele contener plantas del huerto o de las praderas, como símbolo de los alimentos que llevará a su esposo. La cesta del hombre puede contener carne o pieles de animales, la promesa de que proveerá a su familia mediante la caza. Alimentos vegetales y animales, autótrofos y heterótrofos: el alga y el hongo también traen dones particulares a su unión en forma de liquen.

El alga es una colección de organismos unicelulares, que brillan como esmeraldas y traen el don de la fotosíntesis, esa portentosa alquimia que convierte luz y aire en azúcar. El alga es autótrofa, es decir, que produce su propia comida, y será la encargada de la cocina, la productora. Puede fabricar todos los azúcares que necesita como consumo energético, pero no se le da muy bien encontrar minerales. Solo puede realizar la fotosíntesis cuando está mojada, pero no tiene la capacidad de protegerse para no secarse por completo.

El hongo es el heterótrofo de la asociación —el «que se alimenta de otro»—, pues no puede producir su propio alimento y ha de sobrevivir gracias al carbono que recogen los demás. Es particularmente experto a la hora de disolver los minerales para su utilización, pero no puede fabricar azúcares. La cesta nupcial del hongo estaría llena de compuestos especializados, como ácidos y enzimas, que digieren materiales complejos y los separan en los compuestos básicos. El cuerpo del hongo, una delicada red de filamentos, sale a recolectar minerales, absorbiendo las moléculas gracias a la gran superficie que ocupa. La simbiosis permite al alga y al hongo participar en un intercambio recíproco de azúcar y minerales. El organismo resultante se comporta como si fuera una única entidad, con un único nombre. En ciertas tradiciones, los humanos acostumbramos a cambiar nuestros apellidos al contraer matrimonio para hacer referencia a la unidad. Del mismo modo, a los líquenes no se los llama hongos ni algas. Los nombramos como entidades nuevas, como una suerte de familia interespecie: tripa de roca, *Umbilicaria americana*.

Con las *Umbilicariae*, la contraparte algal suele pertenecer al género que denominaríamos *Trebouxia* si viviera aislado o no estuviera «liquenizado». La contraparte fúngica es siempre del filo ascomiceto, pero la especie puede variar. Así, podemos decir que los hongos son bastante fieles. Su compañero algal es siempre *Trebouxia*. El alga, sin embargo, es más promiscua y está dispuesta a aferrarse a una mayor variedad de hongos. Supongo que todos hemos visto matrimonios así.

A resguardo bajo el techo del hongo, las algas conforman una definida capa de médula, y alrededor de sus células se enrollan las hifas del hongo, como el brazo que pasa por encima del hombro de otra persona, como un abrazo cariñoso. Algunos de los filamentos del hongo llegan a penetrar las células verdes, semejantes a los dedos largos y finos que tratan de sacar una moneda de una alcancía. Estos ladrones fúngicos se sirven de los azúcares que produce el alga y los distribuyen por todo el liquen. Se estima que el hongo llega a tomar la mitad de esos azúcares, o incluso más. También he visto matrimonios así, en los que uno de los cónyuges obtiene más de lo que él o ella da. En lugar de pensar en los líquenes como en un matrimonio feliz, algunos investigadores los ven más como una forma de parasitismo recíproco. Se los ha descrito también como «hongos que han descubierto la agricultura», que capturan a un ser capaz de realizar la fotosíntesis y lo cultivan dentro de su cercado de hifas.

Por debajo de la médula, la siguiente capa consiste en una maraña de hifas fúngicas que se encargan de absorber y retener el agua para que las algas sean productivas durante más tiempo. La última capa es negra como el carbón y está plagada de ricinas espinosas, extensiones vellosas microscópicas que ayudan a sujetar el liquen a la roca.

La simbiosis entre hongo y alga ha sido objeto de numerosas investigaciones por la forma en que difumina los límites entre el individuo y la comunidad. En algunos casos, los miembros asociados están tan especializados que no pueden vivir el uno sin el otro. Se sabe que hay casi veinte mil especies de hongos que solo se dan como miembros obligados de esta clase de simbiosis. Otros tienen la capacidad de vivir por su cuenta y, sin embargo, eligen unirse al alga para convertirse en liquen.

A los científicos les interesa saber de qué modo se produce el matrimonio del alga y el hongo y han tratado de identificar los factores que inducen a dos especies a vivir como una sola. Los juntaron en un laboratorio y recrearon las condiciones ideales para ambos, pero estos no se hicieron caso y continuaron con sus vidas separadas, en el mismo plato de cultivo celular, como compañeros de departamento estrictamente platónicos. Los investigadores estaban desconcertados. Empezaron a modificar el hábitat, alterando un factor tras otro, sin éxito. No lograban generar el liquen. Solo cuando recortaron los recursos, cuando les crearon unas condiciones de vida más arduas, el hongo y el alga repararon el uno en el otro y empezaron a cooperar. Solo cuando las necesidades apretaron, las hifas se enredaron en torno al alga; solo cuando el alga se vio en peligro, aceptó el interés del hongo.

En tiempos de abundancia, las especies individuales pueden sobrevivir por sí mismas. Pero en el momento en que las condiciones se endurecen y la vida se vuelve difícil, llena de penurias, hace falta un equipo comprometido con la reciprocidad para salir adelante. En condiciones de escasez, las relaciones con los demás y la ayuda mutua son esenciales para la supervivencia. Eso es lo que nos enseñan los líquenes.

Los líquenes son oportunistas: utilizan los recursos cuando están disponibles, pero pueden sobrevivir perfectamente sin ellos. La mayor parte del tiempo, la *Umbilicaria* no es más que una corteza dura y seca, como una hoja muerta. Pero no está muerta. Está esperando, sirviéndose de una fisiología extraordinaria que le permite resistir a la falta de agua. Como los musgos con que comparte las rocas, los líquenes son poiquilohídricos: solo hacen la fotosíntesis y se desarrollan si están mojados, pero no pueden regular su propio equilibrio hídrico: la humedad de la que disponen es la que hay en el ambiente. Si la roca está seca, ellos también. La lluvia lo cambia todo.

Las primeras gotas salpican contra la rígida superficie de la tripa de roca e instantáneamente esta cambia de color. Aparecen motas de un marrón claro, arcilloso, en el talo oscuro, las huellas de las gotas de lluvia, que en un minuto adquieren tonos verde salvia, como un cuadro mágico que cambiara delante de tus ojos. Y entonces, conforme el verdor se extiende, el talo empieza a moverse, como animado por un músculo, estirándose y flexionándose conforme el agua expande sus tejidos. En cuestión de minutos queda transformado, de una costra seca a una piel verde y blanda, tan suave como la parte interior del brazo.

En estos momentos, queda claro de dónde viene el otro nombre del liquen. Allí donde el *umbilicus* ancla el talo a la roca, se forma un hoyuelo en la suave piel, con pequeñas arrugas que irradian desde el centro. La semejanza con un ombligo humano resulta evidente. Algunos son tan perfectos que casi quieres besarlos, igual que harías con la barriguita de un bebé. Otros son anchos y arrugados, como la anciana mujer en cuyo vientre estuvo una vez ese bebé.

Dado que el liquen-ombligo crece en superficies verticales, la zona superior se seca antes que la inferior, que siempre acumula más humedad. A medida que el talo empieza a secarse y sus bordes se rizan, se forma una hoya superficial en la parte de abajo, donde el agua queda embalsada. Con el paso del tiempo, el liquen se vuelve asimétrico, la mitad interior llega a ser un 30 por ciento más larga que la superior, producto de esa humedad retenida que le permite continuar realizando la fotosíntesis y creciendo una vez que la mitad superior ha perdido su movilidad. Esa hoya también puede recoger detritos, el equivalente en los líquenes a la pelusa del ombligo.

Me acerco más y descubro montones de talos bebés, pequeños discos marrones esparcidos por la roca, de un tamaño similar al de las gomas de borrar de los lapiceros. Es una población sana. Los más pequeños surgieron o bien de fragmentos rotos de líquenes previos o, con más probabilidad, dada su perfecta simetría, de un tipo de propágulos especializados llamados soredios: una pequeña estructura que contiene ya al hongo y al alga, diseñada para una dispersión conjunta, para que nunca estén sin su respectivo compañero.

Hasta los talos más pequeños poseen hoyuelos diminutos. Resulta profundamente significativo, y apropiado, que este ser antiquísimo, una de las primeras formas de vida que hubo en el planeta, esté conectado a la tierra mediante un *umbilicus*. El matrimonio entre alga y hongo, *Umbilicaria*, es el hijo de la tierra, es la vida que la piedra alimenta.

Y la *Umbilicaria*, como su nombre «tripa de roca» indica, alimenta también a la gente. Normalmente se la considera un alimento de emergencia, pero en realidad no está tan mal. Yo suelo prepararlo todos los veranos con mis alumnos. Cada talo puede tardar décadas en crecer, así que solo recolectamos una cantidad mínima, lo suficiente para probarlo. Primero dejamos el talo a remojo en agua dulce una noche, para que suelte toda la arenilla y el polvo acumulado. Esa agua se tira para quitar los ácidos con los que el liquen absorbe los minerales de la roca. Después, lo hervimos durante media hora. El resultado es un caldo de liquen bastante agradable y rico en proteínas, que se espesa cuando lo dejamos enfriar y cuyo sabor recuerda a la vez al de la roca y al de las setas. En cuanto al talo en sí, lo cortamos en tiras, obteniendo fideos de una textura parecida a la de la pasta al dente, y preparamos con él una sabrosa sopa de fideos de liquen.

A menudo, la *Umbilicaria* ha sido víctima de su propio éxito. Su gran problema es la acumulación. Muy lentamente, los líquenes amontonan a su alrededor una fina capa de detritos, sus propias exfoliaciones, o polvo, o las acículas que caen de los árboles.

Los pecios del bosque. Esos restos de materia orgánica retienen la humedad que la roca desnuda no puede retener y muy poco a poco van dando forma al suelo que será hábitat para musgos y helechos. Por las leyes de la sucesión ecológica, los líquenes han cumplido su tarea de preparar el terreno para la llegada de otras especies, y ahora esas especies están aquí.

Conozco una escarpadura completamente cubierta de tripa de roca. El agua corre entre las fisuras del acantilado y la vegetación se ha cerrado, creando un paraíso sombrío, habitado por musgos. Los líquenes fueron, en otra época, los dueños del lugar, antes de que el bosque se volviera denso y húmedo. Hoy se asemejan a lánguidas tiendas de campaña abiertas sobre la roca, algunas destrozadas, con los techos combados. Cuando analizo las tripas más antiguas bajo la lupa, veo que en sus cortezas han crecido otras algas y líquenes, adheridos como percebes microscópicos. Algunos presentan listas verdes, el hogar de las algas verdeazuladas. Estas epífitas pueden bloquear la luz solar e impedir que el liquen realice la fotosíntesis. Una densa mata de musgo *Hypnum* llama mi atención por sus tonos vívidos contra los líquenes apagados. Sigo caminando junto a la cornisa para admirar los contornos, que parecen de felpa. De su base sobresale, como el reborde recargado de una almohada, el contorno de un talo de *Umbilicaria*, casi sepultado por el musgo. Me temo que tiene los días contados.

En un solo cuerpo, el liquen une los dos grandes caminos de la vida: la llamada cadena alimentaria de pastoreo, que funciona por acumulación de criaturas, y la cadena alimentaria saprofítica o de detritus, que funciona por eliminación de criaturas. Los que producen y los que descomponen, la luz y la oscuridad, los que dan y los que reciben imbricados en los brazos del otro, la urdimbre y la trama de la misma manta, tejida con tanto esmero que es imposible discernir a uno y a otro. Los líquenes, una de las criaturas más antiguas de la tierra, nacieron de la reciprocidad. Los ancianos de nuestros pueblos cuentan que estas rocas, los bloques erráticos, son nuestros antepasados más lejanos, nuestros maestros, los portadores de profecías. A veces voy a sentarme entre ellos, a mirarme el ombligo, como se suele decir, a contemplar el ombligo del mundo.

Estos maestros nos transmiten sus lecciones por la manera en que viven. Nos recuerdan la poderosa fuerza que emana del mutualismo, de compartir los dones que cada especie posee. El ejercicio de una reciprocidad equilibrada les ha permitido prosperar en las condiciones más extremas. Su éxito no se mide en términos de consumo o crecimiento, sino en la elegancia de su longevidad, en la simplicidad, en la persistencia mientras el mundo cambia a su alrededor. Mientras sigue cambiando.

Aunque los líquenes pueden dar sustento a los humanos, los humanos no les hemos devuelto el favor y no hemos sabido cuidar de ellos. La *Umbilicaria*, como muchos líquenes, es muy sensible a la contaminación del aire. Allí donde la encuentres, puedes estar seguro de que respiras aire puro. Los contaminantes atmosféricos, como el dióxido de azufre o el ozono, acaban con ella en el acto. Si te percatas de su desaparición, ten cuidado.

En realidad, especies y ecosistemas enteros están desapareciendo ante nuestros ojos a consecuencia de los vertiginosos y caóticos cambios en el clima. Al mismo tiempo, otras poblaciones están prosperando. Los glaciares que se derriten dejan al descubierto las tierras en las que solo hubo hielo desde hace miles de años. Al borde de ese hielo, aparecen terrenos arrasados, un revoltijo de sedimentos, fríos y duros. La *Umbilicaria* es conocida por ser una de las primeras especies que colonizan las regiones posglaciales, igual que lo hizo cuando la tierra era árida y yerma, hace diez mil años, otra época de grandes cambios climáticos. Los herboristas indígenas también dicen que cuando las plantas aparecen, hemos de prestar atención; siempre traen algo digno de aprender.

Durante milenios, estos líquenes han tenido la responsabilidad de colocar los cimientos para la vida. Les hemos deshecho el trabajo en un breve instante geológico, produciendo condiciones ambientales muy duras, una esterilidad y una aridez de las que solo nosotros somos responsables. Tengo la sensación de que los líquenes van a resistir. Es posible que nosotros también lo hagamos, si atendemos a lo que tienen que enseñarnos. En caso contrario, imagino que la *Umbilicaria* cubrirá las ruinas rocosas de nuestra época hasta mucho después de que nuestras fantasías de aislamiento nos hayan convertido en registros fósiles, una piel verde y alborotada adornando el derrumbe de los grandes salones del poder.

Tripa de roca, liquen de hoja de roble, liquen-ombligo. En Asia, me cuentan, la *Umbilicaria* se conoce también por otro nombre: la oreja de la piedra. En este lugar, en un silencio casi absoluto, me imagino que está escuchando. Al viento, al zorzal ermitaño, al trueno. A estas ansias y deseos nuestros, que no dejan de crecer. Oreja de la piedra, ¿escucharás la angustia de los hombres cuando comprendamos el daño que hemos causado? Aquel arduo mundo posglacial al que tú llegaste puede ser también el nuestro pronto, si no aprendemos de la sabiduría que propone el matrimonio mutualista de los cuerpos que te forman. La posibilidad de redención estriba en la posibilidad de que escuches, algún día, los himnos dichosos que entonaremos cuando contraigamos matrimonio con la tierra.

Crías de un
bosque primario

Parloteamos como víreos mientras caminamos, a grandes zancadas, entre las arboledas de abetos de Douglas. Hasta que, al cruzar un límite invisible, la temperatura cae con la brisa y comenzamos el descenso hacia la cuenca. La conversación se detiene.

Entre el verdor profundo de los musgos crecen grandes troncos estriados, y el dosel se pierde en la niebla que inunda el bosque de una luz plateada, crepuscular. Al pasar junto a árboles y helechales, el suelo del bosque es blando como un edredón de plumas, cubierto de las agujas de los abetos, veteado de jirones de sol. La luz que atraviesa el follaje cae sobre las copas de los árboles más jóvenes, cuyos antepasados de enormes troncos, algunos de dos metros y medio de diámetro, con grandes raíces como contrafuertes, se refugian en las sombras. Nadie puede resistirse aquí a este súbito silencio catedralicio. ¿Qué podrías decir que no se hubiera dicho ya?

Pero no siempre fue así. Aquí hubo niñas que reían y hablaban bajo la supervisión de sus abuelas, sentadas en algún lugar cercano. Los árboles aún guardan las cicatrices en las cortezas, largas flechas grises que recorren el tronco en sentido ascendente, desde las primeras ramas. Diez metros hacia arriba. La persona que tiraba de la corteza tuvo que alejarse bastante, regresar a la colina con la cinta en la mano, para conseguir que se soltara.

En aquella época, los bosques primarios se extendían desde el norte de California al sur de Alaska, en la franja de tierra que queda entre las montañas y el mar. Aquí se deshacía la niebla, el aire cargado de humedad que venía del océano Pacífico se topaba con las montañas y producía más de 2.500 litros por metro cuadrado de lluvia al año, alimentando un ecosistema sin igual. Eran los árboles más grandes del mundo. Árboles que habían nacido mucho antes de que Cristóbal Colón se subiera por primera vez a un barco.

Y no se trataba solo de árboles. La diversidad de mamíferos, aves, anfibios, flores, helechos, musgos, líquenes, hongos e insectos que habita los bosques primarios es imponente. Resulta difícil describirla sin agotar los superlativos. Aquí estaban los mayores bosques de la tierra, bosques poblados de siglos de vida, troncos inmensos, árboles muertos, nodrizas, que acogían más vida al morir que antes de hacerlo. El dosel es, en sí, una escultura de múltiples capas, de complejidad vertical, desde los musgos inferiores al borde del suelo hasta los mechones de líquenes que cuelgan de las copas de los árboles, una escultura irregular de oquedades harapientas, merced a siglos de vientos, plagas y tormentas. Este aparente caos no deja ver la densa red de interrelaciones que los une a todos, las puntadas de los filamentos de los hongos, la seda de las arañas, los hilos plateados del agua. En el bosque, la soledad es un concepto que carece de sentido.

Los pueblos nativos que habitaban las costas del Pacífico Noroeste tuvieron sustento de sobra durante miles de años; vivían con un pie en la exuberancia del bosque y el otro en la exuberancia del mar, y se servían de ambas. Esta es la tierra lluviosa del salmón, de las coníferas que aguantan verdes todo el invierno, de los arándanos y el helecho de espada. Es la tierra del árbol de caderas anchas y cestas llenas, ese que en las lenguas salishanas se conoce como la Enriquecedora de Mujeres, Madre Cedro. Ella disponía de todo lo que pudiera necesitar la gente, desde la cuna hasta la tumba: Madre Cedro era su sostén.

En este clima húmedo, donde todo camina siempre hacia la descomposición, un material como el cedro, capaz de resistir a la podredumbre, resultaba ideal. Su madera flota y es fácil de trabajar. Sus troncos enormes y rectos prácticamente pedían a gritos que los convirtieran en embarcaciones y que veinte remeros se lanzaran en ellas al mar. También era obsequio del cedro todo lo que transportaban aquellas canoas: remos, boyas de pesca, redes, cuerdas, flechas, arpones. Con su madera se fabricaban incluso las capas y los sombreros que vestían los remeros para protegerse del viento y la lluvia.

Las mujeres cantaban mientras recorrían, por caminos marcados en la tierra tras tantos viajes, los valles y las orillas de los arroyos. Buscaban el árbol perfecto para cada cosa. Si necesitaban algo, lo pedían respetuosamente, y ofrecían sus oraciones y sus dones a cambio. Haciendo una simple muesca en la corteza de un árbol maduro, estas mujeres podían extraer una tira de corteza del ancho de la mano y siete u ocho metros de largo. Tomaban solo un trozo de la corteza y así se aseguraban de que el árbol repararía el daño y no habría efectos adversos. A continuación, secaban las tiras y las golpeaban para separar las múltiples capas, buscando la suavidad satinada y brillante de la corteza interior. También se dedicaban a machacar la corteza con un hueso de ciervo, una labor muy trabajosa con la que producían «lana» de cedro, suave y esponjosa. De ella elaboraban los nidos para los recién nacidos. También la tejían para fabricar vestimentas y mantas cálidas y duraderas. Las familias se sentaban en alfombras tejidas con corteza de cedro, dormían en camas de cedro y comían en platos de cedro.

Todas las partes del árbol servían. Las ramas, muy flexibles, se separaban en tiras para producir herramientas, cestas y trampas para peces. Tras excavarlas y limpiarlas, pelaban y abrían las largas raíces hasta obtener unas fibras finas y fuertes con las que se tejían los famosos sombreros cónicos y las prendas ceremoniales en las que se reflejaba la identidad del portador. ¿Y quién iluminaba el hogar en aquellos inviernos lluviosos y fríos, bajo la luz perpetuamente sofocada de la niebla? ¿Quién calentaba la casa? Los taladros de fricción, la yesca y el fuego, todo lo daba Madre Cedro.

La gente recurría a ella también en periodos de enfermedad. Madre Cedro está llena de remedios para el cuerpo, desde los ramilletes de hojas a las ramas y las raíces, y para el espíritu. Las enseñanzas tradicionales cuentan que la energía de los cedros es tan poderosa y fluida que puede transmitirse a la persona que, digna de ello, se abandone al cobijo de su tronco. El ataúd para los muertos también era de madera de cedro. El primer y el último abrazo del ser humano eran de Madre Cedro.

Tan complejas como los bosques primarios eran las culturas primarias que surgieron en sus inmediaciones. Hay mucha gente que identifica la sostenibilidad con un nivel de vida más mermado, empobrecido, pero los pueblos originarios de aquellos bosques del litoral se contaban entre los más ricos del mundo. La utilización responsable y el cuidado de una enorme variedad de recursos marinos y forestales les permitieron no incurrir en la sobreexplotación de ninguno de ellos y dedicarse al desarrollo de la ciencia, el arte y la arquitectura. La prosperidad no dio paso aquí a la avaricia, sino a la gran tradición del *potlatch*, en la que los individuos entregaban, como ritual, todos sus bienes materiales, reflejo de la generosidad de la tierra hacia la gente. La riqueza consistía en tener lo suficiente para regalar, el estatus social se comprendía en términos de generosidad. Los cedros les enseñaron a compartir la riqueza, y la gente aprendió la lección.

Los científicos conocen a Madre Cedro como *Thuja plicata*, el cedro rojo occidental. Es uno de los venerables gigantes que habitan los bosques más antiguos, y llega a medir hasta sesenta metros. No son los árboles más altos, pero sus enormes troncos, apuntalados en grandes contrafuertes, pueden alcanzar los quince metros de circunferencia, rivalizando con las secuoyas. Estos se estrechan desde la base acanalada y se revisten de una corteza cuyo color recuerda al de las maderas que arrastran las mareas tras los naufragios. Tiene elegantes ramas encorvadas y sus puntas se elevan como aves alzando el vuelo, con frondosas plumas verdes.

Al mirar más de cerca, se aprecian las diminutas hojas superpuestas que nacen de cada ramificación final. El epíteto de la especie, *plicata*, se refiere a esa apariencia de plegamiento, de firme urdimbre. Eso, sumado al brillo verde y dorado, hace que las hojas se asemejen a pequeñas trenzas de hierba sagrada, como si fuera un árbol tejido por su generosidad.

El cedro no se puso límites a la hora de darle sustento a la gente, que correspondió con gratitud y reciprocidad. Ahora, cuando el cedro no es más que un capricho en el catálogo del mobiliario, esas nociones han desaparecido. ¿Qué podemos nosotros, conscientes de esa deuda, darle a cambio?

Las zarzas se enganchan en las mangas de Franz Dolp mientras él avanza. Una morera naranja le pone la zancadilla y amenaza con tirarlo por la ladera casi vertical, pero, hundido en la frondosidad del matorral, es imposible ir muy lejos. Con sus cerca de dos metros y medio de alto, lo más probable es que te quedes atrapado, como le pasaba al Hermano Conejo, entre las zarzas. Es fácil desorientarse en la maraña: la única dirección fiable es hacia arriba, hacia la cresta. Y lo primero es abrir camino, pues de otro modo es imposible avanzar. Franz sigue adelante, machete en mano.

Alto y delgado, vestía unos pantalones de montaña, las botas altas endémicas de estos barrizales llenos de espinos y una gorra de béisbol negra, calada hasta las cejas. Las manos de artista enfundadas en guantes de trabajo desgastados. Parecía un hombre que sabe sudar. Esa noche escribiría en el diario: «Tendría que haber empezado este trabajo a los veinte años, no a los cincuenta».

Dedicó la tarde a podar y acuchillar la vegetación para abrir una senda hacia la cresta, casi a ciegas entre los arbustos. Solo el sonido metálico del machete al golpear un obstáculo oculto entre las zarzas interrumpió su ritmo. Un viejo tronco caído, enorme, tan alto como nosotros: un cedro, sin lugar a dudas. En la época en que la industria maderera empezó a talar por esta zona, su único interés eran los abetos de Douglas, así que dejaban que el resto de los árboles se pudriera. Sin embargo, sucede que el cedro no se pudre: puede pasar más de cien años abandonado en la tierra. Era un resto del bosque perdido, una reliquia de aquella primera tala, hace cien años. Era demasiado grande para atravesarlo o para rodearlo, así que Franz optó por dibujar una nueva curva en el sendero.

Hoy los viejos cedros casi han desaparecido. Y es ahora cuando la gente tiene interés en ellos. Individuos de todo tipo salen a recorrer los antiguos bosques deforestados en busca de troncos abandonados. Es el pillaje de la madera, que convierte viejos troncos en listones de cedro absurdamente caros. El grano es tan uniforme que los tablones salen casi solos.

Es increíble, si se piensa, el proceso que han experimentado esos viejos árboles tirados en el suelo: adorados primero, después abandonados hasta casi desaparecer y, por último, llegó alguien que vio que ya apenas quedaban y decidió que los quería de nuevo.

«Mi herramienta preferida era el hacha alcotana, que aquí llamábamos Maddox», escribió Franz. Con el lado afilado, podía cortar las raíces y nivelar los suelos, venciendo temporalmente el avance de los arces enredadera.

Hicieron falta varios días de batalla contra los impenetrables arbustos para llegar hasta la cresta, donde tuvimos como recompensa la vista sobre Mary's Peak. «Recuerdo la euforia cuando, en cierto momento, pude saborear lo logrado. También recuerdo los días en que el trabajo en las laderas y el mal tiempo me provocaban la sensación de que todo esto se nos había ido de las manos, y solo podíamos reírnos».

Los diarios de Franz registran sus impresiones al contemplar desde la cumbre un paisaje que parecía un tapiz con un patrón incomprensible, formado por las diferentes parcelas de gestión forestal: polígonos marrones, sin vida, entre zonas moteadas de grises y verdes junto a «densas plantaciones recientes de abetos de Douglas, como secciones de un jardín al que se le hubiera hecho un manicure», dispuestas en cuadrados y cuñas, separados igual que fragmentos de cristales rotos, esparcidos por la montaña. Solo en la cima de Mary's Peak, dentro de los límites del parque natural, podía verse aún una zona de bosque. Desde la distancia observábamos la textura rugosa, variada, que caracteriza a los bosques arcaicos, a los bosques que solían existir aquí.

«Mi trabajo nacía de la experiencia profunda de lo perdido —escribió—, de la desaparición de aquello que debería haber en este lugar».

En la década de 1880 se abrieron las puertas de la cordillera costera del Pacífico a la industria maderera, pero algunos árboles eran tan grandes —noventa metros de alto y quince de circunferencia— que los dueños de las industrias no sabían qué hacer con ellos. Al final, enviaron a unos cuantos pobres diablos armados con el «látigo de miseria», una fina sierra de dos manos, que pasaron semanas derribando los mastodónticos ejemplares. Esos fueron los árboles que levantarían las ciudades de la Costa Oeste, ciudades que siguieron creciendo y no dejaron de necesitar madera. Lo que se decía entonces era que «nunca podrán cortarse todos los viejos árboles».

Años después, las motosierras rugían por última vez en estas laderas, con el trabajo realizado. Franz se encontraba plantando manzanos y pensando en la sidra que iba a producir, con su esposa y sus hijos, en una granja a unas pocas horas de distancia. Como padre y joven profesor de Economía, invertía todas sus energías en la economía del hogar, en el sueño de habitar en los bosques de Oregón, en un hogar productivo, similar a aquel en el que había crecido, en el sueño de quedarse allí para siempre.

Sin que él lo supiera, mientras criaba vacas y niños en aquella casa, las moreras empezaron a crecer bajo el sol que se imponía en las laderas de Shotpouch Creek, asentándose en el que más tarde iba a ser su nuevo hogar. Llevaban a cabo su misión: cubrían los restos del bosque y las cadenas de las motosierras, las ruedas y los rieles que habían abandonado. Las moreras naranjas entreveraron sus espinas con los rollos de alambre de púas mientras los musgos volvían a tapizar los viejos divanes junto al río.

Su matrimonio en la granja familiar iba cuesta abajo, en grave proceso de erosión. Exactamente igual que la tierra en Shotpouch. Primero vinieron los alisos para intentar sujetar el suelo, después los arces. El idioma nativo aquí había sido el de las coníferas, pero ahora no se escuchaba más que la jerga de los árboles esbeltos, de las maderas nobles. A la tierra se le desvanecieron los sueños de arboledas de cedros y abetos, perdidos bajo el implacable caos de la maleza. Lo que es lento y rectilíneo tiene poco que hacer contra lo que es veloz y espinoso. Cuando se marchó de la granja en la que había pensado quedarse «hasta que la muerte nos separe», la mujer que se despidió de él le dijo: «Espero que tu próximo sueño resulte mejor que este último».

Escribió en el diario que había «cometido el error de visitar la granja después de venderla. Los nuevos propietarios lo habían cortado todo. Me senté entre los tocones y los remolinos de polvo rojo y no pude contener las lágrimas. Cuando me mudé a Shotpouch, al abandonar la granja, comprendí que crear un hogar implicaba algo más que construir una casa o plantar un manzano. Que era necesario realizar un proceso de sanación, tanto para mí como para la tierra».

Y así fue como un hombre herido se trasladó a vivir a la tierra herida de Shotpouch Creek.

Los terrenos se encontraban en el corazón de la cordillera costera de Oregón, las mismas montañas donde el abuelo de Franz se había esforzado tanto en crear un hogar. Las antiguas fotos de familia muestran una casa tosca, que contaba solo con lo esencial, y rostros sombríos en un paisaje de tocones de antiguos árboles.

Escribió: «Estas quince hectáreas iban a ser mi retiro, mi huida a la naturaleza. Pero ya no quedaba nada virgen en ellas, nada primigenio». El lugar elegido se encontraba cerca de un punto designado en el mapa como Burnt Woods (Bosques Quemados). También podría haberse llamado «Bosques Asolados». La tierra había sido arrasada en una serie de talas desenfrenadas, primero sobre los venerables bosques primarios y después sobre las arboledas que les sucedieron. En cuanto los abetos crecían, las madereras volvían por ellos.

Cuando una tierra se deforesta, todo cambia. El sol se hace omnipresente. El suelo abierto por las máquinas eleva su temperatura y los minerales que había bajo la capa del mantillo quedan expuestos. El reloj de la sucesión ecológica se reinicia, las alarmas zumban insistentemente.

Los ecosistemas forestales tienen sus propios mecanismos para enfrentarse a las perturbaciones masivas, la adaptación a una historia de derribos, fuegos y corrimientos de tierras. En el proceso de sucesión ecológica, las primeras especies vegetales llegan casi al instante y comienzan a trabajar en control de daños. Estas plantas —conocidas como especies oportunistas o pioneras— presentan adaptaciones que les permiten prosperar justo después de la catástrofe. Dada la abundancia de ciertos recursos importantes, como la luz y el espacio, las especies crecen a toda velocidad, y los terrenos baldíos pueden llenarse de vegetación en unas pocas semanas. Una vegetación que no tiene otro objetivo que crecer y reproducirse, cuanto más rápido mejor, por lo que no se molesta en formar troncos. Solo se ocupa de producir hojas y más hojas a partir de tallos muy finos.

En este momento, para tener éxito, la clave es apropiarse de todo y hacerlo antes que el vecino. Es una estrategia vital que funciona cuando los recursos resultan prácticamente infinitos. Pero las especies pioneras, igual que los humanos pioneros, requieren tierras vacías, trabajo duro, iniciativa individual y abundante progenie. Es decir, que la ventana de oportunidad de las especies pioneras es muy breve. Cuando los árboles aparecen en escena, estas tienen los días contados, así que se sirven de su abundancia fotosintética para producir grandes cantidades de semillas y hacer que las aves las transporten hasta el siguiente claro. Es por eso que la mayoría de ellas producen jugosas bayas: bayas del saúco, arándanos, moras, moras naranjas.

Las especies y las culturas pioneras generan un tipo de comunidad basada en los principios del crecimiento ilimitado, la expansión y el alto consumo de energía. Absorben recursos a toda velocidad, se apropian de las tierras de los demás mediante la competición y, después, continúan su camino sin mirar atrás. Cuando los recursos empiezan a escasear —algo que sucede siempre por donde ellos pasan—, la evolución favorece modos de vida basados en la cooperación entre especies y las estrategias que promueven la estabilidad, un sistema que se ha perfeccionado en el ecosistema del bosque. Aquí se produce una enorme red de simbiosis recíprocas, especialmente en los bosques primarios, que parecen diseñados para perdurar.

La explotación forestal a nivel industrial, la extracción de recursos y otros aspectos de la expansión humana se comportan igual que las zarzas de la morera naranja: se apropian de la tierra, reducen la biodiversidad y simplifican los ecosistemas, igual que hacen todas aquellas sociedades que nunca tienen suficiente. En quinientos años hemos exterminado las culturas primarias y los ecosistemas primarios y los hemos remplazado por la cultura del oportunismo. Las comunidades humanas oportunistas, igual que las comunidades vegetales oportunistas, desempeñan un papel fundamental en la regeneración, pero no son sostenibles a largo plazo. En el momento en que el acceso a la energía se complica, la única forma de que todo siga adelante es el equilibrio y la restauración, un camino basado en el ciclo recíproco entre sistemas de sucesión ecológica temprana y sistemas de sucesión tardía, que permitan el desarrollo mutuo.

La belleza del bosque primario es tan asombrosa como la elegancia de sus funciones. En condiciones de escasez, no puede darse el crecimiento incontrolado ni el desperdicio de recursos. La «arquitectura verde» de la estructura del bosque es en sí misma un modelo de eficacia. Por ejemplo, el dosel múltiple, con numerosas capas de follaje, optimiza la obtención de energía solar. Para encontrar modelos de comunidades autosuficientes basta con observar el bosque primario. O las culturas primarias que florecieron a su vera, en simbiosis con él.

Por los diarios de Franz entendemos que, al comparar aquel lejano fragmento de bosque primario con los terrenos empobrecidos de Shotpouch —donde el único resto del antiguo bosque era un viejo tronco de cedro—, supo que había encontrado su propósito. Él también estaba desterrado de su imagen ideal del mundo. Se propuso sanar el lugar y devolverlo a la condición en que habría de estar. «Mi objetivo —escribió— es restaurar aquí un bosque primario».

Pero ese objetivo iba más allá de la restauración física. «Es importante dedicarse a la restauración a través del desarrollo de una relación personal con la tierra y las criaturas que la habitan». En su diario aparecen constantemente menciones a la relación de afecto que lo vinculaba con el territorio a medida que trabajaba en él: «Era como si hubiera descubierto una parte perdida de mí mismo».

Tras el huerto y los árboles frutales, el siguiente paso era construir una cabaña a la altura de su propio ideal de autosuficiencia y sencillez. Habría querido construirla con la madera del cedro rojo —hermosa, olorosa, resistente a la putrefacción y profundamente simbólica— que las madereras habían abandonado en la ladera. Pero las talas continuadas ya se habían llevado buena parte de él. Así que, lamentablemente, tuvo que comprar la madera, «con la promesa de que iba a plantar y cultivar más cedros de los que yo podría desear para casa alguna».

La madera de cedro fue también la elección arquitectónica de los pueblos indígenas de estos bosques. Es ligera, repele el agua y posee un olor muy agradable. Las casas construidas con troncos y tablones de cedro se convirtieron en un emblema de la región.

La madera se abría con tanta facilidad que unas manos expertas podían extraer listones perfectamente regulares sin necesidad de sierra. A veces se tiraban los árboles, pero lo más normal es que la madera se obtuviera de troncos que habían caído de manera natural. Lo más extraordinario de todo era que Madre Cedro también producía tablones por sus costados. Cuando se colocaban cuernas de animal o cuñas de piedra al borde del árbol, el tronco producía listones de fibras rectas, separados del árbol. La madera consiste, al fin y al cabo, en un soporte de tejido muerto, así que no hay riesgo de matar a todo el organismo por recolectar unos cuantos listones de un árbol enorme. Esta práctica redefine todas nuestras nociones de silvicultura sostenible: madera producida sin dañar un solo árbol.

Ahora, sin embargo, la explotación forestal a escala industrial es quien dicta el diseño y la gestión del territorio. Para ser dueño de unas parcelas en Shotpouch, que está catalogado como terreno maderero, Franz tuvo que presentar un plan de gestión forestal aplicado a su nueva propiedad. Hizo notar, irónicamente, su consternación ante el hecho de que la tierra hubiera recibido la catalogación de «terreno maderero y no de "bosque"», como si el aserradero fuera el único destino posible del árbol. Franz tenía la mentalidad de un bosque primario en un mundo de replantaciones.

El Departamento Forestal de Oregón y la Facultad de Ciencias Forestales de la Universidad del Estado le ofrecieron asistencia técnica para llevar a cabo su trabajo, recetándole herbicidas que acabarían con la maleza y proponiéndole replantar abetos de Douglas genéticamente modificados. Si puedes garantizar luz abundante eliminando la competencia del sotobosque, los abetos de Douglas producen madera mucho más rápido que cualquier otra especie. Pero Franz no quería madera. Él quería un bosque.

«Fue por amor hacia esta tierra por lo que compré los terrenos de Shotpouch —escribió—. Mi propósito era hacer el bien, aunque no tuviera muy claro qué significaba eso. No basta con amar un lugar. Debemos encontrar formas de sanarlo». Si utilizaba herbicidas, el único árbol que podría tolerar la lluvia química era el abeto de Douglas, y él deseaba la presencia de todas las especies. Se propuso limpiar a mano la maleza.

La replantación de un bosque industrial es una tarea ardua. Las cuadrillas se colocan en una fila perpendicular a la ladera y progresan con grandes sacos de plántulas al hombro. Dan tres pasos, colocan una plántula, aprietan la tierra. Dan tres pasos, repiten la operación. Una única especie. Un único patrón. Sin embargo, en aquella época no se habían elaborado aún directrices sobre cómo plantar un bosque natural, así que Franz se fijó en el único maestro que conocía: el bosque mismo.

Observó la disposición de las especies en los escasos bosques primarios que quedaban a su alrededor e intentó replicarla. El abeto de Douglas prefería las laderas abiertas y soleadas, la tsuga buscaba orientaciones más sombrías, y el cedro, una iluminación tenue y terreno húmedo. En lugar de deshacerse de los grupos de jóvenes alisos y arces de grandes hojas, como recomendaban las autoridades, permitió que se quedaran para continuar su tarea de recuperación de los suelos y plantó bajo su dosel especies que prefiriesen la sombra. Marcó todos los árboles y dibujó un mapa de su distribución. Limpió la maleza que amenazaba con tragárselos a mano, hasta que una operación de espalda le obligó a contratar a una cuadrilla de trabajadores.

Con el tiempo, Franz se convirtió en un gran ecólogo, capaz de leer tanto los textos científicos de la biblioteca como los textos más sutiles que encontraba en el propio bosque. Su objetivo era llevar su visión de un bosque primario a las posibilidades que ofrecía la tierra.

Por los diarios vemos que dudó en ocasiones de la pertinencia y el sentido de sus esfuerzos. Reconocía que, hiciera lo que hiciera, la tierra siempre tornaría a producir algún tipo de bosque, se arrastrara él con un saco de plántulas por las colinas o no. Pero la imagen del bosque primario que él tenía en mente no se podía dejar solo en manos del tiempo. Cuando el territorio que lo rodea es un mosaico de claros y parcelas de abetos de Douglas, no está claro que el bosque vaya a ser capaz de rehacerse. ¿De dónde vendrían las semillas? ¿Estaría la tierra en condiciones de acogerlas?

Estas últimas preguntas son especialmente importantes para la regeneración de la «Enriquecedora de Mujeres». Pese a su enorme estatura, el cedro posee semillas diminutas, como escamas que el viento se lleva de las piñas y que no miden más de un centímetro. Se necesitan unas ochocientas mil semillas para hacer un kilo. Menos mal que los ejemplares adultos tienen todo un milenio para que, como mínimo, una de las semillas salga adelante. Dada la profusión de estos bosques, esa nimia mota de vida apenas tendrá la oportunidad de convertirse en un nuevo árbol.

Mientras que los árboles adultos pueden tolerar los diversos cambios a los que les somete el avance del mundo, los jóvenes resultan bastante vulnerables. El cedro rojo crece mucho más lentamente que el resto de las especies, que le dan alcance enseguida y le roban la luz del sol: después de un incendio o de una tala, sobre todo, no tiene nada que hacer contra especies más adaptadas a condiciones de apertura y sequedad. Si los cedros rojos sobreviven, siendo una de las especies occidentales que mejor soportan la falta de luz, no es por su capacidad para prosperar, sino porque saben aguantar hasta que otro árbol muere o es derribado por el viento y abren un hueco en el dosel. Cuando la oportunidad se presenta, empiezan a escalar hacia los rayos del sol, muy lentamente. La mayoría, sin embargo, nunca lo logra. Los ecólogos forestales calculan que la ventana de oportunidad para que un cedro salga adelante tal vez se da una o dos veces por siglo. En Shotpouch, por eso, la recolonización natural parecía imposible. Si quería tener cedros en su bosque restaurado, Franz debía plantarlos él mismo.

Considerando las diversas características del cedro —el crecimiento lento, la escasa capacidad de competir, la posibilidad de que los animales lo coman, la improbabilidad de que las semillas crezcan— sería esperable que fuera una especie escasa. Pero no es así. Una posible explicación es que, si bien los cedros no pueden competir en las tierras altas, se les dan muy bien los suelos de aluvión, los pantanos y las riberas que para otras especies son inhabitables. Su hábitat favorito les ofrece refugio contra la competencia. Por eso, Franz se ocupó de seleccionar zonas cercanas a los cursos de agua y las llenó de plántulas de cedros.

Los cedros presentan una composición química única, que los dota de propiedades medicinales tanto para el propio árbol como para la vida en general. Son ricos en diversos compuestos antimicrobianos y especialmente resistentes a los hongos. Los bosques del noroeste, como cualquier otro ecosistema, son susceptibles a la aparición de diversas enfermedades, entre las que destaca la pudrición laminada de la raíz, provocada por el hongo nativo *Phellinus weirii*. Estos hongos pueden resultar fatales para los abetos de Douglas, las tsugas y otros árboles, pero los cedros rojos son inmunes. Así, cuando otras especies sucumben a la enfermedad, los cedros, ya sin competencia, ocupan los espacios vacíos. El Árbol de la Vida sobrevive en el territorio de la muerte.

Tras varios años trabajando por su cuenta para recuperar los cedros, Franz encontró a alguien que compartía con él la idea de que pasar un buen rato consistía en plantar árboles y cortar zarzas. Su primera cita con Dawn fue en la cresta de Shotpouch. Durante los once años siguientes, plantaron más de trece mil árboles y crearon una red de senderos en cuyos nombres se refleja el íntimo conocimiento de esas dieciséis hectáreas de terreno.

Las tierras del Departamento Forestal suelen recibir nombres del tipo «Parcela de Repoblación 361». En Shotpouch, sin embargo, el mapa de la propiedad presenta, escrito a mano, topónimos mucho más sugerentes: Cañón de Cristal, Cañada Emparrada, Hondonada de la Vaca. Incluso les dieron nombres propios a ciertos árboles individuales, restos del bosque original: Arce Airado, Árbol Araña, Copa Rota. Una palabra aparece en el mapa con mayor frecuencia que las demás: Manantial del Cedro, Claro del Cedro, Cedro Sagrado, Familia Cedro.

El nombre de Familia Cedro resulta especialmente revelador de la disposición habitual de los cedros en arboledas, digamos, familiares. Tal vez para compensar las dificultades de crecimiento de los brotes, el cedro es experto en la propagación vegetativa. Cualquier parte del árbol que entre en contacto con un terreno húmedo puede echar raíces, en un proceso conocido como «acodo» cuando se replica. Por ejemplo, el follaje de las ramas inferiores puede enraizar en los lechos empapados del musgo. Las mismas ramas pueden ser el origen de nuevos árboles, incluso después de podarse. Lo más probable es que los pueblos nativos intentaran reproducir esa forma de propagación. Hasta un joven cedro al que le han robado la luz o que ha tumbado algún alce hambriento es capaz de reorientar las ramas y empezar de nuevo. Los nativos se referían al árbol por nombres como Creador de Larga Vida o Árbol de la Vida, y el árbol los llevaba con orgullo.

Uno de los topónimos más emocionantes del mapa de Franz es el de un lugar llamado Crías del Bosque Primario. Plantar árboles es un acto de fe. En esta tierra viven trece mil actos de fe.

Franz se dedicó a estudiar y plantar, estudiar y plantar. A lo largo de los años cometió errores y aprendió mucho. Escribe: «Era el guardián temporal de esta tierra. Era, más bien, su cuidador. Como dice el dicho, el diablo está en los detalles, y aquí el diablo se me aparecía a cada paso». Observó la reacción de las crías del bosque primario a los hábitats y después trató de remediar lo que fuera que les molestaba. «La reforestación empezaba a parecerse a la horticultura. Era silvicultura íntima. Me resultaba muy difícil pasar por allí y no tocar algo. Plantar otro árbol, podar una rama. Trasplantar lo que había plantado a un lugar más favorable. Yo lo llamo "naturalización redistributiva anticipatoria". Dawn dice que no hago más que enredar».

La generosidad del cedro no solo se dirige a la gente, también a otros habitantes del bosque. Su follaje tierno y de poca altura es uno de los alimentos favoritos de ciervos y alces. Uno pensaría que las plántulas estarían camufladas entre los frondosos doseles, pero son tan sabrosas que los animales herbívoros las buscan y las encuentran, como si fueran tabletas de chocolate escondidas. Y, al crecer tan despacio, están a su merced durante mucho tiempo.

«En mi tarea, siempre me enfrentaba a problemas que no sabía solucionar, a aspectos desconocidos para los que no veía escapatoria, como la sombra del bosque», escribió Franz. Su plan de plantar cedros en las orillas de los ríos había sido bueno, pero resulta que ese también era el hábitat de los castores. ¿Cómo iba a saber él que a los castores les encanta el cedro? Sus pequeños viveros terminaron completamente roídos, pasto de sus dentelladas. Así que los volvió a plantar, esta vez dentro de un cercado. Los animales se rieron de él. Empezó a pensar como pensaría el propio bosque, y plantó grupos de sauces, la comida favorita de los castores, a lo largo del río, con la esperanza de que eso los distrajera de los cedros.

«Tendría que haber llegado a un acuerdo con ratones, ardillas, linces, puercoespines, castores y ciervos antes del experimento», escribió.

Muchos de estos cedros son hoy adolescentes larguiruchos, todo extremidades, con líderes bastante endebles. Sus cuerpos no están aún completamente formados. Mordisqueados por ciervos y alces, resultan aún más desgarbados. Tienen dificultades para acceder a la luz bajo el manto enmarañado del arce enredadera, sacando un brazo por aquí, una rama por allá. Pero su momento está a punto de llegar.

Tras completar las últimas replantaciones, Franz escribió: «Tal vez haya contribuido a sanar la tierra. Sin embargo, no tengo ninguna duda de cuál es la dirección en la que discurren los verdaderos beneficios. Aquí la auténtica norma es la reciprocidad. Yo recibo lo que doy. En estas laderas del valle del Shotpouch mi labor no ha sido tanto una experiencia personal de reforestación como una experiencia de reforestación personal. Al restaurar la tierra, me restauro a mí mismo».

Enriquecedora de Mujeres. El nombre es perfecto. También ha hecho rico a Franz, que vio cómo su sueño cobraba vida, que le ha entregado al futuro un obsequio cuya belleza solo aumentará con el tiempo. Esa es su riqueza.

Escribió sobre Shotpouch: «Se trataba de un ejercicio de silvicultura personal. Pero también había en él algo de creación artística. Podría haberme dedicado a pintar un paisaje o a componer canciones. El ejercicio de dar con la distribución adecuada de los árboles es como la revisión de un poema. Dada mi escasa experiencia técnica, no me siento cómodo definiéndome como "silvicultor". Prefiero considerarme un escritor que trabaja en el bosque. Y con el bosque. Un escritor que practica las artes forestales y escribe en los árboles. Y puede que la gestión forestal esté evolucionando, pero aún no he visto que para solicitar un puesto en la industria maderera o para acceder a la Facultad de Ciencias Forestales pidan como requisito el dominio de las artes. Pero tal vez sea eso lo que hace falta. Artistas forestales».

Durante los años que pasó aquí, Franz observó cómo la cuenca del río empezaba a recuperarse, después de una larga historia de acciones dañinas. En su diario relata un viaje al futuro, al Shotpouch de dentro de ciento cincuenta años, cuando «los nobles cedros se hayan hecho con el terreno en el que crecía la maraña de alisos». Pero sabía que en el presente sus dieciséis hectáreas eran solo una plántula, apenas un comienzo, y muy vulnerable. Cumplir su objetivo requería muchas más manos capaces. Muchos más corazones y muchas más mentes. Su labor artística, tanto la que realizaba en la tierra como sobre el papel, debía guiar a la gente hacia una cosmovisión de culturas primarias, hacia la restauración de su relación con la tierra.

Las culturas primarias, como los bosques primarios, no han sido exterminadas. La tierra conserva su recuerdo y la posibilidad de regeneración. No son solo una cuestión de etnicidad o historia, sino también de relaciones recíprocas entre la tierra y la gente. Franz demostró que uno puede plantar un bosque primario, pero también imaginó la expansión de una cultura primaria, una visión de un mundo pleno y sano.

Para darle más alcance a esa visión, Franz cofundó el Proyecto Spring Creek, cuyo «desafío es unir el conocimiento práctico de las ciencias ambientales, la claridad del análisis filosófico y el poder creativo y expresivo de la palabra escrita, para encontrar nuevas formas de comprender y reimaginar nuestra relación con el mundo natural». Su noción de los expertos forestales como artistas y de los poetas como ecólogos tiene sus raíces en el bosque y en la hermosa cabaña de cedro de Shotpouch. Esta se ha convertido en un lugar de inspiración y soledad para escritores, que podrían convertirse, a su vez, en los ecólogos capaces de restaurar la relación con la tierra. Escritores que podrían ser las aves que picotean entre las moras naranjas, portadores de semillas en dirección a una tierra herida, preparándola para el renacimiento de una cultura primaria.

La casa es un lugar de fértil acogida para la colaboración entre artistas, científicos y filósofos, cuyos trabajos se expresan después en un asombroso despliegue de eventos culturales. La inspiración de Franz es el tronco nodriza para la inspiración de los demás. Después de diez años, de trece mil árboles plantados y de que incontables científicos y artistas hayan obtenido inspiración de él,

Franz escribió: «Confiaba en que, cuando me llegase el momento de descansar, podría apartarme y dejar que otros siguieran el camino hacia ese lugar tan especial. Ese bosque de abetos, cedros y tsugas gigantes, hacia el bosque primario que existió aquí». Su esperanza se cumplió. Son muchos los que han ido tras él por el camino que comenzó a abrir entre las zarzas y que llenó de crías de un bosque primario. Franz Dolp falleció en 2004 al chocar con el camión de una compañía papelera, cuando se dirigía a Shotpouch Creek.

A la puerta de la cabaña, los jóvenes cedros se asemejan a un círculo de mujeres con chales verdes, bordados de gotas de lluvia, como cuentas que atrapan la luz, elegantes bailarinas con flecos livianos que se agitan a cada movimiento. Extienden las ramas, abriendo el círculo e invitándonos a ser parte de la danza de la regeneración. Torpes, al principio, pues llevamos generaciones sin participar, tropezamos mientras tratamos de encontrar el ritmo. Nos sabemos los pasos de memoria. Mujer Celeste nos los enseñó cuando nos otorgó la responsabilidad de ser, nosotros también, creadores. En este bosque casero, los poetas, los escritores, los científicos, los expertos forestales, las palas, las semillas, el alce y el aliso se unen al círculo de Madre Cedro para infundir vida a las crías del bosque primario a través de la danza. Estamos todos invitados. Busca una pala y únete al baile.

Testigos de la lluvia

L a lluvia de finales del invierno cae en Oregón a un ritmo constante, sin obstáculos, en mantos grises que resuenan con un suave siseo. Lo lógico sería pensar que al llegar a tierra su distribución sería estable, pero no es así. En cada lugar, posee un ritmo y un tempo diferentes. En la maraña que forman los *salales* y las uvas de Oregón, la lluvia percute una especie de ratatatá sobre las hojas duras y brillantes, el tambor de los esclerófilos. Impacta sobre las hojas del rododendro, anchas y planas, que botan y rebotan cuando las gotas les caen encima, bailando entre el chaparrón. Se atenúa bajo una enorme tsuga, cuyo tronco escarpado conoce de la lluvia los hilos de agua que discurren entre sus arrugas. Cuando se precipitan sobre el mantillo forestal, las gotas quedan amortiguadas y las acículas de los abetos que alfombran el suelo engullen las gotas al instante, con un deglutir perfectamente audible.

Por el contrario, la lluvia en el musgo es prácticamente muda. Me arrodillo para hundirme en su blandura, para observar y escuchar. Las gotas son más veloces que yo. Las persigo con la mirada, pero no logro captar el momento del contacto. Tengo que concentrarme en un único lugar para verlo. El impacto hace que los filoides, las falsas hojas, se doblen hacia abajo, y entonces la gota se desvanece. No provoca ningún sonido, ningún goteo, ningún ruido de salpicadura. Tan solo el leve oscurecimiento de los tallos que absorben el agua, disipándose en silencio.

En la mayoría de los lugares que conozco, el agua es una entidad diferenciada. Está apresada dentro de unas fronteras bien marcadas: el vaso lacustre, las orillas de un río, las grandes paredes rocosas de ciertas costas. Hay un borde sobre el que puedes colocarte y decir: «Esto es agua», a un lado, y: «Esto es tierra», al otro. Peces y renacuajos pertenecen al reino del agua; árboles, musgos y cuadrúpedos pertenecen a la tierra. Sin embargo, en estos bosques brumosos las fronteras entre agua y tierra parecen desdibujarse y la lluvia es tan fina y constante que resulta indistinguible del aire. Los cedros están arropados por una densa niebla y solo se aprecia de ellos una silueta vaga. Es como si el agua no fuera capaz de diferenciar claramente entre el estado gaseoso y el líquido. El aire acaricia una hoja, me sacude el pelo, y se forma una gota.

Ni siquiera el río, el Lookout Creek, respeta los límites. Se precipita y se desliza por el cauce principal, donde un mirlo acuático salta de poza en poza. Pero Fred Swanson, hidrólogo en el Andrews Experimental Forest, me ha hablado de la existencia de otro curso, la sombra invisible del Lookout Creek, el flujo hiporreico. Se trata del agua que fluye por debajo del cauce, en lechos de guijarros y viejas barras de arena. Es el río nunca visto que discurre bajo los remolinos y las cabriolas, llevando hacia el bosque el ángulo de la pendiente. Un río invisible, profundo, que solo raíces y rocas conocen, donde intiman la tierra y el agua lejos de miradas indiscretas. Es el sonido de ese flujo hiporreico lo que ahora me esfuerzo por escuchar.

De paseo por la orilla del Lookout Creek, me apoyo contra un viejo cedro y acomodo la espalda en su relieve, tratando de imaginar las corrientes que fluyen bajo tierra. Pero solo siento el agua que me recorre el cuello. Las ramas están cargadas de cortinas de musgos del género *Isothecium*, de cuyos extremos cuelgan gotas de agua, como cuelgan también de los extremos de mi pelo, aunque estas son más pequeñas. Las del musgo parecen, en realidad, bastante grandes: hinchadas, grávidas, como si se demoraran y engordaran en el musgo más que en el pelo o en las ramas o en la corteza del árbol. Oscilan y giran y en su superficie se refleja el bosque entero y una mujer con un impermeable amarillo brillante.

No estoy segura de lo que veo. Me gustaría tener a mano un calibre para medirlas y comprobar sus dimensiones. ¿No habrían de ser todas las gotas iguales? Lo ignoro, así que hago lo que haría cualquier científico: formular hipótesis. ¿Ralentiza la humedad existente en torno al musgo la caída del agua? ¿Absorben las gotas de lluvia, al convivir con el musgo, algún tipo de propiedad que incremente su tensión superficial y les permita resistir los tirones de la gravedad? Tal vez no sea más que una ilusión, igual que la luna parece mucho más grande en el horizonte cuando está llena. Tal vez por ser el musgo de menor tamaño las gotas parecen mayores. O quizá quieren mostrarle su fulgor al mundo unos instantes más.

Tras varias horas en la intensa lluvia, me encuentro empapada, tengo frío y el camino de vuelta a la cabaña me llama. Lo más fácil sería recogerme con una taza de té y ropa seca, pero no puedo irme ahora. Por tentadora que sea la cálida promesa del hogar, nada puede compararse a estar bajo la lluvia, a este despertar de los sentidos. Entre cuatro paredes, donde yo soy el centro de atención —y no todo aquello que es más que yo—, los sentidos se atrofian. Si volviera y me pusiera a mirar desde la ventana, no podría soportar la soledad de estar seca en un mundo empapado. Aquí, en el bosque, no quiero ser una mera observadora de la lluvia, pasiva, protegida: quiero ser parte del aguacero, quiero que el chubasco me cale a la vez que cala el mantillo oscuro, chapoteante, a mis pies. Me gustaría erguirme como uno de esos cedros rugosos, que la lluvia se me filtrara por la corteza, que el agua disolviera los límites. Me gustaría sentir lo que siente el árbol, saber lo que él sabe.

Pero no soy un cedro, y tengo frío. En el bosque tiene que haber refugios para criaturas de sangre caliente. Refugios que nos protejan de la lluvia. Me propongo pensar como lo haría una ardilla y meto la cabeza bajo el saliente de una orilla socavada. El agua se filtra por la tierra en multitud de hilos. Tampoco me sirve el hueco de un árbol caído, donde esperaba que las raíces levantadas me protegiesen de la lluvia. Una telaraña pende de dos raíces sueltas. Está igualmente inundada, una cucharada de agua en una hamaca de seda. Mis esperanzas aumentan al ver la bóveda que forman unos arces enredadera encorvados, tapizada de musgo. Aparto la cortina de *Isothecium* y me agacho para acceder al diminuto cuarto oscuro, cubierto por capas y capas de musgo. Tiene el sitio justo para una persona, no se oye nada, no se cuela el viento. Diminutos haces de luz atraviesan la techumbre trenzada, como alfileres de estrellas. Lo malo es que por esos agujeros entra también el agua.

Cuando vuelvo al camino, un enorme tronco bloquea el paso. Estaba en el pie de la ladera y cayó al río, y ahora las ramas juguetean con la crecida del agua. La copa reposa en la otra orilla. Pasar por debajo parece más sencillo que ir por arriba, así que me pongo en cuatro patas. Y es aquí donde encuentro el cobijo que buscaba. Los musgos del suelo están marrones, perfectamente secos, la tierra es suave, una capa de polvo suelto. El tronco proporciona un techo de más de un metro de ancho sobre el espacio en forma de cuña en que la ladera cae hacia el arroyo. Puedo estirar las piernas y mi espalda encaja perfectamente en el ángulo de la ladera. Apoyo la cabeza sobre un lecho de musgo *Hylocomium* y dejo escapar un suspiro, satisfecha. Al respirar me salen nubes de vaho que se dirigen hacia los mechones marrones de musgo que aún cuelgan de la corteza arrugada, adornada con telarañas y jirones de líquenes. No han visto el sol desde que el árbol cayera.

El tronco, a pocos centímetros de mi cabeza, pesa varias toneladas. Si no se acopla a su ángulo de reposo natural —aplastándome de paso— es porque se lo impide una bisagra de madera fracturada en la base y las ramas rotas que aguantan en la otra orilla. Podría caer en cualquier momento. Pero teniendo en cuenta la velocidad de las gotas de lluvia y la lentitud con que se desprenden los árboles, me siento, al menos momentáneamente, segura. El ritmo de mi reposo y el ritmo de la caída del árbol avanzan en dos relojes diferentes.

Nunca le he encontrado demasiado sentido a la idea del tiempo como realidad objetiva. Lo que de verdad importa es el acto, lo que sucede. ¿Cómo van a significar los minutos y los años, entidades creadas por el ser humano, lo mismo para los mosquitos o para los cedros? Doscientos años son muy poco para los árboles cuyas copas penden esta mañana entre la niebla. Un instante para el río y nada para las rocas. Hay muchas posibilidades de que las rocas y el río y estos mismos árboles estén aquí dentro de otros doscientos años, si actuamos de forma responsable. Pero yo o la ardilla listada o la nube de mosquitos que se arremolina en un rayo de luz ya nos habremos marchado.

Si hay algún sentido en el pasado y en el futuro que imaginamos, este se captura en el momento. Si dispusieras de todo el tiempo del mundo, no sería para ir a algún sitio, sino para permanecer donde estás. Me estiro, cierro los ojos y escucho la lluvia.

El musgo acolchado me mantiene a resguardo de la humedad y el frío y me apoyo sobre el codo para contemplar la humedad del mundo. Las gotas caen, pesadas, sobre una densa alfombra de *Mnium insigne*, a la altura de mis ojos. Este tipo de musgo eleva sus filoides hasta una altura de casi cinco centímetros. Son anchos y redondeados, como las hojas de una higuera en miniatura. Uno de ellos me llama particularmente la atención por su larga punta afilada, muy distinta a los bordes redondeados de los demás. Se mueve, animado de una manera muy poco vegetal. Se trata de un hilillo que parece estar firmemente unido al vértice del filoide, una extensión de su verdor cristalino. Pero no deja de dar vueltas, agitándose en el aire como si buscara algo. Es un movimiento que me recuerda al de las orugas cuando se levantan sobre las ventosas traseras y se tambalean hasta encontrar la siguiente rama, a la que adhieren sus patas delanteras, liberan las traseras y, a continuación, se arquean sobre el vacío para cruzar al otro lado.

Pero esta no es una oruga de muchos pies, sino un filamento verde brillante, un hilo de musgo vagabundo, iluminado desde dentro como una fibra óptica. Mientras lo observo, se aferra a una hoja, a unos milímetros de distancia. Parece golpearla varias veces, y después, como si se le hubiera asegurado algo, se estira hasta el otro lado. Se agarra a la nueva hoja como un cable, tenso y verde, duplicando su longitud inicial, de forma que durante un segundo los dos musgos quedan unidos por ese puente verde brillante, cuya luz fluye de un lado a otro, como un río, para perderse después en el verdor. Contemplar un ser hecho de luz verde y agua, una criatura filosa que, como yo, decidió salir a pasear. ¿No es una bendición?

Desciendo por la orilla del río, me quedo quieta y escucho. El sonido de las gotas individuales se pierde en el rugido espumoso del agua, en el deslizamiento sobre la roca. Si no lo supieras de antemano, te resultaría difícil reconocer que los ríos y las gotas de lluvia son parientes, por las diferencias que hay entre el individuo y el colectivo.

Me asomo a una zona de aguas tranquilas, saco la mano y dejo que las gotas me escurran entre los dedos, para asegurarme.

Entre el bosque y el curso del río se encuentra una barra de grava, una urdimbre caótica de rocas arrastradas desde las montañas a lomos de las crecidas que no han dejado de modificar el río. Sauces, alisos, zarzas y musgos han hecho de este su hogar. También eso desaparecerá, dice el río.

Sobre las piedras se encuentran las hojas caídas de los alisos, con los bordes secos, encrespados hacia arriba, formando pequeños tazones individuales. En varias de esas hojas se encuentra estancada el agua de lluvia, teñida de un marrón rojizo por los taninos que han filtrado las propias hojas. Retazos de líquenes han quedado esparcidos entre ellas, liberados por el viento. De repente, veo cuál es el experimento necesario para probar mi hipótesis: aquí están todos los materiales que necesito. Elijo dos hebras de liquen, ambas del mismo tamaño y longitud, y las seco contra la camisa de franela que llevo bajo el impermeable Coloco una en la hoja llena de té de aliso rojo y la otra la empapo en un charco de agua de lluvia pura. Levanto ambas, poco a poco, a la vez, y observo las gotas que se forman en el extremo de cada una. No hay ninguna duda: son diferentes. El agua sin aditivos forma gotas pequeñas, veloces, que parecen tener prisa por marchar. En cambio, las que nacen del agua de aliso son más grandes y pesadas, y tienden a demorarse unos instantes antes de sucumbir a la gravedad. Noto cómo el rostro se me abre en una sonrisa en el instante feliz del «¡eureka!». He descubierto que no todas las gotas son iguales, que dependen de la relación entre el agua y la planta. Si los alisos, ricos en taninos, aumentan el tamaño de las gotas, ¿por qué el agua que recorre una larga cortina de musgo no iba a absorber también taninos, fabricando así las gotas grandes y fuertes que me pareció ver? En el bosque he aprendido que nada es aleatorio. Todo está empapado de sentido, tintado de relaciones, atravesado por todo lo demás.

Allí donde las piedras nuevas se encuentran con la antigua orilla, las aguas se han estancado, inmóviles, bajo los árboles. Desgajado del canal principal, el ascenso del flujo hiporreico forma un pequeño estanque en el que las margaritas estivales parecen sorprendidas, sumergidas medio metro bajo el agua por culpa de las lluvias. En verano, este estanque es una hondonada llena de flores, pero ahora es una pradera subacuática que nos habla de la transición del río, que ha pasado de ser un estrecho canal de agua trenzándose entre las piedras a inundar las orillas durante los meses de invierno. No es el mismo río en agosto y en octubre. Habría que pasar mucho tiempo aquí para llegar a conocerlos a ambos. Y aún más para conocer al río que estuvo antes de la barra de grava, y al que habrá cuando esta desaparezca.

Tal vez no nos sea posible conocer el río. ¿Y las gotas de agua? Me detengo allí unos minutos, junto al agua estancada, y escucho. El estanque es un espejo donde se refleja la lluvia, que multiplica sus texturas por la precipitación constante. Intento escuchar únicamente el susurro de la lluvia entre los diversos sonidos y descubro, para mi sorpresa, que puedo hacerlo. Llega con un sonido espinoso, agudo, un sss tan sutil que solo desdibuja la superficie cristalina, pero no perturba los reflejos. Sobre el agua penden las ramas del arce enredadera que se extienden desde la orilla, un grupo de tsugas y tallos de los alisos inclinados que parten de la barra de grava. De cada uno de estos árboles caen las gotas de agua, con diversos ritmos. La tsuga es la más veloz. El agua se concentra en las acículas, pero viaja hasta las puntas de las ramas antes de caer, alineándose con las demás sobre el estanque y provocando un constante plic, plic, plic, una línea de puntos sobre el agua.

Los tallos del arce enredadera vierten el agua de una manera muy distinta. Las gotas que caen de ellos son grandes, pesadas. Observo cómo se forman y se desploman sobre la superficie del estanque. Golpean con tanta fuerza que la gota provoca un sonido hondo, hueco. Ploinc. El rebote hace que el agua de la superficie salte, como si estuviera emergiendo desde el interior. Su percusión es esporádica. ¿Por qué esas gotas son tan diferentes a las de la tsuga? Me acerco para observar la forma en que el agua recorre el arce. Las gotas no se forman en cualquier zona del tallo. Tienden a surgir allí donde las yemas del año pasado han formado una pequeña cresta. El agua de lluvia se desliza sobre la suave corteza verde y se estanca tras el muro de la cicatriz. Allí se hincha y se concentra hasta que salta por encima de la pequeña represa y se derrama, cayendo como un inmenso goterón al agua. Ploinc.

El sss de la lluvia, el plic, plic, plic de las tsugas, el ploinc del arce y, por fin, el plof del aliso. Su música es aún más lenta. La lluvia tarda más en cruzar la superficie rugosa, llena de obstáculos, de una hoja de aliso. Las gotas no son tan grandes como las del arce enredadera, no llegan a salpicar, pero sí provocan ondas en la superficie y anillos concéntricos que surcan el estanque. Cierro los ojos. Escucho las voces de la lluvia.

La superficie reflectante está llena de texturas, de improntas, cada una con un ritmo y una resonancia diferentes. Las gotas resultan alteradas por el contacto con otras vidas, por el encuentro con el musgo y con el arce y con la corteza del abeto y con mi pelo. La lluvia, decimos nosotros, como si no fuera más que eso, un ente unívoco, sin dobleces, como si pudiéramos comprenderla. Creo que el musgo y los arces conocen la lluvia mejor que nosotros. Quizá la lluvia no exista; quizá solo existan las gotas que caen, cada una con su propia historia.

Al escuchar la lluvia, el tiempo se desvanece. Si el tiempo se midiera por el periodo que separa un evento de otro, una gota de otra, el tiempo del aliso sería diferente al del arce. En la textura múltiple de este bosque conviven diferentes tipos de tiempo, igual que en la textura múltiple del estanque conviven diferentes tipos de lluvia. Las acículas de los abetos caen con el siseo agudo de la lluvia, las ramas caen con el ploinc de las gotas más grandes, y los árboles lo hacen con un excepcional e imponente ruido sordo. Excepcional, salvo que midas el tiempo como hacen los ríos. Y nosotros consideramos también el tiempo como un ente unívoco, sin dobleces, y creemos incluso que podemos comprenderlo. Quizá el tiempo no exista; quizá solo existan los momentos, cada uno con su propia historia.

Veo mi rostro reflejado en una gota a punto de caer. En la lente de ojo de pez aparece una frente enorme y unas orejas minúsculas. Supongo que es así como somos los humanos, pensamos demasiado y escuchamos demasiado poco. Prestar atención es admitir que tenemos algo que aprender de las inteligencias ajenas, no humanas. Escuchar, hacernos testigos, nos permite adentrarnos en un mundo en el que los límites entre las criaturas se desdibujan con la lluvia. La gota se hincha en la punta de una hoja de cedro y yo la atrapo con la lengua, como si fuera una bendición.

QUEMAR
HIERBA SAGRADA

La trenza de hierba sagrada se quema en un fuego ceremo-
nial que sana el cuerpo y el espíritu del portador a través de
una ola de bondad y compasión.

Las huellas del Wendigo

En el blanco resplandor del invierno solo se escucha el roce de la chaqueta, el rasgueo acolchado de las raquetas de nieve, el estallido de los árboles a los que se les revienta el hielo por dentro. Y el latido de mi propio corazón, que bombea sangre caliente a los dedos. Enfundados en mitones dobles, aún no recupero toda la sensibilidad en ellos. El cielo es dolorosamente azul entre borrasca y borrasca. Los campos nevados relucen como un cristal hecho añicos.

La última tormenta ha esculpido ventisqueros, oleaje de un mar helado. Hasta hace unos minutos, sombras rosas y amarillas ocupaban mis huellas; ahora, con la luz tenue, viraron hacia el azul. Encuentro rastros de zorro, túneles de ratones y una mancha roja, brillante, sobre la nieve, enmarcada en las señales del aleteo furioso de un halcón.

Todo el mundo está hambriento.

Puedo oler en el viento, cuando arrecia de nuevo, que la nieve se acerca, y en unos minutos las nubes rugen sobre las copas de los árboles, con copos como un manto gris que viene directo hacia mí. Me doy la vuelta para buscar cobijo antes de que oscurezca. Mis huellas han empezado a cubrirse de nuevo. Observo con más atención y descubro que dentro de ellas hay otra huella, distinta a la mía. Escudriño en la oscuridad en busca de alguna silueta, pero la nieve es demasiado densa. Los árboles agitan sus ramas bajo las nubes veloces. Un aullido a mi espalda. A lo mejor solo el viento.

Es en noches como esta cuando el Wendigo sale de cacería. Sus pavorosos chillidos atraviesan la tormenta.

El Wendigo es el monstruo legendario del pueblo anishinaabe, el villano de una historia que se cuenta en las noches más frías de los bosques septentrionales. Su presencia se deja sentir en el escalofrío que te recorre las vértebras. Una criatura enorme, de tres metros de altura, pero con forma humana. De su cuerpo tembloroso cuelga un pelaje blanco y helado. Sus brazos semejan troncos de árboles, sus pies son tan grandes como raquetas de nieve. Es por eso que atraviesa con tanta facilidad las tormentas del tiempo del hambre, al acecho de los humanos. Jadea a nuestra espalda y el hedor a carroña de su aliento envenena el aroma limpio de la nieve. Los colmillos amarillentos le asoman de una boca en carne viva, pues está tan hambriento que se comió sus propios labios. Su corazón, quizá sea eso lo más extraordinario, es de hielo.

Los relatos del Wendigo se contaban en torno al fuego con el objetivo de asustar a los niños. Si no se comportaban como era debido, corrían el riesgo de ser devorados por este coco de los bosques. O algo peor. El Wendigo no es un oso ni un lobo; no es una bestia natural. En realidad, los Wendigos no nacen, se hacen. Son seres humanos devenidos en monstruos caníbales, que al morder a otra persona, la transforman también en monstruo.

Llego a casa, por fin, para resguardarme de la tormenta, cada vez más intensa. Me quito la ropa, cubierta de hielo. La estufa está encendida y la olla echa humo. Nuestro pueblo no siempre disfrutó de tales lujos: hubo un tiempo en que las tormentas cubrían las casas y la comida escaseaba. Llamaron a esta época —cuando hay demasiada nieve y los ciervos han desaparecido y las trampas están vacías— la Luna del Hambre. Era la época en que los mayores salían a cazar y nunca regresaban. Y cuando chupar un hueso no es suficiente, los niños son los siguientes. Demasiados días de ese tipo hacen que el único plato en la mesa sea el de la desesperación.

Nuestro pueblo tuvo que convivir con la posibilidad, muy real, de morir de inanición, especialmente durante la Pequeña Edad de Hielo, cuando los inviernos eran particularmente duros y largos. Ciertos estudiosos sugieren que el mito del Wendigo se extendió rápidamente en la época del comercio de pieles, cuando la sobreexplotación de la caza incrementó el hambre de los diversos pueblos. Las ansias heladas y las fauces abiertas del Wendigo encarnan aquel persistente miedo a las hambrunas invernales.

La mitología del Wendigo, cuyos gritos parecían escucharse entre las ventiscas, reforzaba el rechazo al canibalismo en momentos en que la locura por culpa del hambre y el aislamiento acechaba a la puerta de los refugios invernales. Sucumbir a impulsos tan repulsivos condenaba al hombre a vagar como el Wendigo por el resto de sus días. Este no consigue acceder jamás al mundo espiritual y está destinado a sufrir eternamente el tormento de la insaciabilidad. El hambre que no puede satisfacer se convierte en su naturaleza. Cuanto más come el Wendigo, más desea comer. Profiere gritos de angustia, pues en su mente no encuentra más que esa constante tortura. Lo que le consume por dentro es su propio consumo. Ahí se encuentra la perdición de la humanidad.

Lo cierto es que el Wendigo no es solo de un monstruo mítico para asustar a los niños. Igual que los relatos cosmogónicos nos permiten conocer la cosmovisión de los pueblos, la comprensión que tienen de sí mismos, de cuál es su lugar en el mundo y de los ideales hacia los que aspiran, en el semblante de sus monstruos se reflejan los miedos colectivos y los más profundos valores. El Wendigo nace de nuestros terrores y nuestros fracasos: es el nombre de eso que todos llevamos dentro y que se preocupa más de su propia supervivencia que de cualquier otra cosa.

Empleando los términos de la ciencia de sistemas, el Wendigo es un claro caso de circuito de realimentación positiva, en el que la variación de una entidad provoca una variación similar en otra parte conectada del sistema. En este caso, el aumento del hambre provoca un incremento en lo que come, y este incremento provoca a su vez más hambre, lo que desemboca en un frenesí de consumo desaforado. Tanto en los ambientes naturales como en los artificiales, la realimentación positiva conduce inexorablemente a algún tipo de cambio: unas veces al crecimiento y otras a la destrucción. Sin embargo, cuando el crecimiento se descontrola, las diferencias entre ambos no están claras.

Los sistemas estables, equilibrados, se tipifican como circuitos de realimentación negativa. En ellos, la variación en uno de los componentes incita a un tipo de variación opuesta en otro componente, de manera que los cambios quedan anulados. Cuando el hambre provoca un incremento de la alimentación, la alimentación provoca el descenso del hambre: la saciedad resulta posible. La realimentación negativa es una forma de reciprocidad, una combinación de fuerzas que restaura el equilibrio y la sostenibilidad.

Las historias del Wendigo trataban de fomentar los circuitos de realimentación negativa en los pueblos tradicionales. Eran formas de educación que reforzaban el autocontrol y enseñaban métodos de resistencia contra el capcioso germen de la codicia. Las antiguas enseñanzas reconocían que el Wendigo forma parte de la naturaleza del ser humano. Propusieron relatos para luchar contra el lado avaricioso de nosotros mismos. Los ancianos anishinaabes, como Stewart King, nos dicen que siempre hemos de tener en cuenta las dos caras —el lado luminoso y el lado oscuro de la vida— para comprendernos a nosotros mismos. Ver la oscuridad, reconocer su poder, pero abstenerse de alimentarlo.

Se ha dicho que la bestia es un espíritu malvado que devora a la humanidad. Su mismo nombre, *Wendigo*, puede derivarse de las raíces para «exceso de grasa» o «pensar solo en uno mismo», según el estudioso ojibwe Basil Johnston. El escritor Steve Pitts afirma que «un Wendigo era un ser humano cuya avaricia ha desbordado su capacidad de autocontrol hasta el punto de que la satisfacción deja de ser posible».

Cualquiera que sea su nombre, Johnston y muchos otros estudiosos se refieren a la epidemia actual de prácticas autodestructivas —las adicciones al alcohol, a las drogas, al juego o a la tecnología, entre otras— para confirmar que el Wendigo está vivo y coleando. En la ética del pueblo ojibwe, dice Pitt, «cualquier costumbre que conlleve un consumo abusivo es autodestructiva, y la autodestrucción es el Wendigo». E igual que el mordisco del Wendigo es infeccioso, todos sabemos que la autodestrucción se cobra siempre más víctimas, tanto en las familias humanas como en el mundo no humano.

El hábitat originario del Wendigo son los bosques septentrionales de América del Norte, pero su territorio se ha ampliado en los últimos siglos. Según Johnston, las grandes compañías multinacionales han dado alas a una nueva raza de Wendigos que devoran insaciablemente los recursos de la tierra, «no por necesidad, sino por avaricia». Sus huellas están por todas partes, a nuestro alrededor: solo hay que saber dónde mirar.

El avión tuvo que aterrizar para realizar reparaciones en una pequeña pista pavimentada de la selva, en el corazón de los campos petrolíferos de la Amazonia ecuatoriana, a pocos kilómetros de la frontera con Colombia. Volábamos sobre selva virgen, siguiendo el curso del río que brillaba como una cinta de satén azul a nuestros pies. Hasta que divisamos los cortes desnudos en la tierra roja que marcaban las sendas de los oleoductos y el agua se volvió negra.

Nuestro hotel estaba en una calle sin asfaltar, cuyas esquinas compartían los perros muertos y las prostitutas, bajo un cielo siempre naranja, iluminado por las antorchas de las plantas petrolíferas. Cuando nos dieron la llave de la habitación, el conserje nos recomendó que pusiéramos el tocador contra la puerta y que no saliéramos de la habitación en toda la noche. En el vestíbulo había una jaula de guacamayos rojos que miraban embobados hacia la calle donde mendigaban niños medio desnudos. Chicos de no más de doce años hacían guardia ante la puerta de los narcotraficantes con sus AK-47 al hombro. Pasamos la noche sin incidentes.

Despegamos por la mañana, mientras amanecía sobre la selva húmeda. Dejamos atrás el pueblo cercado por las incontables lagunas que brillaban con todos los colores del arcoíris, culpa de los residuos petroquímicos. Las huellas del Wendigo.

Como digo, están por todas partes. En los vertidos industriales del lago Onondaga. Sobre las laderas deforestadas indiscriminadamente de la cordillera costera de Oregón, donde la tierra se desploma hacia el río. Pueden verse en las montañas del oeste de Virginia, con las cimas abiertas para acoger las minas de carbón, y en las playas del golfo de México, brillantes de petróleo. En los centenares de hectáreas de cultivos industriales de soya. En las minas de diamantes de Ruanda. En los armarios llenos de ropa. Las huellas del Wendigo, el rastro del consumismo insaciable. Sus víctimas se cuentan por millones. Las ves recorriendo los centros comerciales, echándoles el ojo a tus tierras para la especulación inmobiliaria, presentándose a las elecciones al Congreso.

En realidad todos somos cómplices. Hemos dejado que el «mercado» decidiera qué es lo que hemos de valorar y así se ha redefinido el bien común, que ahora depende del despilfarro con que se enriquecen los comerciantes mientras se empobrecen tanto las almas como la tierra.

Los relatos moralizantes del Wendigo surgen de una sociedad basada en lo comunal, en la que compartir es esencial para la supervivencia y donde la codicia de un individuo particular ponía en peligro al conjunto. A esos individuos que se apropiaban de lo que no les correspondía se los orientaba primero, se los aislaba después, y, por último, si su comportamiento avaricioso continuaba, se los desterraba. El mito del Wendigo puede haber surgido del recuerdo de los desterrados, condenados a vagar por la tierra, hambrientos y solos, con ánimo de venganza contra aquellos que los repudiaron. No hay peor castigo que el destierro de la red de la reciprocidad, sin nadie que comparta contigo y nadie de quien cuidar.

Recuerdo un día en que caminaba por Manhattan y la luz cálida que salía de las ventanas de un hogar acomodado iluminaba la acera donde un hombre rebuscaba en la basura. Puede que nuestra obsesión por la propiedad privada ya nos haya desterrado a todos. Hemos aceptado el destierro hasta de nosotros mismos cuando dedicamos nuestras vidas hermosas, absolutamente singulares, a conseguir más dinero, a comprar más cosas, que nos alimentan, pero nunca nos satisfacen. El Wendigo nos ha hecho creer que poseer más cosas saciará esas ansias, pero lo único que ansiamos de verdad es el arraigo, la pertenencia.

A una escala mayor, pareciera que nuestra era se rige por la economía del Wendigo, una economía de demandas ficticias y consumo compulsivo. Eso que los pueblos nativos trataban de contener es a lo que nosotros consideramos que hay que dar rienda suelta, en un mundo cuya verdadera política oficial es la avaricia.

Mi auténtico miedo, sin embargo, no es que reconozcamos el Wendigo que todos llevamos dentro. Mi auténtico miedo es que el mundo se haya vuelto del revés, que veamos en su lado oscuro el lado luminoso. El egoísmo indulgente que nuestro pueblo consideraba monstruoso se celebra hoy como un éxito. Se nos pide que admiremos lo que antes resultaba imperdonable. Esa mentalidad que solo piensa en el consumo se camufla bajo la noción de «calidad de vida» mientras nos corroe por dentro. Es como si nos hubieran invitado a una fiesta en la que toda la comida sirviera solo para alimentar el vacío, el agujero negro del estómago que nunca se llena. Mi auténtico miedo es que hayamos liberado a un monstruo.

Los economistas ecologistas defienden reformas para que la economía parta de unos principios ecológicos; esto es, para que se ajuste a los límites de la termodinámica. Plantean ideas tan radicales como que, si queremos mantener nuestra calidad de vida, debemos conservar el capital natural y los servicios ecosistémicos. Pero los Gobiernos aún se aferran a la falacia neoclásica de que el consumo humano no tiene consecuencias. Seguimos participando en sistemas económicos que prescriben el crecimiento infinito en un planeta finito, como si el universo hubiera revocado para nosotros, de algún modo, las leyes de la termodinámica. El crecimiento perpetuo es simplemente incompatible con las leyes naturales, aunque destacados economistas, como Lawrence Summers, de Harvard, el Banco Mundial y el Consejo Económico Nacional, sigan afirmando cosas como: «No es probable que en el futuro inmediato vayamos a superar el límite de la capacidad de carga de la tierra. La idea de que deberíamos restringir el crecimiento por la existencia de algún límite natural es un profundo error». Así, nuestros líderes ignoran intencionadamente la sabiduría y los modelos que nos proponen todas las especies del planeta. Todas, claro, salvo aquellas con las que ya hemos acabado. He ahí la mente del Wendigo.

Lo sagrado
y la Superfund

Ladera arriba del manantial que hay detrás de mi casa, una gota de agua se forma en el extremo de una rama cubierta de musgo. Pende durante un segundo, refulge al sol y se precipita. Otras gotas se incorporan a la procesión, breve muestra de los cientos de hilos de agua que bajan de las colinas. Aceleran y se lanzan a las cornisas rocosas, como si tuvieran prisa por seguir su camino, entrar en el Nine Mile Creek y llegar hasta el lago Onondaga. Recojo con las manos agua del manantial y bebo. Conozco el viaje que estas gotas están a punto de emprender y no puedo evitar preocuparme. Me gustaría contenerlas aquí para siempre. Pero el agua no se puede detener.

Las aguas de mi casa en el norte del estado de Nueva York vierten a la cuenca del territorio ancestral de los onondagas, los guardianes del fuego sagrado de la Confederación Iroquesa o Haudenosaunee. Según la cosmovisión onondaga tradicional, todas las criaturas del mundo poseen un don, y en la naturaleza de este don se encuentra, al mismo tiempo, una responsabilidad hacia el mundo. El agua tiene el don de ser sustento de vida y, en consecuencia, sus deberes son diversos: hacer que las plantas crezcan, crear un hogar para peces y efémeros, darme de beber.

La dulzura peculiar de esta agua se debe a la composición de las colinas circundantes, grandes dorsales de piedra caliza, de grano fino. Son antiguos lechos marinos formados por carbonato de calcio prácticamente puro, sin apenas elementos externos que decoloren el gris perla que los caracteriza. Hay otros manantiales en las colinas, pero no son tan dulces, pues emergen de fondos calizos que esconden cavernas llenas de sal, palacios de cristal adornados por cubos de halita. El pueblo onondaga utilizaba estos manantiales salados para sazonar la sopa de maíz y la carne de ciervo y para conservar las cestas llenas del pescado que obtenían del agua. La vida era hermosa y el agua corría colina abajo para cumplir su misión, siempre consciente de sus responsabilidades. La gente, sin embargo, no fue tan atenta: nos pasa que a veces se nos olvidan las cosas. Es por eso que los haudenosaunees recibieron el Mensaje de Gratitud: les servía para acordarse del reconocimiento que les debían a los miembros del mundo natural. A las aguas les decían:

> Damos gracias a todas las Aguas del mundo. Agradecemos que las aguas estén aún aquí, cumpliendo con su responsabilidad de ser sostén de la vida sobre la Madre Tierra. El agua es vida, sacia nuestra sed y nos da fuerzas, hace que las plantas crezcan, nos mantiene a todos. Unimos nuestras mentes y con una sola mente saludamos y damos las gracias a las Aguas.

En esas palabras se refleja el propósito sagrado del ser humano. Igual que al agua se le entregaron ciertas responsabilidades para hacer posible la vida, también se le dieron a la gente. Y la primera de todas era cuidar de los dones de la tierra y mostrar gratitud.

Se cuentan historias de otros tiempos, remotos, cuando los haudenosaunees olvidaron su deber de gratitud. Los pueblos se volvieron avariciosos y celosos y empezaron a luchar entre sí. El conflicto solo trajo más conflicto, hasta llegar a un estado de guerra perpetua entre las diversas naciones. En cada casa comunal se había instalado el dolor, la violencia era imparable. Todos sufrían.

Durante esa época de penurias, una mujer del pueblo hurón, al oeste, dio a luz a un niño hermoso, que creció y se convirtió en un hombre seguro de su misión. Un buen día, le explicó a su familia que debía abandonar el hogar para transmitir un mensaje a los pueblos del este, un mensaje del Creador. Con una enorme piedra blanca fabricó una canoa y viajó durante varias jornadas hasta desembarcar en el territorio haudenosaunee, aún en guerra. Les traía un mensaje de paz. A partir de ese momento se le conocería como el Pacificador. En un primer momento fueron muy pocos los que le prestaron atención, pero esos pocos resultaron profundamente transformados.

Corriendo graves peligros y llevando sobre los hombros una inmensa pena, el Pacificador y sus aliados, entre los que estaba el mismísimo Hiawatha, trataron de llevar la paz a un tiempo de terribles conflictos. Durante años viajaron de un pueblo a otro, hasta que todos los jefes de las naciones en guerra se avinieron a aceptar su mensaje. Todos menos uno. Tadodaho, líder de los onondagas, rechazó guiar a su pueblo por el camino de la paz. Estaba tan lleno de odio que su pelo se estremecía lleno de serpientes, y tenía el cuerpo retorcido por el rencor. Tadodaho causó la muerte y el dolor de muchos mensajeros, pero la paz fue más poderosa y finalmente el pueblo onondaga también aceptó el mensaje del Pacificador. El cuerpo descoyuntado de Tadodaho recuperó su vigor y salud y entre todos los mensajeros consiguieron dominar a las serpientes de su pelo. Él también resultó transformado.

El Pacificador reunió a los líderes de las cinco naciones haudenosaunees y unió sus mentes en una sola. Las largas acículas verdes del Gran Árbol de la Paz, un enorme pino blanco, nacen en grupos de cinco, que representan la unidad de las cinco naciones. Con una sola mano, el Pacificador levantó el gran árbol de la tierra y todos los jefes reunidos dieron un paso adelante para arrojar sus armas al agujero. Fue aquí mismo donde las naciones acordaron «enterrar el hacha de guerra» y vivir de acuerdo a la Gran Ley de la Paz, que establece una serie de normas para la correcta relación entre los pueblos y de estos con el mundo natural. Cuatro raíces blancas se extendieron en las cuatro direcciones, invitando a todas aquellas naciones que buscasen la paz a cobijarse bajo las ramas del árbol.

De este modo nació la gran Confederación Haudenosaunee, la democracia más antigua de todas las que existen aún sobre la tierra. Aquí, en el lago Onondaga, se promulgó su Gran Ley. Por su papel capital, la nación onondaga se convirtió en guardiana del fuego central y desde entonces todos los líderes espirituales de la Confederación han llevado el nombre de Tadodaho. Lo último que hizo el Pacificador fue enviar al águila que ve a lo lejos a lo más alto del Gran Árbol, para que desde allí avisara a la gente de los peligros que se aproximaran. Durante los siglos que siguieron, el águila cumplió su tarea y el pueblo haudenosaunee vivió en paz y prosperidad. Hasta que otro peligro —un tipo diferente de violencia— se cernió sobre sus hogares. La gran ave debió chillar y chillar, pero su voz se perdió en la vorágine de los nuevos vientos. Hoy, esas tierras por las que caminó el Pacificador son terrenos bajo la Superfund.

Hay nueve zonas bajo la ley conocida como Superfund[1] a lo largo del lago Onondaga, a cuyas orillas ha crecido la actual ciudad de Siracusa, en el estado de Nueva York. Merced a más de un siglo de desarrollo industrial, el que fuera uno de los lugares sagrados más importantes de América del Norte se ha convertido en uno de los lagos con mayores niveles de contaminación de todo Estados Unidos.

Atraídos por la abundancia de recursos y la construcción del canal de Erie, los líderes empresariales llevaron sus innovaciones fabriles al territorio onondaga. Los primeros testimonios cuentan que las chimeneas convertían el aire en un «miasma irrespirable». Los directivos se congratulaban de que el lago Onondaga estuviera tan a mano y lo usaban como vertedero. Vertieron en él millones de toneladas de residuos industriales. La ciudad no dejaba de crecer y optó por la misma solución para sus aguas residuales, aumentando el sufrimiento del lago. Los nuevos pobladores del lago también parecían estar en guerra, salvo que esta vez no era entre sí, sino con la tierra.

Hoy esas tierras que recorrió el Pacificador y donde creció el Árbol de la Paz no son, a decir verdad, tierras, sino un lecho de desperdicios industriales de casi veinte metros de profundidad. Cuando caminas, el suelo se te adhiere a los zapatos como la cola que usan los niños para pegar pájaros de papel en árboles hechos con cartulinas de colores. Aquí ya no hay pájaros y el Árbol de la Paz se encuentra bajo tierra. El pueblo original no podría identificar siquiera la curva de la orilla que tan familiar les fue en otro tiempo. Los antiguos márgenes se han colmatado de residuos y el lago presenta un nuevo contorno.

---

[1] Véase nota de la p. 166. (*N. del T.*).

Se dijo que los lechos de desperdicios creaban nuevas tierras, pero no es cierto. Los lechos de desperdicios son, en realidad, antiguas tierras con una composición química reconfigurada. Estos sedimentos grasientos fueron una vez piedra caliza y agua dulce y humus rico en nutrientes. Los nuevos terrenos están formados por suelos pulverizados, extraídos y vertidos por el extremo de una tubería. Se los conoce como los desperdicios de Solvay, pues su origen está en las fábricas de la Solvay Process Company.

El proceso Solvay fue un descubrimiento químico que permitía la producción de carbonato sódico, un compuesto fundamental en otros procesos industriales como la fabricación de vidrio, de detergentes o de papel. Para obtenerlo, la piedra caliza original se fundía en hornos alimentados de coque y se hacía reaccionar con sal. Esta industria permitió el desarrollo de toda la región, y por ella empezaron a aparecer nuevas fábricas de procesamientos químicos relacionadas con el cloro, los compuestos químicos orgánicos y los tintes. Los trenes pasaban constantemente junto a las fábricas, llevándose toneladas de productos. Las tuberías tomaban el camino contrario para verter toneladas de residuos en el lago.

Las montañas de residuos representan la inversión topográfica de las minas a cielo abierto. Las mayores minas a cielo abierto se encontraban en el estado de Nueva York y siguen sin recuperarse. El objetivo era extraer piedra caliza y el método consistía en sacar tierra de un lugar y amontonarla en otro. Si pudiéramos dar marcha atrás en el tiempo, rebobinar la película, veríamos cómo la catástrofe que ahora tenemos delante vuelve a reorganizarse en un relieve de colinas de verdor exuberante y cornisas calizas cubiertas de musgo. Los arroyos subirían por las laderas hacia los manantiales y la sal volvería a brillar en las cavernas subterráneas.

Es fácil imaginar cómo debió ser aquel paisaje, y cómo manarían los primeros vertidos de las tuberías, salpicaduras de un blanco calizo como los excrementos de una gigantesca ave mecánica. Al principio fueron solo borbotones, estertores del aire que ocupaba el kilómetro y medio de intestino hasta las entrañas de la fábrica. Pero pronto se convertiría en un flujo continuo de residuos sobre los juncos y los cañizos. ¿Consiguieron escapar las ranas y los visones antes de quedar sepultados? ¿Y las tortugas?

Las tortugas son demasiado lentas. Tal vez no lograron escapar y acabaron enterradas en el fondo de la montaña, pervirtiendo así la historia de la creación del mundo, cuando Tortuga se puso la tierra en su caparazón.

Los desperdicios se arrojaron primero en la misma orilla del lago, toneladas de sedimentos, un penacho constante que tiñó de blanco pastoso el azul del agua. Después trasladaron el extremo de la tubería a los humedales circundantes, al borde del río. Estoy segura de que en ese momento el agua del Nine Mile Creek deseó regresar colina arriba, rebelarse contra la gravedad y volver a las pozas llenas de musgo junto a los manantiales. Pero no lo hizo. No desatendió su responsabilidad y encontró un nuevo camino entre los lechos de desperdicios, en dirección al lago.

La lluvia que caía sobre los sedimentos residuales también estaba en peligro. Al principio, las partículas de los desperdicios eran tan finas que atrapaban el agua en la arcilla blanca. Pero la gravedad terminó por hacer que las gotas descendieran entre dieciocho metros de sedimentos y salieran a una acequia de drenaje, en vez de a un arroyo. Al atravesar las profundidades calcáreas, la lluvia sigue haciendo lo que vino a hacer: disuelve los minerales y se lleva iones que alimentan a las especies vegetales y acuáticas. Cuando llega al fondo de la montaña de residuos, ha recogido tantos químicos que se convierte en una sopa salada tan corrosiva como la lejía. Ha perdido hasta su hermoso nombre, agua: ahora se la conoce por «lixiviado». El lixiviado sale de los lechos de desperdicios con un nivel 11 de pH. Sobre la piel, tiene el mismo efecto abrasador que un desatascador de cañerías. El nivel del pH en el agua que bebemos habitualmente es 7. En la actualidad, los ingenieros recogen el lixiviado y lo mezclan con ácido clorhídrico para neutralizar el pH. Después lo echan al Nine Mile Creek, desde donde se dirige al lago Onondaga.

Al agua la engañaron. Comenzó su camino inocente, decidida a cumplir su propósito. Ella no ha tenido nada que ver en su corrupción: ahora, en lugar de llevar vida, transmite veneno. Pero no puede dejar de fluir. Ha de hacer lo que ha de hacer, portando consigo los dones que le concedió el Creador. Solo el ser humano tiene la capacidad de elegir.

Hoy podemos surcar en lancha a motor el lago que el Pacifica-dor atravesó con su canoa. El relieve de la orilla occidental destaca y se divisa perfectamente desde el otro lado. Riscos níveos brillan bajo el sol estival como los acantilados blancos de Dover. Sin embargo, al acercarte, te das cuenta de que no es la superficie de la roca lo que refulge, sino las paredes de residuos de Solvay. La lancha se balancea sobre las olas mientras contemplas los surcos de la erosión, el rastro de los fenómenos atmosféricos que provocan que los residuos terminen en el lago: el sol del verano seca la superficie pastosa y las temperaturas bajo cero del invierno la resquebrajan hasta que las placas se desploman. Se ha formado una playa sin bañistas ni embarcaderos. Una extensión blanca y brillante de residuos que cayeron al agua hace muchos años, cuando reventó el muro de contención. Se prolonga también por debajo del agua, cerca de la superficie. Sobre la suave corteza sumergida hay guijarros desperdigados, fantasmales, distintos a cualquier piedra que hayas visto antes. Se trata de oncolitos, acreciones del carbonato cálcico que acribillan el fondo del lago. Oncolitos: rocas tumorosas.

En la superficie sobresalen los restos del antiguo muro de contención, como una espina dorsal. También las tuberías oxidadas que vertían el sedimento y que emergen en ángulos extrañísimos. Allí donde los apilamientos del sedimento entran en contacto con las llanuras de Solvay se producen pequeñas filtraciones, ominosamente parecidas a un manantial. Brotan hilillos de líquido un poco más densos que el agua. También hay placas de hielo estival alrededor de las corrientes que fluyen hacia el lago, láminas de cristales de sal bajo las que burbujea el agua como un arroyo deshelándose al término del invierno. Los lechos de desperdicios continúan filtrando al lago toneladas de sal cada año. Antes de que la Allied Chemical Company, sucesora de Solvay Process, dejase de operar, la salinidad del lago Onondaga era diez veces superior a la de la cabecera del Nine Mile Creek, que vierte en él.

La sal, los oncolitos y los residuos del lago impiden que las plantas acuáticas echen raíces y crezcan. La vida en los lagos depende de que las plantas sumergidas generen oxígeno a través de la fotosíntesis. Si no hay oxígeno en el lago Onondaga y no crece la oscilante vegetación de las praderas subacuáticas y los humedales, los peces, las ranas, los insectos, las garzas —toda la cadena alimentaria— se quedan sin hábitat. Y mientras unas especies se enfrentan a perspectivas nada halagüeñas, el lago Onondaga se llena de algas flotantes. Durante décadas, altas cantidades de nitrógeno y fósforo procedentes de los residuos municipales han fertilizado el lago y contribuido al crecimiento de las algas. Proliferan hasta cubrir la superficie del agua, después mueren y se hunden en el fondo, donde, al descomponerse, acaban con el escaso oxígeno que quedaba. Poco después, el lago comienza a oler a los peces muertos que la corriente se lleva hasta la orilla en los días más cálidos.

Los peces que sobreviven no son aptos para el consumo humano. La pesca quedó prohibida en 1970 debido a las altas concentraciones de mercurio. Se estima que entre 1946 y 1970 se vertieron al lago Onondaga setenta y cinco toneladas de este metal. Allied Chemical utilizaba el método de las «celdas de mercurio» para producir cloro industrial a partir de las sales originales. Los residuos de mercurio, con una toxicidad altísima, se enviaban directamente al lago. La gente que vivía en los alrededores recuerda que se convirtieron en una forma de que los niños redondeasen la paga semanal. Contaba un anciano que recorrían los lechos de desperdicios armados con un cucharón, y que con él sacaban las pequeñas esferas de mercurio que brillaban en el suelo. Por un tarro de conservas lleno la empresa podía pagarte más o menos lo que costaba una entrada para el cine. En los años setenta se restringió su uso, pero todo el mercurio vertido seguía atrapado en los sedimentos, de donde, al producirse la metilación, volvía a circular a través de la cadena alimentaria acuática. Se estima que aún hay 5.300 millones de litros de sedimentos contaminados por el mercurio.

Una muestra extraída del fondo del lago ha revelado que entre esos sedimentos hay capas de gases, petróleo y lodo negro y pegajoso. Los análisis indican concentraciones significativas de cadmio, bario, cromo, cobalto, plomo, benceno, clorobenceno, xileno, pesticidas y policloruro de bifenilo. Lo que no parece haber son insectos ni peces.

En la década de 1880, el lago Onondaga era famoso por sus reservas de pescado blanco, que se servía, recién capturado, en platos humeantes, acompañado de papas hervidas con salmuera. Los restaurantes a la orilla del lago hicieron mucho negocio; la zona se llenaba de turistas que venían por el paisaje, por los parques de atracciones y por los pícnics del domingo por la tarde que reunían a toda la familia sobre la manta. Por la noche, el tranvía devolvía a los pasajeros a los lujosos hoteles que miraban al lago desde la orilla. Una de las atracciones de un famoso *resort*, el White Beach, consistía en un largo tobogán de madera iluminado con cordadas de lámparas de gas. Los veraneantes se sentaban en carros con ruedas y se deslizaban por la rampa, que los lanzaba al lago. El *resort* prometía un «emocionante chapuzón para señoras, caballeros y niños de todas las edades». Prohibieron el baño en 1940. Qué hermoso era el lago Onondaga. La gente hablaba de él con orgullo. Ahora ya casi nadie lo menciona, como si se tratara de un familiar fallecido del que nadie quiere acordarse.

Se podría pensar que unas aguas tan tóxicas serían casi transparentes debido a la ausencia de vida, pero ciertas zonas resultan, a menudo, opacas, cubiertas por una nube oscura de cieno. La turbidez se debe a un penacho embarrado que accede al lago por otro afluente, el río Onondaga. Viene del sur, de las crestas que hay sobre el valle Tully, y a lo largo de su trayecto ha atravesado colinas boscosas, granjas y la dulce fragancia de los manzanos.

El agua embarrada se atribuye normalmente a la escorrentía de las tierras de cultivo, pero en este caso tiene un origen subterráneo. En el curso alto del río están los volcanes de barro de Tully, que vierten lodo al río, enviando toneladas de sedimentos por el curso. No se sabe con seguridad si estos volcanes de barro tienen un origen geológico natural. Los ancianos onondagas recuerdan cuando, no hace tanto, el río Onondaga que atraviesa su nación bajaba tan claro que podían capturar peces de noche, con un arpón, a la luz de un farol. Aseguran que solo empezó a haber barro en el río cuando excavaron las minas de sal aguas arriba.

En el momento en que los pozos de sal cercanos a las fábricas se agotaron, Allied Chemicals optó por la lixiviación *in situ* para acceder a los depósitos de sal subterráneos que había en la cabecera del río, junto a los manantiales. La empresa bombeaba agua hacia ellos, los disolvía y después bombeaba el cieno resultante varios kilómetros aguas abajo, hasta la planta de Solvay. Esta tubería atravesaba el último territorio que le quedaba a la nación onondaga, y las filtraciones provocaron que las aguas de los pozos dejaran de ser aptas para el consumo. Al final, las bóvedas subterráneas de sal disuelta se derrumbaron, y se crearon hoyos a través de los que empezaron a manar, a gran presión, las aguas subterráneas. Los borbotones resultantes crearon esos volcanes de barro que vierten al río y llenan el lago de sedimentos. El río en que un día abundó el salmón atlántico, donde los niños se bañaban y que constituía un lugar crucial de la vida comunitaria discurre hoy completamente marrón, como chocolate con leche. Allied Chemicals y las compañías que le sucedieron niegan cualquier responsabilidad en la formación de los volcanes de barro. Afirman que fue un acto de Dios. No sé qué clase de Dios podría ser ese.

Las heridas de estas aguas son tan numerosas como las serpientes del cabello de Tadodaho, y debemos nombrarlas para calmarlas. El territorio ancestral de los onondagas se extiende desde la frontera de Pensilvania hasta Canadá. Era un mosaico de generosos bosques, grandes trigales y lagos y ríos cristalinos, tierras que fueron durante siglos el sustento de los pueblos nativos. Incluía también la ubicación de la actual Siracusa y las orillas sagradas del lago Onondaga. Los derechos de los onondagas a estas tierras fueron confirmados por los tratados que firmaron las dos naciones soberanas: la nación onondaga y el Gobierno de Estados Unidos. Pero el agua es mucho más fiel a sus compromisos de lo que la nación estadounidense lo será nunca.

Durante la guerra de Independencia, George Washington envió a las tropas federales a exterminar a los onondagas, de forma que, en menos de un año, una nación de decenas de miles de personas pasó a contar solo con varios centenares. A partir de ahí, Estados Unidos se dedicó a violar cada uno de los tratados que firmó. Las apropiaciones ilegales de tierras por parte del estado de Nueva York redujeron los territorios originales de los onondagas a una reserva de mil setecientas hectáreas, y en la actualidad el territorio de la nación onondaga no es mucho mayor que los lechos de desperdicios de Solvay. El robo y el ultraje no terminaron ahí. Aunque los padres intentaron esconder a sus hijos de los agentes indios, muchos fueron trasladados a internados como la escuela india de Carlisle. El idioma en que se pronunció la Gran Ley de la Paz quedó prohibido. Se enviaron expediciones misioneras a las comunidades matrilineales —donde hombres y mujeres eran iguales— para sacarles del error de sus costumbres. Las ceremonias de agradecimiento en las casas comunales, ceremonias destinadas a mantener el equilibrio del mundo, quedaron prohibidas por ley.

La gente sufrió el agravio de tener que presenciar la degradación de su hogar, pero nunca dejó de atender a sus responsabilidades. Los onondagas han mantenido las ceremonias de gratitud hacia la tierra y de reconocimiento de su relación con ella. El pueblo onondaga vive aún según los preceptos de la Gran Ley y sigue creyendo que, para corresponder a los dones de la Madre Tierra, los humanos tenemos la responsabilidad de cuidar de los pueblos no humanos, de actuar como guardianes de la tierra. Sin embargo, sin derechos de propiedad sobre los antiguos territorios, no han podido hacer mucho para protegerlos. Contemplaron, impotentes, cómo los extranjeros se dedicaban a arrojar sus desperdicios sobre las huellas del Pacificador. Las plantas, los animales y las aguas que debían proteger prácticamente han desaparecido. Pero su pacto con la tierra nunca se ha roto. Como el agua de los manantiales de los que bebe el lago, la gente siguió haciendo lo que debía hacer, cualquiera que fuera el destino que les esperase. La gente siguió dándole las gracias a la tierra, aunque la mayor parte de esa tierra no tuviera razón alguna para estarle agradecida a la gente.

Generaciones de dolor, generaciones de quebranto, pero también de renovación de fuerzas: la gente nunca se rindió. Los espíritus estaban de su lado. Contaban con las enseñanzas tradicionales. Y con su ley. Los onondagas suponen una singularidad en Estados Unidos, una nación nativa que no ha abandonado nunca la forma de gobierno tradicional, que no ha perdido su identidad ni rendido su condición de nación soberana. Las leyes estadounidenses son ignoradas incluso por aquellos que las redactaron, pero el pueblo onondaga vive aún según los preceptos de la Gran Ley.

Del dolor y de la fuerza del pueblo ha nacido un nuevo poder y ese resurgimiento se hizo público el 11 de marzo de 2005, cuando la nación onondaga presentó una demanda ante el Tribunal Supremo que reclamaba derecho de propiedad sobre sus hogares perdidos y permiso para volver a atender sus responsabilidades con la tierra. Mientras los ancianos morían y los bebés se hacían ancianos, la gente no había dejado de soñar con el día en que recuperarían los terrenos ancestrales. Sin embargo, legalmente carecían de voz para luchar por ello. Los tribunales de justicia les estuvieron vedados durante décadas, hasta que, poco a poco, la situación judicial cambió y se permitió que las tribus presentaran demandas. Diversas naciones hadenosaunees trataron por esa vía de recuperar sus territorios. El Tribunal Supremo admitió a trámite esas reclamaciones y dictaminó que las tierras de los haudenosaunees habían sido arrebatadas ilegalmente y los pueblos, tratados de manera injusta. Declaró que las tierras indias habían sido «adquiridas» por medios ilícitos que infringían la Constitución de Estados Unidos. Se ordenó al estado de Nueva York llegar a un acuerdo, pero no era fácil decidir qué clase de indemnizaciones habrían de implementarse.

Algunas naciones vendieron los derechos a la tierra por pagos en metálico o tasas de explotación de los terrenos o licencias de casinos, en un intento por salir de la pobreza y asegurarse la supervivencia cultural en lo que quedaba de sus territorios. Otras intentaron recuperarlos mediante su adquisición, si el propietario estaba dispuesto a vender, mediante intercambios con el estado de Nueva York o mediante amenazas de demandas contra propietarios individuales.

La nación onondaga tomó un camino diferente. Hicieron la reclamación auspiciados por la legislación estadounidense, pero desde la autoridad moral que emanaba de las directrices de la Gran Ley: actuar a favor de la paz, el mundo natural y las generaciones futuras. Su demanda no podía ser una reclamación de tierras, pues saben que la tierra no es una propiedad, sino un don, el sostén de la vida. Tadodaho Sidney Hill afirmó que la nación onondaga nunca trataría de expulsar a la gente de sus hogares. El pueblo onondaga conoce el dolor del desplazamiento demasiado bien como para infligírselo a sus vecinos. Ellos optaron, en su lugar, por elevar una Demanda por los Derechos de la Tierra. Comenzaba con una afirmación sin precedentes en la Ley India:

> El pueblo onondaga desea que se repare la relación que nos une a todos los que habitamos esta región, hogar de la Nación Onondaga desde el principio de los tiempos. La Nación y su pueblo tienen una relación espiritual, cultural e histórica única con esta tierra, representada en Gayanashagowa, la Gran Ley de la Paz. Esta relación va mucho más allá de las preocupaciones estatales o federales sobre propiedad, posesión o cualquier otra forma de derecho legal. La gente está unida a la tierra y se considera guardiana y cuidadora de ella. El deber de los líderes de la Nación es buscar la sanación de la tierra, protegerla y entregársela a las generaciones venideras. La Nación Onondaga realiza este acto de defensa de su pueblo esperando que se acelere el proceso de reconciliación y se instauren una justicia duradera y el respeto entre todos aquellos que vivimos en el territorio.

La nación onondaga buscaba el reconocimiento legal de sus derechos a las tierras: no pretendía desahuciar a los vecinos de sus hogares ni abrir nuevos casinos, que para ellos no son más que un medio para la destrucción de la vida comunitaria. Querían poseer estatus legal para impulsar la restauración de las tierras. Solo con ese título podían estar seguros de que se restaurarían las zonas degradadas por las explotaciones mineras y de que se llevaría a cabo la limpieza del lago Onondaga. Dice Tadodaho Sidney Hill: «Nos obligaron a permanecer al margen, observando lo que le ocurría a la Madre Tierra, pero nadie escucha lo que nosotros pensamos. La Demanda por los Derechos de la Tierra nos dará voz».

El estado de Nueva York, que se había apropiado ilegalmente de las tierras, encabezaba la lista de aquellos que tendrían que rendir cuentas cuando se fallase, pero aparecían también las empresas responsables de la degradación: una cantera, una mina, una central energética contaminante y la compañía que había sucedido a la

Allied Chemical, que ahora llevaba el nombre mucho más dulce de Honeywell Incorporated (Pozo de Miel, Sociedad Constituida).

Honeywell, sin embargo, era ya responsable de la limpieza del lago. Existe aún un gran debate en torno a la mejor manera de tratar los sedimentos contaminados para permitir la restauración natural. ¿Hay que dragarlos, taparlos o dejarlos como están? Los organismos medioambientales estatales, locales y federales ofrecen diversas soluciones y solicitan presupuestos. Los problemas científicos presentes en cada una de las propuestas de restauración son complejos y todos los escenarios presentan ventajas e inconvenientes.

Tras varias décadas de escasa o nula cooperación, Honeywell ha presentado también su propio plan de limpieza, que, como se esperaba, le supone un coste mínimo y resultados igualmente escasos. Han negociado un proyecto para dragar y limpiar los sedimentos más contaminados y enterrarlos en un vertedero sellado en los lechos de desperdicios. Puede ser un buen comienzo, pero sucede que el grueso de los contaminantes se encuentra en los sedimentos que se han extendido por todo el fondo del lago. Desde ahí pasan a la cadena alimentaria. Lo que Honeywell propone es dejar esos sedimentos en su sitio y cubrirlos con una capa de arena de diez centímetros para aislarlos parcialmente del ecosistema. Aunque tal aislamiento fuera técnicamente factible, la propuesta consiste en tapar menos de la mitad del fondo del lago, mientras el resto de los sedimentos continúa circulando.

El jefe onondaga Irving Powless dijo que esa solución era como ponerle una curita al fondo del lago. Las curitas están bien para pequeños cortes, «pero no puedes recetar una curita para tratar un cáncer». La nación onondaga reclama una limpieza a fondo del lago sagrado. Sin los títulos legales, sin embargo, no pueden sentarse en la mesa de negociación y tratar al resto de las partes implicadas como iguales.

La historia ha de volverse profecía, esa es su esperanza, para que la nación onondaga someta a las furiosas serpientes en los cabellos de la Allied Chemical. Mientras otros discutían sobre los costes de la limpieza, los onondagas tomaron una postura que invertía el orden de prioridades habitual, que sitúa a la economía por encima del bienestar. La Demanda por los Derechos de la Tierra de la nación onondaga establece una limpieza completa como parte de la restitución; no se aceptarán medias tintas. Los habitantes no nativos de la cuenca se han unido a ellos, aliados en la lucha por la sanación, dentro de una extraordinaria asociación: los Vecinos de la Nación Onondaga.

En medio de todas estas disputas legales, debates técnicos y modelos ambientales, es importante no perder de vista la naturaleza sagrada de la tarea: hay que conseguir que este lago, profundamente profanado, vuelva a merecer los trabajos del agua. El espíritu del Pacificador sigue recorriendo estas orillas. La demanda no solo se ocupaba de los derechos *de propiedad* de la tierra, sino también de los derechos *propios* de la tierra: el derecho a su salud y a su plenitud.

La madre del clan Audrey Shenandoah expresó claramente el objetivo. El objetivo no es vengarse ni obtener más licencias de casinos. «Con esta demanda —dijo— buscamos justicia. Justicia para las aguas. Justicia para las criaturas de cuatro patas y para las criaturas aladas, que fueron despojadas de sus hábitats. Buscamos justicia no para nosotros, sino para el conjunto de la Creación».

En la primavera de 2010, el Tribunal Supremo presentó la resolución de la demanda de la nación onondaga. El caso había sido sobreseído.

¿Cómo no desfallecer frente a la injusticia más flagrante? ¿Cómo proseguir con nuestra tarea de curación?

Me hablaron de la existencia de aquel lugar mucho después de que se pudiera hacer algo para detener la degradación. Pero nadie lo conocía. Lo mantenían en secreto. Entonces, un día, apareció de la nada una señal inquietante: «AYUDA».

Grandes letras verdes que podrían ocupar un campo de fútbol, justo al lado de la autopista. Ni siquiera entonces le prestaron atención.

Quince años después regresé a Siracusa, la ciudad en que había estudiado y había contemplado cómo perdían su verdor esas letras, hasta adquirir un tono marrón, primero, y desaparecer, después, junto a la carretera inundada de vehículos. Pero el recuerdo del mensaje seguía ahí. Tenía que volver a verlo.

Era una hermosa tarde de octubre y no tenía clase. No sabía muy bien cómo iba a encontrar el lugar, aunque me habían llegado rumores. El azul del lago casi te hacía olvidar lo que había dentro. Seguí una pista de tierra hacia la parte trasera del recinto ferial, ya clausurado y desolado. Las puertas de seguridad estaban abiertas de par en par, batiendo con el viento, y entré. En el terraplén que servía de aparcamiento durante la feria, el mío era el único vehículo.

No había ningún mapa físico de lo que me esperaba tras la cerca, pero sí podían intuirse direcciones, callejones, una senda en dirección al lago. Hacia allí me encaminé, tras asegurarme de que el auto quedaba bien cerrado. No pensaba demorarme mucho. Volvería y aún me sobraría tiempo para ir a recoger a las niñas a la parada del autobús.

La senda no era más que un rastro en el suelo, entre carrizos tan altos y densos que levantaban una pared a cada lado. Me habían dicho que todos los veranos se arrojaba aquí el abono procedente de los establos de la feria estatal. Las pilas de excrementos de las vacas lecheras más selectas del condado y de los elefantes en cuya grupa paseaban los niños acabaron en los lechos de desperdicios. La ciudad hizo lo mismo y empezó a verter sus grandes cisternas de aguas residuales. El humedal quedó completamente cubierto y en él crecieron los carrizos cuyas semillas emplumadas se elevaban ahora por encima de mi cabeza. Entre los altísimos tallos que no dejaban de frotarse unos con otros y de danzar con amplios movimientos hipnóticos, acompañando al viento, se perdía la vista del lago y mi capacidad de orientación. La senda se bifurcaba a la izquierda y después a la derecha y se convertía en un laberinto estrecho, claustrofóbico, sin hitos ni indicaciones. Me sentía como un ratón en un experimento. Tomé el camino que parecía dirigirse al lago y empecé a desear haber traído la brújula.

En estas orillas hay seiscientas hectáreas de eriales cubiertos de residuos. Ni siquiera los ruidos de la autopista, que normalmente permiten encontrar el rumbo, consiguen sobreponerse al rumor sibilante de los carrizos. La impresión de que caminar sola por aquí no era una gran idea me atenazó la columna, pero me convencí para seguir adelante. No había absolutamente nada ni nadie de lo que preocuparse. ¿Quién estaría tan loco como para venir a este lugar dejado de la mano divina? Solo algún otro biólogo, al que estaría encantada de conocer. Otro biólogo o un asesino que quisiera deshacerse de un cuerpo, armado con un hacha. Un cuerpo que nunca encontrarían.

Seguí la senda, que giraba a un lado y a otro, hasta que vi a lo lejos la copa de un álamo. Escuché el sonido inconfundible de sus hojas. Era una señal de bienvenida. Al doblar la siguiente esquina, se me apareció la figura completa del árbol, enorme, cuyas gruesas ramas se extendían sobre el camino. De la rama más baja colgaba el cuerpo de una persona. Junto a ella, el viento mecía una soga vacía, ya anudada.

Grité y empecé a correr, tomando el primer camino que encontré. El pánico me dominó al verme completamente rodeada de carrizos. El corazón me latía sin cesar y yo corría a ciegas, de un lado a otro, hasta que fui a dar al callejón sin salida de una película de miedo. Una escena terrorífica, un verdugo con capucha negra, brazos musculados y el hacha llena de sangre, por supuesto. Sobre la tabla de cortar, el cuerpo de una mujer envuelto en una sábana, con los rizos rubios al aire, decapitada. No se movía. Tampoco los demás. Todos completamente inmóviles.

A alguien se le había ocurrido abrir allí un espacio, una habitación de paredes de carrizos, para instalar un diorama de museo con figuras de tamaño real que representaban escenas terroríficas. Empecé a sudar de alivio. No había ningún muerto. Sin embargo, la presencia evidente, palpable, de alguna imaginación retorcida suponía solo una ligera mejoría respecto a la de los cadáveres reales. Para empeorar las cosas, me encontraba completamente perdida en el laberinto, y lo único que deseaba era estar en cualquier otro sitio; en lo posible, esperando al autobús escolar de las niñas. Saqué fuerzas de flaqueza al pensar en ellas y empecé a moverme en el más absoluto silencio para evitar que me encontraran los cultos satánicos que yo ya estaba imaginando a mi alrededor.

Mientras buscaba la salida, encontré nuevos claros entre los carrizos: la falsa celda de una prisión con una silla eléctrica en el centro, una habitación de hospital donde había un paciente con camisa de fuerza y una enfermera con muy mala pinta y, por último, una tumba abierta, ocupada por una criatura de largas uñas, intentando escapar. Tras una nueva vuelta por los inquietantes carrizos, encontré la salida al aparcamiento. Las farolas proyectaban ahora una larga sombra y mi auto era visible desde el otro lado. Me palpé el bolsillo en busca de las llaves. Aún estaban ahí. Iba a lograrlo. No podía ver si la puerta estaba abierta o cerrada. Me di la vuelta una última vez para mirar atrás y descubrí, en uno de los lados, un cartel con grandes letras, tirado en el suelo:

Solvay Lions Club
Un paseo en el tractor del terror
24-31 de octubre
8 de la tarde-medianoche

No pude sino reírme de mí misma. Después, no pude sino llorar.

Los lechos de desperdicios de Solvay: el escenario perfecto para nuestros miedos. Pero lo que debería asustarnos no está en los claros entre los carrizos, sino debajo. En la tierra enterrada bajo dieciocho metros de desperdicios industriales que filtra toxinas a las aguas sagradas de la nación onondaga y a los hogares de medio millón de personas: la muerte que estos llevan consigo puede ser más lenta que la del filo del hacha, pero es igual de horripilante. Aunque el verdugo tenga la cara tapada, conocemos sus múltiples nombres: Solvay Process, Allied Chemical and Dye, Allied Chemical, Allied Signal y, ahora, Honeywell.

Más miedo aún que la muerte me daba la mentalidad que le abrió la puerta, esa que no vio problema alguno en verter al lago su mejunje tóxico. Fuera cual fuera el nombre de la empresa, había individuos detrás de esos escritorios, hombres que llevaban a sus hijos a pescar el fin de semana y que tomaron la decisión de echar los desperdicios al agua. No fue una empresa sin rostro la que provocó el desastre, sino unos seres humanos concretos. No hubo amenazas ni circunstancias atenuantes que los obligaran: se trataba, como siempre, de negocios. Las entrevistas con los trabajadores de Solvay cuentan la historia habitual: «Yo solo hacía mi trabajo. Tenía una familia que alimentar y no me iba a preocupar por lo que ocurriera con los residuos».

La filósofa Joanna Macy habla de esa inconsciencia con que los humanos nos solemos equipar para no tener que mirar a la cara a los problemas medioambientales. Cita a R. J. Clifton, un psicólogo que estudia las respuestas humanas a las catástrofes: «La supresión de la capacidad de respuesta natural al desastre es parte de la enfermedad de nuestro tiempo. El rechazo a reconocer estas respuestas provoca una escisión peligrosa. Separa las disquisiciones mentales de aquello que nos arraiga en la matriz biológica, intuitiva y emocional de la vida. Esa división permite que nos convirtamos en contempladores pasivos y aquiescentes de los preparativos de nuestra propia caída».

Lechos de desperdicios: un nombre novedoso para un ecosistema completamente inédito. *Desperdicios*: término con el que nos referimos a los «restos inservibles», «basuras o residuos» o a los «materiales, como las heces, que un cuerpo vivo produce, pero que no utiliza». Otros usos más actuales del término se refieren a los «elementos no deseados que surgen de la producción fabril» o a los «materiales industriales rechazados o desechados». Las tierras de desperdicios son, por tanto, tierras rechazadas, repudiadas. Como verbo, *desperdiciar* significa «convertir lo valioso en inútil», «menospreciar, disipar, despilfarrar». Me pregunto cuál sería la percepción social de los lechos de desperdicios de Solvay si, en lugar de esconderlos, colocáramos una señal junto a la autopista para que la gente supiera, al llegar, que entraba en «tierras repudiadas, cubiertas de heces industriales».

Todos habían asumido que la tierra sería la víctima colateral del progreso. Sin embargo, en los años setenta el profesor Norm Richards, de la Facultad de Ciencias Ambientales y Forestales de Siracusa, llevó a cabo uno de los primeros estudios acerca de la ecología disfuncional de los lechos de desperdicios. Dada la nula preocupación de las autoridades locales, «Tonante» Norman decidió ocuparse él mismo. Recorrió el mismo camino que yo tomé muchos años después, se internó en los terrenos cercados junto al lago y descargó el equipo de agricultura de guerrilla, empujando el sembrador por las colinas de residuos que miraban hacia la autopista. Con pasos medidos, empezó a sembrar hierba y a fertilizar la zona. Veinte pasos al norte, diez pasos al este, vuelta al norte. Unas semanas después apareció en esas laderas baldías la palabra «AYUDA» escrita en letras de hierba de doce metros de largo. Dadas las dimensiones del erial, habría sido posible escribir un tratado completo en caligrafía de fertilizante, pero esa era la única palabra necesaria. La tierra había sido secuestrada. Amordazada y atada, no podía hablar por sí misma.

Los lechos de desperdicios no son un fenómeno único. Su origen y composición química varían de un lugar a otro, de mi región a la tuya, pero todos podemos referirnos a una u otra tierra herida. Las llevamos en la cabeza y en el corazón. La pregunta es: ¿qué podemos hacer nosotros?

Podríamos tomar el camino del miedo y la desesperación. Si nos pusiéramos a documentar cada momento de la destrucción ecológica, no acabaríamos nunca: un infinito paseo en el tractor del terror, una pesadilla de desastres medioambientales, una representación inagotable de visiones horripilantes en monocultivos de plantas invasoras, en la orilla del lago más contaminado químicamente de todo Estados Unidos. Podría haber escenas de pelícanos llenos de petróleo. Asesinos con motosierra en las laderas abiertas, desplomándose sobre los ríos. Cadáveres de los primates extintos del Amazonas. Praderas pavimentadas para construir aparcamientos. Osos polares haciendo equilibrismo sobre un témpano de hielo flotante.

¿Qué podría desencadenar esa visión, más que dolor y lágrimas? Joanna Macy escribe que no amaremos nuestro planeta hasta que no seamos capaces de sufrir por él: el lamento es una forma de salud espiritual. Pero no basta con llorar la pérdida de un territorio; es necesario también meter las manos en la tierra para restaurar nuestra propia plenitud. Ni siquiera un mundo herido deja de alimentarnos. Ni siquiera un mundo herido deja de sostenernos, de darnos momentos de asombro y felicidad. Yo elijo la alegría, no la desesperación. No porque quiera esconder la cabeza e ignorar lo que sucede, sino porque la tierra me trae alegrías nuevas cada día y yo he de devolverle el obsequio.

Constantemente recibimos una avalancha de información sobre la manera en que destruimos el mundo, pero casi nunca escuchamos nada acerca de cómo darle vida. No es ninguna sorpresa que el ecologismo se haya convertido en sinónimo de pesimismo e impotencia. Nuestra inclinación natural a hacer el bien se encuentra ahogada, silenciada, bajo el peso de la desesperanza, cuando debería ser inspiración para la acción. La gente ha perdido el papel activo en la restauración del bienestar de la tierra y todo lo que queda de la reciprocidad hacia ella es una señal de «PROHIBIDO EL PASO».

Cuando mis alumnos descubren una nueva amenaza ecológica, se apresuran a difundir el mensaje. Dicen: «Si la gente supiera que los leopardos de las nieves se están extinguiendo», «Si la gente supiera que los ríos están muriendo». Si la gente supiera..., ¿qué haría? ¿Parar? Respeto la fe que depositan en la gente, pero esa fórmula del «si la gente supiera» no está funcionando. Las personas ya conocen las consecuencias de nuestros daños colectivos, ya conocen los efectos de la economía extractiva, pero no se detienen. Se sumen en la tristeza, en el silencio. Y es un silencio tan hondo que la protección del lugar que les permite comer, respirar e imaginar un futuro para sus hijos ni siquiera aparece entre sus diez primeras preocupaciones. Tenemos el paseo en el tractor del terror por los vertederos de residuos tóxicos, por los glaciares que desaparecen, toda la letanía del advenimiento del fin del mundo: lo único que conseguimos así es provocar la desesperación de quienes aún nos escuchan.

La desesperación es una forma de parálisis. Limita nuestra capacidad de acción. Nos impide ver el poder que poseemos y el poder de la tierra. La desesperación medioambiental es una prisión tan destructiva como el mercurio metilado en el fondo del lago Onondaga. ¿Cómo vamos a caer en la desesperación cuando la tierra nos está pidiendo «Ayuda»? Un poderoso remedio contra la desesperación es el trabajo de restauración, que nos ofrece métodos concretos para recuperar una relación positiva y creativa con el mundo no humano y satisfacer unas responsabilidades que son a la vez materiales y espirituales. El lamento no es suficiente. No basta con dejar de provocar daños.

Hemos disfrutado del banquete que tan generosamente nos ha ofrecido la Madre Tierra, pero ahora los platos están vacíos y el comedor, hecho un desastre. Tenemos que empezar a lavar los platos en su cocina. Lavar los platos tiene mala reputación, pero todo el que haya ido después de cenar a la cocina a echar una mano sabe que es ahí donde está la fiesta, donde tienen lugar las buenas conversaciones y suceden las amistades. Lavar los platos, igual que las labores de restauración, forja relaciones.

La manera de emprender la restauración de la tierra depende, claro, de lo que creamos que «la tierra» significa. Si la tierra es solo una propiedad para el desarrollo urbanístico, la restauración será muy distinta que si la tierra se concibe como una fuente de subsistencia económica y un hogar espiritual. Restaurar la tierra para la producción de recursos naturales no es lo mismo que llevar a cabo su renovación en cuanto que identidad cultural. Antes de nada, debemos reflexionar sobre el significado de la tierra.

Esta pregunta y muchas más están formuladas en los lechos de desperdicios de Solvay. En cierto sentido, las «nuevas» tierras de los lechos representan una pizarra en blanco sobre la que se han escrito varias posibles respuestas a la urgencia de aquel mensaje de «AYUDA». Son respuestas que vemos por todas partes, en escenarios tan evocativos como los del paseo en el tractor del terror. En las orillas del lago Onondaga están todos los significados de la tierra y los diferentes tipos de restauraciones que podrían llevarse a cabo.

La primera parada ha de ser la propia pizarra vacía, el sedimento industrial, resbaladizo y graso, blanquecino, vertido sobre lo que un día fue una pradera verde junto al lago. Hay zonas tan baldías como el día en que el sedimento fue vomitado, un desierto de cal. En el diorama debería aparecer la figura de un trabajador colocando la tubería, pero detrás de él estaría, sin duda, un hombre vestido de traje. En el letrero pondría: «TIERRA COMO CAPITAL». Si la tierra solo es un medio para ganar dinero, estos individuos están haciendo lo correcto.

El grito de «AYUDA» de Norm Richards comenzó en algún momento de los años setenta. Si nutrientes y semillas eran todo lo que hacía falta para reverdecer los lechos de desperdicios, la ciudad tenía la solución al alcance de la mano. En las laderas de sedimentos residuales sobre las terrazas de los lechos de desperdicios estaban tanto los nutrientes necesarios para el crecimiento de las plantas como las soluciones para deshacerse de los residuos de la planta depuradora. El resultado fue una pesadilla inundada de carrizos, un denso monocultivo invasivo, de tres metros de altura, que excluía toda forma de vida alternativa. Es la segunda parada de nuestro recorrido. En el letrero puede leerse: «TIERRA COMO PROPIEDAD». Al concebir la tierra exclusivamente como propiedad privada, como mina de «recursos», uno puede hacer con ella lo que le venga en gana y seguir adelante.

Hasta hace apenas treinta años, ser responsable consistía simplemente en ocultar el desastre provocado: la tierra era una especie de cubo de basura. Las instrucciones políticas solo pedían a la minería y a la industria que tras destruir la tierra la cubrieran de vegetación. Fue así como proliferaron céspedes artificiales. Una empresa minera que arrasara un bosque habitado por doscientas especies vegetales diferentes podía cumplir con su mandato legal replantando alfalfa sobre los desechos y alimentándola mediante fertilizantes y sistemas de irrigación. En cuanto los inspectores federales comprobaban que el resultado se ajustaba a la legalidad, la empresa colocaba un cartel de «MISIÓN CUMPLIDA», apagaba los aspersores y se marchaba. La vegetación desaparecía a la misma velocidad que los ejecutivos de la empresa.

Afortunadamente, científicos como Norm Richards, entre muchos otros, tuvieron mejores ideas. Cuando yo estaba en la Universidad de Wisconsin, a principios de los años ochenta, solía dedicar las tardes de verano a pasear junto a un joven Bill Jordan por los senderos del arboreto, una antigua tierra de cultivo abandonada sobre la que se habían desarrollado diversos ecosistemas, como homenaje a la recomendación de Aldo Leopold de que «el primer paso para un bricolaje inteligente es recuperar todos los trozos». Empezaban a comprenderse por fin las consecuencias de aberraciones como los lechos de desperdicios de Solvay, y Bill ya imaginaba toda una ciencia de la restauración ecológica, en la que los ecólogos pondrían sus habilidades y su filosofía al servicio de la sanación de la tierra, no mediante una alfombra industrial de vegetación impuesta, sino a través de la recreación de los territorios naturales. No desesperó. No dejó que su idea se llenara de polvo en un estante. Se convirtió en el catalizador y cofundador de la Sociedad para la Restauración Ecológica.

Como resultado de este tipo de esfuerzos, nuevas leyes y directrices políticas obligaron a modificar las prácticas restauradoras: los territorios afectados no solo tendrían que *parecer* naturaleza, sino también poseer integridad funcional como tal. El Consejo Nacional de Investigaciones definió la restauración ecológica como:

> El regreso de un ecosistema a un estatus cercano a la condición anterior a la perturbación. En la restauración, reparamos el daño ecológico sobre el recurso. Se recrea tanto la estructura como la función del ecosistema. La mera recreación de la forma sin la función, o de la función en una configuración artificial que no se asemeje al recurso particular, no constituye restauración. El objetivo es emular a la naturaleza.

Esta sería, volviendo al tractor del terror, la tercera parada, el experimento de la restauración, una nueva versión de lo que significa la tierra, de lo que la tierra podría ser. Es un gran mosaico verde brillante contra el blanco de la cal perfectamente visible desde la distancia. Se mueve como un campo de hierba y el sonido del viento en los sauces resulta audible. La escena podría titularse: «TIERRA COMO MÁQUINA». En el diorama, los maniquíes representarían a los ingenieros forestales que se ocupan de ella. Estarían junto a las fauces hambrientas de una segadora rotativa, frente a una interminable plantación de sauces arbustivos, tan densa como la de los carrizos, y no mucho más diversa. Su propósito es restablecer la estructura y la función del ecosistema en aras de un objetivo específico.

En este caso, el objetivo es servirse de las plantas como solución a la contaminación del agua. Cuando el agua de lluvia se filtra por los lechos de desperdicios, recoge altas concentraciones de sal, álcali y otros compuestos químicos, que van directos al lago. Los sauces son expertos en absorber agua, que luego transpiran a la atmósfera. La idea es utilizarlos como una esponja verde, una máquina viva que intercepte la lluvia antes de que llegue a los sedimentos. Otro beneficio es que los sauces pueden cortarse periódicamente y utilizarse para producir biomasa. El uso de plantas en la fitorremediación parece prometedor, pero un monocultivo industrial de sauces, por muy buenas que sean las intenciones que lo inspiran, no se acerca siquiera a los criterios de una verdadera restauración.

Este tipo de arreglo tiene su origen en una visión mecanicista de la naturaleza, donde la tierra es una máquina y los seres humanos se encargan de manejarla. En este paradigma materialista, reduccionista, las soluciones que impone la ingeniería tienen pleno sentido. Pero ¿y si optáramos por la cosmovisión indígena? Aquella donde el ecosistema no es una máquina, sino una comunidad de seres soberanos; sujetos y no objetos. ¿Y si les entregáramos las riendas a esos seres?

Podemos montarnos de nuevo en el tractor y viajar hasta el nuevo escenario, aunque no está muy bien señalizado. Se extiende desde la sección más antigua de los lechos de la orilla hasta unas áreas cubiertas de vegetación desaliñada. Los ecólogos de la restauración que han trabajado en la cuarta parada no son científicos, académicos ni ingenieros de empresas, sino los más antiguos y efectivos sanadores de la tierra. Se trata de las propias plantas, en representación del estudio de diseñadores de Madre Naturaleza y Padre Tiempo, Sociedad Limitada.

Después de aquella trascendental excursión de Halloween años atrás, empecé a sentirme bastante cómoda en los lechos de desperdicios. He disfrutado al recorrerlos, observando las diversas labores de restauración. No volví a encontrar cadáver alguno. Ese era, sin embargo, el problema. Son los cuerpos muertos y descompuestos los que fabrican el suelo, los que perpetúan el ciclo de nutrientes que da fuerza a los vivos. El «suelo» aquí es un vacío blanquecino.

Hay grandes extensiones de lechos de desperdicios en las que no crece ni una sola criatura viva, pero también podemos encontrar grandes maestros de la sanación. Sus nombres son Abedul y Aliso, Aster y Llantén, Espadaña, Musgo y Pasto Varilla. Ni siquiera en los suelos más yermos, en las heridas abiertas por los humanos, las plantas nos han dado la espalda. Han regresado.

Unos cuantos árboles valientes se han instalado, sobre todo álamos de Virginia y álamos temblones, capaces de tolerar este tipo de suelos. Hay zonas arbustivas y extensiones de asteres y varas de oro, pero lo que más encontramos son retazos de hierba común, esmirriada, creciendo al borde de las carreteras. El viento ha traído hasta este lugar al diente de león, a la artemisa, a la achicoria común y a las zanahorias silvestres, y ellas le han dado una oportunidad. También han venido abundantes legumbres, que fijan el nitrógeno, y tréboles de toda clase. Este campo verde que lucha por sobrevivir es para mí una forma de pacificación. Las plantas son las primeras ecólogas restauradoras. Utilizan sus dones para sanar la tierra y nos muestran el camino.

Imagina la sorpresa de las jóvenes plantas al emerger de la semilla a un lecho de desperdicios, un hábitat en el que ningún otro ejemplar de su largo linaje botánico había aparecido jamás. La mayoría murieron por falta de agua, por la salinidad, la exposición o por falta de nutrientes, pero unas pocas sobrevivieron y trataron de salir adelante. Eran, sobre todo, hierbas. Al levantarlas, descubro que el suelo en que crecen ha cambiado. Ya no es esa capa de desperdicios lechosa y resbaladiza, sino que ha adquirido una tonalidad grisácea y se me desterrona entre los dedos. Está atravesada por multitud de raíces. Es humus lo que le da el tono oscuro: los desperdicios están sufriendo una transformación. Unos centímetros por debajo, el lecho sigue siendo denso y blanquecino, pero la capa superficial parece prometedora. Las plantas hacen su trabajo, reconstruyendo el ciclo de los nutrientes.

Me arrodillo en la tierra y veo varios hormigueros, del tamaño de una moneda pequeña. La tierra granulada que las hormigas han amontonado alrededor del agujero es blanca como la nieve. Grano a grano, con sus diminutas mandíbulas, sacan los desperdicios del interior de la tierra y los intercambian por semillas y pedacitos de hojas. Van y vienen, en un ciclo continuo. La hierba alimenta a las hormigas con sus semillas y las hormigas alimentan a la hierba con el enriquecimiento de la tierra. Mutuamente, se brindan posibilidades de vida. Comprenden la relación que las une; comprenden que la vida de una depende de la vida de todas. Hoja a hoja, raíz a raíz, los árboles, los frutos y la hierba unen sus fuerzas para que las aves y los ciervos y los insectos se suman a la relación. Y así es como se crea el mundo.

Hay abedules grises en el lecho de desperdicios, traídos hasta aquí, sin duda, por el viento, que se alojan fortuitamente contra el coágulo gelatinoso de algas del género *Nostoc* que burbujean en un charco. Protegido por esta capa desinteresada de algas y sus aportes de nitrógeno, el abedul puede crecer y prosperar. Son, de momento, los árboles más grandes de la zona, pero no son los únicos. Debajo de la mayoría de los abedules hay pequeños arbustos. Y todos ellos producen frutos jugosos: cerezos de fuego, madreselvas, arraclanes, moreras. Arbustos que no se encuentran, sin embargo, en los espacios vacíos entre abedul y abedul. Su presencia nos habla de los pájaros que volaron sobre los lechos de desperdicios y se detuvieron en los abedules para defecar semillas a la sombra de los árboles. Más frutos atrajeron a más aves y estas sembraron más semillas, que alimentaron a las hormigas. Y vuelta a empezar. Por toda la zona puede observarse el mismo patrón de la reciprocidad. Eso es algo que valoro de este lugar. Aquí se muestran, a plena luz, los comienzos, los pequeños procesos de crecimiento que construyen una comunidad ecológica.

Los lechos de desperdicios se están reverdeciendo. Cuando nosotros ignoramos qué hay que hacer, la tierra lo sabe. Tengo la esperanza, sin embargo, de que esos lechos no desaparezcan por completo: necesitamos que nos recuerden de lo que somos capaces. Tenemos la oportunidad de aprender de ellos, de concebirnos a nosotros mismos como alumnos de la naturaleza, de dejar de creernos sus maestros. Los mejores científicos son aquellos que tienen la humildad necesaria para sentarse a escuchar.

A este escenario podríamos llamarlo: «TIERRA COMO MAESTRA, TIERRA COMO SANADORA». Con las especies vegetales y los procesos naturales trabajando al unísono, la labor de la tierra como fuente inagotable de sabiduría ecológica resulta evidente. Los destrozos humanos han creado nuevos ecosistemas y las plantas se están adaptando lentamente, enseñándonos a curar heridas. Es un ejemplo de la sabiduría y el genio de las plantas más que de cualquier habilidad humana. Espero que seamos capaces de dejarlas trabajar. La restauración es una oportunidad única para forjar vínculos, para ser de utilidad. Aún no hemos cumplido con nuestra responsabilidad.

Solo en los últimos años han aparecido señales de esperanza en el lago. Las aguas han respondido positivamente al cierre de las fábricas y a la construcción de mejores plantas potabilizadoras y de tratamiento de residuos para los habitantes de la cuenca. La resiliencia natural del lago se está dejando notar en un ligero aumento de los niveles de oxígeno y en el regreso de los peces. Los hidrogeólogos han redirigido las energías de los volcanes de barro para que se liberen de su carga. Ingenieros, científicos y activistas han hecho el esfuerzo de poner el don de la inteligencia humana al servicio del agua. Y el agua también ha cumplido su parte. Con menos vertidos, los lagos y el resto de los cursos parecen limpiarse a sí mismos a medida que el agua discurre por ellos. Comienzan a reaparecer ciertas plantas en algunas zonas del fondo del lago. Han vuelto a verse truchas y las portadas de los periódicos recogieron el momento en que el estado de las aguas empezó a mejorar. En la orilla norte se divisó una pareja de águilas. Las aguas no se han olvidado de su responsabilidad. Las aguas nos recuerdan que si nosotros utilizamos nuestras habilidades para la sanación, ellas también podrán hacerlo.

La capacidad de limpieza del agua es una fuerza poderosa, que le otorga aún más valor a la tarea que tenemos por delante. Por su parte, las águilas parecen indicar con su presencia que han depositado sus esperanzas en la gente. Ahora bien, ¿qué será de ellas, que pescan en aguas heridas?

La lenta acreción de las especies herbáceas puede servir también para la restauración. Estas desarrollan estructura y función de ecosistema, generando lentamente servicios ecosistémicos: un ciclo de nutrientes, biodiversidad, formación de suelos. En un sistema natural, claro, no hay más objetivo que la proliferación de la vida. Por el contrario, los ecólogos de la restauración profesionales trabajan con el objetivo de recuperar el «ecosistema de referencia», la condición original, previa a la perturbación.

La comunidad que se presenta voluntaria a habitar los lechos de desperdicios es «naturalizada», pero no nativa. No es probable que su camino desemboque en una comunidad vegetal que la nación onondaga pueda reconocer. El resultado no será un territorio nativo poblado por las mismas especies que vivían aquí cuando Allied Chemical no había colocado aún sus chimeneas. Teniendo en cuenta los cambios drásticos que ha producido la contaminación industrial, es probable que sea imposible reproducir las arboledas de cedros y los lechos de arroz silvestre sin ayuda. Podemos estar seguros de que las plantas realizarán su trabajo, pero salvo por aquellas especies intrépidas que cabalgan en el viento, las nuevas no podrán atravesar autopistas y hectáreas de instalaciones fabriles. Así las cosas, a Madre Naturaleza y Padre Tiempo no le vendría mal que alguien empujara una carretilla. Unas cuantas criaturas audaces ya se han puesto a ello.

Las comunidades vegetales que pueden prosperar en este medio son aquellas que toleran bien la salinidad y los «suelos» húmedos. Es difícil imaginar un ecosistema de referencia, con especies nativas, capaz de sobrevivir aquí. Sin embargo, en épocas previas a los asentamientos, había manantiales de agua salada alrededor del lago, que permitieron el desarrollo de una comunidad de especies vegetales nativas absolutamente única, el ecosistema del pantano salobre. El profesor Don Leopold y sus alumnos montaron sobre las carretillas algunas de esas plantas nativas desaparecidas y llevaron a cabo experimentos de plantación; allí observaron las tasas de supervivencia y crecimiento, esperando ser las comadronas de la recuperación del pantano. Les hice una visita para conocer de primera mano la historia de los alumnos y observar las plantas. Algunas habían muerto, algunas aguantaban como podían y otras salían adelante.

Me dirigí hacia la zona donde el verdor era más intenso. Me llegó una leve fragancia de algo que ya había olido antes, algo que me cautivó la memoria y desapareció. Pensé que eran imaginaciones. Me detuve a admirar una próspera plantación de vara de oro del pantano y asteres. Cuando observamos el poder regenerador de la tierra, nos damos cuenta de su resiliencia y de las posibilidades que hay en la asociación entre las plantas y las personas. El trabajo de Don se ajusta perfectamente a la definición científica de restauración: busca la recuperación de la estructura y la función del ecosistema y de los servicios ecosistémicos. Deberíamos convertir esta pradera donde empiezan a crecer especies nativas en la quinta parada del paseo, y colocar una señal en que se lea: «TIERRA COMO RESPONSABILIDAD». Esta labor eleva el significado de la restauración: el propósito ahora es crear un hábitat para nuestra familia no humana.

Por esperanzador que resulte este escenario de vegetación restaurada, aún no ha alcanzado toda su plenitud. Cuando acompañé a los alumnos en el experimento, cada uno con una pala en la mano, vi el orgullo que sentían. Les pregunté por la motivación que impulsaba su trabajo y me respondieron cosas como «obtener datos adecuados», «imaginar soluciones posibles» o «buscar líneas de investigación para futuros trabajos». Nadie mencionó nada sobre el amor. Puede que les diera miedo. He estado delante de incontables tribunales académicos que ridiculizaban a los alumnos por describir a las plantas con las que habían trabajado durante cinco años con términos tan poco científicos como *hermosas*. Y la palabra *amor* no suele hacer acto de presencia, pero yo sé que también está ahí.

Esa fragancia familiar volvía a tirarme de la manga. Alcé la mirada y di con el verde más intenso del lugar, briznas brillantes reluciendo al sol, sonriéndome como a una vieja amiga. Era la hierba sagrada, que crecía en, probablemente, el lugar en que menos la esperaba. Pero tendría que haberlo sabido. La hierba sagrada, que lanza tentativamente sus rizomas entre los sedimentos, que se adentra en la tierra, filo a filo, y la abre, es una maestra de la sanación, un símbolo de bondad y compasión. Me hizo recordar que la tierra no se había roto, que lo que estaba roto era nuestra relación con ella.

Si la restauración es esencial para sanar la tierra, la reciprocidad es esencial para que la restauración perdure y tenga éxito. Como el resto de las prácticas responsables, la restauración ecológica puede verse como un acto de reciprocidad en el que los humanos ejercemos la labor de cuidar de los ecosistemas que nos dan la vida. Restauramos la tierra y la tierra nos restaura a nosotros. Como nos recuerda el escritor Freeman House: «Vamos a necesitar los conocimientos y las metodologías científicas, pero si permitimos que la restauración sea una tarea exclusiva de la ciencia, habremos renunciado a la inmensa oportunidad que tenemos delante: nada menos que la redefinición de la cultura humana».

Tal vez no seamos capaces de devolver la cuenca del Onondaga a su condición preindustrial. La tierra, las plantas, los animales y los aliados humanos estamos dando pequeños pasos, pero en última instancia será el planeta el que habrá de restaurar la estructura, la función y los servicios ecosistémicos. Podemos debatir acerca de la autenticidad del ecosistema de referencia deseado, pero la decisión final no es nuestra. No tenemos el control. Lo que sí podemos controlar es nuestra relación con el planeta. La naturaleza es un blanco móvil, especialmente en un contexto de cambio climático. La composición de las especies puede cambiar, pero la relación tiene que pervivir. Esa es la faceta más auténtica de la restauración. Es aquí donde se encuentran los grandes retos y recompensas de nuestro trabajo, en la restauración de una relación de respeto, responsabilidad y reciprocidad. Y amor.

Una declaración de 1994 de la Red Ambiental Indígena lo expresó mejor:

> La ciencia y la tecnología occidentales, por apropiadas que resulten para los niveles presentes de degradación, constituyen una herramienta conceptual y metodológica limitada: son la «cabeza» y las «manos» que llevan a cabo la restauración. La espiritualidad nativa es el «corazón» que guía a la cabeza y a las manos […]. La supervivencia cultural depende de una tierra sana y de una relación entre ella y los humanos igualmente sana y responsable. Hay que ampliar la noción tradicional de los cuidados que preservan la salud de la tierra e incluir la restauración. La restauración ecológica es inseparable de la restauración cultural y espiritual, así como de las responsabilidades espirituales de cuidado y renovación del mundo.

¿Qué ocurriría si pudiéramos diseñar un plan para la restauración a partir de la comprensión de los múltiples significados de la tierra? La tierra como sostén. La tierra como identidad. La tierra como tienda de abarrotes y como farmacia. La tierra como conexión con los antepasados. La tierra como obligación moral. La tierra como sacralidad. La tierra como identidad.

Cuando vine a estudiar a la Universidad de Siracusa, tuve una cita —la primera y la última— con un chico oriundo de la zona. Íbamos en auto y le pregunté si podíamos parar en el famoso lago Onondaga, que no había visto nunca. Aceptó a regañadientes, haciendo mofa del mayor atractivo de su ciudad. Cuando llegamos, se negó a bajarse del auto. «Huele demasiado mal», dijo, tan avergonzado como si fuera él mismo la causa de la fetidez. Nunca antes había salido con alguien que odiase su hogar. Mi amiga Catherine creció aquí. Me cuenta que cada semana, de camino hacia la Escuela Dominical, su familia pasaba junto al lago, al lado de las plantas de Crucible Steel y Allied Chemical. A estas las tenía sin cuidado el día del Señor, y seguían llenando el cielo de humo negro y vertiendo sedimentos a ambos lados de la carretera. Cuando el pastor predicaba sobre el fuego y el azufre y los vientos sulfurosos del infierno, ella estaba convencida de que se refería a Solvay. Creía que para ir a la iglesia los domingos debían atravesar el Valle de la Muerte.

Miedo y asco, nuestro paseo en el tractor de los terrores personales: todo lo peor de nuestra naturaleza se encuentra aquí, junto al lago. La desesperación hizo que la gente le volviese la espalda al lago Onondaga y decidiera que era una causa perdida.

Cuando caminas sobre los lechos de desperdicios puedes identificar la mano de la destrucción, es cierto, pero también el camino de la esperanza, en la forma en que una semilla aterriza en una diminuta grieta y echa raíces y empieza a restaurar el suelo. Estas plantas me recuerdan a nuestros vecinos de la nación onondaga. Un pueblo nativo que se enfrenta a una tarea desalentadora, grandes hostilidades y un medio completamente diferente al fértil territorio que fue su hogar. Y sobreviven, tanto las plantas como la gente. El pueblo vegetal y el pueblo humano siguen aquí, atendiendo aún a sus responsabilidades.

A pesar de los numerosos reveses legales, los onondagas no le han dado la espalda al lago. Son los creadores de un nuevo enfoque para su curación, materializado en una declaración, la «Visión de la nación onondaga para un lago Onondaga limpio». Su sueño restaurador sigue las antiguas enseñanzas del Mensaje de Gratitud. En el reconocimiento de todos los elementos de la Creación, uno por uno, la declaración ofrece un camino para devolverle la salud al lago, basado en la sanación mutua entre el lago y la gente. Es un ejemplo de un nuevo enfoque holístico, conocido como restauración biocultural o recíproca.

En la cosmovisión indígena, un territorio sano es aquel cuya plenitud y generosidad le permiten ser sostén de quienes lo habitan. La tierra no es una máquina, sino una comunidad de personas no humanas con las que el ser humano tiene una responsabilidad. La restauración exige renovar la capacidad no solo de los «servicios ecosistémicos», sino también los «servicios culturales». La renovación de la forma de relacionarnos con la tierra incluye un agua en la que puedas bañarte sin miedo. Implica que las águilas, al volver, no corran peligro al alimentarse de los peces. Es también lo que la gente desea para sí. La restauración biocultural eleva la vara cualitativa del ecosistema de referencia, para que a la vez que nosotros cuidamos de la tierra, esta pueda volver a cuidar de nosotros.

Restaurar la tierra sin restaurar la relación con ella es un ejercicio vacío. Solo esa relación puede hacer que la tierra prospere y su salud perdure. Por tanto, reconectar a la gente con el territorio es igual de importante que restablecer la hidrología o eliminar los contaminantes. Es el remedio para la enfermedad de la tierra.

Un día de finales de septiembre, mientras las máquinas removían la tierra y dragaban los suelos contaminados en la orilla occidental del lago Onondaga, en la orilla oriental otro grupo de personas removía la tierra, pero, en este caso, bailando. Yo las observaba mover los pies en círculo, al ritmo del tambor de agua. Mocasines de abalorios, zapatos con borlas, zapatillas altas, chanclas y zapatos de charol golpeaban contra el suelo en la danza ceremonial. Todos los participantes llevaban recipientes con agua limpia, que habían traído de sus casas; contenían sus esperanzas para el lago Onondaga. Las botas de trabajo portaban agua de los manantiales de las montañas, las zapatillas Converse verdes traían agua del grifo de la ciudad y las sandalias de madera rojas que asomaban bajo un kimono rosa traían agua sagrada del monte Fuji para transmitirle esa pureza al lago Onondaga. Esta ceremonia es también ecología de la restauración, una forma de sanar la relación y de remover la emoción y el espíritu para favorecer a las aguas. Cantantes, bailarines y oradores ocuparon el escenario junto al lago en defensa de la restauración. El guardián de la fe Oren Lyons, la madre del clan, Audrey Shenandoah, y la activista internacional Jane Goodall se unieron a la comunidad en esta comunión de las aguas que celebraba la sacralidad del lago y renovaba la alianza entre la gente y el agua. Allí, en la orilla donde creció el Árbol de la Paz, nos unimos para plantar otro árbol, una forma de hacer las paces con el lago. El paseo habría de ser también un tour de la reconciliación. Sexta parada: «TIERRA SAGRADA, TIERRA COMO COMUNIDAD».

Dice el naturalista E. O. Wilson: «No puede haber propósito más inspirador que el de comenzar la época de la restauración, una época en que volvamos a tejer la maravillosa urdimbre de la biodiversidad que aún encontramos a nuestro alrededor». Las historias se acumulan por todas partes, en los pedacitos de tierra donde se lleva a cabo: ríos trucheros que se le arrebatan a la colmatación, antiguas zonas industriales que se convierten en huertos comunales, praderas donde se abandona el cultivo de soya, lobos aullando en sus antiguos territorios, niños que al salir de la escuela ayudan a que las salamandras crucen la carretera. Si no te da un vuelco el corazón cuando escuchas chillar a las grullas que regresan a sus rumbos de vuelo, es que no tienes sangre. Es cierto que estas victorias son tan pequeñas y frágiles como las grullas de papel, pero la fuerza que contienen sirve de inspiración. Te pican las manos cuando arrancas especies invasoras y replantas flores nativas. Te tiemblan los dedos al desear que reviente la presa obsoleta que impide el remonte de los salmones. Estos son los antídotos contra el veneno de la desesperación.

Joanna Macy habla del Gran Cambio, la «aventura esencial de nuestro tiempo; pasar de la Sociedad de Crecimiento Industrial a una civilización capaz de dar sustento a la vida». La restauración de la tierra y de la relación con ella es la que impulsa esa rueda. «La acción a favor de la vida es transformadora. Puesto que la relación entre el yo y el mundo es recíproca, no se trata de que nos eduquen o iluminen o salven y *después* actuemos. Conforme trabajamos para sanar a la tierra, la tierra nos sana a nosotros».

La última parada del recorrido alrededor del lago aún no está terminada, pero ya se ha imaginado el escenario. Hay niños bañándose y familias comiendo. La gente ama este lago y cuida de él. Es un lugar para la ceremonia y la celebración. La bandera haudenosaunee ondea junto a la estadounidense. Hombres y mujeres pescan en las aguas superficiales. Los sauces se inclinan graciosamente y los pájaros pueblan sus ramas. Un águila lo observa todo desde lo más alto del Árbol de la Paz. Los humedales de la orilla están llenos de ratas almizcleras y aves acuáticas. Las praderas nativas reverdecen el paisaje. En el letrero puede leerse: «TIERRA COMO HOGAR».

Gente de maíz,
gente de luz

No es en los libros, sino sobre la misma tierra, donde se ha escrito con más honestidad y precisión la historia de nuestra relación con el planeta. Es en ella donde perdura. La tierra se acuerda de lo que dijimos y lo que hicimos. Los relatos que nos contamos son uno de los instrumentos más útiles para la restauración de la tierra y de nuestra relación con ella. Tenemos que desenterrar los viejos relatos, esos que nacían de lugares concretos, y empezar a crear otros nuevos, pues no solo somos contadores de historias, también somos creadores. Todas las historias están entrelazadas, las nuevas se tejen con los hilos de las viejas. Uno de esos relatos primigenios, que aún espera que volvamos a escucharlo con nuevos oídos, es la historia maya de la Creación.

Cuentan que en el comienzo no había más que el vacío. Los seres divinos, los grandes pensadores, le dieron existencia al mundo con solo imaginarlo, con solo decir su nombre. Poblaron el mundo de plantas y animales muy variados, a los que dieron vida a través de las palabras. Sin embargo, los seres divinos no estaban satisfechos. Ninguna de las criaturas que habían creado podía hablar. Podían cantar, graznar o gruñir, pero carecían de voz para contar la historia de su origen y adorarles. De modo que los dioses decidieron crear al ser humano.

A los primeros humanos, los dioses los hicieron de barro. Pero el resultado no les satisfizo. Sus creaciones no eran hermosas; eran feas y deformes. No podían hablar: apenas podían caminar y desde luego eran incapaces de danzar o de cantar las bondades de sus creadores. Eran tan frágiles, torpes e inadecuados que ni siquiera podían reproducirse. Al final ocurrió que se los llevó la lluvia.

Los dioses volvieron a intentar la creación de buenos humanos, que les profesaran respeto, les adoraran y fueran capaces de mantener y de cuidar a los demás. Con ese propósito tallaron a un hombre de madera y a una mujer de médula de junco. Estas eran criaturas hermosas, fuertes y ágiles; capaces de hablar y bailar y cantar. También eran astutos: aprendieron a utilizar a otras criaturas, plantas y animales, para su propio beneficio. Crearon multitud de cosas, prepararon tierras de labor, levantaron casas, fabricaron utensilios y redes para pescar. Como resultado del vigor de sus mentes y de sus cuerpos, se reprodujeron y se extendieron por el mundo, ocupándolo por completo.

Con el tiempo, sin embargo, los dioses que todo lo ven observaron que el corazón de estos hombres y mujeres estaba vacío de compasión y amor. Podían cantar y hablar, pero en sus palabras no había rastro de agradecimiento hacia los dones sagrados que habían recibido. Sin capacidad para la gratitud o el cuidado, estos seres astutos ponían en peligro al resto de la Creación. Los dioses desearon acabar con ese fallido experimento de humanidad y enviaron grandes catástrofes que asolaron el mundo: provocaron inundaciones, terremotos y, lo más importante, permitieron que el resto de las especies se enfrentara a los seres humanos. Los árboles y los peces y la tierra que habían callado hasta entonces recibieron voz para expresar su dolor y su ira y protestar por el ultraje al que los humanos de madera los habían sometido. Los árboles se enfrentaron a los humanos por las afiladas hachas que les clavaban; los ciervos, por sus flechas, e incluso las ollas hechas de arcilla se rebelaron por todas las veces en que la negligencia humana las había quemado. Todos los seres de la Creación, de los que los humanos habían abusado, marcharon juntos y destruyeron a la gente hecha de madera, y lo hicieron en defensa propia.

Los dioses intentaron de nuevo crear al hombre, esta vez a partir de nada más que luz, la energía sagrada del sol. Eran humanos resplandecientes, de un color siete veces el color del sol, hermosos, inteligentes y muy poderosos. Sabían tanto que creían saberlo todo. En lugar de darles las gracias a sus creadores por los dones que habían recibido, se creyeron iguales a ellos. Las criaturas divinas comprendieron el peligro que entrañaban estos humanos hechos de luz y volvieron a disponer su caída.

Y así empezaron los dioses, por última vez, a crear seres humanos que vivieran correctamente en el hermoso mundo que habían creado, con respeto, gratitud y humildad. De dos cestas de maíz, amarillo y blanco, prepararon buena harina, la mezclaron con agua y dieron forma a la gente hecha de maíz. Los alimentaron con licor de maíz y vieron que eran buenos. Podían bailar y cantar y tenían palabras para contar historias y rezarles. Sus corazones estaban llenos de compasión hacia el resto de la Creación. Su sabiduría era tanta que sabían ser agradecidos. Los dioses habían aprendido la lección, así que para proteger a la gente de maíz de la inconmensurable arrogancia de sus predecesores, la gente hecha de luz, colocaron un velo ante sus ojos, enturbiándoles la visión como el aliento que empaña un espejo. Los hombres y mujeres de maíz se mostraban respetuosos y agradecidos hacia el mundo que les servía de sostén, y es por eso que el mundo les dio sustento.[1]

De todos los materiales posibles, ¿por qué fueron los hombres y las mujeres de maíz quienes heredaron la tierra, en lugar de la gente de barro o madera o luz? ¿Fue tal vez porque las personas hechas de maíz eran criaturas transformadas? ¿Qué es el maíz, al fin y al cabo, sino luz transformada por las relaciones que establece? El maíz debe su existencia a los cuatro elementos: a la tierra, al aire, al fuego y al agua. Y es el producto de una relación no solo con el mundo físico, sino también con la gente. La planta sagrada original creó a la gente, y la gente creó el maíz, un gran avance agrícola con respecto al teosinte, su antecesor. El maíz no podría existir sin gente que lo sembrara y atendiera a su desarrollo: somos seres unidos en una simbiosis irrenunciable. Es en estos actos de creación recíprocos donde surgieron los elementos de que carecían sus predecesores: gratitud y capacidad para la reciprocidad.

Este relato lo leí y me subyugó como posible pasado: la narración de cómo, hace mucho tiempo, en los albores del conocimiento mismo, la gente fue creada a partir del maíz y vivió feliz desde entonces. Ahora bien, muchas tradiciones indígenas no conciben el tiempo como un río, sino como un lago en el que coexisten el

---

[1] Adaptado de la tradición oral.

pasado, el presente y el futuro. La creación, entonces, es un proceso en marcha, que nunca deja de producirse, y los relatos no son solo historia, también profecía. ¿Nos hemos convertido ya en gente de maíz? ¿O seguimos siendo gente de madera? ¿Somos gente de luz, esclavos de nuestro propio poder? ¿La relación con la tierra aún no nos ha transformado?

Esta historia podría ser también un manual de instrucciones para aprender a ser gente de maíz. El Popol Vuh, el texto sagrado de los mayas en que se encuentra, no se entiende solo como una crónica de hechos pasados. David Suzuki afirma en *The Wisdom of the Elders* (La sabiduría de los ancianos) que para los mayas esos relatos eran *ilbal*, un valioso instrumento de visión, una especie de prisma que permite contemplar las relaciones sagradas. Sugiere que tales historias pueden servirnos como lentes correctoras. Sin embargo, aunque las historias indígenas están llenas de sabiduría y es esencial que las escuchemos, yo no soy partidaria de una apropiación absoluta. A medida que el mundo cambia, las culturas inmigrantes deben escribir relatos propios que hablen de su relación con el lugar en cuestión: un nuevo *ilbal*, pero templado por la sabiduría de aquellos que envejecieron sobre esta tierra mucho antes de que llegáramos nosotros.

¿Cómo pueden la ciencia, el arte y la literatura proporcionarnos una nueva lente para comprender ese tipo de relación con el mundo que se encarna en la gente de maíz? Alguien dijo que los hechos pueden ser por sí mismos un poema. La gente de maíz está inserta en un hermoso poema, escrito en el idioma de la química. La primera estrofa dice así:

El dióxido de carbono y el agua, combinados en presencia de la luz y la clorofila, dentro de la hermosa maquinaria membranosa de la vida, producen azúcar y oxígeno.

En otras palabras, la fotosíntesis. El aire, la luz y el agua se entreveran en dulces bocaditos de azúcar: esa es la esencia de las secuoyas y los narcisos y el maíz. La paja que se vuelve oro, el agua que se convierte en vino, la fotosíntesis es el vínculo que une el reino inorgánico con el mundo vivo, que anima lo inanimado. Y que, al mismo tiempo, nos proporciona oxígeno. Las plantas nos dan aliento y alimento.

Igual que la primera, aunque leída al revés, la segunda estrofa es como sigue:

> El azúcar combinado con el oxígeno en la hermosa maquinaria membranosa de la vida, conocida como mitocondria, nos devuelve al lugar en que todo comienza: dióxido de carbono y agua.

La respiración, la fuente de energía que nos permite cultivar la tierra y hablar y danzar. El aliento de las plantas da vida a los animales y el aliento de los animales da vida a las plantas. Mi aliento es tu aliento, tu aliento es el mío. Es el gran poema del dar y recibir, la reciprocidad que crea la vida en el mundo. ¿No es esa una historia que merece la pena ser contada? Solo cuando la gente comprenda las relaciones simbióticas en que se basa su existencia podrá transformarse en gente de maíz, dotada para la gratitud y la reciprocidad.

Los hechos mismos del mundo *son* el poema. La luz se convierte en azúcar. Las salamandras encuentran el camino hacia pozas ancestrales siguiendo las líneas del campo magnético de la tierra. La saliva del bisonte que pasta hace que la hierba crezca con más fuerza. Las semillas del tabaco germinan cuando huelen el humo. Los microbios en los residuos industriales pueden destruir el mercurio. ¿No son historias que todos deberíamos conocer?

¿Quién conserva esas historias? En otros tiempos, remotos, eran los ancianos quienes las guardaban y transmitían. En el siglo XXI, los primeros en oírlas suelen ser los científicos. Las historias del bisonte y la salamandra le pertenecen a la tierra, pero los científicos son sus traductores, tienen la responsabilidad de transmitírselas a los demás.

Sin embargo, la mayor parte del tiempo los científicos transmiten esas historias en un idioma que excluye a los lectores. Las convenciones académicas que intentan garantizar la precisión de las publicaciones hacen casi ilegibles esos escritos para el resto del mundo. Y para otros científicos también, a decir verdad. Esto tiene consecuencias muy graves en el debate público sobre el medio ambiente y, por tanto, en la auténtica democracia, especialmente cuando hablamos de la democracia de las especies. ¿De qué sirve el conocimiento, al fin y al cabo, sin los cuidados? Al primero puede llegar la ciencia, pero los cuidados nacen de otro lugar.

Creo que podemos afirmar que la ciencia es el *ilbal* del mundo occidental. Nos permite contemplar el baile de los cromosomas, las hojas del musgo, las galaxias más lejanas. Ahora bien, ¿se trata de un prisma sagrado, como el Popol Vuh? ¿Nos permite la ciencia percibir lo sagrado en el mundo o desvía la luz para ocultárnoslo? La lente que realza el mundo material, pero difumina el espiritual, es la lente de la gente de madera. Para convertirnos en gente de maíz no necesitamos más datos, sino más sabiduría.

Aunque la ciencia pueda ser una fuente y un depósito de conocimientos, la cosmovisión científica tiende a ser enemiga de la compasión ecológica. Cuando pensamos en esta lente, es importante separar dos nociones que no suelen diferenciarse: la práctica de la ciencia y la cosmovisión científica que alimenta. La ciencia es el proceso de revelación del mundo mediante el cuestionamiento racional. La verdadera ciencia, cuando se practica, coloca al interrogador en una inigualable situación de intimidad con la naturaleza, una situación en la que concurren el asombro y la creatividad del individuo conforme intenta comprender los misterios del mundo no humano. Tratar de entender la vida de otra criatura u otro sistema tan distinto al nuestro suele ser aleccionador y, para muchos científicos, una labor profundamente espiritual.

En contraposición a esta práctica, está la cosmovisión científica, que inserta la ciencia en un contexto cultural donde sirve para reforzar planteamientos políticos y económicos reduccionistas y materialistas. Siempre afirmaré que la lente destructiva de la gente hecha de madera no es la ciencia en sí, sino la cosmovisión científica, las ilusiones de dominio y control sobre el resto del mundo, la separación del conocimiento y la responsabilidad.

Sueño con un mundo guiado por la lente de aquellas historias que parten de las revelaciones de la ciencia y se enmarcan dentro de la cosmovisión indígena: narraciones que den voz a la materia y al espíritu.

Los científicos poseen herramientas y conocimientos particularmente útiles a la hora de conocer la intimidad de otras especies.

Las historias que ellos podrían transmitir nos hablan del valor intrínseco de otras vidas, vidas igual de interesantes, si no más, que la del *Homo sapiens*. Sin embargo, pese a que los científicos son de los pocos que pueden adentrarse en otras inteligencias, muchos parecen creer que la única inteligencia a la que acceden es la suya propia. Carecen del ingrediente fundamental: la humildad. Después de los primeros experimentos arrogantes, los dioses le proporcionaron humildad a la gente de maíz, y es humildad lo que necesitamos para aprender del resto de las especies.

La cosmovisión indígena plantea que en la democracia de las especies los humanos somos seres ligeramente inferiores. Somos los hermanos menores de la Creación y, como todo hermano menor, debemos aprender de nuestros mayores. Las plantas fueron las primeras en llegar y han tenido tiempo para descubrir unas cuantas cosas. Viven tanto por encima como por debajo de la superficie y mantienen la tierra en su sitio. Saben generar comida a partir de luz y agua. No solo se alimentan a sí mismas, sino que producen lo suficiente para alimentarnos a los demás. Las plantas son las que proveen al resto de la comunidad y representan la virtud de la generosidad, siempre dispuestas a entregarnos su alimento. ¿Qué pasaría si los científicos occidentales vieran a las plantas como sus maestras y no como su tema de estudio? ¿Qué pasaría si utilizaran esa lente para contar las historias?

Muchos pueblos indígenas comparten la noción de que a todos se nos ha entregado un don particular, una habilidad única. A las aves, por ejemplo, el canto. A las estrellas, el brillo. Pero se asume, al mismo tiempo, que esos dones tienen una naturaleza dual: todo don es también una responsabilidad. Puesto que el don del ave es su canto, tiene la responsabilidad de utilizarlo para presentarle sus respetos al día. El deber de las aves es cantar y el resto de las criaturas recibimos su canto como un regalo.

Preguntar cuál es nuestra responsabilidad supone quizá preguntar cuál es nuestro don. Y cómo debemos utilizarlo. Historias como las de la gente de maíz nos ofrecen un camino para reconocer el mundo como un regalo y para pensar en cómo corresponderle. Las gentes de barro y de madera y de luz eran incapaces de mostrar gratitud y desconocían la reciprocidad que surgía de ella. Solo a la gente de maíz, gente transformada a través del reconocimiento de sus dones y responsabilidades, dio sustento la tierra. La gratitud es el primer paso, pero no es suficiente.

Otras criaturas tienen dones particulares, atributos de los que carecemos los humanos. Algunas pueden volar, ver por la noche, abrir árboles con sus zarpas, producir sirope. ¿Qué podemos hacer los humanos?

Puede que no tengamos alas ni hojas, pero tenemos palabras. El idioma es nuestro don y nuestra responsabilidad. He llegado a considerar la escritura como un acto de reciprocidad con la tierra viva. Palabras para recordar las historias antiguas, palabras para contar las nuevas, historias donde confluyan de nuevo la ciencia y el espíritu, que nos guíen en nuestra transformación en gente de maíz.

Daño colateral

os luces lejanas se abren paso entre la niebla cuando el auto gira hacia nosotros. Los faros que aparecen y desaparecen son la señal para que nos apresuremos a la carretera y cojamos un cuerpo negro, blando y suave en cada mano. Los haces de luz se interrumpen cuando el auto dobla una curva o desciende a una hondonada. En nuestras idas y venidas, las linternas salpican el asfalto. Al oír el ruido del motor, sabemos que solo queda tiempo para un último viaje antes de que el auto suba la última ladera y se presente ante nosotros.

Desde el arcén observo los rostros de los pasajeros tras el cristal, caras verduzcas, iluminadas por los cuadros del salpicadero, que nos miran fijamente mientras la humedad de las ruedas se hace espuma y sale volando. Nuestras miradas se encuentran y las luces de freno se encienden un único instante, como una breve sinapsis que se activara en el cerebro del conductor. La luz roja transmite, en una especie de código morse, el mensaje de que allí, bajo la lluvia, en una carretera secundaria desierta, hay otro ser humano igual que él. Aguardo el momento en que bajarán una ventanilla y nos preguntarán si necesitamos ayuda, pero el auto no se detiene. El conductor nos contempla una última vez por el espejo retrovisor y las luces de freno se desvanecen cuando acelera. Si los autos apenas se detienen unos segundos por el *Homo sapiens*, ¿cómo vamos a esperar que lo hagan por la *Ambystoma maculata*, otra vecina nuestra que pasa por este camino de noche?

La lluvia golpea la ventana de la cocina en la penumbra del atardecer. Se escucha el graznido de los gansos que cruzan el valle, volando bajo. Es el sonido del invierno que se marcha. Me detengo ante la estufa con los impermeables doblados sobre el brazo y remuevo la olla humeante de sopa de guisantes. El vapor empaña la ventana. Nos espera una noche de perros y nos alegraremos de tener algo con lo que calentar el estómago.

Tengo la cabeza metida en el armario porque no encuentro las linternas, y entonces escucho las noticias de las seis. Ha comenzado: esta noche las bombas caen sobre Bagdad. Me quedo inmóvil, de pie en el centro de la habitación con dos pares de botas en cada mano, uno rojo y otro negro, y escucho. En algún lugar, otra mujer mira por su ventana y ve en el cielo una formación de siluetas oscuras. No se trata de una bandada de gansos que regresa por primavera. Allí el cielo se hincha de humo, las luces de las casas están encendidas, las sirenas no dejan de sonar. La CNN hace recuento del número de misiones de combate y las toneladas de artillería como si se tratara del marcador de un partido de béisbol. El guarismo de los daños colaterales, dicen, se desconoce.

Daño colateral: las palabras nos protegen de las consecuencias de un misil extraviado. Las palabras nos permiten desviar la mirada, como si la destrucción que provoca el hombre fuera un fenómeno ineludible de la naturaleza. Daño colateral: lo medimos en ollas de sopa volcadas y niños que lloran desconsolados. Impotente, apago la radio y llamo a mi familia para que vengan a cenar. Después de fregar, nos ponemos los impermeables y salimos a la noche de Labrador Hollow, a las carreteras secundarias.

Llueven bombas en Bagdad y en nuestro valle cae la primera lluvia de la primavera. Suave, constante, se adentra en el mantillo forestal, deshaciendo los últimos cristales de hielo bajo la alfombra de hojas desgastada por el invierno. El sonido de las salpicaduras resulta agradable tras el largo silencio de la nieve. Para la salamandra escondida bajo una roca, esas primeras gotas, pesadas, han de sonar como si la misma primavera llamara a su puerta con los nudillos. Tras seis meses de letargo, flexiona lentamente las extremidades entumecidas, la cola se despereza de su inmovilidad invernal y en unos pocos minutos yergue la cabeza y se impulsa con las patas sobre la tierra fría para salir al exterior. La lluvia se lleva los últimos restos de barro y le limpia la piel suave y negra. Toda la tierra se despierta y se activa con la llamada de la lluvia.

Nos apartamos de la carretera y salimos del auto. Acostumbrados al ruido constante de los limpiaparabrisas y el desempañador, el silencio nos sorprende. La lluvia cae cálida sobre la tierra fría y crea una neblina a ras de suelo que se arremolina alrededor de los árboles desnudos y amortigua nuestras voces. La luz de las linternas se difumina en aureolas.

Aquí, en el norte del estado de Nueva York, las ruidosas bandadas de gansos marcan el cambio de las estaciones. Huyen del invierno hacia la seguridad de las zonas de reproducción de primavera. Aunque menos perceptible, la migración de las salamandras desde las madrigueras invernales a los estanques vernales de apareamiento es igual de dramática. Esta primera lluvia templada, intensa, a una temperatura superior a los cinco grados centígrados, hace que el suelo del bosque empiece a crujir y revolverse. Las salamandras salen en masa de los escondrijos, parpadean al encontrarse en campo abierto y comienzan su camino, en un flujo constante y camuflado de criaturas. Solo lo ve quien se encuentre esa precisa noche de lluvia primaveral en una zona de estanques y lagunas. Las salamandras se mueven cuando la oscuridad las protege de los predadores y la lluvia les permite mantener la humedad de la piel. Y se mueven por miles, como un rebaño de mansos bisontes. Como el bisonte, también, sus números se reducen año tras año.

Igual que sus parientes cercanos, los lagos Finger, el Labrador es un lago en el fondo de un valle en forma de V, flanqueado por las dos colinas empinadas que dejara allí el último glaciar. Las laderas boscosas se curvan alrededor del agua como las paredes de un cuenco, canalizando las rutas de todos los anfibios de la cuenca desde los bosques al agua. Sin embargo, la carretera que serpentea por el bajo se ha interpuesto en su camino. El lago y las colinas circundantes cuentan con protección estatal, pero la carretera está llena de peligros.

Bajamos por ella, prácticamente desierta, enfocando con las linternas a un lado y a otro del asfalto. Las salamandras no son las únicas que han elegido esta noche para desplazarse: ranas de la madera, ranas toro, ranas leopardo y tritones también escuchan la llamada y comienzan su viaje anual. Hay sapos, falsas ranas grillo, tritones del este y legiones de ranas de árbol, todos ellos con el único propósito de aparearse. La carretera se convierte en un circo de saltos y piruetas que salen y entran del haz de las linternas. Distingo el brillo dorado de un ojo. La falsa rana grillo se queda inmóvil cuando me acerco y después se aleja de un salto. Es como si la carretera hubiera cobrado vida a base de saltos inesperados: dos aquí, bajo la luz, tres un poco más allá, todos en dirección al lago. No tardan más de unos segundos en atravesarla. El viaje completo les lleva dos minutos. Muchas cosas pueden suceder en dos minutos.

Cuando identificamos entre los anfibios el lento movimiento de las salamandras, nos agachamos para recogerlas, una a una, con cuidado, y las dejamos a salvo al otro lado de la carretera. Cruzamos de un lado a otro, vigilando la aparición de algún auto, siempre por el mismo lugar, pero cada vez que nos volvemos a mirar hay más salamandras: la tierra parece liberarlas con el mismo ímpetu con que los gansos atraviesan el humedal.

Al dirigir la linterna hacia la carretera, la luz se refleja, amarilla, en la línea central, contra el asfalto negro y húmedo. Por el rabillo del ojo veo algo más oscuro que la oscuridad, una interrupción del reflejo, y lo enfoco con la linterna. La sombra resulta ser una gran salamandra moteada, *Ambystoma maculata*, negra y amarilla, los mismos colores que se ven en la carretera. Su forma tiene algo de primitivo: de los costados le salen extremidades en ángulo recto y se desplaza por la carretera con un movimiento entrecortado, mecánico, con el gesto sinuoso de la gruesa cola. Se detiene en el círculo de luz y yo me agacho para acariciar su piel, negro azulado, como un coágulo de noche. El cuerpo presenta manchas de un amarillo opaco que semejan goterones aún frescos de pintura, difuminados en los bordes. Su silueta, como una cuña, se balancea de un lado a otro, y los ojos, oscuros sobre el morro romo, parecen sumirse en el rostro hasta desaparecer. Por su tamaño —unos dieciocho centímetros— y la hinchazón de los costados, diría que se trata de una hembra. Me pregunto cuál será la sensación de arrastrar esa piel tan delicada —el estómago suave y liso, hecho para deslizarse sobre hojas húmedas— por el asfalto.

Me inclino para recogerla, rodeándola con los dedos justo por detrás de las patas delanteras. Resulta sorprendente que apenas oponga resistencia. Es como sostener un plátano muy maduro: hundo la punta de los dedos en el cuerpo frío y suave y húmedo, para que no se escurra. La deposito cuidadosamente en el arcén y me restriego las manos en los pantalones. Sin mirar atrás, va derecha al terraplén, en dirección al lago.

Las hembras son las primeras en llegar. Llenas de huevos, se deslizarán en las aguas superficiales y desaparecerán entre las hojas en descomposición del fondo. Allí esperarán, fecundas y torpes en el agua fría, a que lleguen los machos, que harán el mismo camino desde las colinas uno o dos días después.

Salen de debajo de troncos y cruzan arroyos con un único objetivo: llegar al lago en el que nacieron. Su camino es tortuoso porque no tienen la capacidad de escalar los obstáculos. Se ven obligadas a bordear los troncos y las rocas hasta tener vía libre. El lago natal puede estar a un kilómetro del lugar de dormancia invernal, pero lo localizan sin equivocarse. Las salamandras poseen un sistema de navegación probablemente tan complejo como las «bombas inteligentes» que esta misma noche buscan los objetivos sobre suelo iraquí. Sin ayuda de satélites ni microchips, se orientan por una combinación de señales magnéticas y químicas que los herpetólogos aún están empezando a comprender.

Parte de su habilidad se debe a que interpretan con absoluta precisión las líneas del campo magnético de la tierra. Un pequeño órgano en el cerebro procesa los datos magnéticos y guía a la salamandra hacia el lago. Por muchos lagos y lagunas primaverales que haya por el camino, por muchos obstáculos que se encuentren, ellas no se detendrán hasta llegar al lugar en que nacieron. Cuando ya están cerca, el instinto de volver al hogar funciona de una forma parecida al del salmón que identifica su río natal: huelen el camino con la glándula olfativa que tienen en la cabeza. Es como si las señales magnéticas de la tierra las llevaran hasta las inmediaciones y el olor les indicara la senda precisa de vuelta al hogar. Como si te bajaras de un avión en el barrio de tu infancia y dejaras que el aroma inefable de la cena del domingo y el perfume de tu madre te marcaran el camino a casa.

El año pasado, durante la misión de rescate en la hondonada, mi hija quiso seguir a las salamandras para ver adónde se dirigían. Fuimos con la linterna tras ellas y las vimos rodear los tallos carmesíes de los cornejos rojos y encaramarse a los matojos de juncias. Se detuvieron a bastante distancia del lago principal, a orillas de una laguna primaveral, una pequeña depresión en la tierra que pasa desapercibida en verano, pero que en primavera se llena con el deshielo, creando un mosaico acuoso. Las salamandras prefieren estas extensiones temporales de agua para poner huevos porque no tienen demasiada profundidad y son muy fugaces: los peces que podrían zamparse a sus larvas no pueden vivir en ellas. La brevedad de la laguna protege al recién nacido de los depredadores.

Acompañamos a las salamandras hasta el agua. Aún había placas de hielo en la orilla. No lo dudaron: se metieron en el agua y desaparecieron. Mi hija estaba decepcionada, esperaba verlas remolonear en la playa o tirarse en plancha. Iluminó con la linterna la superficie del agua, deseosa de saber qué iba a ocurrir ahora, pero ahí no había más que hojas veteadas, retales de luz y oscuridad. Nada que ver. Entonces, nos dimos cuenta de que esos retales de luz y oscuridad no eran hojas, sino las manchas negras y amarillas de montones de salamandras. Estaban por todas partes, una manta de animales en el fondo de la laguna. Y no dejaban de moverse, de girar, de intercalarse, como una habitación llena de bailarines. En comparación con el pesado movimiento con que se desplazaban en tierra, dentro del agua eran nadadoras veloces y elegantes, como las focas. Podían impulsarse y desaparecer del círculo de luz con un solo coletazo.

La superficie cristalina de la laguna se quebró repentinamente desde dentro, como si en el interior comenzara a borbotear un manantial, y el agua empezó a agitarse conforme las salamandras se movían juntas en una turbia muchedumbre, en destellos de manchas amarillas. Contemplamos, hipnotizadas, el ritual de apareamiento, el festejo de las salamandras. Hasta cincuenta machos y hembras bailaban y giraban a la vez, una celebración extasiada tras un año de existencia solitaria y célibe sin más entretenimiento que comer insectos bajo un tronco. Del fondo del lago seguían emergiendo burbujas. Parecía que habían descorchado una botella de champán.

A diferencia de la mayoría de los anfibios, *Ambystoma maculata* no vierte al azar los huevos y el esperma en un frenesí de fertilización en masa. La especie ha desarrollado un método más fiable para asegurar el encuentro entre el huevo y el esperma. Los machos se separan de la nube de bailes y nadan hasta el fondo de la laguna, donde liberan un brillante espermatóforo, una cápsula gelatinosa de esperma con un pequeño rabillo que le sirve para adherirse a una hoja o un tallo. Las hembras dejan entonces de bailar y buscan esas cápsulas, de medio centímetro cada una, que se mantienen suspendidas como globos de feria en el agua. Introducen los espermatóforos en una cavidad interna, donde esperan los huevos. Una vez a salvo, el esperma se libera de la cápsula y fertiliza los huevos de color perla.

Unos días después, cada hembra pondrá una masa gelatinosa de entre cien y doscientos huevos. La madre se quedará en las inmediaciones hasta que los huevos se abran y en ese momento regresará, sola, hasta los bosques. Las salamandras recién nacidas pasarán varios meses a salvo en la laguna, mientras se produce la transformación que les permitirá vivir en tierra. Cuando la laguna se seque y tengan que salir, las branquias ya habrán sido remplazadas por pulmones y ellas podrán dedicarse a explorar por su cuenta. Los jóvenes tritones y salamandras no volverán a la laguna hasta que no hayan madurado sexualmente, cuatro o cinco años después. A partir de entonces, los adultos llegan a realizar esa migración de apareamiento durante dieciocho años, el resto de su vida. Eso si consiguen cruzar la carretera sin percances.

Los anfibios están entre las criaturas más vulnerables del planeta. Se ven amenazados por la pérdida de hábitats a medida que los humedales y los bosques desaparecen, mientras nosotros aceptamos que sean las víctimas colaterales del progreso. Y dado que los anfibios respiran a través de la piel, una húmeda membrana que los separa de la atmósfera, tienen poca capacidad para filtrar las toxinas. Así, aunque sus hábitats están a salvo de la industria, los peligros pueden proceder del aire. Las toxinas en el aire y el agua, la lluvia ácida, los metales pesados y las hormonas sintéticas acaban siempre en las aguas donde ellos gestan. Hay anomalías del desarrollo —ranas de seis piernas o salamandras retorcidas— por todo el mundo industrializado.

Esta noche, la mayor amenaza de las salamandras son los autos que pasan a toda velocidad, cuyos ocupantes ignoran el espectáculo que tiene lugar bajo sus ruedas. Es imposible conocerlo si te quedas dentro del auto, escuchando los programas de radio nocturna. Desde el arcén, sin embargo, se escucha el breve estallido del cuerpo, el momento en que una criatura brillante que seguía líneas magnéticas en dirección al amor queda reducida a una masa roja sobre el asfalto. Trabajamos tan rápido como podemos, pero hay demasiadas salamandras. Y somos muy pocos.

Reconozco la *pickup* Dodge verde que pasa a toda velocidad cuando nos retiramos hacia el arcén. Era un vecino mío que posee una granja láctea al final de la carretera. Ni siquiera nos ve. Tengo la sospecha de que su mente está hoy muy lejos, en la otra punta del mundo. Su hijo, Mitch, está destinado en Irak. Mitch es un buen chico, de esos que siempre se apartan cuando van con el tractor y te dirigen un gesto amistoso para que le adelantes si no viene nadie. Imagino que ahora estará a los mandos de un tanque. El destino de las salamandras que cruzan la carretera de su pueblo puede parecer completamente ajeno a la situación a la que él se enfrenta.

Esta noche, sin embargo, cuando la niebla nos envuelve a todos en la misma manta helada y húmeda, los límites se desdibujan. Tengo la impresión de que la carnicería en esta vieja carretera del condado y los cuerpos destrozados en las calles de Bagdad comparten algo. Las salamandras, los niños, los jóvenes granjeros en uniforme, ninguno de ellos es el enemigo ni el problema. Son criaturas inocentes a las que no hemos declarado la guerra y que, sin embargo, están muriendo, igual que si lo hubiéramos hecho. Son los daños colaterales. Si es el petróleo lo que envía a nuestros hijos a la guerra, y es el petróleo el que alimenta los motores que rugen al bajar a esta hondonada, entonces todos somos cómplices. Soldados, civiles y salamandras, conectados en la muerte por nuestras ansias de combustible.

Cansados y con frío, nos detenemos para tomar una taza de sopa del termo. El vapor se eleva y se incorpora a la niebla. Sorbemos en silencio y prestamos atención a la noche. De repente, escucho voces, pese a que no hay ninguna casa en los alrededores. Arriba, sobre el alto, diviso el resplandor de otras linternas. Apago rápidamente la mía y cierro el termo. Me escondo en la sombra y observo cómo se acercan las luces, toda una fila de ellas. ¿Quién podrá ser en una noche como esta? Problemas, qué duda cabe.

A veces los chicos vienen hasta aquí a beber y practicar puntería con latas de cerveza. Una vez vi a un par de jovencitos pasándose un sapo a patadas, como si fuera una pelota. Me estremezco solo de pensar qué puede haberlos traído aquí. Las luces están cada vez más cerca, al menos una docena, y se extienden a lo ancho de la carretera como una patrulla. Enfocan el asfalto de un lado a otro. El movimiento me resulta familiar. Es exactamente el mismo que llevamos realizando nosotros toda la noche. Y entonces oigo sus voces entre la niebla.

—Mira, ahí hay otra. Una hembra.

—¡Eh! Dos más aquí.

—Y tres ranas más.

Esbozo una sonrisa en la oscuridad, vuelvo a encender la linterna y me acerco a saludarlos: los veo agacharse en busca de salamandras. Contentos de encontrarnos, nos damos la mano y empezamos a reírnos en torno al fuego virtual de las linternas. Compartimos la sopa con ellos y quedamos momentáneamente unidos en la levedad del alivio, tanto por saber que las luces que se acercaban eran amigas como por comprobar que no estamos solos en la tarea.

Nos presentamos todos y nos reconocemos los rostros bajo las capuchas empapadas. Nuestros nuevos compañeros son alumnos de una clase de Herpetología en la universidad. Todos llevan portafolios y libretas Rite in the Rain para apuntar observaciones. Me avergüenzo de haber supuesto que eran mala gente. La ignorancia nos lleva a sacar conclusiones sobre lo que no comprendemos con demasiada facilidad.

Han salido a estudiar el efecto de la carretera en los anfibios. Nos informan de que las ranas y los sapos tardan unos quince segundos en cruzarla, y de que la mayoría lo consigue. A las sala-mandras moteadas les cuesta una media de ochenta y ocho segun-dos. Han escapado a numerosos depredadores, han sobrevivido a las sequías veraniegas y han aguantado el invierno sin congelarse; y toda su vida se decide ahora en ochenta y ocho segundos.

La labor de los alumnos para ayudar a la *Ambystoma* no se re-duce a los rescates desde el arcén. El departamento de carreteras podría instalar pasos para las salamandras, conductos subterrá-neos especiales que les permitieran evitar el asfalto, pero son caros y hace falta convencer a las autoridades de su importancia. La mi-sión que la clase se ha propuesto esta noche es contar los anfibios que cruzan la carretera para estimar un censo del total de los ani-males que se desplazan de las colinas al lago, y el número de ellos que perece en el camino. Si pueden demostrar con esos datos que las muertes en la carretera ponen en peligro la supervivencia de la población, tal vez sean capaces de persuadir al estado para que haga algo. Y ese es solo el primer problema. Una estimación pre-cisa de la mortalidad de las salamandras exige contar tanto a los animales que cruzan la carretera como a los que no.

Resulta que contar las muertes es sencillo: han desarrollado un sistema para identificar la especie de animal por el tamaño de la mancha que deja en la carretera, que luego retiran para evitar re-gistrarla dos veces. A veces la muerte se produce sin colisión. Las salamandras tienen un cuerpo tan sensible que la mera onda de presión generada por el vehículo puede ser fatal. La cifra compli-cada de obtener es el denominador de la ecuación de la muerte: el número de animales que *sí* logran atravesar la carretera. ¿Cómo van a hacer inventario de los animales que cruzan un largo tramo de carretera en la oscuridad absoluta?

En diversos intervalos separados a lo largo de la carretera han instalado vallas dispuestas en forma de embudo, unas estructuras similares a las barreras para la nieve, recubiertas en la base por aluminio de forrar tejados. Las salamandras no pueden atravesar-las. Para sortearlas, deben continuar por el borde, igual que hacen con los bordes de troncos y rocas. Tratan de seguirlo hasta el final, deslizándose en la oscuridad, asegurándose siempre por el tacto de que no se han despegado de la pared. Hasta que de repente el suelo desaparece y caen en un cubo de plástico enterrado del que no pueden escapar. Los alumnos se acercan a contar los animales que han caído, apuntan la especie en la libreta y las liberan cuidadosamente al otro lado de la valla, para que prosigan el camino hacia el lago. Al final de la noche, el número de animales capturados en la trampa permite hacer una estimación del número de individuos que han cruzado la carretera.

Estos estudios pueden ofrecer las pruebas que salvarán a las salamandras, pero ese posible beneficio a largo plazo entraña un coste a corto plazo. Si se quiere llevar a cabo una investigación adecuada, no puede haber ningún tipo de intervención humana. Cuando se acerca un auto, los alumnos tienen que echarse atrás, apretar los dientes y esperar a ver qué sucede. Nuestra labor esta noche, por ejemplo, ha reducido el número de los atropellos, provocando una subestimación de las víctimas. Están ante un dilema ético. Los muertos que podrían haber salvado se convierten en el daño colateral del estudio: un sacrificio que, esperan, tendrá su recompensa en la futura protección de la especie.

Este control de los atropellos es el proyecto de James Gibbs, un biólogo de la conservación reconocido internacionalmente. Es el mayor especialista en la conservación de las tortugas de Galápagos y los sapos de Tanzania, pero también se ocupa de Labrador Hollow. Coloca vallas, patrulla la carretera y pasa la noche en vela con sus alumnos para hacer recuento. Gibbs confiesa que en ocasiones, durante esas noches lluviosas en que sabe que las salamandras se desplazan —esas noches lluviosas en las que mueren—, es incapaz de dormir. Se pone un impermeable y sale a la carretera para ayudarlas a cruzar. Aldo Leopold tenía razón: los naturalistas viven en un mundo de heridas que solo ellos pueden ver.

Conforme pasa el tiempo, se espacian las luces que bajan hacia la hondonada. A medianoche hasta la salamandra más despistada puede cruzar sin riesgo, así que nos metemos en el auto y volvemos a casa, conduciendo lentamente hasta salir de la hondonada, para que nuestras propias ruedas no nos deshagan el trabajo. Vamos con muchísimo cuidado, pero sé que somos tan culpables como los demás.

Mientras regresamos entre la niebla, escuchamos nuevas noticias en la radio sobre la guerra. Columnas de tanques y vehículos de combate avanzan por territorio iraquí, a través de una tormenta de arena tan densa como la niebla que nos envuelve a nosotros. Me pregunto qué estarán aplastando allí. Tengo frío y estoy agotada; subo la calefacción y el olor a lana mojada inunda el auto. Vuelvo a pensar en nuestra labor nocturna y en las buenas personas que conocimos.

¿Qué nos ha traído a la hondonada esta noche? ¿Qué especie está tan loca como para abandonar un hogar cálido en una noche lluviosa y dedicarse a mover salamandras de un lado a otro de la carretera? Resultaría tentador poder llamarlo altruismo, pero no se trata de eso. No hay nada desinteresado en nuestra tarea. La noche tiene recompensas tanto para los que dan como para los que reciben. Hemos podido estar ahí, contemplar el maravilloso rito de apareamiento y, durante una noche, relacionarnos con criaturas tan diferentes a nosotros mismos como somos capaces de imaginar.

Se ha dicho que los hombres y las mujeres del mundo moderno sufrimos una enorme tristeza, una «soledad de la especie»: el distanciamiento del resto de la Creación. Es un aislamiento que hemos construido con nuestros miedos, nuestra arrogancia y con todas las luces que brillan cada noche en nuestras casas. Durante unos instantes, mientras caminábamos por la carretera, esas barreras desaparecieron y comenzamos a aliviar la soledad y a conocernos mutuamente.

Las salamandras son, sin ninguna duda, la representación perfecta del «otro», criaturas frías y viscosas, casi repulsivas para la sangre caliente del *Homo sapiens*. Su desconcertante otredad deja aún más en evidencia que si esta noche estamos aquí es para defenderlas. Cuando se trata de anfibios, no obtenemos las reconfortantes sensaciones que nos mueven a proteger a mamíferos más carismáticos, esos que nos miran con los enormes ojos agradecidos de Bambi. Los anfibios nos enfrentan directamente con nuestra xenofobia innata, a veces dirigida a otras especies y a veces a individuos de la nuestra, ya sea en esta hondonada o en las arenas de la otra punta del mundo. La compañía de las salamandras nos permite respetar la otredad, nos ofrece un antídoto para el veneno de la xenofobia. Cada vez que rescatamos a una de esas criaturas resbaladizas y moteadas, afirmamos su derecho a existir, a vivir en el territorio soberano de sus propias vidas.

Poner salamandras a salvo nos ayuda a recordar también el juramento de la reciprocidad, la responsabilidad mutua que todos tenemos con los demás. Como especie depredadora en la zona bélica que es esta carretera, ¿no deberíamos curar las heridas que provocamos?

Las noticias me llenan de impotencia. No puedo detener las bombas ni hacer que los autos reduzcan la velocidad, que miren por dónde pasan. Está fuera de mi alcance. Sin embargo, sí puedo recoger salamandras. Aunque sea solo por esta noche, limpio mi nombre. ¿Qué nos trae a esta hondonada solitaria? Tal vez el amor, lo mismo que mueve a las salamandras que salen de debajo de los troncos. O tal vez recorremos esta carretera en busca de absolución.

A medida que la temperatura desciende, voces individuales —claras, hondas— sustituyen el coro incansable: la antigua lengua de las ranas. No dejo de escuchar un sonido, una palabra: «¡Eh! ¡Eh! ¡Eh! Hay un mundo más allá de tu desconsiderado trayecto. Nosotros, los colaterales, somos tu riqueza, tus maestros, tu seguridad, tu *familia*. Tu incomprensible hambre de bienes de consumo no debería condenar a muerte al resto de la Creación».

«¡Eh!», canta la rana bajo las luces.
«¡Eh!», grita un joven dentro de un tanque lejos de su hogar.
«¡Eh!», solloza una madre cuya casa han reducido a cenizas.

Hay que ponerle fin a todo esto.

Es tarde cuando llegamos. No puedo dormir, así que me dirijo a la colina, al estanque que hay detrás de la casa. Aquí vibra también el aire con el canto de las ranas y quiero encender un poco de hierba sagrada para que la tristeza se vaya en una nube de humo. Pero la niebla es demasiado densa y no logro que las cerillas prendan. Así debe ser. Hoy no puede haber redención; hoy hay que llevar la pena encima, como un abrigo empapado.

«¡Llora! ¡Llora!», canta un sapo desde la orilla. Y lo hago. Si el lamento puede ser un camino hacia el amor, ojalá pudiéramos todos sollozar por el mundo que estamos destrozando, ojalá pudiéramos todos amarlo, devolverle su plenitud.

Shkitagen: el pueblo
del séptimo fuego

Muchísimas cosas dependen de que podamos encender un fuego en esta tierra fría, dentro del círculo de piedras. Una plataforma de astillas secas de arce, un piso de ramitas de la parte inferior de un abeto, un nido hecho con hebras de corteza, listo para acoger el ascua, y, sobre todo ello, ramas rotas de pino, que dirigirán la llama hacia arriba. Combustible y oxígeno de sobra. Todo está en su sitio. Pero sin chispa, son solo un montón de palos muertos. Muchísimas cosas dependen de la chispa.

En nuestra familia era una cuestión de honor que fuéramos capaces de hacer fuego con solo una cerilla. Nuestros únicos maestros eran mi padre y el bosque, y aprendimos sin tener que estudiar o asistir a clase, solo jugando y observando y tratando de reproducir la seguridad que el fuego lleva a los lugares más recónditos y a los más expuestos. Mi padre nos enseñó, con paciencia, a buscar los materiales adecuados. Descubrimos los secretos de la arquitectura que alimenta la llama. Él daba mucha importancia a la colocación y al almacenamiento de la leña, y muchos de los días que pasamos en el bosque los dedicamos a talar, a recoger y a partir ramas. «La leña calienta dos veces», nos decía siempre al terminar, cuando regresábamos empapados de sudor. Fue así como aprendimos a identificar los árboles por su corteza y su madera y por la forma en que su llama se ajustaba a uno u otro propósito: pinos broncos para dar luz, hayas para sacar brasas, arces azucareros para cocinar pasteles en el horno reflector.

Él nunca lo expresó así, pero preparar el fuego era más que una mera destreza técnica: para que estuviera bien hecho, la persona debía poner de su parte. No le valía cualquier madera: no permitiría que hubiera troncos medio podridos de abedul en su leñera. «Fuera», decía, y los echaba a un lado. Había que conocer la flora y tratar con respeto al bosque, minimizando los daños en lo posible. El bosque siempre ofrecía abundante madera muerta, ya seca y curada. Un buen fuego solo aceptaba materiales naturales —nada de papel ni, por supuesto, gasolina— y la madera aún verde era una afrenta tanto contra la estética como contra la ética. Tampoco estaban permitidos los mecheros. Recibíamos elogios cuando lográbamos encenderlo con una sola cerilla, y nos daba ánimos si habíamos tenido que emplear una docena de ellas. En cierto momento dejó de entrañar dificultad para volverse una tarea sencilla, natural. Descubrí algo que siempre me funcionaba: cantar una canción al fuego en el momento en que la cerilla tocaba la yesca.

Intercalado entre las enseñanzas de mi padre, estaba el respeto a todo lo que el bosque nos entrega y la noción de que éramos responsables de practicar la reciprocidad. Nunca nos fuimos de un lugar de acampada sin dejar una pila de leña para los que nos siguieran. Prestar atención, estar preparado y tener paciencia. Hacerlo bien a la primera. Las habilidades y los valores se entrelazaban de tal modo que la preparación del fuego terminó por convertirse en el emblema de cierto tipo de virtud para nuestra familia.

Cuando logramos dominar la técnica de encender el fuego con una sola cerilla, llegó el reto de hacerlo bajo la lluvia. Y en la nieve. En cualquier sitio y en cualquier momento, siempre que tuviéramos los materiales adecuados dispuestos de la manera correcta y respetáramos la naturaleza del aire y la madera. Cuánto poder hay en ese sencillo acto: con una sola cerilla puedes hacer que la gente se sienta segura y feliz, convertir a un grupo de individuos calados hasta los huesos en una alegre compañía, con la mente puesta en la comida y las canciones. Llevábamos en el bolsillo un don increíble y la responsabilidad de emplearlo bien.

Para nuestros antepasados la preparación del fuego suponía también una forma esencial de vínculo con el resto de la nación. *Potawatomi —bodwewadmi*, mejor, en nuestro idioma— significa «pueblo del fuego». Tenía sentido que nos hicieran dominar esa habilidad, que pudiéramos compartir ese don. Así empecé a pensar que si quería comprender de verdad el fuego, debía aprender a utilizar el taladro de arco. Ahora intento encender el fuego sin cerillas, convocar la brasa como se hacía antes, con el taladro y el arco, un fuego por fricción, frotando juntos dos trozos de madera.

«*Wewene*», me digo: hacer las cosas despacio y hacerlas bien. No puede haber atajos. Tiene que producirse de la forma correcta, con todos los elementos presentes, la mente y el cuerpo uncidos, al unísono. Es sencillo cuando todas las herramientas están bien construidas y todas las partes se dirigen al mismo propósito. Si no es así, todo esfuerzo será en vano. Mientras no haya equilibrio y reciprocidad perfecta entre las fuerzas, puedes intentarlo y fracasar y volver a intentarlo y fracasar de nuevo. Lo sé por experiencia. Por mucho que necesitemos su llama, hay que detener las prisas, apaciguar la respiración y desviar la energía de la frustración al fuego.

Cuando todos los hermanos crecimos y dominamos la técnica de encender fuego con una sola cerilla, mi padre se aseguró de que sus nietos también supieran hacerlo. Ahora, a sus ochenta y tres años, enseña eso mismo en el campamento científico para jóvenes nativos que organizamos todos los años, con métodos idénticos a los que utilizó para nosotros. Se celebra una competición, para ver quién consigue que arda antes una cuerda extendida de un lado a otro del círculo de fuego. Un día, después de la competición, lo vi sentarse en un tocón, atizando las brasas.

—¿Sabían —les preguntó a los chicos y chicas— que hay cuatro tipos de fuego?

Yo me esperaba una lección sobre maderas duras y maderas blandas, pero él tenía en mente algo distinto.

—Bien, primero está el fuego que haces aquí, en el campamento. Puedes cocinar con él, puedes calentarte. Es un buen sitio para cantar. Y mantiene alejados a los coyotes.

—¡Y podemos asar malvaviscos! —añadió uno de los chicos.

—Desde luego. Y papas, y hacer *bannock*: puedes cocinar casi cualquier cosa en él. Pero ¿alguien conoce otros tipos de fuego? —preguntó.

—¿Los incendios? —probó suerte un niño.

—Claro —dijo—. Nuestro pueblo solía llamarlos «fuegos del pájaro de trueno», porque los incendios comenzaban con la caída de un rayo. A veces la propia lluvia los sofocaba, pero otras se descontrolaban y se volvían enormes. Su intensidad era tal que podían arrasar todo lo que hubiera en kilómetros a la redonda. A nadie le gusta ese tipo de fuego. Sin embargo, nuestro pueblo aprendió a hacerlos más pequeños, y a hacerlos en el lugar preciso y en el momento indicado para que sirvieran de ayuda y no provocaran daños. La gente prendía esos fuegos a propósito, para cuidar de la tierra: para que crecieran los arándanos o para que los ciervos tuvieran pasto.

Levantó una lámina de corteza de abedul y añadió:

—De hecho, observen toda la corteza que necesitaron para el fuego. Los abedules de las canoas solo crecen después de un incendio, así que nuestros ancestros quemaban zonas de bosque para dejarles espacio.

No les pasó desapercibida la simetría de emplear el fuego para generar materiales que les permitiesen hacer nuevos fuegos.

—Necesitaban corteza de abedul, así que utilizaron los saberes sobre el fuego para crear bosques de abedul. Con el fuego ayudaban a numerosas plantas y animales. Decimos que es por eso que el Creador nos dio la vara de fuego, para hacer el bien en la tierra. A menudo, la gente afirma que lo mejor que podemos hacer por la naturaleza es apartarnos de ella y dejar que siga su curso. En ciertos lugares eso es cierto y nuestro pueblo lo respeta. Pero también se nos ha encomendado la responsabilidad de cuidar de la tierra. Lo que la gente olvida es que eso significa participar: olvidan que el mundo natural confía en nuestras buenas acciones. Tú no demuestras el amor que sientes ni lo que te preocupas de algo poniéndolo detrás de una valla. Tienes que involucrarte. Tienes que contribuir al bienestar del mundo.

»La tierra nos ha entregado muchos dones; el fuego es una manera de corresponderle. En la actualidad, la gente cree que el fuego solo es destructivo, pero ya no recuerdan, o tal vez nunca supieron, que la gente utilizaba el fuego como una fuerza creativa. La vara de fuego era como un pincel sobre el territorio. Unas pinceladas por allí, y tenías una pradera verde para los alces; unos toquecitos por allá y quitabas la broza para que los robles produjeran más bellotas. Si lo deslizabas bajo el dosel del bosque y reducías su densidad, evitabas la propagación de incendios mucho más nocivos. Una pasada por el río y a la primavera siguiente tenías una arboleda bien poblada de sauces amarillos. Los jacintos indios solo salen cuando el pincel se desliza sobre una pradera. Para obtener arándanos, hay que dejar que la pintura se seque un par de años y darle otra capa después. A nuestro pueblo se le encomendó la responsabilidad de utilizar el fuego para hacer que las cosas fueran hermosas y productivas: ese era nuestro arte y nuestra ciencia.

Los bosques de abedules que los indígenas cuidaban con sus fuegos eran la cornucopia de los dones: de ellos obtenían corteza para fabricar canoas, cubiertas para *wigwams*, herramientas, cestos, rollos para escribir y, por supuesto, mecha para el fuego. Y estos eran solo los dones más evidentes. Tanto el abedul de las canoas como el abedul amarillo podían ser anfitriones del hongo *Inonotus obliquus*, que sale a través de la corteza y forma erupciones estériles, una masa parecida a un tumor negro, granulado, del tamaño de una pelota de béisbol. Una superficie agrietada, costrosa, tachonada de rescoldos, como si estuviera calcinada. Los pueblos que habitan junto a los bosques de abedules de Siberia lo conocen como *chaga* y lo utilizan constantemente como remedio medicinal. Nuestro pueblo lo llama *shkitagen*.

No es fácil encontrar un nudo negro de *shkitagen*, y tampoco resulta sencillo separarlo del árbol. Pero cuando lo abrimos, su cuerpo aparece veteado de franjas brillantes, de tonos dorados y broncíneos, con una textura esponjosa formada por hilos diminutos y poros llenos de aire. Nuestros antepasados descubrieron en él una asombrosa propiedad, aunque hay quien afirma que fue el hongo mismo quien nos lo reveló a través de su exterior calcinado y su corazón de oro. El *shkitagen* es un hongo yesquero, guardián del fuego y buen amigo del Pueblo del Fuego. Les da cobijo a las ascuas, que continúan ardiendo, sin apagarse, en la matriz del hongo, conservando el calor. Hasta la chispa más pequeña, la más fugaz y difícil de mantener, seguirá con nosotros si aterriza en un cubo de *shkitagen*. Sin embargo, a medida que se arrasan los bosques y la prohibición de los fuegos pone en riesgo a las especies que dependen de la quema de los suelos, el *shkitagen* se ve amenazado.

—Muy bien. ¿Qué otros tipos de fuego hay? —pregunta mi padre mientras echa otro palo a las llamas.

Taiotoreke lo sabe.

—El Fuego Sagrado, para las ceremonias.

—Por supuesto —dice mi padre—. Los fuegos que utilizamos para las oraciones, para la sanación, para las saunas sagradas. Ese fuego representa nuestra vida, las enseñanzas espirituales que hemos recibido desde el principio del mundo. El Fuego Sagrado es el símbolo de la vida y el espíritu, y por eso tenemos guardianes especiales que cuidan de él.

»Tal vez no tengan la oportunidad de estar cerca de esos tres tipos de fuego con mucha frecuencia —dice—, pero hay otro que deben atender cada día. El más difícil de cuidar. El que está aquí dentro —dice, señalándose el pecho con el dedo—. Su propio fuego, su espíritu. Todos llevamos un poco de ese fuego sagrado dentro de nosotros. Tenemos que respetarlo y cuidarlo. *Ustedes* son los guardianes del fuego.

»Recuerden que son responsables de los cuatro fuegos —les dice—. Ese es nuestro trabajo, sobre todo el de los hombres. En nuestra tradición, hay un equilibrio entre los hombres y las mujeres: los hombres somos responsables de cuidar el fuego y las mujeres son responsables de cuidar el agua. Esas dos fuerzas se equilibran mutuamente. Necesitamos ambas para vivir. Bien, les voy a decir algo sobre el fuego que no pueden olvidar nunca.

Al ponerse en pie delante de los niños, me parece oír ecos de las primeras enseñanzas, cuando Nanabozho recibió de su padre las mismas lecciones sobre el fuego que hoy mi padre transmite.

—Nunca deben olvidar que el fuego tiene dos caras. Ambas son muy poderosas. Una cara es la fuerza creativa. El fuego puede usarse para el bien, como cuando lo enciendes en el hogar o en las ceremonias. El fuego de tu corazón es también una fuerza del bien. Pero ese mismo poder puede dirigirse hacia la destrucción.

El fuego puede ser bueno para la tierra, pero también puede destruirla. El fuego que llevan dentro también puede utilizarse para el mal. Los humanos tenemos que asumir y respetar siempre las dos caras de este poder. Son mucho más fuertes que nosotros. O aprendemos a ser precavidos o destruirán todo lo que se ha creado. Siempre hemos de buscar el equilibrio.

El fuego tiene también otro sentido para el pueblo anishinaabe. Se corresponde con las diferentes etapas por las que ha atravesado nuestra nación. Los «fuegos» son los lugares en que hemos vivido y los eventos y enseñanzas que han definido a cada uno de ellos.

Los guardianes del conocimiento anishinaabe —nuestros historiadores y sabios— son quienes transmiten la historia de nuestro pueblo desde sus orígenes, desde mucho antes de que llegara la gente del mar, *zaaganaash*. Cuentan también lo que ocurrió después, pues en nuestros relatos el pasado se entrevera inevitablemente con el futuro. La historia que sigue se llama la Profecía del Séptimo Fuego y la han compartido en numerosas ocasiones Eddie Benton-Banai y otros ancianos.

En la era del Primer Fuego, el pueblo anishinaabe vivía en las tierras del alba, a orillas del océano. Los hombres y mujeres recibieron entonces poderosas enseñanzas espirituales, criterios por los que debían obrar, por su propio bien y por el de la tierra, pues la gente y la tierra son uno. Pero un profeta predijo que los anishinaabes tenían que mudarse hacia el oeste o, si no, serían destruidos por los cambios que se avecinaban. Debían salir a la búsqueda de nuevos territorios, hasta encontrar el lugar «donde la comida crece en el agua», y allí levantarían su nuevo hogar, a salvo. Los líderes hicieron caso de la profecía y condujeron a la nación hacia el oeste por el río San Lorenzo, tierra adentro hasta llegar a las inmediaciones de lo que hoy es Montreal. Allí volvieron a prender el fuego sagrado con las ascuas que portaban en recipientes hechos de *shkitagen*.

Un nuevo maestro surgió entre la gente y les aconsejó continuar aún más al oeste e ir a asentar su campamento a las orillas de un gran lago. La gente lo escuchó y así comenzó la era del Segundo Fuego, cuando se instalaron junto al lago Hurón, cerca del actual Detroit. Ocurrió entonces que los anishinaabes se dividieron en tres grupos, ojibwes, odawas y potawatomis, cada uno de los cuales siguió un camino diferente alrededor de los Grandes Lagos. Los potawatomis se extendieron hacia el sur, desde lo que hoy es el sur de Míchigan hasta Wisconsin. Hasta que, como vaticinaron las profecías, los tres grupos se reunieron de nuevo, varias generaciones después, en la isla Manitoulin, formando una unión conocida como la Confederación de los Tres Fuegos, que llega hasta nuestros días. En la era del Tercer Fuego, encontraron el lugar «donde la comida crece en el agua» y allí se asentaron, obedeciendo a la profecía. Era la región del arroz silvestre. Vivieron en paz durante mucho tiempo al abrigo de los arces y los abedules, al amparo del esturión y el castor, bajo las alas del águila y el somormujo. Las enseñanzas espirituales que llevaban consigo les permitieron conservar las fuerzas y prosperar juntos, en compañía de su familia no humana.

Fue en la era del Cuarto Fuego cuando la historia de otro pueblo quedó unida a la nuestra, entrelazada. Dos profetas surgieron de entre la gente, augurando que del este llegarían gentes de piel clara en grandes barcas, pero sus visiones diferían respecto a lo que ocurriría entonces. El primer profeta aseguraba que si el pueblo de más allá del mar, los *zaaganaash*, venía con ánimo fraternal, traería grandes conocimientos. Juntos, combinando los nuevos saberes con la manera anishinaabe de comprender el mundo, forjarían una gran nación. Pero el segundo profeta puso a los nativos sobre aviso: dijo que lo que parecía el rostro de la fraternidad podía ser en realidad el rostro de la muerte. Los nuevos pobladores podían traer buenas intenciones o el deseo de apropiarse de las riquezas de nuestra tierra. ¿Cómo sabríamos qué rostro era el verdadero? Si los peces morían envenenados y las aguas no podían beberse, descubriríamos su auténtica faz. Y, por sus actos, a los *zaaganaash* se les cambió el nombre y empezaron a ser conocidos como *chimokman*: el pueblo de los cuchillos largos.

Las profecías describían lo que terminaría por volverse historia. Pusieron a la gente sobre aviso respecto a aquellos que llegarían con negros ropajes y libros negros, con promesas de júbilo y redención. Los profetas aseguraron que si la gente se rebelaba contra sus propias tradiciones sagradas y seguía el camino de los hombres vestidos de negro, el pueblo sufriría durante muchas generaciones. De hecho, el abandono de las enseñanzas espirituales durante el Quinto Fuego casi rompe el aro sagrado de la nación. Apartaron a la gente de sus hogares y la distanciaron de sus pueblos cuando la trasladaron a las reservas. Les arrebataron a sus hijos para que aprendieran las tradiciones de los *zaaganaash*. Cuando la ley les prohibió practicar su religión, estuvieron a punto de perder su forma ancestral de comprender el mundo. Cuando les prohibieron hablar en su idioma, desapareció en el espacio de una sola generación todo un universo de conocimientos. Se fragmentó la tierra, se aisló a la gente, el viento se llevó las viejas costumbres; hasta las plantas y los animales empezaron a rechazarnos. Auguraron que llegaría un día en que los niños les darían la espalda a los ancianos; la gente perdería sus costumbres y su propósito vital. Profetizaron que, durante el Sexto Fuego, «la vasija de la vida se volvería la vasija del dolor». A pesar de todo, sin embargo, algo sobreviviría: un último rescoldo que no se extinguiría, que no se ha extinguido. La gente del Primer Fuego ya sabía que seguirían en pie gracias a la fuerza de su espíritu.

Cuentan que entonces apareció un nuevo profeta que poseía una luz extraña, distante, en la mirada. Este joven se acercó a la gente con el mensaje de que, en la era del Séptimo Fuego, un nuevo pueblo se alzaría con un propósito sagrado. Este pueblo no lo tendría fácil. Necesitarían fuerza y decisión, pues se encontraban en una encrucijada.

Nuestros antepasados miraron a los profetas desde la luz temblorosa de fuegos lejanos. Los profetas decían que, en esta era, los jóvenes regresarían a los ancianos para que les transmitieran las enseñanzas y descubrirían que muchos no tenían nada que ofrecerles. El pueblo del Séptimo Fuego no caminaría hacia delante: su misión sería volver sobre los pasos de aquellos que nos trajeron hasta aquí. Debían recorrer la carretera roja de nuestros ancestros y recoger todos los fragmentos que quedaron diseminados por el camino. Fragmentos de tierra, jirones de lenguaje, trozos de canciones, enseñanzas sagradas: todo lo que se perdió. Dicen los ancianos que vivimos ahora en la era del Séptimo Fuego. Nosotros somos aquellos de los que hablaron los antepasados, aquellos que se arrodillarían para unirlo todo de nuevo y reavivar las llamas del fuego sagrado, para inaugurar el renacimiento de la nación.

Y de este modo ha ocurrido que por todo el Territorio Indio hay un movimiento de revitalización del idioma y la cultura que nace del incansable esfuerzo de individuos que tienen el valor de dar vida a las ceremonias, de reunir a hablantes para que puedan enseñar nuestra lengua, de sembrar antiguas variedades de semillas, de restaurar ecosistemas autóctonos, de traer a los jóvenes de vuelta a la tierra. El pueblo del Séptimo Fuego camina entre nosotros. Utilizan la vara de fuego de las enseñanzas originales para devolverle la salud a la gente, para ayudarles a prosperar y a dar nuevos frutos.

La profecía del Séptimo Fuego nos ofrece una segunda visión acerca del tiempo que tenemos ante nosotros. El relato dice que la gente que habita la tierra se encontrará con una bifurcación en el camino. Tendrá que tomar una decisión sobre su futuro. Uno de los senderos es suave y verde, cubierto de hierba fresca. Dan ganas de caminar descalzo por él. El otro es de un negro calcinado, duro; los rescoldos se te clavarían en los pies si lo hicieras. Si la gente elige el camino de hierba, le dará sostén a la vida. Pero si elige el camino de ceniza, los daños que le ha causado a la tierra se volverán contra ella y traerán sufrimiento y muerte a todas las criaturas del planeta.

Y lo cierto es que sí nos encontramos ante una encrucijada. Las pruebas científicas nos dicen que estamos muy cerca del punto de inflexión del cambio climático, el fin de los combustibles fósiles y el comienzo del agotamiento de los recursos. Los ecólogos calculan que necesitaríamos siete planetas para mantener el modo de vida que hemos creado. Un modo de vida que, sin embargo, no nos ha traído satisfacción, pues carece de equilibrio, de justicia y de paz. Un modo de vida que ha provocado la desaparición de nuestros hermanos en una enorme oleada de extinciones. Queramos admitirlo o no, la decisión, la encrucijada, está delante de nosotros.

No soy ninguna experta en profecías ni en su relación con la historia. Pero sé que las metáforas son una manera de contar verdades que los datos científicos no pueden transmitir. Cuando cierro los ojos y pienso en la encrucijada que vaticinaron los antepasados, veo imágenes sucederse como una película en mi cabeza.

La bifurcación se encuentra sobre una montaña. A la izquierda está el camino suave y verde, centelleante por el rocío. Quieres descalzarte.

El camino de la derecha es asfalto común. Al principio parece agradable, pero en la distancia, entre la bruma, desaparece. El calor hace que se combe justo al borde del horizonte, lo desmenuza en fragmentos caóticos.

Montaña abajo, en los valles, el pueblo del Séptimo Fuego se dirige a la encrucijada con todo aquello que han sido capaces de reunir. Llevan fardos que contienen las valiosas semillas de una nueva manera de comprender el mundo. No para regresar a alguna utopía atávica, sino para encontrar las herramientas que nos permitan adentrarnos en el futuro. Es mucho lo que se ha olvidado, pero mientras la tierra siga viva y podamos cultivar individuos humildes y capaces de escuchar y de aprender, no todo estará perdido. Y la gente no está sola. A lo largo del camino, las criaturas no humanas les ayudan. La tierra recuerda los conocimientos olvidados por los humanos. Y los demás también quieren vivir. Hay gente de todo el mundo, una fila interminable donde están representados los cuatro colores de la rueda medicinal: rojo, blanco, negro, amarillo. Gente que comprende la decisión a la que se enfrenta, que comparte un mismo ideal de respeto y reciprocidad, de fraternidad con el mundo no humano. Hombres con fuego, mujeres con agua, para recuperar el equilibrio, para renovar el mundo. Amigos y aliados, todos con el mismo objetivo, formando una enorme hilera en dirección a la senda verde. Llevan consigo faroles de *shkitagen* que les alumbran el camino.

Hay otra senda visible en el territorio, y desde lo alto pueden verse las nubes de humo y polvo que dejan los vehículos que circulan por ella. Escucho los motores rugiendo, siento su ebriedad. Conducen a toda velocidad y a ciegas, sin prestar atención a los seres que atropellan ni al hermoso mundo verde por el que pasan. Son los abusones, los fanfarrones, que recorren las carreteras con un cubo de gasolina y una antorcha encendida. Me preocupa que lleguen antes que nosotros, que tomen las decisiones que nos conciernen a todos. Reconozco la carretera fundida, el camino de ceniza. No es la primera vez que lo veo.

Recuerdo una noche cuando mi hija tenía cinco años en que se despertó asustada por la tormenta. Solo después de abrazarla y de tomar conciencia de dónde me encontraba yo, también me pregunté por qué había truenos en enero. La luz que entraba por la ventana de su cuarto no era la de las estrellas, sino una luminosidad temblorosa, anaranjada, en la que el aire vibraba con el latido del fuego.

Corrí a buscar a mi otra hija, que era aún un bebé, y salimos todas, envueltas en mantas. No era la casa lo que ardía, sino el cielo. Oleadas de calor soplaban sobre los campos yermos del invierno, como un viento del desierto. Encendía la noche un inmenso fuego sobre el horizonte. Mi cabeza iba a mil por hora: ¿un accidente de avión?, ¿una explosión nuclear? Subí a las niñas a la *pickup* y corrí a buscar las llaves. Solo pensaba en sacarlas de allí, en llegar hasta el río, en huir. Hablaba con toda la calma de que era capaz, con un ritmo pausado y medido, como si escapar en pijama del infierno no fuera motivo de pánico.

—¿Mamá? ¿Tienes miedo? —preguntó la vocecita a mi lado cuando salí a la carretera.

—No, cariño. No pasa nada.

Pero a ella no se la engañaba fácilmente.

—Entonces, mamá, ¿por qué hablas tan bajito?

Recorrimos quince kilómetros hasta llegar a la casa de unos amigos. Sanas y salvas, en mitad de la noche, llamamos a su puerta pidiendo cobijo. El resplandor del cielo se había atenuado, pero aún temblaba, aún me daba escalofríos. Acostamos a los niños con una taza de chocolate, nos servimos un *whisky* y pusimos las noticias. Una tubería de gas natural había explotado a un kilómetro de nuestra granja. Estaban evacuando la zona y había tropas desplazadas en la pantalla.

Unos días después, cuando ya no había riesgo, visitamos el lugar de los hechos. Los campos de heno eran un cráter. Dos establos de caballos habían sido calcinados. La carretera se había fundido y, en su lugar, había un rastro de carbones afilados.

Aunque mi estatus de refugiada climática duró solo una noche, fue suficiente. Las olas de calor que nos azotan ahora como resultado del cambio climático no son tan intensas como las que nos golpearon aquella noche, pero también son impropias de este lugar y esta época. Aquella noche no me puse a pensar qué salvaría de una casa en llamas, pero es una decisión a la que todos hemos de enfrentarnos en una época de cambio climático. ¿Qué es aquello que amas tanto que no soportarías perder? ¿Qué y a quién te llevarías a un lugar seguro?

Ahora no le mentiría a mi hija. Tengo miedo. Tanto miedo como tenía entonces, por mis hijas y por el buen mundo verde en que vivimos. No podemos creer que no pasa nada. No podemos prescindir de lo que hemos guardado en los fardos. No podemos escapar a casa de los vecinos y tampoco nos podemos permitir hablar en voz baja.

Mis hijas y yo pudimos volver a casa al día siguiente. Pero ¿qué pasará con las localidades de Alaska engullidas por las aguas del mar de Bering? ¿Con el campesino de Bangladés cuando sus tierras queden anegadas? ¿Con el petróleo que arde en el golfo Pérsico? No importa dónde mires, lo tienes delante. Los arrecifes de coral perdidos por el aumento de la temperatura de los océanos. Los incendios del Amazonas. La taiga helada en Rusia convertida en un infierno por el humo del carbón almacenado allí desde hace diez mil años. Estos son los incendios que abrasan la senda calcinada. No permitamos que sea este el Séptimo Fuego. Rezo para que no nos hayamos pasado ya la bifurcación del camino.

¿Qué supone ser el pueblo del Séptimo Fuego, volver por el camino de nuestros ancestros para reunir los fragmentos que se perdieron? ¿Cómo reconoceremos lo que hemos de recuperar y lo que es preferible dejar ahí? ¿Lo que es remedio para la tierra y lo que es engañoso veneno? Nadie puede, por sí solo, reconocer todos los fragmentos; mucho menos, llevarlos consigo. Nos necesitamos los unos a los otros para cargar las canciones, las palabras, las historias, las herramientas, las ceremonias, para guardarlas en nuestros fardos. No para nosotros, sino para los que aún no han nacido, para todas nuestras relaciones. A partir de la sabiduría del pasado, hemos de construir colectivamente una imagen del futuro, una cosmovisión definida por la prosperidad mutua.

Nuestros líderes espirituales han interpretado en esta profecía la decisión que hemos de tomar entre la senda fatal del materialismo que pone en riesgo a la tierra y a la gente, y la suave senda de la sabiduría, el respeto y la reciprocidad que animan las enseñanzas del primer fuego. Dicen que si la gente opta por la senda verde, todas las razas se unirán en armonía y avanzarán juntas para encender el octavo y último fuego sagrado, el fuego de la paz y la fraternidad, dando lugar así a la gran nación de la que hablaron los profetas hace mucho tiempo.

Suponiendo que seamos capaces de alejarnos de la destrucción y elegir la senda verde, ¿qué necesitaremos para prender el último fuego? Yo no tengo la respuesta, pero sé que nadie conoce el fuego tan íntimamente como nuestro pueblo. Tal vez haya algo de utilidad en todo lo que hemos aprendido de él, lecciones que recolectamos durante el Séptimo Fuego. Sabemos que los fuegos no se hacen a sí mismos. Que la tierra nos proporciona los materiales y las leyes de la termodinámica. Que los humanos debemos poner nuestro trabajo y nuestros saberes a su servicio y ser conscientes de que hemos de utilizar el fuego para el bien. La chispa en sí es un misterio, pero antes de eso, antes de que el fuego pueda encenderse, tenemos que reunir la yesca, las ideas y las prácticas que alimentarán la llama.

Cuando encendemos un fuego por fricción, muchas cosas dependen de las plantas: dos trozos de madera de cedro, un tablero flexible y una vara recta, el taladro, modelados para el otro, macho y hembra del mismo árbol. El arco está hecho de arce de Pensilvania, una madera muy flexible modelada como una empuñadora torneada con la que sujetamos la cuerda tejida de fibra de apocino. Al moverlo, de adelante hacia atrás constantemente, la vara empieza a girar sobre el cuenco del tablero, y este va adaptando su forma.

Hay tanto que depende del propio cuerpo, de que todas las articulaciones estén en el ángulo correcto, de que el brazo izquierdo pase alrededor de la rodilla, sobre la espinilla, de que la pierna izquierda esté doblada, la espalda estirada, los hombros firmes, el antebrazo izquierdo haciendo fuerza, el brazo derecho realizando un movimiento continuo, firme pero no brusco, para que la vara no pierda la colocación paralela a nuestra pierna. Hay muchísimo que depende de la arquitectura, de la estabilidad en las tres dimensiones y la fluidez en la cuarta.

Hay muchísimo que depende del movimiento de la vara contra el tablero para que el movimiento se convierta en fricción y el calor aumente y el taladro siga girando, abriéndose camino por combustión en un espacio negro, suave y brillante. Gracias a la presión y el calor, de la madera se extrae un polvo muy fino, que se agrupa en su necesidad de calor y forma un carboncillo que cae por su propio peso en un agujero del tablero, donde le espera la yesca.

Hay muchísimo que depende de la yesca, de los jirones de pelusa de los juncos, de los trozos de corteza de cedro frotados entre las manos hasta que las fibras se sueltan y se mezclan con su propio polvo, de las hebras de corteza de abedul amarillo, rasgadas como confeti, todo en una pelota como si fuera el nido de un sílvido, un tejido rugoso y suelto, un nido para el pájaro de fuego que depositará allí su carboncillo, y todo ello envuelto en una funda de corteza de abedul abierta por los lados para que entre y salga el aire.

Siempre llego hasta este punto, el momento en que el calor ha aumentado y el humo oloroso crece desde el cuenco de cedro y me inunda la cara. Casi está, pienso, ya casi, y entonces se me resbala la mano y la vara sale volando y el carboncillo se rompe y me quedo sin fuego y con el brazo dolorido. Mi lucha con el taladro de arco es una lucha por la reciprocidad, por hallar la forma de que el conocimiento, el cuerpo, la mente y el espíritu se encuentren en armonía, por emplear los dones del ser humano para crear un don que entregarle a la tierra. El problema no son las herramientas: todos los trozos están ahí, pero hay algo que falta. Está en mí la carencia. Escucho de nuevo las enseñanzas del Séptimo Fuego: vuelve al camino y recoge todo lo que ha quedado desperdigado.

Y me acuerdo del *shkitagen*, el hongo guardián del fuego, el que mantiene la chispa inextinguible. Regreso a donde habita el saber, a los bosques, y pido ayuda humildemente. A cambio de todo lo que se me ofrece, entrego mis dones, y vuelvo a empezar.

Hay muchísimo que depende de la chispa, que alimenta el oro del *shkitagen* y se enciende con el canto. Muchísimo que depende del aire, de su pasar por el nido de yesca, lo suficientemente fuerte como para avivar la chispa, pero no tan fuerte como para apagarla, aliento del viento y no del hombre. El hálito del Creador la hace crecer, la unión de corteza y polvo propaga más calor sobre el calor, el oxígeno es combustible sobre el combustible, y entonces las nubes de humo se hinchan en una dulce fragancia, y entonces se hace la luz, y eso que tienes ahí, en la mano, es el fuego.

Mientras el pueblo del Séptimo Fuego recorre su senda, deberíamos ponernos a buscar *shkitagen*, reunir a aquellos que pueden mantener viva la chispa inextinguible. Los guardianes del fuego se encuentran por todo el camino, y los reconocemos con gratitud y humildad, pues han sido capaces de conservar los últimos rescoldos encendidos, contra todo pronóstico, aguardando a que llegara el aliento que les diera vida. Cuando buscamos el *shkitagen* del bosque y el *shkitagen* del espíritu, estamos pidiendo a la gente que abra los ojos, que abra la mente y que abra el corazón a todas las criaturas no humanas, estamos convocando su voluntad de colaborar con inteligencias que nos son ajenas. Hemos de confiar en la generosidad con que esta buena tierra verde nos ofrece sus dones y en la reciprocidad de la gente humana.

No sé cómo encenderemos el octavo fuego. Pero sí sé que podemos recoger ya la yesca que alimentará la llama, que podemos ser *shkitagen* para transmitirla, igual que nos la transmitieron a nosotros. ¿Acaso encender el fuego no es una tarea sagrada? Muchísimas cosas dependen de la chispa.

Vencer al Wendigo

Como cada primavera, cruzo la pradera en dirección a mi bosque de las medicinas, el lugar en el que las plantas ofrecen sus dones con una generosidad que parece no tener límites. El bosque no es mío por derecho, sino por responsabilidad y cuidado. Hace décadas que vengo a hacerles compañía, a escuchar, a aprender y a recolectarlas.

La blancura del bosque ya no es la de la nieve, sino la de los trilios blancos, pero un escalofrío helado me recorre el cuerpo. Atravieso la loma donde vi, en la tormenta del último invierno, aquellas huellas junto a las mías. Tendría que haber sabido lo que significaban. Cruzaban la pradera en que ahora distingo las marcas profundas del paso de los camiones. Las flores aún están ahí, como han estado desde que tengo recuerdo, pero los árboles han desaparecido.

Mi vecino los mandó talar en invierno.

Hay mil maneras de llevar a cabo una cosecha honorable y, sin embargo, él optó por el camino contrario, dejando solo algunas hayas enfermas y unas cuantas tsugas viejas, sin utilidad para los aserraderos. Los trilios, las sanguinarias, la hepática, la uvularia, el lirio de la trucha, el jengibre y los puerros silvestres siguen sonriéndole al sol de primavera, que les abrasará cuando el verano se cierna sobre un bosque sin árboles. Tenían sus confianzas puestas en que los arces siguieran allí, pero los arces se han ido. Y confiaban en mí. El año que viene, aquí no habrá más que zarzales, hierba del ajo y arraclán, las especies invasoras que siguen las huellas del Wendigo.

Tengo miedo de que un mundo de dones no pueda coexistir con un mundo de bienes de consumo. Tengo miedo de que no seamos capaces de proteger del Wendigo todo aquello que amamos.

En los días del mito, el Wendigo causaba tanto temor que la gente se enfrentaba a él con todos los medios a su alcance. Al ver la imparable destrucción que nace de nuestra mentalidad de nuevos Wendigos, me pregunto si en las antiguas historias, esas que se contaban nuestros antepasados, no habrá algo que pueda sernos útil ahora.

Algunos relatos hablan del castigo del destierro. Es una opción, convertir a los destructores en parias y librarnos nosotros de cualquier responsabilidad o complicidad en sus empresas. Otros hablan de ahogamientos, de ejecuciones, de hogueras para deshacerse del monstruo. Sin embargo, el Wendigo siempre regresaba. Hay infinitos relatos acerca de hombres valerosos que se calzaban las raquetas de nieve y se adentraban en las ventiscas para acabar con él antes de que atacara de nuevo. En todos ellos, la bestia conseguía escabullirse en la tormenta.

Ciertas voces afirman que lo mejor es que no hagamos nada: que la alianza nefasta entre la avaricia, el crecimiento y el carbón hará que el mundo se caliente tanto que derretirá el corazón del Wendigo para siempre. El cambio climático derrotará sin lugar a dudas a todas aquellas economías basadas en la apropiación desmedida que no da nada a cambio. Pero antes de que el Wendigo muera, destruirá mucho de lo que amamos. Podemos esperar a que el cambio climático reduzca al mundo y al Wendigo a un charco de agua rojiza, pero también podemos ajustarnos las raquetas de nieve e ir por él.

Cuentan los relatos que cuando los humanos no podían derrotarlo por sí solos, llamaban a su paladín, Nanabozho, para que fuera luz en la oscuridad, canto contra los gritos del Wendigo. Basil Johnston ha narrado la historia de la épica batalla que libró una legión de guerreros guiados por su héroe y que se prolongó durante varios días. Lucharon sin descanso. Emplearon muchas armas, engaños y grandes dosis de valor para hacer retroceder al monstruo y rodearlo en su guarida. Hay muchas historias como esa, pero algo la diferenciaba de las demás: en ella se pueden oler las flores. En aquella ocasión no había nieve ni ventisca, y los únicos hielos que quedaban estaban en el corazón del monstruo. Nanabozho había decidido perseguirlo en verano. Los guerreros pudieron cruzar el lago a remo hasta la isla en la que el Wendigo tenía su refugio estival. Es en la Época del Hambre, en invierno, cuando el Wendigo resulta más temible. Su poder mengua con las brisas cálidas.

En nuestro idioma, el verano es *niibin* —la época de la abundancia—, y fue en *niibin* cuando Nanabozho se enfrentó al Wendigo y lo derrotó. La flecha que debilita al monstruo del consumismo no es otra que la abundancia, el remedio para curar la enfermedad que nos asola. En invierno, cuando la escasez acucia, el Wendigo campa a sus anchas, indomeñable, pero en tiempos de abundancia el hambre desaparece y, con ella, se desvanece el poder del monstruo.

En un ensayo donde describe a los pueblos cazadores-recolectores, con escasas posesiones, como la sociedad de la abundancia original, el antropólogo Marshall Sahlins nos recuerda que «las sociedades capitalistas modernas, por muchos bienes de que dispongan, están sujetas a los planteamientos de la escasez. El principio que rige a los pueblos más ricos del mundo es el de la insuficiencia de los medios económicos». La escasez no tiene que ver con cuánta riqueza material existe, sino con la forma en que se comercia con ella o en que esta circula. El sistema mercantil capitalista genera la escasez de manera artificial, bloqueando el flujo entre el origen y el consumidor. Los cereales pueden pudrirse en un almacén mientras la gente que no puede pagarlos se muere de hambre. El resultado son hambrunas para unos y enfermedades y exceso para otros. La misma tierra que nos sirve de sostén es sacrificada para alimentar la injusticia. Una economía que otorga derechos personales a las empresas, pero se los niega a las criaturas no humanas: esa es la economía del Wendigo.

¿Cuál es la alternativa? ¿Y cómo llegamos hasta ella? No estoy segura, pero me parece que una respuesta posible está en el principio indígena de «Una Vasija y Una Cuchara», según los cuales todos los dones de la tierra se encuentran en una sola vasija y han de compartirse con una sola cuchara. Es el planteamiento económico de lo común, según el cual todos los recursos esenciales para nuestro bienestar, como el agua y la tierra y los bosques, son bienes compartidos, no mercancías. Si se gestiona de manera adecuada, el enfoque de lo común permite conservar la abundancia, no la escasez. Las economías de lo común son alternativas económicas contemporáneas que nos recuerdan las cosmovisiones de los nativos, en las que la tierra no es una propiedad privada, sino una entidad compartida, que ha de cuidarse desde el respeto y la reciprocidad para beneficio de todos.

Sin embargo, aunque crear una alternativa a las estructuras económicas destructivas sea fundamental, no es suficiente. Lo que necesitamos no son solo cambios en las políticas, también cambios en el corazón. La escasez y la plenitud son cualidades de la mente y el espíritu tanto como de la economía. La gratitud ha sembrado siempre las semillas de la abundancia.

Cada uno de nosotros procedemos de personas que fueron indígenas en algún momento. Debemos volver a arraigarnos en las culturas de gratitud que forjaron otro tipo de relaciones con la tierra y la vida. La gratitud es un remedio poderoso contra la psicosis del Wendigo. También lo es la comprensión profunda de los dones que ofrecen la tierra y el resto de las criaturas. Cuando practicamos la gratitud, se escucha el disgusto de los mercaderes y el rugido del estómago del Wendigo. Es una celebración de las culturas basadas en la reciprocidad regenerativa, donde la riqueza no es otra cosa que tener suficiente para compartir y los bienes que importan son las relaciones de beneficio mutuo. La gratitud, además, nos hace felices.

Sentir gratitud hacia todo lo que la tierra ofrece nos da valor para enfrentarnos al Wendigo, para negarnos a participar en una economía que destruye la tierra que amamos con el objetivo de llenar los bolsillos de los avariciosos, para reclamar una economía que se ponga del lado de la vida, no contra ella. Escribirlo es fácil; llevarlo a cabo, no tanto.

Me dejo caer sobre la tierra, golpeándola con los puños, penando por la agresión contra mis bosques medicinales. No sé cómo vencer al monstruo. No dispongo de un arsenal de armas, ni de legiones de guerreros como los que siguieron a Nanabozho a la batalla. No soy una guerrera. Me crie entre las Fresas Silvestres, que aún ahora siguen brotando a mis pies. Entre las Violetas. Y las Milenramas. Y los Asteres y las Varas de Oro que empiezan a nacer, y las briznas de Hierba Sagrada que brillan al sol. Y entonces comprendo que no estoy sola. Me tumbo en la pradera rodeada de las legiones que están a mi lado. Tal vez yo no sepa qué hacer, pero ellas sí. Ellas siguen ofreciendo sus dones medicinales como siempre han hecho, siguen siendo el sostén del mundo. «No estamos indefensas contra el Wendigo —dicen—. Recuerda que tenemos cuanto necesitamos». Y es así como empezamos a conspirar.

Cuando me pongo de pie, Nanabozho ha aparecido a mi lado, con decisión en la mirada y gesto artero. «Para derrotar al monstruo, tienes que pensar como él —dice. Se gira hacia una zona densa de maleza al borde del bosque—. Hazle probar su propia medicina», añade, con una mueca pícara. Camina hacia el matorral y es incapaz de dejar de reír cuando desaparece.

Es la primera vez que salgo a recolectar arraclán; los frutos casi negros me manchan los dedos. He intentado mantenerme lejos de él, pero es de esas plantas que te siguen a todas partes. Es un invasor desbocado, que se adueña de los lugares perturbados por el hombre. Se apropia del bosque, arrebatándoles la luz y el espacio a otras plantas. También envenena el suelo e impide el crecimiento de otras especies, creando un desierto de flores. Hay que reconocer que nadie le hace sombra en las dinámicas del libre mercado, que su historia es la del éxito de la eficacia, el monopolio y la generación artificial de la carestía. Es un imperialista botánico, que les roba la tierra a las especies nativas.

Paso el verano recolectando, me siento al lado de cada especie que se ofrece para la causa, descubro sus dones. Siempre he preparado infusiones para los resfriados, bálsamos para la piel, pero esto es nuevo. Los remedios vegetales no pueden tomarse a la ligera. Son una responsabilidad sagrada. Tengo las vigas de casa llenas de plantas secas y las estanterías atestadas de botes de raíces y hojas. Aguardando al invierno.

Cuando el invierno llega, recorro el bosque con las raquetas y dejo tras de mí un rastro inconfundible, huellas en dirección a la casa. De la puerta cuelga una trenza de hierba sagrada. Las tres tiras brillantes representan la unidad de mente, cuerpo y espíritu, la unidad que nos da plenitud. La trenza del Wendigo, por el contrario, está deshilachada, y esa es su enfermedad, la que le empuja a la destrucción. Al verla, pienso que cuando trenzamos el cabello de la Madre Tierra, recordamos todo lo que se nos ha dado y contraemos la responsabilidad de cuidar de ello. Así se conservan los dones, así todos reciben alimento. Y nadie pasa hambre.

Anoche tenía la casa llena de comida y de amigos; de tan incontenibles, la risa y la luz parecían volcarse sobre la nieve. Me pareció que estaba en la ventana, mirando al interior, hambriento. Hoy estoy sola y el viento sopla con más fuerza.

Coloco la tetera de hierro fundido, la más grande que tengo, en la estufa y pongo el agua a hervir. Le añado un buen puñado de bayas de arraclán secas. Y otro. Se empieza a formar un líquido denso en el que las bayas se disuelven, azul oscuro, como si fuera tinta. Recuerdo el consejo de Nanabozho y pronuncio una oración antes de echar el resto del bote.

En un segundo cazo vierto una jarra de agua de manantial y le añado pétalos de un tarro y hebras de corteza de otro. Todos seleccionados cuidadosamente, todos con un propósito. Se forma un té dorado, al que añado un trozo de raíz, un puñado de hojas y una cucharada de frutos silvestres, y el líquido empieza a cobrar tonos rosáceos. Lo pongo a hervir a fuego lento y me siento a esperar junto al fuego.

La nieve golpea la ventana, el viento aúlla entre los árboles. Está aquí, ha seguido mis huellas. Sabía que lo haría. Guardo la hierba sagrada en el bolsillo, respiro hondo y abro la puerta. Me da miedo, pero más miedo me da lo que puede ocurrir si no lo hago.

Se yergue por encima de mí, sus ojos enrojecidos, fieros, brillan contra la escarcha de su rostro. Veo sus colmillos amarillos. Intenta atraparme con las manos huesudas. Mis propias manos tiemblan cuando pongo sobre sus dedos manchados de sangre una taza hirviendo de infusión de arraclán. La bebe de un trago y empieza a gemir, a pedir más: el dolor del vacío lo corroe por dentro, es insaciable. Me quita la tetera de hierro de las manos y engulle el contenido a tragos ansiosos, el líquido se le congela en la barbilla en carámbanos negros. Tira el cazo vacío y vuelve a buscarme, pero antes de que pueda ponerme los dedos alrededor del cuello, algo lo empuja hacia la puerta y empieza a tambalearse sobre la nieve, de espaldas.

Lo veo doblarse, incapaz de controlar las violentas arcadas. El aroma a carroña de su aliento se mezcla con el hedor a mierda cuan-

do el arraclán le suelta el estómago. Una pequeña dosis de arraclán funciona como un laxante. Una dosis fuerte te purga por dentro y una tetera entera te deja vacío. Es la naturaleza del Wendigo: quería beber hasta la última gota. Y ahora no puede parar de vomitar monedas, lodo de carbón, terrones de serrín de mi bosque, coágulos de arenas petrolíferas y pequeños huesos de aves. Expulsa residuos de Solvay, no puede contener la fuga de petróleo. Cuando termina, su estómago continúa agitándose, pero ya no tiene dentro más que el delgado líquido de la soledad.

Sobre la nieve yace, destrozado, un esqueleto hediondo. El hambre vuelve a hacerse dueña de su vacío, aún es peligroso. Corro de vuelta a la casa a buscar el segundo cazo y se lo dejo al lado. La nieve se ha fundido alrededor de su cuerpo. Tiene los ojos vidriosos, pero su estómago ruge, así que le llevo la taza a los labios. Aparta la cabeza como si fuera veneno. Le doy un sorbo, para que confíe en mí y porque él no es el único que lo necesita. Siento la legión de remedios medicinales a mi lado. Bebe entonces a pequeños sorbos el té dorado donde brillan matices rosáceos, té de Sauce para calmar la angustia de la avidez y de Fresa para remediar los dolores del corazón. Con el reconfortante caldo de las Tres Hermanas y una infusión de Puerros Silvestres, las medicinas acceden a su sangre: Pino Blanco para la unidad, la justicia de las Pacanas, la humildad de las raíces de Pícea. Sigue bebiendo la compasión del Hamamelis, el respeto de los Cedros, la bendición de las Campanillas Plateadas, todos endulzados con la gratitud del Arce. El deber de la reciprocidad solo se nos hace evidente cuando nos familiarizamos con los dones del mundo. Nada puede hacer él contra tantos poderes.

Recuesta la cabeza, dejando a un lado la taza todavía llena. Cierra los ojos. Aún no le he administrado todos los remedios. Ya no tengo miedo. Me siento junto a él, sobre el verdor de la hierba que empieza a aparecer entre la nieve. «Déjame contarte una historia —le digo mientras el hielo se funde—. Cayó como cae una semilla de arce, dibujando una pirueta en la brisa otoñal».

Devolver el don

Rojo sobre verde, las frambuesas tachonan la maleza en esta tarde de verano. El arrendajo azul que picotea en el otro extremo del matorral tiene el pico tan rojo como mis dedos, que me llevo a la boca y al recipiente con la misma frecuencia. Meto la mano entre las zarzas para alcanzar un racimo que cuelga casi a ras de suelo y encuentro, en la sombra moteada, una feliz tortuga que se da un atracón de frutos caídos y estira el cuello para obtener más. Le dejo unas cuantas. La tierra da de sobra para todos y nos obsequia con su abundancia, extendiendo sus dones sobre el verdor para que llenemos los cuencos: fresas, frambuesas, arándanos, cerezas, grosellas. *Niibin*, el verano: en potawatomi, el «tiempo de la abundancia». También es el tiempo de nuestras reuniones tribales, de los *pow wows* y las ceremonias.

Rojo sobre verde, las mantas tendidas en la hierba bajo la pérgola de madera están llenas de obsequios. Balones de baloncesto, paraguas plegados, llaveros tejidos a mano con puntada de calabaza y bolsitas de plástico llenas de arroz silvestre. Todos nos ponemos en fila para elegir un regalo mientras los anfitriones se levantan, sonriendo. Los adolescentes les llevan los objetos elegidos a los ancianos sentados en el círculo, demasiado débiles para moverse entre la multitud. *Megwech, megwech*: el círculo de gratitud nos rodea. Delante de mí hay una niña muy pequeña que, ansiosa ante la montaña de regalos, coge todos los que puede. Su madre se inclina y le susurra algo al oído. Ella se muestra indecisa un momento y vuelve a dejarlos, y se marcha con una pistola amarilla de agua.

Después, bailamos. La canción de las ofrendas comienza con la percusión. Todos nos unimos en un círculo, los vestidos llenos de flecos vibrantes, las plumas que se balancean, los chales con los colores del arcoíris, camisetas, jeans. Sobre la tierra retumban al unísono los mocasines. Cada vez que la canción vuelve al «ritmo de honor»,[1] bailamos en el sitio y alzamos los regalos sobre la cabeza, collares ondulantes, cestos, animales disecados. Nuestros gritos honran los obsequios y a los dadores. Entre las risas y el canto, nos sentimos pertenecer.

Se trata del *minidewak*, la antigua ceremonia de los obsequios. Nuestro pueblo la tiene en alta estima y la celebra a menudo en los *pow wows*. En el mundo exterior, la gente que celebra acontecimientos vitales suele esperar que los demás traigan regalos en su honor. En las costumbres potawatomis, sin embargo, la expectativa es la opuesta. Aquel cuya vida se celebra es quien entrega los regalos, quien los dispone sobre una manta para compartir su buena fortuna con el resto del círculo.

Si la ceremonia es pequeña, íntima, los regalos suelen estar hechos a mano. En ocasiones, toda la comunidad trabaja durante un año para fabricar los obsequios que regalarán a invitados que ni siquiera conocen. En algunas grandes reuniones, a las que acuden diferentes tribus y centenares de personas, la manta se convierte en una lona de plástico azul totalmente cubierta de los restos de la zona de descuentos de Walmart. El regalo puede ser una cesta de fresno negro o un guante de cocina, lo importante es que la intención no cambia. La ceremonia de los obsequios constituye un eco de nuestras más antiguas enseñanzas.

La generosidad es un imperativo a la vez moral y material, sobre todo para quienes viven cerca de la tierra y conocen sus fluctuaciones, el paso constante entre la abundancia y la escasez. Para quienes saben que el bienestar del individuo está ligado al bienestar de la comunidad. En los pueblos tradicionales, la riqueza no se mide por lo que se tiene, sino por lo que se entrega. Cuando guardamos los dones solo para nosotros, las riquezas nos bloquean, las posesiones nos abotargan; nos sentimos demasiado llenos para participar en el baile.

---

[1] Ritmos de percusión más fuertes que se repiten durante la canción. *(N. del T.)*

A veces hay alguien, una familia entera incluso, que no lo entiende, que se lleva demasiadas cosas. Son los que tienen montones de paquetes detrás de las sillas de jardín. Tal vez las necesitan. Tal vez no. En vez de bailar, tienen que quedarse sentados, a solas, protegiendo sus propiedades.

En una cultura de gratitud, todo el mundo es consciente de que los obsequios han de continuar el ciclo de la reciprocidad y de que volverán a sus manos. Esta vez toca dar, la próxima, recibir. El honor de dar y la humildad de recibir son las mitades necesarias de la ecuación. Hay una pequeña senda entre la hierba, una circunferencia, que conecta la gratitud con la reciprocidad. Nuestros bailes son siempre en círculo, no en fila.

Después de la danza, un niño vestido con el traje del baile de la hierba arroja al suelo su nuevo camión de juguete, harto ya de él. Su padre le dice que lo recoja y se sienta con él. Un obsequio es distinto a algo que se adquiere, posee sentido fuera de sus límites materiales. Los obsequios no pueden deshonrarse. Exigen algo de ti. Exigen que los cuides. Y algo más.

Desconozco el origen de la ceremonia de los obsequios, pero creo que la aprendimos observando a las plantas, sobre todo a las bayas, que se ofrecen envueltas en rojo y azul. Aunque nosotros olvidemos a los maestros, el idioma nos los recuerda: la palabra con la que nos referimos a la ceremonia del obsequio, *minidewak*, significa «ellos entregan desde el corazón». En el centro de esa palabra se encuentra la palabra *min*. *Min* es la raíz que significa «obsequio», pero también «baya». Me pregunto si, en la poesía de nuestra lengua, nos acordamos de las bayas cuando nos referimos al *minidewak*.

En las ceremonias siempre están presentes las bayas. Se unen a nosotros en un cuenco de madera. Un gran cuenco y un cucharón, que recorren todo el círculo para que cada persona pueda probar su dulzura, recordar los obsequios y dar las gracias. Llevan en sí la enseñanza que nos transmitieron nuestros antepasados, la noción de que la generosidad de la tierra se nos entrega en un solo cuenco y con una sola cuchara. Todos comemos del mismo cuenco que la Madre Tierra nos ha llenado. Y eso no solo habla de los frutos, también del cuenco en sí. Los dones de la tierra han de compartirse, pero no son ilimitados. La generosidad de la tierra no implica una invitación a apropiarnos de todo. Todo cuenco tiene un fondo. Cuando se acaba, se acaba. Y no hay más que una cuchara, del mismo tamaño para todos.

¿Cómo volvemos a llenar el cuenco vacío? ¿Basta con nuestra gratitud? Las bayas nos enseñan que no. Los arbustos abren su manta de los obsequios y ofrecen sus dulces frutos a las aves y los osos y los niños por igual, pero la transacción no se termina ahí. Se nos pide algo aparte de la gratitud. Las bayas confían en que cumplamos nuestra parte del trato y dispersemos sus semillas para que sigan expandiéndose, algo que es bueno tanto para las bayas como para los niños. Nos recuerdan que todo florecimiento es mutuo. Necesitamos a las bayas y las bayas nos necesitan a nosotros. Nuestros cuidados multiplican sus dones y nuestra negligencia los pone en peligro. Estamos unidos en un pacto de reciprocidad, un acuerdo de responsabilidad mutua para ser sostén de aquellos que nos sustentan. Es así como se llena el cuenco vacío.

En algún momento, sin embargo, la gente abandonó las enseñanzas de las bayas. En vez de dedicarnos a sembrar riquezas, nos dedicamos a menoscabar las posibilidades de futuro. El propio idioma puede iluminar los inciertos caminos. En inglés, así como en español, decimos de la tierra que es un «recurso natural» o un «servicio ecosistémico», como si las vidas de todas las criaturas nos pertenecieran. Como si la tierra no fuera un cuenco de bayas, sino una mina a cielo abierto, y la cuchara se hubiera transformado en una pala para abrirla en canal.

Imaginemos por un momento que mientras nuestros vecinos celebran una ceremonia de obsequios alguien entrara en su casa y se llevara todo lo que quisiera. ¿No nos escandalizaría la afrenta moral? Con la tierra debería suceder lo mismo. Ella nos regala la fuerza del viento y el sol y el agua, pero nosotros optamos por sacarle combustibles fósiles de las entrañas. Si solo hubiéramos tomado lo que se nos ofrecía, hoy no tendríamos que preocuparnos por la atmósfera.

Todos estamos unidos en un pacto de reciprocidad: aliento vegetal por aliento animal, invierno y verano, depredador y presa, hierba y fuego, noche y día, vida y muerte. El agua lo sabe, las nubes lo saben. El suelo y las rocas son conscientes de que bailan sin cesar en una ceremonia que crea, destruye y vuelve a crear la tierra.

Nuestros ancianos dicen que las ceremonias sirven para que nos acordemos de recordar. A través del baile de los obsequios recordamos que la tierra es un don que debemos transmitir, igual que nos lo transmitieron a nosotros. Si eso se nos olvidara, tendríamos que bailar las danzas del duelo. Por la muerte de los osos polares, el silencio de las grullas, la desaparición de los ríos, el recuerdo de la nieve.

Cuando cierro los ojos y aguardo a que los latidos del corazón se me acompasen al ritmo de la percusión, imagino que los participantes están reconociendo, quizá por primera vez, los extraordinarios dones de la tierra, que los ven con nuevos ojos justo cuando empiezan a desaparecer. Tal vez aún estén a tiempo. O tal vez no. Dispersos en la hierba, verde sobre marrón. Van a honrar por fin los obsequios de la Madre Tierra. Mantas de musgo, vestidos de plumas, cestas de maíz, frascos de hierbas medicinales. Salmón plateado, playas de ágatas, dunas de arena. Nubes de lluvia, ventisqueros, brazadas de leña y rebaños de alces. Tulipanes. Papas. Mariposas luna y gansos de las nieves. Y bayas. Sobre todo, bayas. Quiero escuchar cómo se eleva la canción de la gratitud con el viento. Creo que esa canción puede salvarnos. Y entonces, cuando la percusión comience, bailaremos, vistiendo ropajes que celebren la vida de la tierra: flecos vibrantes de hierbas altas, un ondulante chal de mariposa, plumas de garceta que asienten en su balanceo, enjoyados con los destellos de una ola fosforescente. Y cuando la canción se detenga para los «ritmos de honor», alzaremos los obsequios y aullaremos en señal de respeto y alabanza, un pez brillante, una rama florida, una noche estrellada.

El pacto moral de la reciprocidad exige que honremos la responsabilidad contraída por todo lo que se nos ha entregado, por todo lo que hemos tomado. Es ahora, llevamos demasiado tiempo posponiéndolo. Celebremos una ceremonia para la Madre Tierra, extendamos las mantas hacia ella y coloquemos encima los obsequios que le hemos traído. Imaginemos todos esos libros, las imágenes, los poemas, los artefactos, los actos compasivos, las ideas trascendentes, las herramientas perfectas. La defensa, con uñas y dientes, de cuanto ella nos ha entregado. Dones de la mente, de las manos, del corazón, de la voz y de la imaginación. En honor de la tierra. Esa es la misión que se nos ha encomendado: entregarle nuestro obsequio y danzar por la renovación del mundo.

A cambio del privilegio de respirar.

Notas

Nota acerca del tratamiento de
los nombres de las plantas

Tenemos asumido que los nombres propios de las personas se escriben con mayúscula inicial. No lo pensamos dos veces. Escribir «george washington» sería poco menos que sustraerle al hombre su especial condición de ser humano. Por otro lado, escribir «Mosquito» para referirse al insecto volador resultaría ridículo, aunque sí es aceptable si hablamos de una marca de embarcaciones. Las mayúsculas implican cierta distinción, la posición elevada de los humanos y sus creaciones en la jerarquía de las criaturas. La inmensa mayoría de los biólogos han adoptado la convención de no utilizar mayúsculas en el nombre común de plantas y animales salvo que incluyan el nombre de un ser humano o un topónimo oficial. Así, las primeras flores que aparecen en los bosques primaverales son las sanguinarias, pero la estrella rosa de los bosques de California se conoce como el «lirio del tigre de Kellogg». Esta regla gramatical, aparentemente trivial, expresa en realidad la noción profundamente asumida de la excepcionalidad humana, la idea de que somos diferentes —de que somos mejores— al resto de las especies que nos rodean. Las tradiciones cognoscitivas indígenas reconocen a todas las criaturas como personas igualmente importantes, ordenadas no en una jerarquía, sino en un círculo. Por eso he decidido, tanto en este libro como en la vida, desprenderme de las anteojeras gramaticales y escribir con total libertad Arce, Garza y Wally cuando me refiero a una persona, humana o no; y escribir en cambio arce, garza y ser humano cuando me refiero a una categoría o concepto.

Nota acerca del tratamiento
del idioma nativo

Los idiomas potawatomi y anishinaabe son un reflejo de la tierra y la gente. Son una tradición oral viva, que hasta hace muy poco tiempo no se había transcrito. Diversos sistemas de escritura han intentado otorgarle a la lengua una ortografía reglada, pero no hay consenso sobre la prevalencia de una u otra convención entre todas las variantes posibles de un idioma vivo tan extenso. Stewart King, anciano potawatomi, hablante fluido y maestro, ha revisado amablemente mi rudimentario uso del idioma en este texto, confirmando significados y recomendándome usos y grafías. Le agradezco enormemente sus orientaciones en la comprensión del idioma y la cultura potawatomi. La mayoría de los hablantes anishinaabes han adoptado el sistema Fiero de la ortografía de la doble vocal. Sin embargo, los potawatomis —conocidos como «los que pierden la vocal»— no utilizan ese sistema. Por respeto a los hablantes y maestros y a las diferentes perspectivas con las que me he encontrado, he procurado utilizar las palabras tal y como ellos me las transmitieron originalmente.

Nota acerca de los
relatos indígenas

Soy, fundamentalmente, alguien que escucha, y llevo escuchando los relatos que se cuentan a mi alrededor desde que tengo memoria. Aquí, a través de la transmisión de los relatos que los maestros me han contado, les ofrezco mis respetos y mi gratitud.

Dicen que las historias son seres vivos, que crecen, se desarrollan, recuerdan, y que cambian no en su esencia, pero sí en los ropajes que les dan forma. Las historias se comparten entre la tierra, la cultura y el narrador, y así evolucionan, de manera que una única historia puede contarse de múltiples maneras. A veces solo se comparte un fragmento, se muestra una única cara de su multiplicidad interna, para servir a un determinado propósito. Ese es el caso de las historias que aquí compartimos.

Los relatos tradicionales son tesoros colectivos del pueblo y no pueden atribuirse con una cita bibliográfica a una única fuente. Aquellos que no se han compartido públicamente no aparecen en este libro, pero muchos otros están ya esparcidos por el mundo, cumpliendo su misión. Para tales historias, que existen en múltiples versiones, he optado por citar como referencia fuentes publicadas, reconociendo al mismo tiempo que comparto una versión enriquecida por todas las voces que me las transmitieron, de múltiples maneras. También hay relatos que han circulado a través de la tradición oral y de los que no conozco fuentes bibliográficas. *Chi megwech* a los contadores de historias.

Bibliografía

Allen, Paula Gunn, *Grandmothers of the Light: A Medicine Woman's Source-book*, Boston: Beacon Press, 1991.

Awiakta, Marilou, *Selu: Seeking the Corn-Mother's Wisdom*, Golden: Fulcrum, 1993.

Benton-Banai, Edward, *The Mishomis Book: The Voice of the Ojibway*, Red School House, 1988.

Berkes, Fikret, *Sacred Ecology*, 2.ª ed., Nueva York: Routledge, 2008.

Caduto, Michael J. y Joseph Bruchac, *Keepers of Life: Discovering Plants through Native American Stories and Earth Activities for Children*, Golden: Fulcrum, 1995.

Cajete, Gregory, *Look to the Mountain: An Ecology of Indigenous Education*, Asheville: Kivaki Press, 1994.

Hyde, Lewis, *The Gift: Imagination and the Erotic Life of Property*, Nueva York: Random House, 1979.

Johnston, Basil, *The Manitous: The Spiritual World of the Ojibway*, Saint Paul: Minnesota Historical Society, 2001.

LaDuke, Winona, *Recovering the Sacred: The Power of Naming and Claiming*, Cambridge: South End Press, 2005.

Macy, Joanna, *World as Lover, World as Self: Courage for Global Justice and Ecological Renewal*, Berkeley: Parallax Press, 2007 [trad. cast.: *El mundo como amor, el mundo como uno mismo*, Uriel Satori, 2008].

Moore, Kathleen Dean y Michael P. Nelson (eds.), *Moral Ground: Ethical Action for a Planet in Peril*, San Antonio: Trinity University Press, 2011.

Nelson, Melissa K. (ed.), *Original Instructions: Indigenous Teachings for a Sustainable Future*, Rochester: Bear and Company, 2008.

Porter, Tom, *Kanatsiohareke: Traditional Mohawk Indians Return to Their Ancestral Homeland*, Greenfield Center: Bowman Books, 1998.

Ritzenthaler, R. E. y P. Ritzenthaler, *The Woodland Indians of the Western Great Lakes*, Prospect Heights (Illinois): Waveland Press, 1983.

Shenandoah, Joanne y Douglas M. George, *Skywoman: Legends of the Iroquois*, Santa Fe: Clear Light Publishers, 1988.

Stewart, Hilary y Bill Reid, *Cedar: Tree of Life to the Northwest Coast Indians*, Douglas and McIntyre, Ltd., 2003.

Stokes, John y Kanawahienton, *Thanksgiving Address: Greetings to the Natural World*, Six Nations Indian Museum y The Tracking Project, 1993.

Suzuki, David y Peter Knudtson, *Wisdom of the Elders: Sacred Native Stories of Nature*, Nueva York: Bantam Books, 1992.

Treuer, Anton S., *Living Our Language: Ojibwe Tales and Oral Histories: A Bilingual Anthology*, Saint Paul: Minnesota Historical Society, 2001.

Agradecimientos

Tengo una deuda de gratitud con el regazo de mi abuela Pícea de Sitka, el cobijo de Sauce Blanco, Abeto Balsámico bajo el saco de dormir y las Arandaneras de la bahía de Katherine. Con el Pino Blanco que me arrulla hasta que me duermo y con el que me despierta, con el té de Hilo de Oro, las Fresas de junio y la Orquídea del Pájaro que Vuela, con los Arces que enmarcan mi puerta, con las últimas Frambuesas del otoño y los primeros Puerros de la primavera, con Espadaña, Abedul de las Canoas, la raíz de Pícea que cuida de mi cuerpo y de mi alma, y Fresno Negro, que sostiene mis pensamientos, con los Narcisos y las Violetas cubiertas de rocío y con las Varas de Oro y los Asteres, cuya belleza aún me resulta sobrecogedora.

Con las mejores personas que conozco: mis padres Robert *Wasay ankwat* y Patricia *Wawaskonesesn* Wall, que me han dado una vida entera de amor y apoyo, que portaron la chispa y avivaron la llama, y mis hijas Larkin Lee Kimmerer y Linden Lee Lane, por la inspiración de su ser y el permiso para trenzar aquí sus historias con la mía. No puedo agradecer lo suficiente todo el amor que he recibido, un amor en el que todo resulta posible. *Megwech kine gego*.

He sido bendecida con el consejo y la orientación de maestros sabios y generosos que contribuyeron enormemente a estas historias, lo sepan o no. Digo «*Chi Megwech*» a esos que tanto he escuchado y de los que tanto he aprendido, por sus enseñanzas y su forma de vivirlas, entre los que se encuentran mi familia anishinaabe: Stewart King, Barbara Wall, Wally Meshigaud, Jim Thunder, Justin Neely, Kevin Finney, Big Bear Johnson, Dick Johnson y la familia Pigeon. *Nya wenha* a mis vecinos, amigos y colegas haudenosaunees:

Oren Lyons, Irving Powless, Jeanne Shenandoah, Audrey Shenandoah, Freida Jacques, Tom Porter, Dan Longboat, Dave Arquette, Noah Point, Neil Patterson, Bob Stevenson, Theresa Burns, Lionel LaCroix y Dean George. Y a los miles de maestros que he encontrado en congresos, reuniones culturales, hogueras y mesas de cocina, cuyos nombres habré olvidado, pero no sus lecciones: *igwien*. Sus palabras y acciones cayeron como semillas en suelo fértil, y mi intención es acogerlas en la vida con cuidado y respeto. Acepto toda la responsabilidad por los errores inconscientes a los que sin duda mi ignorancia me habrá llevado.

Escribir es una práctica solitaria, pero no estamos solos. La camaradería de una comunidad de escritores que inspira, apoya y escucha atenta y profundamente es un verdadero privilegio. Muchas gracias a Kathleen Dean Moore, Libby Roderick, Charles Goodrich, Alison Hawthorne Deming, Carolyn Servid, Robert Michael Pyle, Jesse Ford, Michael Nelson, Janine Debaise, Nan Gartner, Joyce Homan, Dick Pearson, Bev Adams, Richard Weiskopf, Harsey Leonard y muchos otros que me han brindado su apoyo y su visión crítica. A los amigos y familiares que me han ayudado a continuar, su calor está inscrito en cada una de estas páginas. Guardo especial gratitud a mis queridos alumnos a lo largo de todos estos años. He aprendido muchísimo de ustedes y me han hecho renovar la esperanza en el futuro.

Buena parte de estas páginas las escribí al amparo de residencias para escritores, en el Blue Mountain Center, The Sitka Center for Art and Ecology y el Mesa Refuge. Su inspiración vino también del tiempo que pasé en el Spring Creek Project y la residencia para la reflexión ecológica a largo plazo en el H. J. Andrews Experimental Forest. Muchas gracias a todos los que hicieron posibles estos momentos de soledad y apoyo.

Waewaenen y agradecimiento especial a mis anfitriones en la Universidad de la Nación Menominee: Mike Dockry, Melissa Cook, Jeff Grignon y los maravillosos estudiantes que crearon un ambiente inspirador y motivador para terminar este trabajo.

Agradecimiento especial también a mi editor, Patrick Thomas, por creer en este manuscrito y por el cuidado, la habilidad y la paciencia con que ha trabajado en él hasta convertirlo en libro.

Glosario de
especies vegetales

S iempre que ha sido posible, se ha empleado el nombre común en castellano de las especies mencionadas. Si este no existía, en aras de conservar la fluidez del texto, se ha optado por traducir el nombre común del inglés cuando hacía referencia a una cualidad fitológica, o de otro tipo, de la especie, y dejarlo en el idioma original si era un préstamo de una lengua nativa.

Para que no se pierda la precisión científica, incluimos aquí un glosario con todos los términos utilizados, su nombre común original y el nombre científico de la especie o género al que se refiere.

Término	Nombre original	Nombre científico
Abedul amarillo	Yellow birch	*Betula alleghaniensis*
Abedul gris	Gray birch	*Betula populifolia*
Abeto de Douglas	Douglas fir	*Pseudotsuga menziesii*
Acacia falsa	Black locust	*Robinia pseudoacacia*
Achicoria común	Chicory	*Cichorium intybus*
Álamo	Poplar	*Populus*
Álamo de Virginia	Cottonwood	*Populus deltoides*
Álamo temblón	Aspen	*Populus tremuloides*
Algodoncillo	Milkweeed	*Asclepias*
Aliso blanco	White-stemmed alder	*Alnus rhombifolia*

Apocino	Dogbane	*Apocynum*
Arce de Pensilvania	Striped maple	*Acer pensylvanicum*
Arce enredadera	Vina maple	*Acer circinatum*
Arce rojo	Red maple	*Acer rubrum*
Aro de agua	Wild calla	*Calla palustris*
Arraclán	Buckthorn	*Frangula alnus*
Arroyuela	Purple loosestrife	*Lythrum salicaria*
Artemisa	Ragweed	*Ambrosia artemisiifolia*
Aster	Aster	*Aster*
Aster de Nueva Inglaterra	New England aster	*Symphyotrichum novae-angliae*
Baya de perdiz	Partridgeberry	*Mitchella repens*
Belleza primaveral	Spring beauties	*Claytonia virginica*
Brasenia	Water shield	*Brasenia schreberi*
Caléndula acuática	Marsh marigold	*Caltha palustris*
Calzones de holandés	Dutchman's breeches	*Dicentra cucullaria*
Campanilla plateada	Silverbell	*Halesia carolina*
Carrizo	Phragmite	*Phragmites*
Cedro de incienso	Incense cedar	*Calocedrus decurrens*
Cedro rojo	Red cedar	*Thuja plicata*
Cerezo de fuego	Pin cherry	*Prunus pensylvanica*
Cerezo negro	Black cherry	*Prunus serotina*
Ciclamor del Canadá	Redbud	*Cercis canadensis*
Cohosh	Cohosh	*Caulophyllum thalictroides*
Col de los prados	Skunk cabbage	*Symplocarpus foetidus*
Cornejo blanco	White dogwood	*Cornus florida*
Cornejo canadiense	Bunchberry	*Cornus canadensis*

Cornejo rojo	Red osier	*Cornus sericea*
Diente de león	Dandelion	*Taraxacum*
Espadaña	Cattail	*Typha latifolia*
Espiga de agua	Pickerelweed	*Pontederia cordata*
Espiguilla	Cheat grass	*Bromus tectorum*
Eupatoria	Boneset	*Eupatorium perfoliatum*
Flor de mayo canadiense	Canada mayflower	*Epigaea repens*
Fresa silvestre	Strawberry	*Fragaria virginiana*
Fresno negro	Black ash	*Fraxinus nigra*
Gaulteria	Wintergreen	*Gaultheria*
Grama	Quackgrass	*Elytrigia repens*
Hamamelis	Witch hazel	*Hamamelis*
Helecho de espada	Sword fern	*Polystichum munitum*
Hepática	Hepatica	*Hepatica*
Hierba bisonte	Sweetgrass	*Hierochloe odorata*
Hierba del ajo	Garlic mustard	*Alliaria petiolata*
Hierba timotea	Timothy grass	*Phleum pratense*
Hilo de oro	Goldthread	*Coptis*
Jacinto indio	Camas	*Camassia*
Jengibre	Ginger	*Zingiber officinale*
Juncia	Sedge	*Cyperacea*
Junco	Rush	*Juncus*
Kudzu	Kudzu	*Pueraria montana*
Lirio de la trucha	Trout lily	*Erythronium americanum*
Lirio del tigre de Kellogg	Kellogg's tiger Lily	*Lilium kelloggii*
Llantén	Plantain	*Plantago major*

Madreselva	Honeysuckle	*Lonicera*
Magnolia acuminada	Cucumber magnolia	*Magnolia acuminata*
Manzana de mayo	Mayapple	*Podophyllum*
Margarita común	Daisy	*Bellis perennis*
Milenrama	Yarrow	*Achillea millefolium*
Morera naranja	Salmonberry	*Rubus spectabilis*
Nabo indio	Jack-in-the-pulpit	*Arisaema triphyllum*
Narciso	Daffodil	*Narcissus*
Nenúfar	Water lily	*Nymphaea*
Nenúfar amarillo	Spatterdock lily	*Nuphar lutea*
Nenúfar blanco	Fragrant water lily	*Nymphaea odorata*
Nogal americano	Hickory	*Carya tomentosa*
Nogal blanco	Butternut	*Juglans cinerea*
Nogal del pantano	Black walnut	*Juglans nigra*
Olmo	Elm	*Ulmus*
Orquídea del Pájaro que Vuela	Bird on the Wing Orchid	*Polygaloides paucifolia*
Pacano	Pecan	*Carya illinoinensis*
Pasto varilla	Switchgrass	*Panicum virgatum*
Pícea blanca	White spruce	*Picea glauca*
Pícea de Sitka	Sitka spruce	*Picea sitchensis*
Pino blanco	White pine	*Pinus strobus*
Pino bronco	Pitchy pine	*Pinus rigida*
Raíz de serpiente	Snakeroot	*Ageratina altissima*
Roble	Oak	*Quercus*
Salal	Salal	*Gaultheria shallon*
Salinácea	Willow	*Salix*

Salvia blanca	Sage	*Salvia apiana*
Sanguinaria	Bloodroot	*Sanguinaria canadensis*
Sauce amarillo	Yellow willow	*Salix lutea*
Saúco	Elderberry	*Sambucus*
Secuoya	Redwood	*Sequoia sempervirens*
Taray	Tamarisk	*Tamarix*
Tilo americano	Basswood	*Tilia americana*
Trébol	Clover	*Trifolium*
Trilio	Trillium	*Trillium*
Trilio blanco	White trillium	*Trillium grandiflorum*
Tsuga	Hemlock	*Tsuga canadensis*
Tulípero	Tulip poplar	*Liriodendron tulipifera*
Uña de caballo	Coltsfoot	*Tussilago farfara*
Uva de Oregón	Oregon grape	*Berberis aquifolium*
Uvularia	Bellwort	*Uvularia*
Vara de oro	Goldenrod	*Solidago canadensis*
Vara de oro del pantano	Seaside goldenrod	*Solidago sempervirens*
Violeta africana	African violet	*Saintpaulia*
Violeta amarilla	Downy violet	*Viola pubescens*
Zanahoria silvestre	Queen Anne's lace	*Daucus carota*
Zarzaparrilla	Sarsaparilla	*Smilax ornata*
Zumaque	Sumac	*Rhus*